定格在记忆中的光辉七十年

献给中国科学院70周年华诞

岳爱国　主编

科学出版社
北　京

图书在版编目（CIP）数据

定格在记忆中的光辉七十年：献给中国科学院70周年华诞 / 岳爱国主编. —北京：科学出版社，2019.11

ISBN 978-7-03-062727-8

Ⅰ. ①定…　Ⅱ. ①岳…　Ⅲ. ①中国科学院－纪念文集　Ⅳ. ① G322.21-53

中国版本图书馆 CIP 数据核字（2019）第 242885 号

责任编辑：周　辉 / 责任校对：杨　然
责任印制：师艳茹 / 封面设计：北京楠竹文化发展有限公司

编辑部电话：010-64003228
E-mail: wangyaping@mail.sciencep.com

科学出版社 出版
北京东黄城根北街 16 号
邮政编码：100717
http://www.sciencep.com

中国科学院印刷厂 印刷

科学出版社发行　各地新华书店经销

*

2019 年 11 月第　一　版　开本：787×1092　1/16
2019 年 11 月第一次印刷　印张：26　插页：8
字数：600 000

定价：98.00 元

（如有印装质量问题，我社负责调换）

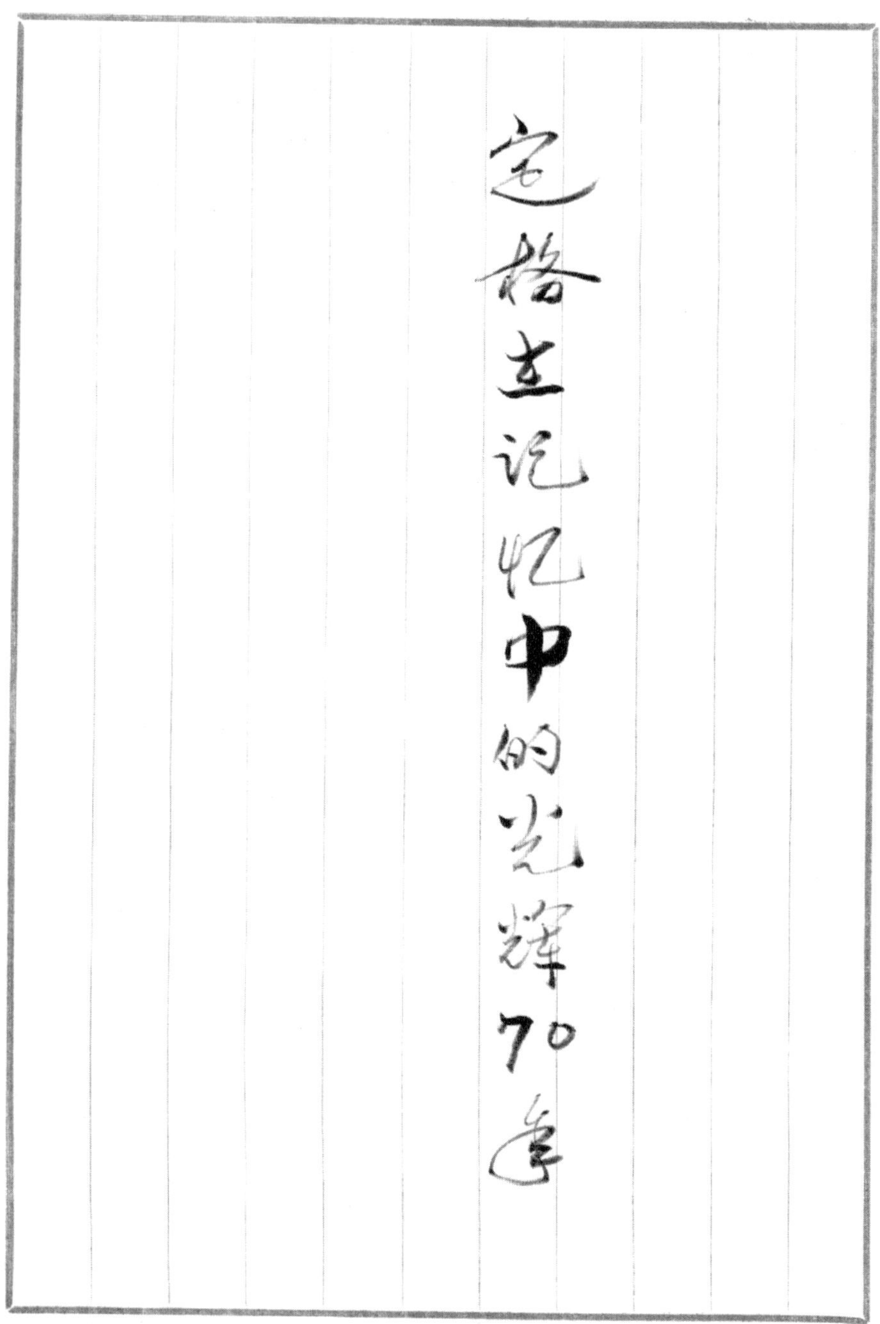

白春礼院长题写书名

编 委 会

传颂科学家故事　弘扬科学家精神
（代序）

在中华人民共和国成立70周年和中国科学院建院70周年之际，由中国科学院老年文联牵头组织并编辑的《定格在记忆中的光辉七十年——献给中国科学院70周年华诞》文集如期付梓，这是离退休老同志们在传颂科学家故事、弘扬科学家精神所做出的又一个非常有意义的贡献。

七十年，中国科学院与祖国同行、与祖国共进。一代又一代的科研人员投身于科技报国、创新为民的伟大实践中。他们严谨治学、追求真理，艰苦奋斗、爱国奉献，团结协作、勇攀高峰，磨砺并锻造出我院“科学、民主、爱国、奉献”的优良传统和“唯实、求真、协力、创新”的优良院风。中国科学院始终围绕国家战略需求和经济社会发展需要，瞄准国际科学前沿，为祖国科技事业、国防事业和社会主义建设事业的发展做出了巨大贡献，产出了大量举世瞩目的科研成果。中国科学院人不忘科技报国初心和使命的奋斗过程，通过《定格在记忆中的光辉七十年——献给中国科学院70周年华诞》这一册文集中的一个个感人的故事，生动地再现于读者面前，感人肺腑、催人奋进。

《定格在记忆中的光辉七十年——献给中国科学院70周年华诞》文集，收录了我院离退休老同志们为庆祝新中国成立70周年和中国科学院建院70周年而撰写的116篇回忆文章。文集共分为五个章节，第一章题为“‘两弹一星’镌刻着我们奋斗的印记”，记录了当年为我国“两弹一星”的研制成功做出了贡献但却不为人所知的科技人员的事迹，彰显了他们胸怀祖国的爱国奉献精神和艰苦奋斗精神；第二章题为“每个科学家的身上都藏有动人的故事”，记录了一代代科学家为科学奠基、为传承坚守的感人故事，彰显了科学家们潜心科研、不求回报、追求真理的求真务实精神；第三章题为“在科研的道路上砥砺前行”，记录了科学家们砥砺前行，勇攀科学高峰的感人事迹，彰显了科学家们为祖国科技事业发展敢为人先、拼搏奋斗、团队协作的精神；第四章题为“再不说或许会被遗忘的过往”，通过一件件大事后面的“小故事”，于尘封往事中揭示科学家们开拓创新、艰苦创业、潜心科研的点点滴滴；第五章题为“支撑体系也精彩纷呈”，将支撑体系甘为人梯乐于奉献的精神和为科学事业协力同心的感人事迹娓娓道来。阅读这些回忆文章，仿佛是在同我们的科学家前辈进行着穿越时空般的对话，也仿佛是在欣赏着波澜壮阔的科技创新交响曲。掩卷思之，感觉受到了一场科学精神的洗礼，同时从中感受到了70年来我国科技事业发展的跳动脉搏。

中国科学院的老科学家们过去为祖国科技事业的发展贡献拼搏，做出了贡献；在今天我院努力实现“四个率先”的新征程中，他们不甘寂寞，又为大家奉献了一份不同寻常的精神财富。这册文集讲述的不是那些众所周知、惊天动地的大事，更多的是大事件背后的普通人普通事。这些平凡却伟大的事迹以及其中折射出的科学精神，在我院的老同志中可以说是俯拾皆是，如果他们自己不讲，恐怕今后也没有几个人会知道。也许正是这个缘故，这次征文活动我院众多的老同志都积极行动了起来，他们中间很多都已是80开外的年纪，甚至有90多岁的老同志也在积极撰写回忆文章。他们既动脑筋又动手，将自己记忆中与中国科学院相关联的、真实的、不为多数人所知的、富有正能量的一件件往事贡献了出来，才成就了这一册厚重而深情且非常具有可读性的文集。仰观可见心血付出，掩卷可感浓浓岁月，回忆更显弥足珍贵。

科技报国七十载，创新支撑强国梦。希望这本文集的出版，不仅仅是老同志对往事的回忆，更重要的是要让更多的年轻人了解到，我们今天科研条件的优渥并不是从天而降的，而是我们的前辈筚路蓝缕的创业、栉风沐雨的拼搏、鞠躬尽瘁的奋斗才换来的。更希望全院广大职工在习近平新时代中国特色社会主义思想指引下，树牢“四个意识”、坚定“四个自信”、坚决做到“两个维护”，团结拼搏，务实奋进，创新奉献，为早日把我们的伟大祖国建设成富强民主文明和谐美丽的社会主义现代化强国，做出我们中国科学院人新的贡献！

侯建国

2019年9月

目　录

第二章 每个科学家的身上都藏有动人的故事

第三章 在科研的道路上砥砺前行

第四章　再不说或许会被遗忘的过往

第五章 支撑体系也精彩纷呈

后记

第一章 “两弹一星”镌刻着我们奋斗的印记

【题记】“两弹一星”的成功之处，不仅仅是科学的成就，而且早已升华成了一种中华民族不屈的精神并载入了人民共和国的光辉史册。在“两弹一星”精神的光荣册里除了最初几页留有准确的姓名以外，当我们一页一页地向后翻去，分明发现，绝大多数的书页中都是留白。这里的留白不是空缺，而是悄悄地隐去。“两弹一星”镌刻着众多中科院人奋斗的印记。

记颁发“两弹一星功勋奖章”的故事

⊙ 刘振坤

20 世纪中叶，中国科学家群体在中国共产党的领导下，在全国各族人民的支持下，创造的一段极不寻常的历史。将这段极不寻常的历史，演绎成我国科学技术的世纪表彰大会，同样有着不寻常的经历。这里记述的是江泽民总书记在中共中央、国务院、中央军委为我国研制成功“两弹一星”做出突出贡献的科技专家颁发“两弹一星功勋奖章”的真实故事。

科技的世纪表彰大会

秋日的北京，艳阳高照。新整修过的人民大会堂显得更加雄伟壮丽。大礼堂主席台台口上悬挂着大会会标：中共中央、国务院、中央军委隆重表彰研制“两弹一星”功臣大会。主席台后方竖立着 10 面红旗，主席台前摆放着鲜花绿草。会场内高挂着“热爱祖国、无私奉献、自力更生、艰苦奋斗、大力协同、勇于攀登‘两弹一星’精神”的巨幅标语。

1999 年 9 月 18 日下午 3 时，大会在嘹亮的国歌声中开始。中共中央政治局常委、全国人大常委会委员长李鹏主持大会。中共中央总书记、国家主席、中央军委主席江泽民发表重要讲话指出，中国人民有站在世界科技进步前列的勇气、信心、智慧和力量。中共中央政治局常委、国务院总理朱镕基宣读表彰决定。中共中央政治局常委李瑞环、胡锦涛、尉健行、李岚清出席表彰大会。

中共中央、国务院、中央军委《关于表彰为研制“两弹一星”作出突出贡献的科技专家并授予“两弹一星功勋奖章”的决定》提出，在庆祝中华人民共和国成立 50 周年之际，对当年为研制“两弹一星”做出贡献的 23 位科技专家予以表彰，并授予于敏、王大珩、王希季、朱光亚、孙家栋、任新民、吴自良、陈芳允、陈能宽、杨嘉墀、周光召、钱学森、屠守锷、黄纬禄、程开甲、彭桓武“两弹一星功勋奖章”，追授王淦昌、邓稼先、赵九章、姚桐斌、钱骥、钱三强、郭永怀“两弹一星功勋奖章”。

在欢快的乐曲声中，江泽民来到主席台正中，为获奖人员颁发奖章和证书。获奖的科学家个个笑容满面，全场响起热烈的掌声，江总书记与获奖人员一一握手合影留念。首都少先队员跑上主席台，把一束束鲜花献给这些为祖国做出突出贡献的功臣。中央各大新闻媒体的记者按动相机的快门，记录下了这极其珍贵的历史一刻。

注：刘振坤，77 岁，中国科学报社主任记者，正处级。

在热烈的掌声中，江泽民发表重要讲话。他指出，“两弹一星”事业的发展，不仅使我国的国防实力发生了质的飞跃，而且广泛带动了我国科技事业的发展，促进了社会主义建设，造就了一支能吃苦、能攻关、能创新、能协作的科技队伍，极大地增强了全国人民开拓前进、奋发图强的信心和力量。“两弹一星”的伟业，是新中国建设成就的重要象征，是中华民族的荣耀与骄傲，也是人类文明史上的一个勇攀高峰的空前壮举。

江泽民提出，在举国上下喜迎新中国成立50周年之际，党中央、国务院在这里召开大会，隆重表彰为我国“两弹一星”事业做出突出贡献的科技专家，并授予他们“两弹一星功勋奖章”，希望全国各族人民学习和发扬他们为祖国和人民的崇高的刻苦钻研精神、开拓创新精神和拼搏奉献精神，继续努力奋斗，满怀豪情地把建设有中国特色社会主义事业全面推向21世纪。

这次盛会，是我国科学技术的世纪表彰大会，将永远记录在中华民族科学技术发展的辉煌史册之上。

求真求实的科技史诗

人民大会堂的世纪表彰大会是由一篇世纪性的回忆文章引发的。这篇文章就是中国科学院原党组书记、副院长张劲夫同志的《请历史记住他们——关于中国科学院与“两弹一星”的回忆》。

张劲夫同志主持中科院工作的10年（1956～1966年）正是中科院辉煌的10年。1998年12月10日，这位深为人们敬重已经85岁高龄的老领导接受了《科学时报》社记者的独家专访。1999年1月24日，《科学时报》社主办的《科学新闻》周刊发表了《在科学院辉煌的背后——原中国科学院党组书记、副院长张劲夫访谈录》的文章。这篇文章虽然并没有提到“两弹一星”，但是却打开了人们记忆的闸门。不少老科学家打电话、写信，诚恳地希望张劲夫谈谈中科院为研制“两弹一星”所做的历史贡献。远在大洋彼岸的著名科学家杨振宁也打电话给张老，建议他正式披露中科院参与“两弹一星”研制的事情，给历史一个交代，给后人一个交代。并说参加研制工作的许多人已经故去，是该说的时候了。张老觉得科学家们的意见有道理。但是他很慎重，专门打电话征询时任中科院院长路甬祥的意见。路院长说：“披露这段历史，我当然赞成。至于保密问题，我相信你所讲到的多是宏观的，不会涉及太多技术保密问题，更何况时间过去了三四十年，如果需要再谨慎一点，我们可以交给国家有关保密委员会，请他们审看嘛。”这样张老才下定决心披露事关国防机密的重要历史。

1999年3月11日、12日，张劲夫这位记忆力超常的老人，又一次地接受了记者的采访，打开了他记忆的阀门，如数家珍地讲了两个半天，翔实地回顾了那段历史。记者将录音整理成《中国科学院与“两弹一星”》1.6万字的草稿。连续两天，张老对草稿进行修改补充。北京的早春乍暖还寒，老人感冒了，却仍带病请当年中科院新技术局计划处处长兼卫星办公室主任的陆缓观同志，以及中科院军工史办公室主任赵萱等同志帮助订正细节，拿出了初稿。张老与路院长商量将这篇文章和《在科学院辉煌的背后》一起出一本内部资料，以便广泛征求意见，还历史的真实。这得到了中科院党组的支持，路院长专门为这本内部资料写了序言。3 月中旬，中科院印成了《中国科学院与“两弹一星”》16 开单行本 3000 册。张老和中科院党组将此分送给中央领导同志、有关部委领导同志和知名科学家，并送国家保密部门进行保密审查。特别是张老按照党的纪律写信给中办主任曾庆红同志，请他将这个资料转交总书记江泽民同志，看可不可以在《人民日报》公开发表。

江泽民总书记对张劲夫同志《中国科学院与“两弹一星”》的文章非常重视。4 月 27 日下午亲自跟张老通电话，认为张老的文章写得非常好，不但在《科学时报》上发表，而且要在《人民日报》等大报发表。这段历史不但要让全国人民特别是中青年知道，还要向全世界公布。他已委托曾庆红同志落实文章在大报上发表的事情。

江总书记电话中跟张老说，过去，你们在那样艰难困苦的条件下能够把“两弹一星”搞出来，很了不起。现在条件好了，我们也要做几件大振国威的事情。中国科学院做了那么多事情，过去不知道，以后要多给中国科学院任务。朱镕基总理在一次演讲会上，引用了张老文章中郭永怀回国没有带美国的只字片纸，他说：“装在我们脑子里的知识，是属于我们自己的！”赢得了全场热烈的掌声。

张老告诉路院长这个消息已经是晚上。张老向路院长讲了三个意见：第一，在科学技术内容上有没有出入？请他跟老科学家联络一下，尤其原子弹方面跟光亚先生，导弹方面跟钱学森先生请教一下，看看他们有什么修改的意见。第二，保密问题，是不是请有关方面再把把关。第三，里面的人物、事实有没有出入，请还健在的同志看一看。他尤其点了陆缓观同志的名，说陆缓观同志参加了工作的全过程，那个时候年纪轻，记得可能比他还清楚，而且是缓观同志具体抓的事情。

为此，《科学时报》社专门组织了由总编辑罗荣兴牵头、党委书记刘洪海等参加的班子，新华社社长郭超人同志派来了国内部副主任张锦胜具体帮助，共同跟各方面进行了联络。路院长跟朱光亚、钱学森都联系了，他们分别校阅了这个稿子，也提出来一些修改补充意见。保密事项请总装备部做了审查。在文章审查过程中，张老让秘书俞家英告诉记者，石油部侯祥麟院士看到他的文章后写信给他，提出氟油的问题军工史记载是石油部做的。张老特别查了军工史的资料，发现原因出在一个时间差上，事实应该是先由中科院研制生产，后由石油部生产。张老给他回信做了说明，侯院士说他明白了。这说明写好历史也很不容易。《科学时报》社罗荣兴总编为文章拟出了《请历史记住他们》的标题，张老说：“这是画龙点睛的神来之笔，充分表达了我的心声。”张老在杭州最后对文章进行了审阅后，他再次请路院长帮助把关。5 月 1 日，路院长一口气看完了记者送给他张老审阅过的稿子之后，让记者直送新华社郭超人同志。郭超人看过后，他又请新华社总编辑南振中同志看过，这篇 1.3 万多字求真求实的科技历史之作，才最终定稿。

尖端科技历史的真实记录

5 月 5 日，在江泽民总书记的关怀支持和曾庆红同志的具体安排下，新华社将张劲夫的署名文章《请历史记住他们——关于中国科学院与“两弹一星”的回忆》以通稿的形式发表。5 月 6 日,《人民日报》《光明日报》等中央大报都在显著位置刊登了这篇重要文章，在国内外引起强烈震撼。

5 月 6 日，因特网率先将张劲夫同志的文章传遍全世界。钱学森看了《科学时报》上发表的张老的文章，让他的秘书涂元季打电话给报社转达自己的意见：“张劲夫同志的文章写得非常好，读了非常感人，老一代科学家非常感慨，当年那种大协作精神该回来了。”当年在中科院分管军工的副院长裴丽生已经 93 岁高龄，听人给他读了张劲夫的文章后激动地说：“过去我虽然分管军工任务，但是有纪律，上边的情况不许打听，因此许多事情连我也不清楚。张劲夫同志是能够把这段历史说清楚的唯一的人，感谢他把这段历史说出来了。张劲夫的记忆力特别好，这一点我了解。‘两弹一星’是中国人民和中国科学家，在党的领导下自力更生创造的一个伟大的奇迹，张劲夫的文章也是一篇重要的历史著作。”当时正遇到以美国为首的北约用导弹袭击我驻南斯拉夫大使馆，造成人身伤亡和馆舍被毁的严重损失，更激起中国人民的强烈义愤。中科院的中青年科学家，声学所所长李启虎院士、力学所所长洪友士研究员、计算所所长高文研究员决心化义愤为力量，向老一代科学家学习，发扬“两弹一星”精神，矢志科技图强报国。年轻的飞秒激光技术专家阮双深和空间技术专家相里斌认为，以美国为首的北约这次对中国人民犯下了罪行，我们在义愤的同时，更觉得自己肩上担子的沉重，我们一定要学习老一辈科学家卧薪尝胆的精神，加倍努力，勤奋工作，快步前进，真正赶超世界先进水平，为我国综合国力的强大顽强拼搏，积极奉献。只有这样，才能富国强兵，我们才能自立于世界民族之林，以实际行动痛击侵略者的暴行。

在张劲夫同志回忆的带动与启发下，朱光亚、周光召等一大批参加“两弹一星”研制工作的科学家，与裴丽生、陆缓观等当年“两弹一星”研制工作的组织者，积极接受记者的采访，回忆起这段科学的秘密历程。中国科学院党组副书记郭传杰提议将这些重要史料汇编成书，以传之久远，既作科教兴国的范例，又作爱国主义教材。于是又有了《请历史记住他们——中国科学家与“两弹一星”》这本书。该书收录了聂荣臻副总理、钱三强的遗作；收录了张劲夫、钱学森等曾经做出突出贡献的同志所写的 40 多篇回忆文章。这可以说是我国尖端科技发展历史的真实细节记录。1999 年 8 月 31 日，江泽民总书记在出国访问前夕，挥笔为这本书题写了书名——《请历史记住他们》。该书不仅是重要的科学技术史料，也成了我们进行爱国主义教育的好教材。当年，暨南大学出版社 9 月第一次印刷，很快销售一空，12 月又第二次印刷。

值得一提的是，这本书中记载的当年参加“两弹一星”研制的科学家，大都已进入老年。如今工作在我国国防尖端技术研究岗位上的早已是一代英姿勃发的中青年科学家。书中提到的当年参与“两弹一星”研制的中国科学院的研究机构和人员以及仪器设备，大多在1968年“文革”中整建制转到了国防科研部门。在那里，形成了一支我国科学体制完整、装备精良的国防科研生力军。但是水有源、树有根。今天我国国防尖端科技的基础是老一代科学家当年用心血、青春乃至生命奠定的。历史不会忘记他们，未来不会忘记他们！

1999年8月11日下午，聂荣臻同志的原秘书老周同志告诉记者：“张劲夫回忆文章非常好。《人民日报》稿我已经看过了，《科学时报》刊登得更加详细，我也认真看了。在张老的文章发表后，国防科委副主任聂力同志看了文章后，亲自征求张劲夫同志的意见，向中央建议为研制成功‘两弹一星’做出突出贡献的科学家授勋，并召开表彰大会表彰他们的突出事迹。张劲夫同志支持这样做，他们的建议很快得到了中央的同意。经过认真评选，党中央、国务院、中央军委决定给23位有突出贡献的科技专家授勋。之所以选择9月18日，这个东北沦亡的纪念日，目的是想说明中国人民在政治上站立起来之后，科技上也已经站立起来了，被人宰割的历史将永远成为过去！”

《请历史记住他们》一文和一书的内容，过去属于国家的核心机密，不许宣传。江泽民总书记同意解密，公开发表，收到了非常好的效果。中共中央、国务院、中央军委，在人民大会堂召开“两弹一星功勋”表彰大会，更把“两弹一星”精神的宣传推向了高潮，给了我国广大科技工作者莫大的鼓舞和力量。

我国首次核试验亲历记

⊙ 王广福

1962 年底，国防科委向中科院地球物理所下达任务，研究核爆炸与地震关系，包括核爆炸的地震效应和用地震学方法测定核爆炸当量。1963 年 5 月，经过国防科委和中国科学院新技术局批准，傅承义院士代表地球物理研究所与国防科委第廿一研究所所长程开甲正式签订研究任务协议书，正式参加我国首次核试验的效应观测，后称 21 号任务。

我原本在地球物理所二部工作。1963 年借调到地球物理所七室参加 21 号任务。

紧急受命

1962 年我大学毕业后，分配到中科院地球物理所二部（前身是中国科学院 581 组）一室五组，从事人造卫星环境模拟实验工作。二部主任赵九章、一室主任钱骥（1999 年荣获“两弹一星功勋奖章”）。1963 年 9 月，我刚刚通过转正答辩，研究室为我们刚转正的每个人发展做了周密安排。一天，组长叶世元（后任上海市地震局副局长）突然通知我，组织决定要我明天到中关村地球物理所七室报道，参加一项重要工作。他强调，工作性质保密，我的工作完全由七室安排，不必向二部一室任何人汇报，组织关系仍在二部一室。

第二天一上班我就从西苑赶到中关村。七室党支部书记费崇义接待我，对我提出两点要求。一是任务性质绝密，必须按照保密规定去做。任务期间不能擅自离所，工作内容不许向与任务无关人员泄露，个人通信要接受室里审查（室党支部设有保密委员）。二是关于我的工作，要求在半年时间里完成 10 套强震观测系统的加工、安装、调试和系统标定工作，准备来年春天参加化爆试验，张素琼、刘玉珍协助我工作。任务必须按时完成，所需保障条件由研究室全权负责。我在大学读书是绝密专业，分配到地球物理所二部又是个保密单位，受到过严格保密教育，所以对于保密规定已经习以为常。不过费崇义的一番谈话，还是让我感到有几分神秘感。保密工作有一条基本原则：不该问的不问，不该说的不说。所以，也就没有过多去猜想。

七室主任是著名地震学家傅承义院士（当时称学部委员），我还从未见过。两位代理副主任许绍燮（后为工程院院士）、张奕麟（后为国家地震局总工程师），当时都是工程师，平时也难得一见。我的工作直接由他们领导、安排，同时得到老同事胡鸿翔、肖蔚文（他们都是苏联列宁格勒大学地球物理系毕业生）许多帮助。我在二部一室确定的研究

注：王广福，81 岁，中科院地质与地球物理研究所研究员。

方向是振动测量。我对于强地面运动质点位移观测完全陌生。我边查阅文献资料、边下到所工厂，按照苏联仪器图纸，和工人师傅一起，解决仪器加工中存在的问题。为了节省时间，我从西苑搬到了中关村，住进了只有 10 余平方米的办公室。白天铺盖卷起放在柜子上，夜里把办公桌拼在一起当床铺。在这半年多时间里，我和七室很多人一样，从没有休过节假日。加班加点是常态，几乎每天都是工作到半夜十一二点，食堂给我们准备好夜宵（鸡蛋炒米饭）。在粮食定量供应年代，夜宵是经过院里特批的。在 581 工厂工人师傅的帮助和全所各个部门的大力协助下，按时完成了 10 套强震仪的加工和调试工作。1964 年春，我参加了在工程兵 751 试验场进行的化爆试验。4 月，我负责的强震观测系统通过了七室组织的验收，时刻处于待命状态。但是，到底什么时间出发？去哪里？具体执行什么任务？我还是一无所知。

戈壁滩上的“桑拿浴”

由于任务需要，核爆炸前后，要在爆心附近，做化爆试验。地球物理所提前于 1964 年 5 月初进场。这时，大部队正在场区进行施工，参试人员生活保障设施尚未竣工。这次化爆试验在异常艰苦的条件下进行，而让人最难忍受的是戈壁滩上的“桑拿浴”。

进场后，住和工作都是用临时搭起的简易帆布帐篷，中间有一根金属立柱将其撑起，四角拉紧，面积大约十几平方米。一面有门，其余三面各留有一个小窗户，可打开，光线透过有机玻璃照射进来。这种帐篷即使是现在的抗震救灾场合也很难见到了。调试仪器就是在这里进行。五六月份，戈壁滩上中午地表温度可达六七十摄氏度。由于帐篷通风不好，帐篷里就像蒸笼一样，几个人在里面工作很快就汗流浃背，进一步导致空气湿度加大，就如同“桑拿浴”。每个人都是赤膊上阵，只穿一条短裤，脖子上系一条毛巾，工作几分钟就得到帐篷外背阴处，呼吸点新鲜空气。这时本应大量补充水分，然而饮用水要用水罐车到几百公里以外去拉，每人在上班前灌满一行军水壶，虽然这种饮用水带有苦涩味，有时还会供应不上，而导致虚脱。这时不得不喝孔雀河中的咸水，喝了不但不解渴，还会拉肚子。真是苦不堪言。

一次不大不小的医疗事故

1964 年 7 月初，参试人员开始陆续进场，生活条件有所改善。做饭和饮用水基本得到保证，但平时洗漱都是用取自孔雀河的咸水。8 月开始，整个试验场区已经进入紧张的联试阶段，我突患眼疾。刚开始没太在意，后来顶不住了，去了医务室。大夫说可能是我在洗脸时，不慎将咸水弄到了眼睛里，引起结膜发炎。大夫给用了消炎眼药膏。不料到了晚上，两个眼睛都肿了起来，出现发烧等全身性症状。大夫连夜把我送到几十公里外的场区野战医院，检查结果是青霉素眼药膏过敏，马上采取应急措施，使病情得到控制。医院大夫让我留下来观察、治疗，我坚决不同意。因为整个试验场区联试已经开始，如果耽误了联试，影响了任务完成，后果不堪设想。我想病因已经找到，病情得到了控制，脱敏要有个过程，我自己注意就是了。在我的坚持下，大夫同意了我的意见，让我留院观察了一天，第三天没等眼睛完全消肿就出院了。有惊无险地闯过了这一关，万幸工作没有受到任何影响。

终生难忘的一次体检

在这次核试验中，我负责观测弹性变形区边界强地面运动位移。最近测点距爆心460m，探头埋在地下，记录信号通过电缆传输到距爆心1km的半地下记录站（13工号），由振子示波器记录。这是整个试验场区离爆心最近的测点和记录站。地球物理所在该记录站工作有3人，负责人是胡鸿翔，我负责位移观测，记录介质是相纸，姜维岐负责加速度测量，记录介质是感光胶卷。根据预报，13工号位于核污染区内，为了防止核辐射致记录介质曝光，起爆后应该尽快回收记录。在污染区作业，必须按照防化要求穿着防化服，头戴防毒面具，与防化兵、工程兵一起驱车前往。为此需要进行严格、艰苦的防化训练，所以对身体条件有严格要求。指挥部专门为我们回收人员做了一次全面体检。结果出来后，告知我心电图有异常，体检不合格，不能参加回收。我向领导反复说明我的身体自我感觉良好，没有任何异常反应，参加回收没有问题，我负责操作的仪器我最熟悉，可以做到安全可靠万无一失。结果领导还是让胡鸿翔取代了我，参加回收。他和姜维岐很好地完成了回收任务。

这是让我终生最难忘的一次体检。

欢庆核试验成功

1964年10月14日晚，在101站召开了试验场区动员大会。国防科委副秘书长、试验场副总指挥张震寰在会上慷慨激昂做了动员报告，要求全体参试人员在15日最后一次全场联试中做到万无一失，迎接庄严时刻的到来。想到一年多时间里，我们日日夜夜历尽艰辛为之奋斗的目标即将实现，心情无比紧张、激动，彻夜难眠。15日最后一次联试后，所有测试项目都处于待命状态。近区和中区工号封门，原住101站的全体人员和720站的大部分人员（只留指挥部控制人员）撤至距爆心约60千米的201站。16日，指挥部组织参试人员和施工部队广大指战员，在201站附近小山丘上观看核试验。小山上临时架起了有线广播大喇叭与主控站相连。参观人员围拢在几个大喇叭下面，以焦急心情眺望爆心方向。下午2时30分，倒计时开始："零前30分，零前20分，零前10分，零前30秒。"这时，参观人员屏住呼吸，转身背向爆心方向。"9，8，7，6，5，4，3，2，1，起爆！"霎时间，一股热浪从身边掠过，大家不约而同地转过身去，看到远方一团火球簇拥着翻滚的蘑菇云腾空而起，冲上蓝天。参观现场欢声雷动，人们振臂高呼毛主席万岁！许多人眼里噙着泪花，相互握手、拥抱，情不自禁地张开双臂向爆心方向冲去，不少人忘情地从山坡上滚了下去。不一会儿，从大喇叭里传出了中央军委、国务院和周恩来总理对核试验成功的祝贺。现场的热烈气氛达到了高潮。

此刻，我悬着的一颗心还没落地。一方面为我国首次核试验成功而欢呼，另一方面我负责的强震观测记录情况尚不得而知。直等到晚上把记录结果冲洗出来，看到了熟悉的波形，一颗心才落了下来。记录全部成功了。

郭沫若院长、张劲夫副院长等院领导接见我院参试人员

核试验成功后，地球物理所又根据研究工作需要在爆心附近做了数次化爆试验，而后于10月底返回北京。

我们回京后不久，周恩来总理在人民大会堂招待我国首次核试验参试人员。

11月初，郭沫若院长等院领导在文津街院部一楼会议室，接见了参加我国首次核试验的地球物理所、声学所、物理所、自动化所参试人员。地球物理所人数最多，有15人：许绍燮、张奕麟、林中洋、曲克信、王广福、郝维城、尹周勋、胡鸿翔、姜维岐、夏恩山、吴心安、杨伯曾、黎家佑、廖彦平、贾梅芳。参加接见的院领导有郭沫若院长、张劲夫副院长、裴丽生副院长、竺可桢副院长和吴有训副院长。大家围坐在一张长桌子周围，气氛活跃，充满欢声笑语。张劲夫副院长首先讲话，他畅谈了国内外大好形势，盛赞我国第一颗原子弹爆炸成功的伟大意义。吴有训副院长激动地说：“核试验的成功，全国人民都感到扬眉吐气。”他还说要以核物理学家和《人民日报》读者的身份，写信给《人民日报》，希望得到《人民日报》发表的我国核爆炸蘑菇云的照片。这时，张劲夫副院长的秘书李克拿出一张蘑菇云的黑白照片，送给了吴副院长。最后，郭老即席赋诗，并大声朗诵，使接见达到了高潮。

参加首次核试验回忆录

⊙ 赵宗尧

我有幸成为研制我国首次核试验急需的高速相机团队中的一员。更有幸的是研制完成后，应核基地邀请，又参加了首次核试验，亲历了这一伟大历史壮举。

1964 年 10 月 16 日下午 3 时整，我国成功地进行了首次核试验。

这一声巨响，向世界庄严宣告：中国从此进入了核时代！

这一声巨响，彻底粉碎了核大国的核垄断和核讹诈，使中国人民扬眉吐气，又一次证明了中国人民有志气有能力自立于世界之林！

这一声巨响，成为中国共产党领导的新中国发展史上，又一个永载史册的里程碑！

时光虽已匆匆走过了五十五年，但对我来说，至今忆起当年参与研制和试验的一些人与事，仍然清晰可见，历历在目，成了我一生永不会忘却的记忆。

自力更生，自主创新，为首次核试验研制高速相机

1963 年秋，国家给西安光机所下达了一项非常重大而又十分机密的国防任务，这就是为我国首次核试验研制特殊需要的高速相机。中国科学院有关领导特别强调，这是国家的头号重大国防任务，也是中国科学院的头号重大任务，是光机所建所以来承担的首个重大项目，必须集中一切力量，按时完成任务。

随之，调集全所精锐力量，成立了以我国著名光学专家、学部委员（院士）龚祖同所长为首的研制团队，下分光、机、电三大课题组，李育林、汪欣和我分别担任三大课题组长。整个项目实行完全自主创新的“研究、设计、实验、制造”一竿子插到底的课题组长负责制。党委书记苏景一高度重视，他把这个项目叫“军令状”，反复强调：砸锅卖铁也要保质保量按时完成，绝不能拖国家后腿。

原子爆炸是核裂变物质发生的链式反应而形成的一种超高速瞬态过程。研究此过程，对提高核爆性能至关重要。那么，怎样获取此瞬态过程的信息呢？其中采用高速相机将这一超高速瞬态过程记录下来，是必不可少的途径之一。

但这种高速相机从何而来，依靠进口？这是巴黎统筹委员会明确对中国禁运的高端设备，根本不可能。再说，当时苏美两个核大国对我国发展核武器，视为眼中钉肉中刺，在政治上敌视反对，在技术上严加封锁，要想从它们那里得到相关资料，更是妄想。因此，

注：赵宗尧，84 岁，中科院西安分院曾任处长。

只能走发奋图强，自主创新的道路，研制我们自己核试验所需要的高速相机。

高速相机通俗地讲，就是曝光时间极短的相机。它是用于记录超高速瞬态过程的有效高端设备，是光、机、电一体化的高技术。我们研制的高速相机是用来拍摄核爆反应过程中火球形成和发展过程的。

要承担这一高难度又是高度机密的项目，当时有明确规定。凡是课题组的成员必须符合两个条件：第一，要过政审关。通不过者，绝不能成为课题组成员。这是一条不可逾越的铁定原则。我在组建电控课题组时，就有一个同志因政审未通过未能参加到我的课题组，只好另安排替补。第二，业务好、有闯劲儿，具有独当一面的能力。最后，进入电控组的成员除我之外，还有曹文钦、查冠华、蒋森林，随后又增加了核基地 21 所派来学习的两位同志。当年这些同志齐心协力，夜以继日地苦干实干加巧干，为研制高速相机电控系统做出了实实在在的贡献，至今也忘不了他们。在此，向他们致以敬意！

因我是课题组长，所以责任和压力更大。压力一，要负责电控总体方案的研究设计，稍有疏忽，就会影响全局。压力二，根据每个人的特长分工合作，并及时了解情况，帮助大家克服一道道技术难关。压力三，要对龚所长负责，要确保进度，每周向他作一次汇报。

我们研制的是由一个控制台操纵三台两类相机的组合体，其中有：两台曝光时间为 1μs 的长焦高清大画幅克尔盒相机，是要获取核爆两个关键时间点的火球“特写”图像。一台是拍摄频率为 20 万次 / 秒的等待型转镜相机，是要获取核爆火球形成、发展的系列照片。而电控的功能则是：第一，自动获取相机的“0”时坐标，准确控制各台相机在不同时间点进行拍摄。第二，精确控制各台相机快门的曝光时间。第三，在中央时统（统一的时间标准）指令下，实现相机全程自动操作。

在研制过程中，感到最为棘手的难题，是克尔盒相机所需的幅度 10^4V，脉宽 1μs 的矩形高压单脉冲，以此脉冲控制克尔盒快门达到 1μs 的曝光时间，在当时，是一个国际性难点。国外为避开这一难点，采用了高压钟形单脉冲来近似取代，但会给相机曝光时间造成误差。在研制中，龚所长极力支持我创新，他说，外国没有的我们要有，要大胆创新，不要怕失败。在他的鼓励下，终于研制出了理想的高压矩形单脉冲发生器，使克尔盒相机的曝光精度超过了当时世界水平，成功地解决了这一难题。

为了确保做到万无一失拍到核爆火球图像，为此研制了两台套。1964 年 6 月通过了中科院和国防科委联合鉴定。随之，应核基地邀请，派出了以我为组长的三人参试小组，于 1964 年 6 月底在军方的安排下，带上我们研制的相机，秘密前往了核基地。

走进神秘的马兰，奉献戈壁滩，参加核试验

出发前，军方先要约法三章：一、除了自身要穿的衣服外，不准带任何东西，特别提出不准带相机、收音机；二、不得与外界通信、联系；三、到什么地方、干什么，不得向包括亲属在内的任何人透露，要做一辈子无名“英雄”。

马兰是核基地司令部所在地，凡到此地者，必须持有通行证，当然我们也不例外，因此马兰成了一个与世隔绝的神秘的“世外桃源”。在马兰，见不到一个老百姓，这里是清一色的军人之城。

试验场在罗布泊的纵深地带，从马兰到前方场区，还需 12 小时的车程。我们于 1964 年 7 月初进入了场区。

在场区，见不到一棵树，看不见一只鸟，更找不到一滴水。有的只是脚踩着的大戈壁，头顶着的大太阳。白天温度高达四五十摄氏度，真正体验到了“赤日炎炎似火烧”的滋味。

我们住的都是军用帐篷，内有多个双层架子床。一个深夜，突然狂风夹着沙石袭来，帐篷摇晃得把我们惊醒，大家赶快起床，用力拉住帐篷，才免遭一劫。这还罢了，在场区最不适应的是水。汽车兵每天从很远的孔雀河拉水，但拉回的水，全是青黑色的，喝到嘴里又苦又涩，难以咽下。很多人水土不服拉肚子，我也是其中之一。在如此艰苦环境下没有一人叫苦，都在全身心地投入工作。

我们编入 21 所第二研究室，所长是程开甲教授、大校，二室主任是孙瑞藩教授、中校。全室绝大部分是刚从高校选拔出的优秀毕业生，毫无工作经验，故需要我们在工作中传帮带。我被聘为全室的技术指导。既是客人又当主人，都是属于基层的参试人员，一起过军事化生活。

首次核试验是由周总理领导并指派张爱萍上将亲临现场指挥的。工作的每一步，都要通过专线电话直接向总理报告，接受总理的指示。

场区建有一座百米多高的铁塔，“零”前（即起爆前），将核装置安装在顶部，这就是爆心。以此为圆心，以不同距离为半径，构筑了众多坚固的工事，其内安装各种监测仪器和设备，对准爆心形成庞大的测试体系。我们的两台套高速相机分别安装在两个方向的工事测试点里。

全场设有一个时统指令控制中心（亦叫主控站），届时控制整个核爆试验过程，是试验场的指挥中心。

我们每天头顶大太阳乘敞篷解放大卡车，从驻地到测试点工事上班，人人被晒得黑黝黝的。一天下午，我们正在专心调试相机，基地司令员陪着张爱萍将军来到工事里。将军详细询问了相机情况，我一一作答，将军表示满意，说了许多鼓励的话，临走时，和在场的人一一握手。将军和蔼可亲的态度令人至今难忘。

8 月份，著名光学专家王大珩院士来到场区，其间观看了我们的相机调试。一天中饭后，他把我叫到驻地办公室帐篷里，在座的有程开甲所长和孙瑞藩主任，一起讨论了防干扰问题。他说，戈壁滩的夏天大气抖动很厉害，要采取措施防止大气抖动对相机光电探测器产生的误动作。于是，我在光电探测器前面加装了一个自动挡板，平时遮挡了大气抖动，到工作之前再自动取掉，又不影响光电接收器接收核爆的光信号，圆满地解决了此问题。

9月初，进入全场模拟实战演练阶段，工作高度集中，仔细排查隐患，做到万无一失，直到完美无缺为止。9月20日左右，总理命令：全场保持最佳状态待命！10月15日早上突然全场集合，传达总理启爆令。随之，各测试点将仪器设备都置于待命状态，锁上工事大铁门，全体参试人员收起帐篷，立即撤到五十公里开外的地方驻扎。

10月16日，戈壁滩晴空万里，风力不大，能见度非常好，好似天公出来助兴。中饭后，全体参试人员列队前往一高地观看核爆。现场已安置了高音喇叭，指挥观看。此刻，大家的心里既有兴奋也有担心，是一种很难说清的十分复杂的心态。在进入倒计时前，喇叭里发出指令，命令队伍戴上防护镜，背向爆心就地而坐俯身闭眼，这时全场鸦雀无声，一片寂静。当喇叭里发出倒计时指令，喊出“起爆”后，等了片刻，听到喇叭里大声喊道：成功了！成功了！这时，大家转身一看，在爆心处鼓起一个半球状的火球，由小到大向上激烈翻滚，其势令人心潮澎湃。最后，形成一个蘑菇云，直冲云霄，异常壮观！顷刻间，整个观看队伍沸腾了，成功了！成功了！毛主席万岁！共产党万岁！欢呼声此起彼伏。人们情不自禁地把帽子、衣服抛向空中，含着热泪相互拥抱、互相祝贺。此时此刻，寂静的大戈壁顿时成了一片欢腾的海洋。

张爱萍将军拿起电话向总理报告核爆成功的喜讯。当天晚上，周总理在人大民会堂举行记者招待会，向全世界宣布，中国在西部成功地进行了首次原子弹试验。

看完核爆后，上级立即命令队伍撤回马兰，开始回收，进行数据处理和总结。我们的相机拍到了珍贵的核爆火球图像，圆满地完成了测试任务。这是西安光机所的奉献，更是中科院的光荣。

一天晚上，在马兰礼堂举行了盛大的庆功宴会，我应邀出席。会上，宣读了党中央、国务院、中央军委的贺电。张爱萍将军作了热情洋溢的讲话，当他说到首次核试验的成功是在党的领导下，大力协同，自力更生，无私奉献的结果，党和国家是永远不会忘记你们的。顷刻间，赢得了一片经久不息的掌声。将军讲话之后，在基地首长陪同下，到每个桌前和大家碰杯祝贺，把宴会推向了又一个高潮。祝贺声、欢笑声、碰杯声，此起彼伏，响彻整个大厅。当首长来到我坐的一桌时，大家起立，兴高采烈地和首长碰杯。我也和大家一样，将一杯葡萄酒一饮而尽。但不知是谁在我的杯中混入了白酒，饮下之后，有不胜酒力之感。这是我一生中唯一的一次醉感，但却没有反感，反而正好借着微醺，尽情地释放着满腹的兴奋之情。宴会大厅一直沉浸在一浪高过一浪的欢声笑语之中。马兰礼堂迎来了它首个欢庆核爆成功的不眠之夜。

回忆“砸锅卖铁”也要完成的任务

⊙ 蒋森林

20 世纪中叶，美国凭借核武器到处横行霸道，1950 年发动针对我国的侵朝战争。多次想直接对我动武，使用原子弹威胁，亡我之心不死。毛主席说：我们对原子弹首先反对，其次不怕，它也是纸老虎。1951 年下半年，世界著名科学家、诺贝尔奖获得者、法国科学院院长约里奥·居里（居里夫人女婿）让人传话：请转告毛泽东同志，你们要反对核武器，自己就应该先拥有核武器。随着国际形势的变化，毛泽东对原子弹战略上蔑视，而战术上慢慢重视起来。1956 年 4 月毛泽东在中央政治局扩大会议上提出：“我们现在已经比过去强，以后还要比现在强，不但要有更多的飞机和大炮，而且还要有原子弹。在今天的世界上，我们要不受人家欺负，就不能没有这个东西。”两年后他决定我国要搞原子弹、氢弹。从此研制原子弹正式开始，这是党中央、毛泽东为了国家安全做出的英明决策。

研制核武器有很多配套工程，光学测量绝不可缺。1963 年初，中科院要我所对克尔盒高速摄影机进行预研，同年 10 月正式下达研制克尔盒、20 万次 / 秒两种高速摄影机任务，要在次年 6 月前完成。我所 1962 年成立，有 100 多名科技人员，除研究员（龚祖同所长）、副研究员（光学设计）各一人，两名工程师（厂长和光学加工）外，其余都是初级职称。资料缺乏，设备落后，要完成这样重大的国家任务，确实困难重重。但在动员会上，中科院原新技术局副局长，党委书记的苏景一说：这是天字第一号任务，“砸锅卖铁”也要完成。这不是他个人看法，是国家需要，是代表党发出的号令，我们必须无条件执行。

光线通过强电场作用下的硝基苯会产生双折射，电场取消，双折射消失，其惯性小于 10^{-10} 秒。这就是克尔效应，利用这一效应，构成以克尔快门为核心的克尔盒高速摄影机。根据克尔效应和研究核变过程的需要，在预研要求中，有四个间距可变，前后沿较陡的高压脉冲，短期内达到这个指标对我们而言是可望而不可即。在国内能完成的单位有，但不会多，他们在哪里？

接到通知后，立刻组成科研组，并派员外调。在京区，我们走访了不少院内、院外单位，在西安和其他城市也进行了解或函调，但收效甚微。难题未解，大家十分焦急。一次偶然的机会，在钟楼遇见阔别已久的同班同宿舍同学，在闲谈中知道某厂生产雷达，我突

注：蒋森林，88 岁，中科院西安光学精密机械研究所研究员。

然想起雷达有高压脉冲，可以利用，迅速向上反映。中科院西北分院（西安分院的前身）华寿俊副院长知道后很高兴，立刻和他的同学某厂张总工程师联系，并决定合作。1964年春节后，五人小组进厂改装，厂里特别是车间全心全意地配合我们工作。我们每天早八点进厂，晚十点出厂，没有节假日，苦战两个多月，根据任务要求，改造高压脉冲，并融合我们的同步、触发、控制系统，研制出两台功能相同的电控柜。初步调试后5月初运回所里总体试验。

长时间紧张工作，本想回所后可以轻松一点，但设备干扰相当严重，克尔、爆炸、机械三种13个快门，不能按序按时动作，尤其是爆炸快门受干扰提前工作，相机会在没有照相前关闭，高速摄影机就不能记录核变初始段全过程。众所周知，这段数据特别重要，在我国核试验初期（氢弹试验时有新的高速摄影机），能用图像形式记录的只有这两种高速摄影的照片，这是苏书记提出“砸锅卖铁”也要完成任务的依据。经分析，干扰源并非外来，是高压脉冲。场、线干扰都有可能。我们花了一个多月，吃住在实验室，不分昼夜地奋战，最终仪器基本稳定，并通过鉴定。严格来说，因受当时国内器材、时间和我们自身水平的限制，干扰并未彻底消除，但我们仍在尽自己的最大努力，力求将设备调试到最佳状态。

因工作需要，我们三人随仪器到基地。司令部在马兰，这里本无人烟，是当年选择基地的部队首长，见有马兰草而取名。它距场地还很远，之间并无公路，经小山口验证后进入场区：没有飞禽走兽、绿树青草，由沙漠戈壁组成的不毛之地，起伏不大，一望无际。除铁塔和少量供试验用的建筑外，还有多个彼此相距很远用来安装仪器的工壕和由帐篷组成的临时生活区。人员来往、设备、生活必需品都靠解放牌卡车运送，水由汽车从遥远的孔雀河拉来，有异味，喝了常觉得胃不适。吃饭在戈壁滩，黄沙入菜是经常的。张爱萍将军为此现场作诗，被人谱曲，唱遍全营区。夏天很热，可达45℃以上，没有降温设备，连扇子都没有，帐篷里更热，男同志可只穿短裤，在帐篷外靠帐篷的影子挡点热，女同志更难受。一日三餐都是馒头，菜很少，馒头在嘴里就是咽不下去，只能用水帮着吃一个，由于自己任性和缺乏知识，不懂得这种吃法很不科学，几天不会有症状，时间长了后果肯定严重。另外爱人也在新疆进行野外勘察，无固定地址，两孩子在苏南农村由父母照顾，儿子未满周岁，无家人讯息，十分挂怀。为了完成任务，生活上的种种困难，必须勇敢面对，妥善解决，决不能影响工作。

我所研制的两种10台高速摄影机，分成相同两组，放置在互为备用的某某工壕，我负责前者。我们的最终目标是获得核变初始段50多张清晰照片，其中包括四张曝光时间短、画幅尺寸大的照片才算完成。我铭记这一点。在自调和联调时又出现干扰，根据中科院三老四严的要求，我重视每次出现的故障，绝不放过任何小疑点，第一次化爆虽获得通过，但干扰并非常有，不知何时出现，最怕在关键时刻来了，绝不能轻敌。经过几个月的不断改进、试验，再改进、再实验，仪器还算稳定。工作时间长，任务压力大，生活条件差，但没有怨天尤人，只是埋头苦干。1964年10月16日，我们向百米铁塔、工作生活几个月的场地告别，往马兰后撤，不知要过多久？不知要到哪里？突然一声令下，要大家立刻下车，找低凹处卧倒，面朝下，脚心向铁塔，双目紧闭，戈壁滩一片宁静。不久觉得被灼热的气体烤着，但仅一瞬间。又过一会儿，听到强劲的风声，纷纷扬扬的细沙落在身上，又逐渐消失。人们意识到光辐射、冲击波过去了，大家从地上跳起高喊：原子弹爆炸成功了，我们胜利了！相互祝贺拥抱，无数顶帽子抛向空中，无数张笑脸在晃动。随后到马兰等试验结果，仪器是否正常工作？如果出了问题，无论对国家还是个人，都是无法弥补的损失。吃不下，睡不好，连张将军设宴招待，春雷文工团慰问演出，也提不起兴趣，这样惴惴不安地过了好几天。当得知我负责的高速摄影机拍到理想的照片时，压在胸口的石头落了地，立刻全身轻松。我自豪，能参加首次核试验，完成了党交给我的任务，带着喜悦的心情回到西安。

回所后身体一直不适，查出肝炎，这是对任性的惩罚。春节后，领导通知我，说基地指明要我再去马兰，参加下次试验。有病、有核污染，去不去？思想斗争激烈。基地点名，肯定是工作需要，说明我的任务还没有完成，身为党员应该去，于是带上药重返马兰。基地任务组组长方悟和对我说：本来不该请你来，工作需要，实在对不起。这次是所称的第一次空爆，两工壕的相机我都负责，技术上心中有数，吃馒头不再任性，咽不下慢慢咀嚼，强迫自己吃，有时撒些白糖。上次这里有四个非军人，现在只有我一人，与众不同，引人注目。一天吃饭时军医说，南方人吃馒头不习惯，不能躲闪。吃什么药只能实说，有迁延性肝炎。他很认真，你必须离开。我强调很注意，不会出问题。不久总政蹲点的同志找我，我表示一个党员知道该怎么做，请组织放心。通过多次联试，排除隐患，两套相机都比较稳定。1965 年 5 月 14 日，第一次用运载工具投原子弹获得成功，某工壕因中央控制问题没有工作，但某某工壕得到很好的成果。我们中科院研制国内首创的两种高速摄影机在两次核爆中均获得重要数据，圆满完成任务。我也荣立三等功、二等功各一次。

我入党 65 载，年已 88 岁，回忆往事，除前面所述外，无论是地下核试验测量方法研究，还是改革开放后的经济建设，都没有虚度年华，能为国家做些事，是党教育培养的结果。愿我们的国家，在习总书记领导下，在民族复兴大道上阔步前进。

与氢弹研制有关的5个神秘数字

⊙ 张锁春

我本人是氢弹研制亲历者，有资格来谈自己亲身参与的往事。

我是1963年从复旦大学数学系毕业，服从国家和党的需要，分配到“北京核武器研究所”（对外简称“北京九所”）。其实我在大学里学的是“偏微分方程”，但工作中需要我搞“蒙特卡洛方法”。那就从零开始，边干边学，干成学会。当时一门心思扑在工作上，夜以继日、不分白天黑夜地干，从不考虑报酬、讲什么价钱，都是无代价的，牺牲自己的生命也在所不惜，也从不追求什么名利，甘当无名英雄，愿做闪闪发光的革命的“螺丝钉”。

我是1963年9月到单位报到的，而1963年9月我国首颗原子弹的理论设计方案已完成，主要负责人邓稼先在方案上签字后向上级提呈，故我未能赶上原子弹的研制。1964年10月16日我国第一颗原子弹爆炸成功了。1964年对我而言就是学习、补充知识、打好基础的一年。学习用“代码语言”手编程序，学会在电子计算机上自己操作计算、熟悉有关的计算方法。立竿见影，1965年在完成实际任务中派上大用处。

我国的首颗氢弹原理突破是在1965年，原理试验是在1966年，氢弹试验是在1967年，氢弹的研制过程就是在这三年完成的。我正好碰上，而且站在第一线，是个时代的“弄潮儿”。

下面，就给大家介绍一下氢弹研制过程中的5个神秘的数字。

第一个数字是“639”

“639”——中国第一颗氢弹的代号。在此有必要介绍一下“596”——中国第一颗原子弹的代号。“596”是有鲜明的“时间”特征和强烈的“政治”内含的。1959年6月20日苏共中央来信，拒绝提供原子弹教学模型和图纸资料给中国，同时撤出全部在华支援的专家，背信弃义、撕毁合同，妄图卡住我们的脖子，不让我们搞成原子弹。而我们就是要争口气，发奋图强把它搞出来！当时的刘杰部长视察青海221厂（核武器研制基地）时，决定以苏共中央来信的日子给即将诞生的原子弹取名为“596”，作为第一颗原子弹的代号，借以激励全体职工，坚决克服一切艰难险阻，研制成原子弹。故第一颗原子弹又称“争气弹”。

注：张锁春，79岁，中科院数学与系统科学研究院研究员。

而“639”这个第一颗氢弹的代号，偏偏没有那么多的附加含义，甚至我们内部很多一般职工也不知其深层含义。这个“秘密”倒可以成为鉴别真知道和假知道的试金石。有很多报刊记者，发挥想象力，胡编乱造，自作聪明地在 1963 年 9 月这个时间节点上做文章，一看就是一位不明就里者。这个秘密就在于这个代号是与氢弹装置本身的结构有关，与时间没有任何关联。

第二个数字是“1100”

1965 年 2 月，在九院副院长朱光亚、彭桓武指导下，理论部主任邓稼先、第一副主任周光召在组织科研人员总结前一阶段工作的基础上，制定了关于突破氢弹原理的工作大纲。分两步走：第一步继续进行探索研究，突破氢弹原理；第二步完成重量 1 吨左右，威力为百万吨 TNT 当量的热核弹头理论设计（俗称“1100”），要求聚变能超过裂变能，至少各占一半，是航弹可用飞机掷投，而不是塔爆的大装置。因为 100 万吨以上 TNT 当量，才能算作氢弹。为了加大保险系数，彭桓武先生建议按 300 万吨要求进行理论设计。

第三个数字是“100”

这“100”是指 1965 年氢弹原理突破，上海的“百日会战”（1965 年 9 月 23 日至 1966 年 1 月 4 日），其中于敏在上海工作整 90 天（1965 年 9 月 27 日至 12 月 28 日）。

首先应指出氢弹预研工作始于 1960 年 12 月，二机部刘杰部长和钱三强副部长以战略家的眼光前瞻性地商量决定：考虑到当时北京九所正忙于原子弹攻关，氢弹的理论探索工作可由原子能所（即“401”所）先行一步。按此指示，原子能所成立了“轻核理论组”（对外代号“470”组），组长黄祖洽、副组长于敏，何祚庥参与业务领导，由所长钱三强主持，这个研究组的任务就是对氢弹的作用原理、各种物理过程及其结构等做探索性研究；开始做些热核材料性能和热核反应机理的基础研究，为氢弹的研制作理论准备。这是一步高棋。

其次应指出北京九所在 1963 年 9 月第一颗原子弹理论设计完成后，立即组织力量开始探索氢弹理论问题，诸如热核反应如何点燃热核材料、中子输运、辐射流体力学、二维流体力学计算方法、超高温高压状态方程等专题研究，并且通过研究装有热核材料的原子弹（也称加强型原子弹），探索热核反应的规律和裂变聚变耦合问题。

1964 年 10 月 16 日，我国第一颗原子弹爆炸试验成功后，理论部及时调整机构和人员，决定抽出三分之一的理论研究人员，全面展开有关氢弹理论的研究。为什么不能集中全部的力量呢？因为当时还有“两弹结合、装备部队”的任务。

1964 年 12 月 3 日，遵照党中央的指示，经过反复研究，二机部制订了加速核武器发展的全面规划，要求通过 1965 年至 1967 年的核试验，完成原子弹武器化工作，并力争于 1968 年进行氢弹装置试验。二机部决定将原子能所预先探索氢弹原理的一部分力量，即由黄祖洽、于敏领导的“轻核理论组”的大部分人马，共 31 人，在 1965 年元月初合并到九所，集中力量突破氢弹，于敏亦被任命为理论部副主任。这又是一步高棋。

于敏来所后，带来了他们的长期预研的研究成果——“于敏方案”。为了考察“于敏方案”的可行性，1965 年 2 月 5 日，当时理论部蒙特卡洛（MC）组的组长吴翔带领刘德明和张锁春两人去上海完成一项紧迫的特殊任务，要求在上海华东计算所的 J-501 机上，用最短的时间编制出一个新的大型 MC 程序（代号为“508”程序），目的是检验于敏先生为了突破氢弹而提出的“于敏方案”的可行性问题。3 月 19 日前取得初步结果后，由吴翔回京作汇报。与领导研究、决策后根据要求修改程序，反反复复又去过上海两次，分别编制“518”程序和“528”程序，进行模拟计算。但计算结果都不理想，证明“于敏方案”的路子行不通，必须放弃，重新探索新的路子。

1965 年 8 月 27 日，邓稼先主任在理论部召开大会，认识到像“1100”这样的热核弹头难以一步到位，理论部领导适时调整了突破氢弹的途径和步伐，并将任务做了重新布置：在确保主力 11 室和 12 室继续进行理论探索的前提下，决定把次年进行的小规模加强弹爆炸试验的设计任务交给了 1 室，并把打算两年后进行的百万吨级氢航弹热试验用的弹头优化设计任务交给了 13 室。而且要求 13 室当年国庆节前到达上海华东计算所，利用国庆假日期间全部机时归“五班”使用的大好机会，集中突击计算一批模型，力争工作有新的突破。

1965 年 9 月 23 日，吴翔组长带领蒙特卡洛组的四人小分队（张锁春、胡锦、雷光耀、郑玉珍）去上海，这是一年内第四次来到上海出差。这次的任务是来练兵，没有完成实际任务的压力。同时见到 13 室派来打前哨战的先头部队，主要准备好计算需要用的程序。

1965 年 9 月 27 日，13 室的大队人马（约有 50 人左右），在室主任孙和生、副室主任蔡少辉和彭清泉率领下开进华东计算所，理论部副主任于敏也随同前往。让于敏参与计算结果的分析，这是又一步高棋。

因国庆假期的全部计时都归 13 室使用，可以突击计算一批模型。国庆假结束后，我去计算机房接班，尚未踏进机房，就听到 13 室的同志在机房里大叫起来，说是发现了“新大陆”，得到一个意想不到的威力高达 300 多万吨的新结果，大家都为之高兴、很兴奋！究竟是什么原因，需要做进一步的深入分析。

后听说在分析发现“新大陆”的原因时，发现控制取物质密度的逻辑尺中的数字填错了，其结果造成轻核物质区的密度取成重核物质区的密度，相当于轻核区的装料加大了 20 多倍。使研究者看到了 300 万吨级氢弹的物理图像，更重要的是研究人员认识到要实现氢弹爆炸的最重要的因素是提高轻核材料的密度。虽然核聚变的速度与密度平方成正比，但高密度还会带来高温度，设计氢弹应该走高密度这条路。

这意外的发现，正是因错得福，对一般分析者无所谓，可是对理论基础功夫扎实的于敏来说，就大不一样了，心有灵犀一点通，犹如拨开云雾见太阳。

他立即从众多的计算模型中挑出三个用不同核材料设计的模型，进行深入细致的系统分析，结合他过去四年来探索氢弹机理积累的物理知识，结合物理粗估，对内爆动力学、中子学、热核反应动力学、辐射流体动力学等有关现象进行系统分析，给大家做系列报告。

10 月 13 日于敏开始了在上海持续两周的系列报告的第一讲，他从炸药起爆开始，将加强型的原子弹的全过程划分为原子阶段、热核爆震阶段和尾燃阶段，并对其中每一阶段的特征物理量进行分析，抓主要矛盾和矛盾的主要方面。通过分析，发现加强型弹内中子造氚的过程太慢，中子造氚循环过程赶不上弹体解体过程，从而导致在热核爆震阶段中，“火球内的能量释放率干不过能量损耗率，差了几倍”。要解决这一困难，“要么设法减慢火球的传播速度，要么提高能量释放率”。其途径不外乎有两条道路：高温度和高密度。高温道路已经过探索知道其中的困难所在，只有走高密度之路。

如何达到足够的高密度呢？只有依靠原子弹爆炸的能量才有可能。如何控制和利用原子弹的能量这又是一个高难度的问题。为了解决这一难题，于敏经过冥思苦想，几天几夜的估算。分析原子弹爆炸时所释放的各种能量形式、特性及其在总能量中的比例，找到一种易控制、可驾驭的能量形式，于是产生“于敏新构型方案”。

1965 年 11 月 5 日在华东计算所主楼五层东侧的大教室里，13 室全体出差人员安静地坐在大黑板前，先由蔡少辉副主任汇报两类三个模型的计算结果和特点。其次由理论部于敏副主任介绍新模型的设计思想，随着他的深入浅出的语言、严密的逻辑思维、无懈可击的推理和充分的论据，从原理、材料、构形三要素把大家带进了一个氢弹王国，使大家如梦初醒，意识到一个新的氢弹原理诞生了！氢弹的“牛鼻子”终于被揪住了。

1965 年 11 月 8 日，邓稼先在北京听到上海工作有突破性进展的大好消息后，立即乘飞机抵达上海。来后亲自听取于敏的介绍，于敏又进一步提出如何使热核材料点燃的新构型的想法。为了验证“于敏新构型方案”可行性问题，任务又落到当时就在上海的蒙特卡洛小分队的头上。邓稼先主任要求用最短时间编制出可计算“空瓶子”的程序（代号“509”程序），计算结果是“行”。接下来马上又要求我们编制一个“内放低密度介质瓶子”的程序（代号“519”程序），计算结果还是一个“行”。这充分说明“于敏新构型方案”是行得通的。

于是，终于在 1965 年底提出了利用原子弹来引爆氢弹的新的理论方案。

回想我在 1965 年中干的活很有意义，上半年否定于敏带过的“于敏方案”行不通；下半年肯定于敏的“于敏新构型方案”行得通。一个否定一个肯定，这就是我在 1965 年干的工作的价值。

在 1965 年底，于敏和我们蒙特卡洛组组长吴翔一起回到北京，邓稼先主任立即在理论部图书馆大厅组织理论部的汇报会。于敏作了氢弹原理的总体报告，吴翔作了氢弹引爆方案的论证报告。得到理论部领导的肯定，并很快向上级部门做了汇报。

于敏、吴翔与北京的领导会合一起飞达草原，出席在 221 厂由九院常务副院长吴际霖主持召开的九院 1966～1967 两年科学研究规划会议。在会上介绍了新提出的氢弹原理和实现它所必须解决的关键技术问题。刘西尧副部长当机立断提出：“突破氢弹，两手准备，以新的理论方案为主”的方针，即一手按新的理论方案，以研制由导弹运载的氢弹头作为主攻方向，另一手继续进行原定的氢弹方案的攻关。经过讨论，会议决定立即按新理论方案，组织全院理论、实验、设计、试制等方面的力量，加速进行试验研究，尽快确定理论设计方案。为了实现这一方案，决定组织三次核试验：第一次是原已安排的 1966 年 5 月将进行的关于热核材料的核试验仍按计划进行，检验设计，深化认识。第二次是在不影响氢弹试验目标的前提下，为了稳妥起见，接受彭桓武副院长提出的利用现有的部件和成熟的技术，增加一次原理实验的新建议，以检验新原理的可行性，力争在 1966 年内先用塔爆方式进行小当量的氢弹原理实验（“629”）（威力限制在 10 万吨 TNT 当量左右）。第三次则是全当量的氢弹试验（“639”）。会后，各方面的试验研究工作迅速展开。

第四个数字是“549”

“549”是我们蒙特卡洛组在 1966 年编制的一个“纯差分”方法的新程序的代号，并立即用于 1966 年底试爆的“新原理试验”模型（代号为“629”）的计算，以及 1967 年“氢弹试验”模型（代号为“639”）的计算。由于当时的计算机本身的速度和内存所限，当时的理论部没有可真正用于计算的二维程序，迫使我们编制出一个比一维多“一点点”的程序。我们在解二维热传导方程时采用交替方向一维隐式格式。在计算径向一维网格分得较细，一般有 40 个网格左右，而在球的切向面分 6～10 片，或在柱中轴向分 4～6 层，分得较粗；关键是只对一个有能量直通的管子计算轴向、切向，其他壳层都不算。这个程序有个习惯的叫法——“切片法程序”或“双向一维法程序”。不要小看这在维数上仅有比一维增加“一点点”的二维因素，可在氢弹理论设计过程中起到别的程序无法替代的决定性作用。像“喇叭口”“戴帽子”“削屁股”“偏心”等二维效应只能靠“549”程序来计算。先后两次试验成功后，于敏对这个程序给出高度的评价：“使我尤其高兴的是当时我们使用的计算方法精度不高，但是在几个关键物理量上，试验结果却与设计值十分符合。”

更值我本人引以为豪的是 1966 年氢弹原理的试验模型的最后定案模型是我、雷光耀和赵金林三人分三个班接力计算才完成的；而 1967 年氢弹试验模型的最后定案模型是我一人完成的。最后定案模型计算结果之所以很重要，是因为它是作为完整地提供试验现场实验人员的唯一依靠数据和标定的参照物。

第五个数字是“820”

这里的“820”是指早晨 8:20 的意思。

1967 年 6 月 17 日上午 8 时，担任空投任务的是空军机组组长徐克江、负责投弹的第一领航员孙福昌，由徐克江驾驶 726 号轰 –6 甲飞机从核试验基地马兰机场起飞，进行中国第一颗氢弹全当量试验。本来原规定“零时”起爆时间是 8 点，但因投弹手孙福昌心里过度紧张，该按投弹“按钮”的关键时刻点却忘记按了，错过第一次投弹的“瞬间点”。立即向首长报告请示，要求再给一次投弹机会。首长同意，再飞一圈。飞一圈用时

20 分钟，于是出现比预定计划多飞一圈，8 点 20 分才把氢弹投下，在距靶心 315 米、高度 2960 米处爆炸。顿时在我国西北大漠上空出现一颗“人造太阳”，一道强烈的闪光后，一声巨响，一个巨大的火球托起一朵硕大的蘑菇状烟云，瞬间变成五光十色的草帽式的光环，奋力向上奔向苍穹。两个太阳在蓝天上并排高挂，这一奇特的景象，令人叹为观止。

氢弹爆炸试验获得圆满成功（第六次核试验），威力为 330 万吨 TNT 当量，实测爆炸高度为 2930 米。这是我国从事核武器研制工作的广大科技人员、工人、干部，为实现国防现代化的伟大目标，刻苦钻研，勇攀科学高峰所取得的又一个重大成就。使我国提前一年多实现了毛泽东主席和中央专委提出的要在 1968 年爆炸一颗氢弹的要求。我国首次氢弹爆炸试验，赶在了法国的前边，在世界上引起了巨大反响，公认中国核技术已进入世界核先进国家的行列。

以上就是与氢弹有关的“5 个神秘数字”，即：639、1100、100、549、820。

我亲历的中国核武器研制

⊙ 吴中祥

为对抗美国的核威胁、核讹诈，党中央、毛主席从 1958 年起具体安排了研制原子弹、氢弹的任务。当时的二机部第九研究院，具体执行这项任务。

当时我国与苏联达成协议，以农产品换取原子弹的模型和专家指导。为此在九院理论部还专门准备了安置原子弹的模型库房，并由部主任邓稼先带领一些有关专业的大学毕业生做准备、预探、研究工作。但是苏联迟迟没有行动，派来的一位“安全专家”只是不断地要求加高院墙，对于研究工作，却是如邓稼先所说“哑巴和尚不念经”。1959 年更以与美国商议核不扩散为由而撕毁协议。

为此，毛主席发出号召：自己动手，从头做起，准备用 8 年时间，拿出自己的原子弹！ 1960 年，周总理要求全国各单位开绿灯，调集 100 多位有关专业人员到二机部九院各单位，包括后来成为“两弹一星功勋”的多位科学家，由他们亲自指挥，加强研制工作。

当时二机部九院是以研制核裂变的原子弹为主。氢弹的研制最早是由中科院原子能所从“氢弹聚变理论的预先研究”开始的。1961 年 1 月 12 日，经组织研究决定，钱三强任命于敏作为副组长领导“氢核理论组”。四年中，于敏、黄祖洽等人提出研究成果报告 69 篇，对氢弹的许多基本现象和规律有了较为深刻的认识。

1960 年 4 月，我在武汉大学任固体物理专业主任，正自编讲义开设“金属与合金中的扩散和相变”课程。突然接到一纸调令，被调到二机部九院。我到北京报到，受到九院常任副院长朱光亚的单独接见，这才知道要参加自主研制核弹。我当时既感到兴奋、光荣，又怕不能胜任。就说：“我是搞固体物理的，对核能只有些基本知识。”朱光亚却笑着说：“这是多学科合作的工作，正需要你这个人，不懂的大家一起学习、研究。”使我认识到要与从全国各地调来的各有关专业的顶尖人物相互学习，彼此交流、讨论有关的最新成就和进展，才能做好这个重要的工作。

我被分配到理论部研究室气体动力学组，当时的主要任务就是研制原子弹引爆过程中涉及的多种材料在相应条件下的状态方程。原子弹涉及的材料有多种，从引爆开始到核能充分有效释放的整个过程中，为满足临界质量的理论计算就需要从常温、常压到极高温度、压力条件下的状态方程，仅依靠一般固体物理理论和实验，显然是无法解决的。

注：吴中祥，90 岁，离休，中科院力学研究所研究员。

九院理论部邓稼先主任指导我们用各种实用材料的雨贡纽（Hugoniot）曲线数据，求得它们在普通爆炸条件下的状态方程。九院程开甲副院长指导我们用托马斯－费米（Thomas-Fermi）加量子和交换修正的方法，求得在极高温度压力下各种实用材料的状态方程。并尽力搜寻、创建广泛切合普遍实用的方法，求得各有关材料在各相应广泛温度、压力范围内状态方程的方案。当时理论部在党的领导下，非常重视学术民主，不同学科交流、配合，注重个人钻研基础上的集体讨论。原子弹和氢弹的各个部分，特别是总体设计方案，都是经过一定范围的集体讨论，甚至多次、反复讨论才确定。例如，原子弹的总体设计方案的计算结果，发现有一个重要的压强与要求相差一倍之多，为此，进行多方可能的改进，重新计算了 12 次，才由周光召全面分析各次计算结果，由能量、动量守恒，确定了计算的正确性，最终确定了该总体设计方案。

记得在一次有九院领导朱光亚、王淦昌、程开甲、部主任邓稼先和院外专家何泽慧先生等参加我们组的讨论会。在会上我介绍了我们对各种实验材料采用一个密度多项式表达状态的公式，其最高的幂，由极高温度、压力下，用托马斯－费米（Thomas-Fermi）加量子和交换修正的方法给出的结果，室温下采用福瑞曼（Freeman）压力的实验数据，再由普通爆炸条件下的雨贡纽（Hugoniot）曲线数据，和对该状态公式作温度、压强、微商得到的物理量，用相应的实验数据，确定其中其他的各系数的方法，给出全部核爆炸过程各种实用材料状态方程的方案。这方案得到与会领导与专家的肯定与赞许。这样得到的状态方程用于实际计算，就都能得到符合实际的很好结果。

还有一个原子弹引爆的关键和氢弹的主要材料的状态方程的设计方案，领导安排由我提出，在组里计算形成报告上报。当时负责原子弹引爆工作的黄祖洽同志拿着那份报告找到我，让我详细介绍设计思路和依据，并量纲分析检验、印证了有关公式，征求我意见，而决定在总体计算中采用，也得到符合实际的很好结果。

1964 年 10 月 16 日，我国第一颗原子弹爆炸成功，在世界上引起轰动。

1965 年 1 月，毛主席在听取国家计委关于远景规划设想的汇报时指出：“原子弹要有，氢弹也要快。”周恩来总理代表党中央和国务院下达命令：把氢弹的理论研究放首位。周恩来总理不仅在各个关键时刻亲自听取汇报，还派刘西尧作为专职秘书经常了解进展情况传达指示促进工作。当时，只要看到小红汽车，就知道刘西尧来了。这年，于敏调入二机部第九研究院。

记得当时我们研究室是负责氢弹模型计算，我是研究室支部书记，每次研制会议，都是由于敏根据前次计算结果，大家分析、讨论之后安排新的计算研究任务。由于计算量大，北京计算所的计算机远不够用，1965 年 9 月底，于敏率领包括研究室副主任蔡少辉等各有关人员数十位，赶在国庆节前夕奔赴上海华东计算技术研究所，利用该所假期空出的 J501 计算机（运算速度为每秒 5 万次，当时国内最快）大战 100 天。

经过他们多少不眠的昼夜，终于于敏高兴地说：“我们到底牵住了‘牛鼻子’！”他当即给北京的邓稼先打了一个耐人寻味的电话。为了保密，于敏使用的是只有他们才能听懂，暗指氢弹理论研究有了突破的隐语。“我们几个人去打了一次猎……打上了一只松鼠。”邓稼先听出是好消息：“你们美美地吃了一餐野味？”于敏道：“不，现在还不能把它煮熟……要留做标本。……我们有新奇的发现，它身体结构特别，需要做进一步的解剖研究，可是……我们人手不够。”“好，我立即赶到你那里去。”邓稼先第二天即飞到上海，还自己出钱请大家吃了一顿美味的螃蟹。

年底，在于敏带领下，他们经过数百天废寝忘食的奋战，在氢弹原理研究中提出了从原理到构形基本完整的设想，解决了热核武器大量关键性的理论问题，终于形成了一套从氢弹初级到能量传输到氢弹次级的从原理到构形基本完整的氢弹理论方案。并在平均场独立粒子方面做出了令人瞩目的成绩。朱光亚院士评价称，在突破氢弹的技术难关的过程中，“于敏发挥了关键作用”。这一作用被同行们评价为氢弹的“首功”。

1966 年 12 月 28 日，首次氢弹原理试验在罗布泊核试验场进行。试验中有两个速报任务，关键的数据与理论预估的结果完全一样，氢弹原理试验取得圆满成功。并经过核试验的检验，1967 年 6 月 17 日早晨，中国的第一颗氢弹在中国的西部地区上空爆炸成功！这次的蘑菇云更大，仿佛一颗人造“大太阳”，爆炸点以北 250 公里处仍能看到，烟云升离地面 10 公里。

我们参加的“原子弹、氢弹理论设计”，于 1980 年获得了国家自然科学一等奖的奖励。给我们发了获奖证书、奖章复制件和包括两弹元勋在内的每人 10 元奖金。

中国氢弹在诞生后就可以用于实战，并具备小型化能力，帮助中国在核武器上实现了“弯道超车”。于敏提出了与其他核大国氢弹技术“TU- 构型”截然不同的“于敏构型”，一些核物理学家称赞于敏是“中国的氢弹之父”。而于敏却实事求是地介绍说：中国核武器事业是庞大的系统工程，是在党中央、国务院、中央军委的正确领导下，全国各兄弟单位大力协同完成的大事业。确实，这是党中央、毛主席直接领导，周总理亲自指挥，反抗核威胁、核讹诈，加强国防，制止核战争，直到消灭核武器，维护世界和平，立足全国，充分发挥集体智慧和力量，从材料勘探、提纯，设计、实验，到投放、反导等的伟大工程。我们的成功打破了赫鲁晓夫预言的：“中国 10 年也造不出原子弹”的妄言。中国人运用自己的聪明才智，独立自主地创造了一个又一个奇迹：只用 3 年多时间成功地爆炸了第一颗原子弹。从第一颗原子弹爆炸到第一颗氢弹试验成功，美国用了 7 年零 3 个月，中国独立自主地，只用了 2 年 8 个月，就一次实现威力大于 330 万吨 TNT 的完美氢弹爆炸，速度世界第一。

今年是新中国成立和中科院建院七十周年，我们的祖国已经变得强大起来。如今我已经是耄耋老人，回想当年亲历的核武器研制工作，心中有无限的感慨。为当年能把青春和智慧奉献给如此伟大的科研工程，感到无比自豪。衷心祝愿在习近平新时期中国特色社会主义思想的引领下，我国的科学技术不断发展，祝愿我们的祖国更加富强！

只有创新才能完成
——回忆地下核试验测量方法研究

⊙ 蒋森林

我所研制的多种高速摄影机在历次大气层试验中均获得宝贵的技术资料。但因为在大气层中进行核试验对人类健康、生态环境都会造成严重伤害，反对呼声越来越高，因而核大国，特别是美国开始将试验转入地下。1967 年初，国家给我所下达“地下核试验测量方法研究”的任务。时逢“文革”之初，政令虽不畅通，但所里立刻成立光、机、电三人总体组，我任组长。之前，我们对地下核试验一无所知，任务书中也仅提供爆心深度。国家重点项目，绝密任务，用什么方法测量，一时束手无策。由龚所长主持，总体组多次讨论后确定，我们是中科院的光机所，应该研究如何进行光测（后来知道核试验基地与王大珩院士都希望我们提供光学测量仪器）。核变过程快，光测只能用高速摄影机，而现有的相机均无法将图像引至地面，修修补补不行，必须创新。经过一段时间的调研、分析，先后提出倒置望远镜和电视 – 变像管高速摄影机两种方案将图案引至地面。

方案形成

20 世纪 60 年代我国电子领域不发达，现在家家都有的电视机，那个年代一般人都不知道，电子技术应用更落后。但在一些科技杂志上经常有电子技术讯息和讲座，如电视摄影、显示、光学图像转换的基本原理等。另外，我们常用的示波器，关机后波形慢慢消失，时间有长有短。有文章把这种现象称为电子图像余晖，一般电子成像器件都有，其时间与讯号强度、发光材料等有关，可用毫秒表示。还有我所有一只进口变像管，国外已有变像管高速摄影机。比我所研制的克尔盒、20 万次 / 秒转镜高速摄影机都先进，它是电子成像器件，有分幅和扫描之分。

知识就是力量，知识给人勇气。电视摄像、显示、图像转换给我们启示，形成一个设想：用高速摄影机摄像，由电视系统将图像送至地面。所长知道后，很支持，鼓励我们大胆工作，尽快拿出方案。其实所长已发现倒置望远镜法有些问题，希望我们拿出更好的方案。在设想的基础上，经过资料综合，理论分析，我们提出：“电视 – 变像管高速摄影机”，从功能上讲，应该是变像管 – 电视高速摄影机。但本方案是由电视摄像、显示、图

注：蒋森林，88 岁，中科院西安光学精密机械研究所研究员。

像转换获得启示而来，故电视在前。本相机的工作流程：变像管相机记录核变过程，利用变像管电子图像余晖，被电视摄像机摄像，有线电视同轴电缆将图像讯息送至地面。方案的可行性分析：

（1）变像管相机国外已有，我所已开始研制。

（2）初步估算，电子图像余晖时间能满足要求。

（3）给国防任务研制一套专用电视设备，无论是经济还是技术都是可能的。

综合以上，方案是能实现的。

所长见到方案后很高兴，说我们总的思路是对的，要进一步深入探讨。电视－变像管高速摄影机的提出，是高速摄影领域的创新，也预示着地下核试验测量方法的研究曙光在望，但困难会很多，路还很远、很远。

通县会议

国防科委在通县召开地下核试验测量方法研究方案论证会。在去北京途中，所长再次鼓励我们大胆工作，不要怕，把方案讲清楚，可见这位老科学家对国防事业多么尽心尽责。会议级别高，规模小，参会人少，有国防科委副主任程开甲教授，长春光机所所长王大珩院士，孙瑞藩教授和几个不认识的军人及我所龚所长、高崇寿副科长、总体组夏绍健、陈良益和我。会上只有我所两个方案，对倒置望远镜法仅作一简介，我们较详细地谈了电视－变像管高速摄影机的原理，可行性分析和主要困难。前者因有些问题未采纳，后者虽被通过，但讨论不多，主要原因是地下核试验、变像管相机、电视系统在当时缺乏资料可参考，其次本方案是由初级职称的年轻人所提，可信度会受到影响。在会上，程副主任讲了地下核试验的必然性、重要性及一些感谢的话，王所长强调一个方案能否成立，可行性分析是重要的，但更重要的是可行性试验。会议同意我们的方案，要尽快做可行性试验。这是在创新路上跨出的可喜一步。

借鸡下蛋

会后我们去长春、上海、成都等地找设备，收益甚微。因缺乏经验，知识不足，思路偏差，造成财力（出差费）和时间的浪费。应该知道，变像管相机是高精尖仪器，国内不会有，即使有也不会借，借到了也不敢用。我们想知道的是变像管荧屏上的图像，能否被电视摄像机摄像，而不是变像管相机本身的性能。因而可用其他电子成像设备来代替，最方便的是示波器。电视系统除上面提到的摄像外，还有讯息传输，在当时两者同时进行还没有条件，可先试验摄像。我们想到了西安电视台有电视流动转播车，如能借来最好，若不行可利用他们的转播车和示波器在电视台试验。经多方努力，我们见到电视台台长，说明来意后，他二话没说，表示既然是国防绝密任务，我台积极配合。转播车多次来所对普通示波器、苏联进口某示波器进行摄像，结果证明当初的想法是对的，获得了相应的照片，这是本方案在创新路上又迈出了重要的一步。我们十分感谢电视台领导的大力协助和王汉民、陈民祖两位老师的辛勤劳动，感谢他们与我们在一起为我国地下核试验做出的贡献。经过相当长时间后，在计划科长奚徐州和器材科的努力下，从天津港购回英制水下有线电视两套，利用我所变像管扫描相机调试时间做试验，摄像没问题，像质比电视台摄的还好一些，但分辨率还是不高。传送方面，无论是理论计算还是实测结果，将图像用同轴电缆送至 1.2 公里以外是完全可能的（当时的电视设备只有 1.2 公里同轴电缆）。该试验很接近实际，差别仅是现在所用扫描相机，方案中为分幅相机，但不影响方案的正确性。借两只“鸡”——西安电视台电视摄像机、变像管扫描相机，下了一个“蛋”——证明了该高速摄影机的方案是可行的。借鸡下蛋，完成了可行性试验，这是地下核试验测量方法研究在创新路上再前进了一大步。

开 花 结 果

1971 年左右，地下核试验测量方法研究改为电视 - 变像管高速摄影机列入我所科研计划，任务代号没有变，它意味着这种独立创新的高速摄影机被国家、中科院认可。因种种原因，地下核试验迟迟不能进行，加上有些人对该相机的研制成功并不乐观，使得该课题在相当长时间内处于表面重要，实际无人管的状态，直到我们提出方案近十年，完成可行性试验多年后的 1977 年下半年，国防科委某所从香港一份报道性消息中得知美国地下核试验所用测量方法和我们提出的方案基本相同，加上大环境的改善，进行地下核试验步伐加快，该任务才得到真正的重视。

知己知彼，百战不殆。电视系统不是我所强项，经协商，由某所找协作单位，按总体要求变像管、光、机、电分别进行设计。电控中难度最大的分幅脉冲，总体组在多年前已经安排曹文钦同志进行调研、设计，受元器件的限制，脉冲陡度一直欠佳，他想了很多办法，克服不少困难，用信心和劳动换来成功。本相机从提出设想，方案形成和论证，可行性试验到设计，经历艰苦历程、漫长岁月，1982 年 5 月通过技术鉴定，在我国第一次地下核试验时，该相机完成了地下开花、地上结果这一光荣任务。

国防科委在贺信中的评语是：打破西方国家技术封锁和禁运，独立地完成了用于测试地下核试验的成套系列设备。在地下核试验中，用于核活性区射线针孔照相，在首次原理方法试验中获得圆满成功。为射线照相、监视产品活性区的状态提供了一套有效的诊断方法。该项目获 1982 年中科院科技成果一等奖，1985 年国家科技成果特等奖的子项目。这是我所职工同心协力、社会大协作的结晶，也是该任务在创新路上结的胜利果。

举全国之力搞“两弹一星”

⊙ 曹大均

最近，看电视剧《五星红旗迎风飘扬》，其中相当部分是描述我国“两弹一星”情节的，对我这个从事了一辈子“两弹一星”任务的人来讲，感到十分亲切和激动，这里面很多情节我太熟悉了，因为很多我都经历过。我最大的感受是，只要我们党和国家下决心要搞某一件事，就一定能办成。联系到现在提出的“中国梦”，之所以对其充满信心，就基于这种切身的体会，因为“两弹一星”是一种倾举国之力，全力以赴所做的事情，就是在陈毅老帅当年讲的“当了裤子也要搞”的决心下进行的。

我试举亲身经历的几件小事来说一下。一是当时为了搞“两弹一星”任务，首先要解决的是人才问题。当时在全国范围内不管是军队、政府、大学，只要是“两弹一星”任务需要的，二话不说，一定要支持，像我就是由部队被抽调的技术骨干支援中科院搞人造卫星的。又如我们单位了解到中央广播事业局有一名研究天线的专家送去苏联深造，马上就要回国，结果中科院专门打报告给聂荣臻副总理，因为这是广播事业局精心培养的一位天线专家，等于挖了他们的“心肝”一样，但最后广播事业局还是顾全大局，服从了聂老总的批示，广播事业局不但支援了这一位顶尖专家，还支援了一大批无线电方面的技术骨干，我的爱人就是广播事业局支援来的技术骨干。我爱人当时是中央人民广播电台中央控制室的技术员，是要害部门的骨干，这说明了“全国一盘棋”体制的优越性。再有，当时我们打算建立一个人造卫星制造厂，需要大量技术工人，中央决定由上海市和铁道部支援解决，记得当时我们所长赵九章亲自带了几个学机械的技术人员到上海去，当时上海市主管工业的书记亲自接待，并让我们从全市的工人中挑选，我们选了100多名政治上、技术上过硬的工人，这些都是各工厂的骨干力量，但都能爽快放人。从这几件小事可以看出，“举国体制”的巨大能量。

还有一件我亲身经历的事，当时领导让我负责一个项目，这个项目是直接为“两弹一星”试验基地配套的，项目任务是由聂老总亲自批准的。经过几年的努力，项目终于胜利完成。在1967年经总参、国防科委组织国家级验收，同意定型后列装部队，最后上报聂老总，由聂老总批示投入生产，并指定优先装备“两弹一星”试验基地（当时海空军也需要这种装备）。为了投入生产，总参、国防科委、国防工办、电子部和我们单位组成了一个调查组，到上海考察一些工厂，我是代表我们单位参加这一调查组的，因为项目是我们

注：曹大均，86岁，国家空间科学中心高级实验师。

研制的，技术上我们负责，所以选哪一个工厂，我们说了算。

记得是 1967 年 4 月，我们调查组到了上海。上海接待我们的同志讲“两弹一星”任务是党中央、毛主席亲自决策的国家最高尖端任务，他们一定大力支持，当即安排我们住进当时上海最高级的锦江饭店，第二天就派人陪我们去我们准备考察的几个工厂。经过几天的考察，看了好几个工厂，最后我们选定了一个工厂。当时上海工业组的负责人就把工厂的厂长和技术领导找来，我们一起开了会。负责人最后拍板，我们这一项目由该厂承担，同时让该工厂提出接受任务的计划和需解决的问题。记得当时工厂提出的主要是两点，一是缺乏技术人才，二是厂房不够。负责人当场答应分配几名大学毕业生给他们，并拍板给了一栋大楼（据说原是一个机关用大楼，“文革”中单位被撤销了，房子空了出来），此工厂由于承担了这一项目，面貌大改变，一跃而成为上海的一个重点工厂。后来我们还派了技术骨干到工厂，亲自手把手地对工厂的技术人员和工人进行技术指导，所以 1967 年一年中我多次出差到上海，一直到产品正式投产为止。而在下厂的同时，当时原子弹试验基地派了 8 名技术骨干到我们单位来接受培训，以掌握装备的技术工作，一直到 1968 年 3 月，这批技术骨干才学成回部队。记得临走时我送他们，他们提出的唯一要求是上火车前到天安门停一下，他们想看看天安门。这批核试验基地的技术骨干，长年工作在戈壁沙漠，到北京来学习的几个月又专心于学习，根本没有外出游玩过。最后我们单位满足了他们的要求，我陪他们去了天安门，只短短的一个小时，走马观花，在天安门前合了个影（这张照片我一直珍藏着），然后就送他们上了火车。

再就是科研用房，“581”组刚成立，如果新建时间来不及，只好到处借房子。如由中科院出面向中央调查部借用了一栋三层小楼（约 2500 平方米）作为“581”组本部，当年清末时期训练新兵兵营的营房和食堂作为了生活用房，又在国防大学、地球物理所、古脊椎所等处借了一些用房就开展工作了。其间中央曾有意将当时位于东四新建的民航大楼、中科院拟把北郊的 917 大楼给我们，都因为不适用而作罢。

到 1964 年根据中央的三线政策精神，我们决定搬迁西安三线，当时的三线工程代号为“112”工程，由国家计委、国家建委联合发文定为“交钥匙”工程，连当时的施工队伍都是由国家建委直接调吉林省第三建筑公司到西安来执行基建任务的。50 000 平方米的建筑，只用了一年多，在 1965 年底即已基本完工，得到了国家计委和建委的通报表扬。所谓“交钥匙”工程类似于现在的“拎包入住”，即国家不但包了基建，还包了所有开展工作所需的条件，由国家成套总局根据我们提出的要求，统一在全国范围调拨配齐，如为我们附属工厂配齐全部 100 多台套车床和设备；为我们配套运输卡车、救火车、救护车，实验室用的稳压电源、示波器等通用仪器；甚至连办公，实验用的桌、椅、柜子均全部配齐，真正体现了全国一盘棋，大力支持国家的“两弹一星”任务与举国体制的优越性。

凡此种种，这只是我亲身经历的一小部分故事，但已充分从一个方面反映了“两弹一星”任务的概貌。“两弹一星”任务所以能够顺利完成并震惊全世界，让外国人感到不可思议，因为他们太不了解中国人了。现在那些敌视我们国家的人在唱衰中国，国内也有一小撮人配合我们的敌人恶毒地在诅咒自己的祖国。但是我却有信心，坚信“中国梦”一定会实现。让那些敌视中国的人见鬼去吧！中国的强大是任何人都阻挡不了的！

怀念怀柔分部

⊙ 陈海韬

我来到力学所后不久，所里便定下了“上天，入地，下海和为工农业生产服务”四大方向。力学所怀柔分部的任务是“上天”，负责完成这项任务的是十三室，以后又成立了十四室、十五室。当时怀柔分部对外代号为“北京矿冶学校”。

原定的任务是设计和试制推力为5至15吨的液氢液氧火箭发动机，后又改为由五院下达的101任务：液氢液氧火箭发动机燃烧传热理论与试验研究。

十三室同志刻苦钻研，勇于探索，进行了液氢液氧火箭发动机燃烧室的燃烧机理，燃烧室的再生冷却等理论研究问题，以及在SIA试车台上进行了180余次硝酸苯胺燃烧室性能试验，在SID试车台上进行了100多次气氢液氧燃烧室性能试验及寿命试验。最后在1964年11月成功地进行了推力为500公斤的液氢液氧火箭发动机的地面试验，持续时间为20秒。分部还计划在1965年进行立式发动机试车实验，后因“四清”运动开始，研制任务陷入停顿状态。1966年，所有技术成果报告及资料，移交给七机部。为我国长征火箭第二级采用液氢液氧火箭发动机并获得成功提供了理论和实验根据。

在这期间，十三室、十四室和十五室同志还共同协力解决了推进剂贮存、流量控制和测量、燃烧室点火等技术问题。分部工厂精确地加工出不同规格的燃烧室；器材部门及时地供应各种气体、液体；消防部门在实验时严阵以待，保证实验安全地进行；食堂还在实验期间供应可口的晚餐。可以说，怀柔分部研究成果之获得，是全体分部人员共同的功劳。这是值得怀念的事情。

1965年，中央决定由中国科学院负责在短期内研究出小型超低空地对空导弹，代号为541。这个导弹要由地面发射，由单兵背负，发射后要马上用红外线跟踪目标。参加的有力学所，自动化所，化学所，大连化物所，光机所等单位。为适应任务需要，分部改组建立201，202，203，204研究室，分别担负导弹总体，发动机结构及气体动力等研究。当年年底在分部建成了一个小型发射试验场，开始进行541试验弹的发射。1966年春起，在国家靶场进行多次飞行试验。1968年后，541任务下马，有关资料都转给了有关部门，为以后研制成功同款低空导弹提供理论及实验依据。

1970年，分部由国防科委17院等接管，人员陆续分配到有关单位，怀柔分部便解散了。今天再来回顾我们在分部的奋斗经历，依然是思绪万千。

注：陈海韬，91岁，中科院力学研究所研究员。

怀柔分部地点坐落在怀柔县西流水乡坟头村，是钱学森所长选定的地方。1964 年前，分部叫“力学所二部”，后来才改成“怀柔分部”。该地过去是个穷山沟，是野狼出没的地方，现在已经是北京旅游胜地——雁栖湖。

分部的基本建设由北京第二建筑公司承担。1960 年，基建尚未结束，十三室的同志就入住了。当时没有食堂，我们只能在工棚里用餐，而且宿舍的窗户还没有安上玻璃，条件很艰苦。此地附近没有商店，只有一个坟头村的合作社，要购物就得乘卡车到怀柔县城去。那时，我们分部的人每两星期大休一次，有车票的可以乘班车回力学所，没有车票的只能乘卡车到怀柔县城，再从怀柔县城乘火车回北京城。尽管生活十分艰苦，分部同志以苦为乐，每天坐电瓶车或走路往山上跑，困难时期还在田地里种上南瓜和玉米供大家食用。分部同志们在怀柔一待就是十年，大家为了祖国的火箭事业任劳任怨，满怀着献身的精神。这种精神是可嘉的，是值得怀念的。

由于认为自己从事的是重要的国防任务，分部同志自然地形成了一种不成文的保密制度。任何人不得透露自己在分部的工作，包括自己的家人。大家还说一些自己人才懂的“密语”：分部实验基地要叫成“工地”，上北京叫“上去”，回分部叫“下来”。坟头村的老乡看见我们和二建的工人进进出出，于是称呼我们是“二建的”。十年来，分部大门并没有挂“矿冶学校”的牌子，令老乡们一直不知我们是何许人也。

在那个困难的年代，也有令人快乐的地方。雁栖湖原名台上水库，这是分部同志们练习游泳的好地方。差不多所有的同志都在这水库中学会了游泳。坟头村出产板栗、山里红以及能供国宴用的台上鸭梨。到盛产时，分部同志会买点带回家去。分部的山坡上有很多杏树，杏子成熟时分部同志集体采摘，由力学所来卡车拉回中关村分给力学所同志品尝。

现在，氢氧发动机已成功应用在我国的同步卫星和绕月探测器的运载系统中，我们觉得十年来的辛勤努力并没有白费。最后引用毛主席的一句诗词作为本文的结束：“待到山花烂漫时，她在丛中笑。”

人造地球卫星事业的奠基人

——记著名科学家、九三学社原中央委员赵九章

⊙ 罗福山

赵九章先生（1907 年 10 月 15 日～1968 年 10 月 26 日），河南开封人，1933 年毕业于清华大学物理系，1935 年赴德国柏林大学学习，攻读气象学专业，1938 年获博士学位后回国，历任清华大学、西南联合大学、中央大学教授，中央研究院气象研究所代所长、所长。中华人民共和国成立后，赵九章历任中国科学院地球物理研究所所长，应用地球物理研究所所长，中国科技大学地球物理系主任，中国科学院卫星设计院（651 设计院）院长。他是我国空间科学与空间探测的主要奠基人，同时也是我国人造卫星事业的主要奠基人之一。

中科院原党组书记、副院长，中央专委委员张劲夫在《请历史记住他们——关于中国科学院与“两弹一星”的回忆》和《我国第一颗人造卫星是怎样上天的》两篇文章中，谈到多位科学家对发射我国第一颗人造卫星所做出的重大贡献，其中特别强调：“搞人造卫星赵九章最积极。”

张劲夫如此夸赞赵九章，可见赵九章的功绩非同寻常。的确，早在人造卫星上天之前的 1955 年，时任国际地球物理年中国委员会副主任委员的赵九章就关注卫星对空间科学和气象预报等方面的重大作用。1957 年 10 月苏联第一颗人造卫星上天以后，赵先生发表评论、编写文章、做报告，积极倡议发展我国人造卫星。在 1957 年 10 月 13 日中国科学院召开的一个座谈会上，赵先生建议我国开展人造卫星研究，并编辑出版了《人造卫星》一书。

1958 年 8 月，中科院党组书记、副院长张劲夫召集赵九章、钱学森等科学家拟定了我国人造卫星发展规划，即从发射探空火箭、小型卫星到大型卫星。在这一思想的指导下，3 个研究院建立起来了：以赵九章所长领导的地球物理研究所为主，组建了卫星仪器和空间物理设计院；以钱学森所长领导的力学研究所为主，组建了卫星运载火箭设计院；以自动化研究所为主，组建了遥控遥测设计院。为实施我国的空间科学发展规划，以中科院地球所为主成立了“581”组，钱学森任组长，赵九章和卫一清任副组长，赵九章主持卫星、火箭技术组工作。

注：罗福山，78 岁，国家空间科学中心研究员。

1958年10月，赵九章率领中科院高空大气物理代表团去苏联考察访问。在后来的考察总结中，赵九章提出：“我国发展人造卫星一定要走自力更生的道路，要由小到大，由低级到高级。”

赵先生深知卫星对国防、国民经济和科学探索的重要性，也清楚研制卫星需要扎实的理论研究和技术基础，在三年困难时期国家决定卫星工程放缓的情况下，他仍将研究所的任务调整为“以火箭探空练兵，高空物理探测打基础，不断带领科研队伍开始研制火箭探空仪器，开展遥测和跟踪定位技术研究，研制环境模拟设备和建立环模实验室等，并建立了火箭发射场，进行了多次探空火箭探测试验，为我国发射人造卫星做了大量基础工作，如对卫星的温度控制，对卫星结构、材料、能源、遥测频率选择、卫星轨道计算等都进行了实验。”

1964年，当了解到我国的运载火箭已有发射卫星的能力时，赵先生找钱学森先生商量，想和钱先生共同推动发射卫星的工作。但是，钱先生当时主要关心的是导弹，认为“卫星仅处在科学研究阶段，上面顾不过来，可多做些宣传”。于是赵九章多次与钱骥、吴智诚谈到要起草发射人造卫星的报告，重点要说清楚卫星的国防用途，发射卫星与发射洲际导弹的关系，卫星与新技术的关系。报告由钱骥起草后，赵九章逐句逐段修改，花了20多天才最终定稿。

在信中，赵九章重点论述了以下几点：一、发射卫星和发射洲际导弹的关系，即发射人造卫星是解决我国远程导弹全程打靶的一个关键性措施，发射卫星和发展武器是相辅相成的，发射卫星可推动洲际导弹技术的发展。二、人造卫星是直接用于国防或服务于国防的，这些卫星包括通信卫星、气象卫星等。三、人造卫星的工作规模和尖端科学及工业的关系，即发射卫星可带动无线电，自动控制工业特别是高精度远程雷达和高速计算机的发展，发射卫星可带动我国材料科学（如超小型部件、防辐射材料）的发展等。

在1964年12月下旬召开的第三届全国人民代表大会期间，赵九章将有自己署名的一封亲笔函件（报告）直接呈送主持中央专委工作的周恩来总理，建议国家正式立项开展人造卫星研制工作。报告得到了党中央的重视。周总理立即批转聂荣臻副总理组织有关人员研究论证。随后，国防科委副主任罗舜初召集赵九章、钱学森、钱骥等对发射卫星的目的、意义和任务，方案设想，条件和困难进行商讨。1965年4月29日，国防科委提出1970年至1971年间发射我国第一颗人造地球卫星的报告，明确了卫星本体由中国科学院负责研制，运载火箭由七机部负责研制。1965年5月，中央专委第十二次会议批准了国防科委的报告。1965年，中央专委第十三次会议批准了中科院《关于发展我国人造卫星工作的规划方案建议》。1965年10月召开的我国第一颗人造卫星规划方案论证会上，赵九章作为卫星科学技术的总负责人，在会上作了主要的论证报告。会议肯定了东方红一号卫星命名、主要技术指标、外形结构（直径为1米的近球形72面体）、播放《东方红》乐曲，并确定于1970年发射。

这次会议在深入细致论证的基础上，产生了总体方案、本体方案、运载工具方案和地面观测系统方案等 4 份文件，还组织编写了 27 份专题材料，共 15 万字左右。这些方案和专题材料比较系统地阐述了发射人造卫星的复杂技术，提出了一批关键性技术问题及解决方法，说明了有利条件和主要困难以及一些薄弱环节。在 40 多天的会议期间，赵九章吃住在宾馆，白天参加大会、小组会，晚上和钱骥等一起整理会上提出的技术问题，计算有关数据，有时还要和王大珩、陈芳允等交换看法。连续紧张的工作使赵九章常感心绞痛，但他总是吃点药缓解一下，又继续坚持工作。

会后不久，中科院卫星设计院于 1966 年成立，赵九章担任组长，钱骥为技术负责人。在赵九章的主持下，东方红一号卫星正式研究设计工作全面展开：拟定各分系统的设计指标，提出和落实 500 项专题研究课题，组织和协调分系统的设计和研制、卫星跟踪和定位研究，卫星本体研制、环境模拟设备研制等。

卫星入轨后长期跟踪测轨采用什么技术，这在方案论证会议上是争论最大的问题。大家认为，采用美国的比相干涉仪系统，技术较成熟，但建站要求高，投资大。赵九章根据我国当时的情况，果断地采用由周炜先生（九三学社社员）建议的多普勒系统。这是国外当时采用的新方法，其特点是机动灵活，投资少。为了强化对卫星测轨跟踪的可靠性，1966年初，赵九章组织“651”设计院总体设计组与紫金山天文台和数学所进行联合研究，解决了初轨定轨方法和分式建立，由计算机给出随机误差的模拟跟踪数据，再做轨道改进。在赵九章的精心策划下，很快摸清了跟踪测轨仪器精度和测轨预报精度的对应关系，从而为制定全国布站和入轨点布站的最佳方案提供了理论根据。事后证明，这种跟踪测轨方案收到了很好的效果。

在 1966 年 5 月 19 日召开的卫星系列论证会上，赵九章以《对我国卫星规划的设想》为题做报告。该报告的主要内容有：以科学试验卫星打基础，以侦察卫星为重点，发展军事应用卫星；发展载人飞船；卫星的防御措施。后来，亲身参与我国卫星研制工作的王大珩院士多次在会议上说：“当年赵九章主持制定的我国第一颗卫星的研制方案计划和卫星系列规划设想既符合科学又切合实际，以后相当一段时期我们基本上是按照当初的计划设想进行的。”

但是，正当赵九章带领科技人员全力以赴投入卫星研制试验工作，东方红一号卫星有望提前上天的时候，一场史无前例的大灾难降临了。1966～1967 年，赵九章被当作反动学术权威批斗，但没有停止他的工作。而 1968 年后，卫星研制工作不让他再主持了。即使这样，赵九章仍很关心卫星的研制进度情况，甚至在路上或上厕所时，遇到他的学生时都要谈到卫星研制问题。

1968 年 2 月，东方红一号等原型星已全部研制完成，并进一步完成了初样星的全部联合试验。在上述严格而完整的试验基础上，较顺利地组装成正样星。赵九章为我国人造卫星成功发射奠定了基础。

1970 年 4 月 24 日，东方红一号卫星发射成功，为我国赢得了荣誉，提高了我国的国际地位，增强了我国在国际上的发言权。然而在 18 个月之前，赵先生因不堪迫害，自杀身亡，没能亲眼看到凝聚自己多年心血而获得的成果以及这一成果在国际上产生的影响。赵先生对我国第一颗人造卫星的研制、返回式侦察卫星总体技术方案的确定和关键技术研制任务的落实以及对我国人造卫星发展规划的制定都做出了重大贡献。赵先生的贡献和功绩，祖国没有忘记，人民没有忘记。

1985 年 6 月 15 日，中国科学院申请国家技术进步奖，其中有一项是东方红一号及卫星事业的开创奠基工作，赵九章是该项目列出的 8 名重大贡献人员中的第一人。他的主要贡献列有五条：1. 适时向中央提出建议，使卫星事业得到及时的和顺利的发展。2. 主持卫星总体方案的制定和实施。3. 及时组织了测轨、选轨工作，赢得了时间，节省了资源，提高了水平。4. 主持制定了卫星系统规划，为卫星的长远发展打下了基础。5. 开创和主持了我国卫星研制的前期准备工作。该项目荣获国家科技进步特等奖。1999 年 9 月，赵九章又被追授“两弹一星功勋奖章”。

为继承和发扬赵九章治学严谨、勇于创新和培养新秀的精神，中国科学院空间科学与应用研究中心等 4 个研究所于 1990 年共同设立了“赵九章优秀中青年科学工作奖”；在赵先生 90 周年诞辰时，有 42 位院士签名倡议为赵九章先生建铜像；在赵先生百年诞辰时，中国科学院紫金山天文台将 1982 年 2 月 23 日发现于河北兴隆县的 7811 星命名为“赵九章星”。国际科技界没有忘记他，2006 年，COSPAR（空间研究委员会）执行局设立了“COSPAR 赵九章奖”。

回顾航天起步阶段的最初年月

——记钱学森院士在 T_7 气象火箭试验后和我们的一次谈话

⊙ 郑斌强

1957 年 10 月 4 日，苏联成功地发射了世界上第一颗人造地球卫星，标志着人类开始进入空间时代。1958 年 5 月 17 日，毛泽东主席在党的八大二次会议上指示："我们也要搞一点卫星。"随后，聂荣臻副总理责成中科院张劲夫副院长组织该项工作，把研制人造地球卫星列为中科院第一项重大任务。8 月份成立"581 组"，钱学森院士任组长，赵九章院士任副组长。10 月份地球物理所所长赵九章先生率领中科院高空大气物理代表团访苏，想借此机会增加一些开展这方面研究的知识。由于当时的中苏关系及苏方的保密原因，这次访问在卫星、火箭探空方面收获甚微。代表团回国后总结得出："要立足国内，走自力更生的道路""我国发射卫星的条件远未具备。开展空间探测事业应由小到大，由低到高，应从火箭探空搞起"的意见。此后遇上三年经济困难时期，中央指示卫星研制任务需往后推延。为此，赵九章所长提出"以火箭探空练兵，高空物理探测打基础，不断探索卫星发展方向，筹建空间环境模拟实验室，研究地面跟踪接收设备"的策略，把气象火箭列为人造地球卫星的前期项目。随即，T_7 气象火箭研制任务全面展开。

1960 年 3 月，地球物理所二部（581 组改名）和上海机电设计院一道在安徽省广德县誓节渡（现为誓节镇）建立火箭发射场，代号"603"工地。地球物理所二部负责箭载探测仪器的设计与研制，仪器包括：大气温度计、气压计、太阳辐射计、遥测发射机（包括配套的数据接收系统）、雷达应答器、天线及箭载仪器的供电设备等。上海机电设计院负责研制运载火箭、发射架、发射控制设备等。装载在箭头里的这些探测设备和运载火箭相配合，构成了我国第一个 T_7 气象火箭探测系统。

1962 年下半年，我大学毕业后分配到地球物理所二部的遥测、雷达定位研究室，参与火箭跟踪与弹道测量工作。此时，研究所在 T_7 气象火箭研制已取得一定进展。我们每年两次赴"603"工地执行发射火箭的试验任务，截至 1966 年 7 月，共发射 T_7 火箭 11 枚，T_{7A} 火箭 16 枚，先后作了高空大气探空试验，空间生物学火箭试验，地球物理火箭探空试验，通过遥测设备取得各种宝贵数据。值得一提的是，试验成功火箭 – 锌丝云 – 雷达的高空测风方法。遗憾的是，到此时还没有取得 T_7 火箭的全程弹道数据。

注：郑斌强，83 岁，国家空间科学中心研究员。

20 世纪 60 年代初，主要用雷达对移动目标进行跟踪和轨迹测量。我们研究室配备了两部工作在 S 波段的雷达，这在当时是较先进的。但它对大雷达截面积目标的跟踪距离是 40 公里，探测距离是 80 公里，这个指标对跟踪较小的雷达截面积的 T_7 火箭，测量距离超过一百公里的要求是远远不能满足的。就火箭跟踪及弹道测量任务，研究室设立两个课题组：一是雷达组，任务是改进雷达原有的技术指标，使其满足跟踪 T_7 火箭的需求；二是应答器组，任务是研制与雷达技术指标相匹配的应答器，以提高目标回波强度，达到超过 100 公里的跟踪和弹道测量距离。到 1965 年，雷达组基本完成对雷达的改造，使它成为一部满足需求的跟踪和测量雷达：在伺服系统方面采用指挥仪引导天线，实现火箭发射初始时较大角加速度的跟踪；在触发线路方面改变了分频方式，使其对移动目标的跟踪和测量距离超过 100 公里；在发射机方面更换了磁控管及改变相关线路，增大了发射功率；在接收机方面采用了参量放大器，提高了接收灵敏度；在天线方面，改变了极化方式，将线极化改为圆极化；此外还研制了石英晶体钟，使测量数据与火箭发射时间同步，时间精准到十分之一秒。

应答器是箭载设备，除电技术指标外，还要求体积小，重量轻，耗电少，需满足火箭飞行的高空环境和力学环境条件，技术难度很大。当时半导体器件刚问世，最高工作频率只有几十兆赫兹，工作在 S 波段的应答器只能采用电真空器件。鉴于体积、重量、电功耗的限制，接收机采用直接检波脉冲放大制式；发射机采用栅极调制，在最大限度提高屏极电压的情况下，峰值功率也只有一瓦左右。灵敏度和发射功率都不高。此外，市场上没有小型密封的射频接插件，难于达到在高空环境下飞行的密封要求。

1964 年冬天，研究室主任秦馨菱先生了解到有关单位从苏联引进了一部行星一号气象雷达，与其相配的流星一号探空仪采用超再生制式，探测距离达到百公里。我们能否也采用超再生制式？这个问题立即摆在科研人员面前。

在秦馨菱主任的提议和指导下，很快成立了新的课题组。一开始工作，课题组就遇到两个棘手问题：一是缺乏仪器，二是选择什么频段。仪器问题很快就解决了，我们自己动手安装了实验用的稳压电源，修复了多台报废仪器。方案问题就复杂多了，课题组内有两种不同意见：一是选用 L 波段，仿制流星一号探空仪，这个方案有现成的样机参考，风险小也容易实现，问题是我们没有雷达，即使可以引进，雷达组又要进行一系列改造，不是短期内能解决的问题；另一种方案是根据雷达研制新型的应答器，采用超再生式接收，板极调制发射机制式。课题组冒着风险选择了后者。从 1965 年初到 1966 年秋，在不到两年的时间内，我们从原理性实验开始，进行可行性论证，继而电路设计、实验调试，设计初样机，生产正样机。各个阶段都要整机安装和电调试，直到通过环境模拟试验。这部新型的应答器的灵敏度和发射功率，均比先前的提高了两个数量级，同时解决了低气压环境下的密封问题。

1966 年 12 月，我们带着两部新型的超再生板调应答器到酒泉卫星发射中心参加 T_{7A} 气象火箭的发射试验。火箭发射前雷达站和应答器可以直接联试。从火箭起飞，一级助推器脱落，到最高点，然后火箭头、体分离，箭头降落伞张开，直到软着陆，应答器的信号非常好。回收人员按雷达站提供的着陆坐标数据，很快找到箭头。在回收现场，应答器还一直在工作着。

试验后，原“581”组组长钱学森院士在八院（原上海机电设计院）林副院长的陪同下接见了全体参试人员后，来到我们的临时实验室看望我们。林副院长对钱先生说：“这次试验很成功，雷达对应答器实现了全程跟踪。火箭最高点达 80 公里，落地点坐标准确给出。”钱学森先生很高兴，他说：“T_7 气象火箭的研制是在国家经济很困难的情况下挤出经费安排的。现在圆满完成，是我们对国家一个很好的交代。我很高兴。”在随便交谈了应地所当时的情况后，他就转到应答器研制的话题。钱先生问得很细，特别是对“雷达－应答器”跟踪、弹道测量的关键技术，我们交谈了四十多分钟。在离开时，钱先生对我们说：“做什么事情都是起步难，现在迈出第一步了，只要坚持和努力，我们就能不断攀高！”

这次谈话的情景，至今还历历在目，对我影响十分深远。从那时起，我认识到我们从事的工作是国家和人民委托的，自己能否尽责和努力，关系到国家的进步和强盛！

2015 年 4 月，我和老伴在浙江省安吉县度假，为了追寻半个世纪前的记忆，我们雇了一辆车，重访故地。今日的“603”已建成爱国主义教育基地，见证了中国航天起步阶段的历史。

注：资料来源：《中国科学院空间科学与应用研究中心史（第一卷）》，2003 年。

难忘西苑操场甲 1 号

——中科院早期搞卫星的回忆片断

⊙ 吴智诚

1959 年的一天，一位《光明日报》的记者，不知怎么找到了西苑操场甲 1 号，我在传达室接待了他，他要求采访赵九章。我说："赵所长有事外出了。"他感到失望，也很惊讶，"想不到这么著名的大科学家，会在这么不起眼的地方办公。"

就是这么不起眼的地方，它与中科院早期搞卫星紧密相连，我国卫星国家立项的建议书在此成稿，我国第一颗卫星的设想方案在此酝酿诞生，卫星的预研在此展开，气象火箭探测试验由此出发……

在这个院落工作过的人员中，有两位日后获得"两弹一星功勋奖章"的功勋科学家——赵九章、钱骥，有三位中国科学院院士，一位中国工程院院士，还有几十位空间科学与空间技术的高级专家。可以这样说，西苑操场甲 1 号是我国第一颗卫星设计的摇篮。

五十多年过去了，这里早已是面目全非，但这里确是一个令人难忘的地方。

一

搞卫星，是中科院 1958 年起的一项重大科研任务。1958 年 5 月 17 日毛主席在党的八大二次会议上说："我们也要搞一点卫星。"中科院党组书记、副院长张劲夫受聂荣臻副总理委托与有关方面商讨卫星问题。1958 年 8 月张劲夫召集钱学森、赵九章等科学家讨论卫星规划问题。决定成立"中国科学院 581 组"，专门研究我国卫星发展问题。组长钱学森，副组长赵九章、卫一清，七个研究所的主要负责人是组员。581 组开会时，张劲夫等院领导经常亲自参加。在 581 组主持下，几个所一起做了探空火箭箭头模型两个，一个是高空物理探测仪器舱，另一个是生物试验舱，再配以图表和表演沙盘在国庆期间的中国科学院自然科学跃进成果展览会上展出。毛泽东等党和国家领导人先后到现场看了实物，听了直观的介绍，影响很大。

中央政治局拨专款支持中科院搞卫星。院领导要给搞卫星找一处场所，几番商讨就落到了西苑操场甲 1 号。这里是 1954 年前后向中直西苑机关借用的一处院落。20 世纪 80 年代，为了说明产权，西苑机关拿出当年的借条，签字的是张稼夫。1958 年 10 月就让

注：吴智诚，86 岁，中科院国家空间科学中心原党委书记。

581 组办公室入驻。这时我也被调到这里，在办公室领导下，具体负责科研计划管理和协调工作。

二

这处院落约有 30 亩地，修有围墙和铁刺围挡。院门朝西，由于任务保密，有武装战士警卫。门前有一条南北向的小路，向南不远处即为田间马车路。汽车出入只能向北，经西苑中医医院的西侧马路与颐和园路相通。院落西侧隔条水沟即与中直西苑机关相邻。据说晚清与民国时期，这一带是一处兵营，当然也有练兵的操场。西苑医院是操场 1 号，我们就成了甲 1 号。院落东侧延伸到北大西侧马路和南侧延伸到海淀镇，是一大片水稻田。有几年，有关单位还借用我们的一间平房，从向东的窗户可以看到一公里外彭德怀住的吴家花园和他散步的田埂。可见当时这处院落视野开阔。院内北侧有一座三层灰砖南北向小楼，2000 多平方米，约 80 间房，作为研究实验室之用。随后又陆续建有几十间平房，有行政办公用房、机加工车间、玻璃车间、器材仓库、车库等。还利用西北角一座旱厕所改装为环境模拟实验室，探空火箭上的仪器可以在此作振动、离心、冲击等实验。为了做真空仪器，自己动手建造土煤气发生炉，作为吹玻璃、封接真空管之用。那时遵循勤俭办科学方针，一切都是因陋就简。在这里工作的有 8 个研究组：总体组、电离层与电子学组、光辐射组、遥测组、结构组、雷达跟踪应答组、环境实验组、中高层大气组等，全面展开火箭探空各项研究工作和卫星预研准备。

三

七年多以来，科技人员在西苑操场甲 1 号日夜工作，查阅文献资料，计算、试验、研制仪器，经历了不少挫折与失败，甚至发生过爆炸伤人事故。经济困难那几年，粮食定量少，大多吃不饱，照样日夜加班。像赵九章这样的科学家两腿还曾浮肿过，其他人的情况可以想象。大家一心为祖国搞卫星，有的就是无私奉献和爱国精神。张劲夫、裴丽生、杜润生、郁文等院领导不止一次来这里指导工作和加油鼓励，上下齐努力，各方大协作，经过七年的辛勤劳动，才有了我国第一颗卫星设计方案，才有了搞卫星的技术基础。

在卫星方案论证会后，卫星的各分系统的研制工作有了很大进展，有了突破。卫星研制基本成功的时候，“文革”浩劫来临，张劲夫被夺了权，基层党组织瘫痪了，西苑操场甲 1 号成了重灾区，1968 年 10 月赵九章去世。

我们党是伟大的。在十年浩劫后拨乱反正，终于迎来了科学的春天。如今，我国卫星事业已有日新月异的大发展。可我还是忘不了在西苑操场甲 1 号那段岁月的兴旺和艰辛。

从“581”到“651”

——中科院十年卫星创业摘记

⊙ 吴智诚

1958年10月，我被调至“581”组办公室，负责计划科工作，由此开始从事基层的科研计划管理和协调工作。在中科院早期卫星工作中，我参与过一些活动，现仅就所见所闻写点往事摘记，也算是一点历史见证。

在庆祝中国共产党成立九十周年之际，我阅读了新出版的《中国共产党历史》第二卷的部分章节。其中有关于我国搞卫星的记述，简明、真实，体现了写党史的实事求是精神。现摘抄两段作为本文的开篇，以两个任务代号作为本文的标题。

1958年，我国科学家提出研制人造地球卫星的建议。这年5月17日，毛泽东在党的八大二次会议上提出：“我们也要搞一点卫星。”中央决定以中国科学院为主组建专门的研究设计机构，拨出专款研制人造地球卫星，代号为“581”任务。

人造卫星的研制也经过了艰苦过程。度过了三年严重困难时期之后，中国科学院研制人造卫星的工作在各方面都有了突破和进展。1965年，中央专门委员会原则批准中国科学院《关于发展我国人造卫星工作规划方案建议》，该报告计划在1970年至1971年发射我国第一颗人造卫星，命名为“东方红一号”。人造卫星进入工程研制阶段，代号为“651”任务。

一

党的八大二次会议之后，中科院把搞卫星列为1958年的一项重大任务，成立了中科院“581”组，职责是拟制卫星发展规划，并组织实施和业务协调。组长钱学森，副组长赵九章、卫一清，成员有武汝扬、杨刚毅、顾德欢、闫沛霖、施汝为、康子文等。

中科院党组书记张劲夫、副书记裴丽生对“581”组工作抓得很紧，有些会议亲自参加，有时还邀请院外单位的领导和专家出席会议（如王诤、王世光、钱文极、蔡翘等）。当时有三步走的设想，第一步发射探空火箭，第二步发射小卫星，第三步发射大卫星。

“581”组下设技术组，由赵九章主持，经常召集会议，参加的有郭永怀、陆元九、杨

注：吴智诚，86岁，中科院国家空间科学中心原党委书记。

嘉墀、陈芳允、贝时璋、施履吉、肖健、孙湘、吕保维、周炜等。这些会议主要是研究各种可能的技术方案，科学家们根据各自的专长，提出一些技术难点以及目前国内外可能的解决途径。大家认为发射探空火箭也是为卫星工作积累些技术基础。接下来组织自动化所、地球物理所、力学所、生物物理所、北京科仪厂等单位的科技人员、工人用一个多月就做出了两个探空火箭箭头模型（一个是有科学探测仪器项目，另一个是有动物试验舱）。1958 年 10 月 5 日至 11 月 9 日，中科院举办了自然科学跃进成果展览会，在保密馆展出了这两个箭头模型，还有发射过程表演沙盘和地面雷达照片等，箭头模型可用电动和手动操作表演。赵九章、陆元九等科学家亲自讲解，深入浅出，饶有兴趣，也是一次生动的科普宣传。聂荣臻在展览还未正式开幕就来了，接着来的是陈毅和彭德怀，陈毅看了有两个小时，刘少奇、王光美看得很仔细。10 月 25 日毛泽东主席也来了，先后来的还有周恩来、朱德、邓小平、李富春、胡乔木等。展览会产生了很大的影响。1958 年 10 月，张劲夫向中央汇报了《中国科学院关于人造地球卫星工作的报告》，得到了原则同意，并决定拨款支持，随后经李先念同意核拨 2 亿人民币专款，不仅可购置仪器设备、材料，也可以用于基本建设，这样就大大增强了科研实力，建立相当规模的科研基础。可是在那个年代，人们苦日子过惯了，花钱是很注意勤俭节约的。1959 年底在制订 1960 年计划时中科院党组精打细算，对中央拨款还主动要求削减 1 个亿。当时中科院还打算成立三个设计院，第一设计院是火箭设计，由力学所组建，郭永怀、杨南生任正副院长（后迁至上海，名为上海机电设计院）；第二设计院是自动控制研究，由自动化所组建（后设计院没有成立，只是成立自动化所二部）；第三设计院是科学探测仪器研究，由地球物理所组建（该设计院也未成立，只是成立了地球物理所二部）。“581”组办公室对外沿用了好几年，对内为地球物理所二部，是个研究实体，开展高空物理研究、仪器研制，还承担卫星总体和卫星本体的研究，空间环境模拟以及火箭探测的遥测和跟踪设备研制。

二

当时对如何搞卫星，从技术上来说谁都没有经验。恰逢中苏双方专家交流访问计划，因此决定组织高空大气物理代表团访苏，打算了解一些搞卫星和火箭探空的情况。由赵九章为团长、卫一清为副团长，成员有钱骥、杨嘉墀、杨树智等。1958 年 10 月 12 日，张劲夫对赵九章说：“为了抢时间，说走说走，今天是星期日，后天就走。”因而代表团 10 月 14 日就乘飞机出发了。苏方接待还是很热情，但有关卫星的项目对方要向上请示，很难得到同意。代表团抓紧时间参观了苏联科学院的几个研究所，也参观了公开展出的工业和科技展览，对苏联的先进工业和科技还是增加了见识。代表团 12 月底回国后，认真做了总结。除科技方面有所收获外，最大的收获是对比了苏联和我国的情况，认识到搞卫星应立足国内，自力更生，靠外援是不可能的，要靠强大的工业基础和较高的科技水平。我国空间探测事业要由小到大，由低到高，由初级到高级逐步发展。根据当时国内的情况，我们发射卫星的条件完全不具备，应先从火箭探空搞起。

根据中科院任务调整精神，结合访苏总结，赵九章与卫一清、钱骥商量后，提出五条工作意见：“以火箭探空练兵，高空物理探测打基础，不断探索卫星发展方向，筹建空间环境模拟实验室，研究地面跟踪接收设备。”随后，从1959～1965年，一直是按这五条意见积极开展工作的。

首先是火箭探空，与上海机电设计院密切配合，1960～1965年共发射试验了20多发T_7、T_{7A}火箭，取得了60公里以下的气象数据，还进行过电离层、生物等项目试验，这些都为卫星研制打下了一定的技术基础。

1960年起成立的卫星总体研究室，由钱骥亲自负责，开始对国际上的卫星情况全面调研，对星上和地面的相关技术作专题研究，如卫星结构设计、星上天线研制、星上电源研究等。

空间环境模拟实验室的建设开始为配合气象火箭研制进度的要求，1959年基本建成能进行高低频振动、冲击和离心试验的力学环境模室。1959～1964年，先后建成了大型地面环境模拟设备，可对探空火箭箭头和整个卫星进行试验。其中有大振台、大冲击台、大型地面气候模拟试验箱、直径14米的大型离心机和直径为2米的超高真空太空模拟器。太空模拟器可模拟卫星在轨道运行时的阴影环境和热辐射环境。这些设备的研制是由钱骥带领的科技人员提出方案、设计指标和技术要求，与上海曙光机械厂、电理仪器厂以及长春光机所等机构的技术人员、工人共同进行技术设计、加工调试，从而有效地发挥各自的长处，加快了研制进度。其中有的成果如2米超高真空太空模拟器在国内居领先地位，接近当时的国际水平。1965年，郭沫若、张劲夫、裴丽生等院领导视察了这个实验室，高度赞扬这项白手起家的工作，认为这是为我国卫星上天做了实实在在的准备。

三

1964年10月，赵九章应国防科委邀请去酒泉发射基地访问，随行有钱骥、吴智诚等，主要是参观东风2号火箭发射试验和基地的地面跟踪接收设备，还与火箭研制人员和基地技术人员座谈。

从基地回来，赵九章认为导弹研制进展这么快出乎意料。再过四五年，100公斤左右的卫星的运载工具有可能研制出来，卫星研制也是有把握完成。现在关键是要使卫星研制让国家立项。赵九章找钱骥、吴智诚讨论如何向中央写报告，要讲清楚发射卫星的目的、意义和已具有的技术基础和现实可能性。

1964年12月，在第三届全国人民代表大会第一次会议召开期间，赵九章把报告直接呈送周总理，周总理看后很快批转聂荣臻副总理，组织有关方面研究论证。1965年1月，钱学森也写信给聂副总理，认为现在已有条件考虑卫星问题了。

1965年初，根据周总理、聂副总理批示，国防科委抓紧调查研究，多次座谈征求意见。其中一次是4月10日上午，国防科委副主任罗舜初主持，张劲夫、张震寰、钱学森、赵九章、孙俊人（四机部十院院长）等参加。赵九章发言，在介绍苏联、美国已发射卫星的情况后，着重谈了我国发射卫星的目的、意义和任务，还谈到了我国目前已具备的条件，估计在国庆 20 周年，最迟 1970 年发射一颗重约 100 公斤卫星是可能的。当然我们搞卫星还有不少困难和薄弱环节。目前关键是要请中央专委批准，同意把卫星研制列入国家计划，这样才能推动此项工作进一步开展，接着钱骥就我国第一颗卫星的方案设想做了补充发言。

钱学森说："过去对卫星虽有考虑，但我们主要忙于武器的研制。而中国科学院这几年做了不少准备工作。赵所长提出了方案设想，我看现在已有条件考虑卫星问题了，应该提上工作日程了。"

孙俊人介绍了几种雷达的研制情况，估计要研制出能适应发射卫星的跟踪雷达进度恐怕来不及。

张劲夫在会上介绍了中国科学院有关几个所就卫星研制做的准备工作的情况，认为只要中央专委批准，中国科学院承担任务还是有工作基础的，也有信心。

会后，4 月 29 日，国防科委提出 1970～1971 年发射我国第一颗人造卫星报告，其中明确：卫星本体由中国科学院负责研制；运载火箭由七机部负责研制；地面观测跟踪、遥测系统以四机部为主，中国科学院配合研制。这个报告经中央专委第十二次会议（5 月）批准，并责成国防科委组织协调。

四

中央专委第十二次会议批准国防科委的报告后，中科院立即行动起来，要求于 6 月 10 日前拿出我国第一颗人造卫星的方案设想和卫星系列规划设想，并提出我国第一颗人造卫星应在 1970 年发射，卫星系列规划先考虑到 1975 年。

仅仅 10 天，要完成这样两件大事是相当紧张的。由于赵九章、钱骥领导的研究实体从 1958 年 10 月以来有六年的预研准备，又有各有关研究所的紧密配合，因此工作进展很快。总体组日夜工作，10 天内如期拿出了规划设想和我国第一颗人造卫星的初步方案。为便于汇报，将卫星方案归纳成三张图、一张表。提出第一颗卫星叫"东方红一号"，为 1 米直径的近球形 72 面体。

6 月中下旬，总体组何正华、胡其正、潘厚任和吴智诚几次去中科院新技术局汇报（当时有谷羽局长、陆绶观处长、舒润达副处长），还去国防科委五局汇报（当时有孙式性局长、赵濂清处长、卫星科科长武政、参谋长汪永肃等）。

7 月 1 日上午，张劲夫在文津街 3 号中科院院部亲自修改给中央的报告，召集去参加的有钱骥、吴智诚、舒润达以及中科院政策研究室的一位同志。由于事先已有了充分准备，还有一个初稿，张劲夫逐句逐段斟酌修改。需推敲的地方在座的人加以补充说明，不到三个小时修改结束。张劲夫用钢笔写上报告的标题："关于发展我国人造卫星工作的规划方案建议"，日期为 7 月 1 日。

这个"规划方案建议"共分五部分：1. 发射人造卫星的主要目的；2. 十年奋斗目标和

发展步骤；3. 我国发射的第一个人造卫星方案；4. 关于卫星轨道的选择和地面观测网的建立问题；5. 重要建议及措施。还有三个附件：1. 国外空间活动及人造卫星发展概况；2. 人造卫星本体设计方案；3. 人造卫星的轨道设计方案。

五

1965 年 8 月，中央专委第十三次会议，批准了由张劲夫作的报告，从此搞卫星进入“651”时期。8 月 17 日由裴丽生主持召集院内各所会议，商讨落实措施：1. 组织领导问题，先成立领导小组等三个小组；2. 总体组抓紧进行工作，草拟第一颗人造卫星总体设计方案，提出分工协作方案，组织措施和保证条件等。9 月 25 日我们向国防科委罗舜初、张震寰做了汇报。国防科委决定委托中科院组织召开第一颗卫星的方案论证会（代号“651”会议）。

在充分准备的基础上，10 月 20 日至 11 月 30 日在北京友谊宾馆召开了“651”会议。参加会议的有中科院、七机部、四机部及有关的 13 个研究所代表。国防科委、国防工办、国家计委等有关部委领导机关的代表共 120 余人。会议由裴丽生主持，杨刚毅负责会务工作。赵九章、钱骥负责会议技术抓总协调。会上赵九章报告我国卫星研制的总体方案（草案），钱骥报告了第一颗卫星的本体方案（草案），王大珩、陈芳允等均在会上作了有关方面的技术报告。会议除大会外，分为总体方案组、运载工具组、卫星本体组、地面观测组等进行小组讨论，还进行了有关专题讨论。

为使全世界都能听到我国人造卫星的声音，何正华建议播送《东方红》乐音以代替卫星的无线电呼号，并与遥测信号时分串行播送，还建议将我国第一颗人造卫星命名为“东方红一号”。

会议期间，周恩来总理特别邀请会议代表在人民大会堂小礼堂观看文艺节目。

会议开得很紧张，晚上加班查资料和计算，在深入细致讨论的基础上集思广益，最后提出的目标是 1970 年发射，总的要求是“上得去，抓得住，听得到，看得见。”“东方红一号”的命名、卫星结构外形、主要指标以及播送《东方红》乐音等都得到了大会肯定。

会议产生了总体方案、本体方案、运载工具方案和地面观测系统方案等四个文件稿，还组织编写了 27 个专题材料，共约 15 万字。这些方案和专题材料把发射人造卫星的复杂技术问题做了比较系统的阐明，提出了一些关键性技术问题，说明了我们的有利条件和主要困难以及一些薄弱环节。

会议期间的一天，钱骥对吴智诚说：“晚上要去见总理，我的棉袄已破，最好换一件，回家已来不及。”当即找人帮他换了一件。以后钱骥说到接见情况时说：“总理问了我的名字后说你也姓钱呀！看来搞卫星也缺不了钱呀！”总理的话一语双关，搞导弹有钱学森，搞原子弹有钱三强，现在搞卫星又有个钱骥，真是缺不了姓钱的。搞卫星与搞原子弹、导弹一样都要花大钱呀！总理问要花多少钱？钱骥没有回答出来。因为在准备方案时没有算过账。由此开始，中科院才一项一项计算起来。

裴丽生除亲自参加大、小会外还常利用晚上听取汇报，对一些问题及时给予明确解决。会议秘书组编写会议简报和专题简报（共约 30 份）。

闭幕会议上，裴丽生做了总结。罗舜初也到会讲话：“从今年 4 月份以来，经过半年的准备，又经过这次方案论证会议，使我们逐步对各项技术方案的认识深刻了，对开展人造卫星的工作初步摸清了底，所以这是一次成功的会议。……必须从实际出发来考虑方案的先进性与可靠性的关系。卫星上天问题我们要周密部署，争取一次成功。”

“651”会议上有争论的一个问题是卫星入轨后长期跟踪测轨究竟采用什么系统？大型跟踪雷达的研制是赶不上进度。只能有两个方案，是采用美国一开始就使用的比相干涉仪系统还是采用由周炜建议的多普勒系统。前者测轨技术成熟，但地面建站要求高，投资大。后者则是国际上刚出现的新方法，机动灵活、投资少。加之周炜主持研究室已有几年的工作积累，所以采用多普勒系统是可行的。

裴丽生对多普勒系统方案极为重视，“651”会议前就亲自到周炜的实验室和河北廊坊的观测站去考察，详细地询问仪器设备情况。去廊坊是利用星期天坐火车去的，下了火车还要步行 3～4 里（1 里 =500 米）才能到观测站。早上坐火车去，下午回到北京天已黑了。通过调研，裴丽生认为这是一个设备轻便、研制周期短、造价便宜的大胆创新方案。但需要对跟踪精度进一步研究探讨。1966 年 1 月初开始，总体组和紫金山天文台有关人员集中到数学研究所进行分析研究，并利用计算所刚研制成功的 119 型半导体计算机进行计算，很快摸清了跟踪测轨仪器精度和测轨预报精度。1966 年 3 月“701 工程”论证会上最终敲定了方案。此后的事实证明，当时的决策是完全正确的。

六

1966 年 1 月，中科院决定成立卫星设计院（代号 651 设计院），赵九章任院长，杨刚毅任党委书记，钱骥任副院长。在抓紧第一颗卫星研制工作的同时，开展我国卫星系列的规划工作。

1966 年 5 月，多次召开卫星系列规划讨论会，5 月 19 日的会上做了五个专题报告。

会议经过讨论，最后商定卫星系列的重点和排队：侦察测地、通信、气象、载人飞船、导航。

后来，亲自参与了我国卫星研制工作的中科院院士王大珩多次在会议上说：“当年赵九章主持制定我国的第一颗卫星的研制方案计划和卫星系列规划设想既符合科学又切合实际，以后相当一段时期我们基本上是按照当初的计划设想进行的。”

七

1999 年 5 月，张劲夫回忆说：“正当科学院卫星研制工作各个方面都有了进展、有了突破、基本成功的时候，‘文化大革命’起来了，陈伯达伙同‘四人帮’夺了我的权。在那场史无前例的浩劫中，科学院卫星研制工作和机构并入国防部门……具体交给了七机部，就是现在的航天工业总公司……”

1968年2月，中科院被划出的单位（包括人员、仪器设备、房屋、土地整体划出）有651设计院（501部和511部）、自动化所（502所）、应用地球物理所（505所）、西南电子所（504所）、兰州物理所（510所）、上海机电设计院（508所1963年已划出）、北京科学仪器厂（529厂、卫星总装厂）、上海科学仪器厂（539厂）、太谷科学仪器厂（549厂），还有力学所部分人员、生物物理所6室等，人员共约6000人。有人统计，无论从人员、仪器设备、房屋基建都占当时新建的研究院的75%左右。

张劲夫说：“1970年4月24日第一颗人造卫星发射成功，实际上是交到国防部门不久的事情。要把这个历史说清楚，这是中科院那么多人的心血凝成的，特别是科学家和工程技术人员，包括很多技术工人，他们的历史功绩不能埋没！”

测绘人对东方红卫星升空的一点贡献

⊙ 蒋福珍

1970年4月24日21时35分，东方红一号卫星升空。这消息一经发布，全国人民群情振奋，欢呼雀跃，奔走相告。这个消息震惊了全世界，我们更是激动，因为这其中也有我们测绘人的一点贡献。

我国卫星发射前，中央领导提出的要求是：上得去，抓得住，听得见，看得到。前两项要求与测绘保障有关，于是有关部门向我们测绘部门下达了一项确定地心坐标系统的任务。

1965年的一天，中科院测地所的曹鹏兴副所长将我找去，说交给我一项重大绝密任务：东方红一号卫星的发射站及跟踪站的地心坐标确定。我一听，既激动又忐忑不安。对于我这个刚出大学校门不久又没有独立承担过研究任务的新手来说，能否完成这样重大的任务没有信心。当时正值"文革"，我们所的国内测绘界的两位著名专家无法参加及领导这项任务。强烈的爱国热情和初生牛犊不怕虎的勇气使我还是勇敢地接下了这个任务。给我们下发任务的某单位提出，由我们所提出总体方案、外业测点布设以及最终计算结果，外业由部队测绘大队完成。整体任务由下达任务的部门，测绘大队和我们所各出一位领导组成三人领导小组，负责领导和协调。

我们承担任务后，我们组员首先是要明确任务的目的和要求，以及完成此任务的途径，于是两人负责去各个图书馆，其中包括武汉测绘学院图书馆等，查找有关参考文献。两个人找了一个月，在俄文的参考文献中没有找到一篇有关的内容；在英文的参考文献中，只找到一篇很短的小短文，没有什么参考价值。也就是说，这么绝密的文章，各国都不写，都在保密，只能靠自己了。

经过一段时间的探索，我们终于提出了一个方案，然后到有关部门向领导和同行汇报，并征求修改意见，得到各方认可后，各部门根据要求立即开始实施。

我们研究所在武汉，由于当时的武汉工作条件较差，因此我们这个组基本上移至北京工作，所领导很重视这个组，配备了28个人，而我们根据工作安排，只有6个人长期在北京工作。我们的工作特点是：需要收集的国内外资料数据量大，需要计算的数据量也大。但是我们没有电子计算机，也没有电子扫描仪，因此我们要处理全球资料和局部地区详细资料时，用人员多些。例如，要从图上获取资料，我们就按图幅分工，用模板读图；

注：蒋福珍，81岁，中科院武汉测量与地球物理研究所研究员。

工作量大，就经常加班加点，甚至通宵。大量数据准备好，需要计算时，我们组却没有计算机人才，一些组员便自学了应用计算机的知识和编程；当时我国已有自己制造的万次计算机，但未普及，只有少数城市有，需用计算机的人多，因此，我们不时会出差找到计算机，还需排队。后来得知中科院岩土所有一台，我们就在岩土所上机，不过经常被安排在夜间。直到 1967 年才分配来两位计算机人才，这样我们的计算任务就顺利了许多。

由于工作地点和单位不在同一个城市，因而经常要在北京和武汉之间往返。当时乘火车是很艰难的，人多，车厢里到处是人，连行李架上、座椅下面也坐满人，如果想在车厢内挪步，真是困难，所以我们一上车就不吃不喝，尽量不上厕所，自己带几张报纸坐着，坚持 10 多个小时才得以“解放”。

我们所的测绘界全国知名的人士是方俊院士和许厚泽院士，虽然未能参加这个课题组，但他们无时无刻不在关注着这项任务。我们有什么问题，写信或上门求教时，他们都是有问必答，而且还经常将他们想到的任务中可能会出现的问题及解决的方法写成小短文寄给我们。他们俩都想到了，我国很早在个别地区有些测点曾与国际测网相联测，也即这些点有二套坐标，一为中国，一为国际联网，我们可设法用这些点资料做检验。他们还提出用月亮照相的方法，在卫星升空后，对卫星进行大地联测，组成多余观测进行平差。总之他们提出了一些方法以消除我们计算中的偶然误差和系统误差，不断提高航天事业中测绘保障的精度。

就在这样的三无情况（没有权威专家领军，没有参考文献，没有大型计算机和扫描仪等先进设备）下，我们用五年的时间完成了我国第一次大型的确定地心坐标系统的第一期任务。在东方红一号升空后的第二年，即 1971 年又完成了第二期任务。这项任务对我们组的每个人来说都是刻骨铭心，永生难忘的。

第二章　每个科学家的身上都藏有动人的故事

【题记】建院 70 年来，中国科学院培养了大批的科学家，他们为中华人民共和国的发展、安稳、崛起而孜孜以求地努力着、拼搏着、奉献着。他们虽然头顶着“科学家”的光环，但在公众的视线中他们却较少露面。他们犹如共和国大厦坚实的底座的一部分，正是有了这样安稳的根基，中华人民共和国 70 年来有了长足发展。让历史记住他们，让人民记住他们。

科学家和科学家的学术思想弥足珍贵

⊙ 刘卓军

与中华人民共和国建立和发展相伴，中科院已走过了70年的光辉历程。其中，从事基础科学研究突出的代表——数学研究所是中科院成立后最早建立的一批研究单位之一。它的发展及其影响在中国数学乃至科学研究的发展历史中占有非常重要的地位。

数学大师希尔伯特曾说："数学是一个有机体，它的生命力的一个必要条件是所有各部分的不可分离的结合。"科学的发展既要创新也要传承，数学也不例外。

中科院的数学研究从平台建设和传承发展上看，大致经历了三个阶段。各阶段开始的时间节点依次是：1952年中国科学院数学研究所建立，这一阶段是打基础的阶段；1979年在原数学所的基础上，拆分为数学研究所、应用数学研究所和系统科学研究所，这个阶段是再生和多元发展的阶段；1998年又将数学研究所、应用数学研究所、系统科学研究所和计算数学与科学工程计算研究所整合为统一的整体，成立了数学与系统科学研究院，这个阶段是重新布局、优化资源和更加国际化的阶段。

一个研究所和一个研究平台，其存在的价值必然要体现：在其发展过程中不间断地产出科研成果、培养出一代又一代的科研人才、输出持续有影响的学术思想。

学术通常指的是较为专门和有系统的学问，而思想和思想方法则指的是思维活动的结果和人们思考问题、研究问题和认识世界的方式。历史发展靠全人类的智慧推动，其中不同门类的学术发展必然会伴随着丰富多彩的思想方法和体现这些方法伟大力量的各类成果的形成和递进。或许很难用很短的文字说清楚什么是学术思想的含义，但总可以朴实地、具体地关注一下有代表性有影响力的科学家和工程师们的事迹，特别是他们在认识问题、思考问题和解决问题时所采用的思维方式，包括他们感悟出和独创出的方法和方法体系以及富有哲理的话语。

不久前，中国科学院数学与系统科学研究院分别隆重纪念了三位诞辰百年的科学家：关肇直（1919～1982）、许国志（1919～2001）和吴文俊（1919～2017）。科学家、发明家及工程师，凡能取得真正的历史地位，最主要的当然是看他们所取得的学术、发明和工程成就。他们可以不是完人，可以有很多不足，但支撑他们取得成就的解决问题的方式和思考问题的方法肯定应是如金子般的宝贵财富。

1979年，关肇直、许国志、吴文俊和胡凡夫等一道，创建了中国科学院系统科学研

注：刘卓军，61岁，中科院数学与系统科学研究院研究员，曾任系统科学研究所副所长，数学与系统科学研究院副院长。

究所（以下简称系统所），前三位是科学家。

系统所的组建是改革开放之后，在新的科学春天到来的形势下，中国数学界追求多元发展一次积极的探索。作为系统所第一任所长的关肇直，以其深厚的学术造诣和在中科院数学所内创办控制理论研究室的多年实践，早已在胸中形成了“复杂系统的辨识与控制”的发展纲要。关肇直并不回避诸如一个系统怎样才叫复杂的挑战等关键问题，因为对这类问题总会有不同角度的理解和认识。他提出要从不同方面认识和理解系统的复杂性，包括由系统的状态所体现的复杂性；由系统的不同部分的不同时间标度所表现的复杂性；由种种不确定性带来的复杂性以及由系统的非线性带来的复杂性。不仅如此，他还以数学家的眼光和修养把处置复杂系统各个相关问题与不同数学学科的方法和工具有说服力地关联了起来。遗憾的是，关先生还没有来得及亲自带领大家全面实施和推进这个整体规划就离世了。40 年后的今天，当我们重温体现关先生对系统科学学科发展设计思想的文章时，仍然被他的视野宏大、知识融通、思想深刻而折服。这就是科学家学术思想重大价值的佐证。

许国志最初在中科院力学所和钱学森一道推动运筹学的发展，1960 年时他随运筹研究室一起并入中科院数学所工作。事实上，运筹学（Operation Research）的译名还是许国志和钱学森等一道反复推敲确定的，这比一开始的“运用研究”、“运用学”和“作业研究”更能抓住问题的精髓，因为作为一门应用广泛的学问，不但要运用、运行，还要设计和筹划。而且，运筹这个译名还传递出了中国古代“运筹帷幄之中，决胜千里之外”的意境，因而博得了国内外专家的广泛赞誉和认可，这也反映出了许先生的思想深邃和博古通今。许先生认为，“事物总有一定的规律，物有物理，事有事理”，“相对于处理物质运动的物理，运筹学也可以叫作事理”，“事理体现的是事的共性，把一件事尽量做好，也就是优化，这是事之常理”。正是因为许先生具有的这种把多种事物关联起来，并把事情做好做优的理念，才使他能够和钱学森先生等一道发表了《组织管理的技术——系统工程》的论文，这是一次把运筹学、系统工程和管理科学等统一起来的伟大创举。这篇文章指出，“我们现在不但科学技术水平低，而且组织管理水平也低，后者也影响前者。要解决组织管理水平低的问题，首先要认识这个问题，要认识这个问题的严重性。只有充分认识我们的管理水平低，管理工作存在着混乱的情况，我们才能够切实地总结经验教训，不但学习和掌握先进的科学技术，而且要学习和掌握合乎科学的先进的组织管理方法”。文章还讲到，“我们把极其复杂的研究对象称为‘系统’，即由相互作用和相互依赖的若干组成部分结合成的具有特定功能的有机整体，而且这个系统本身又是它所从属的一个更大系统的组成部分”。在做了充分讨论和分析后，许先生等阐述了一种观点，“‘系统工程’是组织管理‘系统’的规划、研究、设计、制造、试验和使用的科学方法，是一种对所有‘系统’都有普遍意义的科学方法。”这篇文章发表已有 41 年，今天读来仍能感受到其非常深刻和广泛的影响。这再一次体现出了科学家所具有的学术思想的重大价值。

吴文俊是世界知名数学家，他在年近 60 岁时作了研究方向的一次大改动，从事和计算机科学与技术更加密切的数学机械化的研究。就数学指导思想来说，他赞赏“所有问题都可以转化成数学问题，所有数学问题都可以转化成代数问题，所有代数问题都可以转化成求解代数方程（组）的问题”之求解和解决问题的观念。进一步，他还有远见地以计算机为工具，实践着他自己设计的数学机械化纲领。他在 1978 年就指出：“对于数学未来发展具有决定性影响的一个不可估量的方面是计算机对数学带来的冲击。在不久的将来，电子计算机之于数学家，势将与显微镜之于生物学家，望远镜之于天文学家那样不可或缺。现在的计算机通过小型化而成为每个数学家的‘囊中之物’，这一设想势将成为现实，数学家们对这些前景必须有着足够的思想准备。”这些言语如果是阐述于今天，或许不算什么，但它是吴先生 40 多年前的预见，真的无法不让我们后人对之崇敬有加。

吴先生信奉这样的理念：以问题带动学科。由此出发，他道出了对数学的理解，“数学研究的对象是现实世界中的数量关系与空间形式。数与形，这两个基本概念是整个数学的两大柱石。整个数学就是围绕着这两个概念的提炼、演变、发展而发展着的。数学在各个领域中千变万化的应用也是通过这两个概念进行的。”数学研究中，变换和转换是最基本的手段，大多数人都异常欣赏将复杂问题转化成简单问题，即化繁为简。吴先生也不例外地接受这样的观点。但他同时并不排斥（甚至是支持）化简为繁的做法，繁不可怕，只要能有助于机械化就有价值。“所谓机械化，无非是刻板化和规格化。机械化的动作，由于简单刻板，因而可以让机器来实现，又由于往往需要反复千百万次，超出了人力的可能，因而又不能不让机器来实现。”认同化简为繁，或许正是吴先生能够在数学机械化的研究上取得成功的关键所在。

简要回顾关肇直、许国志和吴文俊的事迹，让我们感慨万千。他们的学术成果和学术贡献固然重要、固然具有价值，他们的学术思想同样弥足珍贵。事实上，他们的学术思想已经注入进了中科院光辉七十年的历史画卷之中，并将影响深远！

回忆与钱三强同志接触中给我留下印象最深的几件事

⊙ 王莉贞

钱三强同志是国内外著名的科学家，他为我国原子能科学事业的创建和发展，付出了毕生的精力。生前，他是中科院学部委员，曾担任过中科院副院长，后来是院特邀顾问。因我原在院办公厅秘书处工作，又和钱老同属一个党支部，接触他的机会比较多。这里就把我1985年离休之前，与钱老日常接触中，使我感动和很受教育的几件事，回忆如下。

钱老是一名优秀的共产党员

这话可不是随便说说的。钱老对党无限忠诚、无比热爱。记得20世纪70年代，当时他每月工资为300元。他每月将其中100元作为党费交给党支部，占他工资的三分之一，且年年月月这么交。事情看似不大，可小中见大，从交党费的事情中可窥见钱老对党的一片赤诚之心。

钱老是实事求是的模范

能够做到实事求是是非常不容易的，钱老在待人接物上都能以实事求是的面貌出现。比如在对待同志上，他能坚持党性原则。记得1980年元月份，已近八十高龄的严济慈同志申请入党，钱老是他的介绍人之一。在召开发展严老入党的支部大会上，他对严老的优点充分肯定，对严老的不足之处，也诚恳地加以指出。一般来说，对严老这样有地位的人，旁人说话会多少有些顾虑，可钱老却是实事求是地对待。

钱老是艰苦朴素的模范

钱老在工作中兢兢业业，勤勤恳恳；在生活上则是廉洁自律，艰苦朴素。他除了在接待外宾时穿得好一点，平时穿着很随便也很普通。他戴的一块手表，估计有些年头了，经常出现不准的现象。头一两次他到我们办公室来对表时，一进门就问我们“几点了？”我们以为是偶尔为之。可后来他经常到我们的办公室来对表，我们便知道了，他的手表有问题了。于是都劝他：“钱老您买块新表吧。”他马上回答说：“能对付着用，先用着吧。”前

注：王莉贞，94岁，曾任中国科学院办公厅副处级干部，离休。

面讲过，他每月向党组织交 100 元的党费，超过他应交党费数额的几十倍，但是却舍不得为自己买块新表。听一位去过他家的同志回来说，他的家里没有一件高档的家具，他家的沙发，人一坐就塌陷下去……这说明他老人家在生活上是多么朴素，多么低调啊！

钱老宽以待人，平易近人

钱老关心同志，特别尊重女同志。每年“三八妇女节”，他总不忘给我们女同志买糖，庆祝我们的节日。我是 1977 年下半年从计算所三室调入办公厅的。1978 年的“三八节”，钱老给我们买的是酒心巧克力。说实话，那是我第一次吃酒心巧克力，真是吃在嘴里，甜在心里啊！

总之，钱老在为人处世方面，在同事中是有口皆碑的。他既是我们的好领导，更是我们的好同事；既是一位著名的科学家，也是一名党性极强的好党员！

1992 年 6 月 28 日，钱老因病不幸去世，终年才 79 岁！钱老的一生，是追求真理的一生，是全身地贡献给祖国科学事业的一生，是光辉的一生，他为党和人民的事业奋斗终生，他的献身精神和崇高品德永留人间，也永远留在了我的脑海里。

钱老是我们大家永远学习的光辉榜样！

何泽慧院士二三事

⊙ 李春明

说起何泽慧院士，凡上过中学的国人，应该没有不知道她的，这当然是因为她的学术成就早已享誉国内外。其实，熟悉她的人还会为她虚怀若谷、爱憎分明、淡泊名利、朴实无华的品德所折服。

因为工作关系，我与何先生（我们都这样称呼她）接触较多，听到、见到过一些她在为人处事方面的感人故事。

她就像邻家的阿婆

在我熟识的老先生中，何先生可以说是最没有“派头”的科学大家。她的科研工作可谓精益求精、一丝不苟，硕果累累。可在日常生活中，她却非常谦虚、低调，始终保持着普通人的本色。

她家中的陈设异常简单，既没有高档家具，时髦电器也极少；耄耋的她，依然坚持与大家一样每天按时乘班车上下班。她的办公室在楼内北侧，冬天温度较低，办公家具都是20世纪60年代前后的“古董”，我们多次要为她调换，都被她以“老年人忌讳改变”为由拒绝。中午在食堂吃饭，想为她安排固定餐位，被她婉拒；排队买饭，年轻人请她先买，但她坚持按顺序排队，不搞特殊。最让人印象深刻的是她衣着非常朴素，即便出差或参加重要活动，也坚持日常的“打扮”：穿的大多是所里发的工作服，脚上则是外孙女“淘汰”的运动鞋。她跟我说，衣服、鞋子只要整洁，穿着舒服就好，不必在意别人怎么看、怎么说。

也正是因为如此，她常被不熟悉她的人“误会”。

1994年，我陪同她到浙江舟山参加会议，会议间隙游览普陀山。登山途中，两位中年妇女从我们身旁经过，看到何先生年纪虽大，但精神矍铄、步履稳健，便与她搭讪：“阿婆身体蛮好呀，是来进香吗？”她们看何先生衣着简朴，白发在头顶挽了一个发髻，以为是来朝山进香的“香客”。

“不是。我们来舟山是参加会议的。”我替何先生回答。

“哎哟喂，这么大年纪的阿婆还出来开会？”她们眼神里透着疑惑与惊讶。

“老人家今年80岁，是著名的科学家。”听了这话，两位妇女一下子愣在那里，呆呆

注：李春明，75岁，中科院高能物理研究所原党办主任。

望着何先生低声嘀咕："怎么看着就像是邻家的阿婆。"

我还想继续介绍几句，何先生摆摆手，制止了我，转身与那两位妇女聊了几句家常。

还有一次，受苏州市政府邀请，我陪同她去参加何先生家的房产、文物捐赠仪式。由于比约定时间提前了一天到达，我们自行到苏州市委招待所联系住宿。前台工作人员看我陪着一位如此"打扮"的老太太，便随口说了句"我们不接待一般人士住宿。"我正欲说明原委，恰好该所的负责人过来，他突然问何先生："您是何泽慧同志吧？"我应声点头。他便说曾经在媒体上见过何先生，随即告诉前台，老人家是著名科学家，快些安排两个一楼的房间让他们休息。并叮嘱那位工作人员通知厨房，老人家想吃什么要尽量满足……

是的，何先生就是这样一个人，一个为科学事业和祖国贡献了全部聪明才智的大科学家。同时，她也是一个简朴、平易，不事张扬的会让人以为就是邻家"阿婆"的大科学家。

学这个就是为了回来打日本鬼子

1931 年"九一八事变"之后，日本帝国主义强占了我国东北，明目张胆推行侵略扩张政策，企图把中国变为它的殖民地。面对这样的严峻形势，全国掀起抗日救亡运动。

同年年底，中国共产党领导的北平学生南下示威团前往南京，沿途散发传单，号召工农兵联合起来，反对帝国主义，争取自由。正在高中读书的何先生，深受教育，立志为抗击日本侵略者出力。

1936 年，她以优异成绩从清华大学物理系毕业。当时，许多男同学经学校协助安排到南京兵工署工作了，可是女同学毕业后的去向却无人过问。

正在为难之时，何先生得到一个好消息，山西省政府决定：凡国立大学毕业的山西籍学生，愿出国留学者，可以得到省政府给予的三千大洋资助。何先生祖籍山西省灵石县，完全符合条件。随即她以最快速度办好各种手续，去了相关费用较为便宜的德国柏林高等工业大学技术物理系，学习"实验弹道学"专业。多年后，所里有年轻人不解地问何先生，当年去德国留学为什么要学军工专业？她爽快地回答："我就是想要造枪、造炮打日本鬼子！"

其实，何先生到德国学习还颇费了一番周折。该校的技术物理系属于保密系科，实验弹道学更是军事敏感专业，规定不准招收外国学生，更不能招收女学生。

何先生虽是个文气的江南女子，骨子里却有一股锲而不舍的韧劲，她认准的事情，不达目的不会罢休。当年，考取清华大学物理系后不久，叶企孙等物理系著名教授认为女孩子读物理学难有所成，遂有一些人不断劝说她们转系。何先生与系里的女同学据理力争，质问系领导在考试成绩之外为何还要附加性别条件？结果，何先生不但坚持到毕业，而且毕业论文还获得全班最高分。

这次，何先生仍旧不肯"示弱"。她听在南京兵工署工作的同班同学王大珩说，这个技术物理系的主任，曾经在南京兵工署工作过。何先生便直接找到这位系主任理论："你能到我国的兵工署当顾问，我为什么不能到你这里学习？你知道我的国家正遭受日本帝国主义侵略，我想学习弹道学的愿望，你应该能够理解。”系主任最终被说服，破例收下她。何先生成为该校技术物理系第一个外国学生，同时也是第一个学习弹道学的女学生。

1940 年，她以《一种新的精确简便测量子弹飞行速度的方法》的论文获得工程博士学位。

学到了制造武器的本领，她怀着报国壮志迫不及待跑到中华民国驻柏林使馆，要求回国打日本鬼子。遗憾的是那时第二次世界大战已经爆发，使馆告诉她，德国政府有规定，任何人不许离开柏林。何先生报效祖国的愿望受阻，无奈，只得滞留德国，忍受了几年凄惨的战乱生活。

传承家族的爱国情怀

1990 年 6 月中旬的一天，何先生把我叫到她的办公室，讲述了一件她家的“私事”：她父母生前在苏州陆续购置了包括著名园林——“网师园”在内的多处房产，中华人民共和国建立之初，何先生的哥哥即代表家人于 1950 年 7 月致函苏州市长王东年，将父母留下的“网师园”及邻近的一处房屋捐赠给了国家（未办理正式捐赠手续）；其余几处房产由于种种原因，近 40 年间，一直由苏州市政府所属的部门占用。1989 年，她的妹妹、弟弟几次与苏州市有关方面交涉，要求对这些房产“弄清情况、明确产权、补办正式手续”，但始终未能如愿。何先生要我向所党委转达她的意思，拟委托高能所党委以组织的名义，帮助她向苏州市委转达她们兄弟姐妹的愿望：尽快明确房屋产权，以便她们正式办理捐赠手续。

1990 年 6 月 28 日，高能所党委向苏州市委发出公函，转达了何先生及其亲属的要求，希望得到苏州市委协助，共同促成这件事。此后，双方公函往来多次，我还为此两次专程前往苏州与有关部门面商解决办法；何先生的亲属也与有关方面多次交换意见，由于当时国家的相关政策不尽完善，致使此事拖至 1994 年年中才得以解决。

何先生及其亲属的无私行为源于其家族的爱国爱乡情怀。

何先生的父亲何澄（亚农）1880 年出生于山西灵石，早年留学日本，是山西省最早接受革命思想的人士之一。1905 年参加“同盟会”，曾出资在天津开设“利亚书局”，输入宣传革命思想的书报。辛亥革命之后，追随孙中山从事革命活动。后在苏州创办织布厂，经营民族工商业。他热心扶植地方教育事业，曾任苏州振华女子学校校董；他还潜心收集、研究金石、文物，是一位颇有造诣的文物收藏家、鉴赏家。抗日战争期间，在日伪多方拉拢逼迫下，他始终保持民族气节，拒不出任伪职。

何先生的外祖母王谢长达自幼读书识字，通晓古今大事，是苏州近代史上的著名女性。她毕生热心教育事业和社会活动，倡导女性解放。1905 年与友人共同捐募资金，在苏州以“振兴中华”为目的，创办“振华女子学校”（即现在的苏州第十中学），培养了大批日后在不同领域颇有建树的人才，诸如杨绛、费孝通、何泽慧等。

何先生的姨母王季玉也是一位颇有民族气节的人士。青年时期曾赴日本、美国留学，获硕士学位后即回国接任振华女子学校校长。她认为女子教育也应关注社会状况和现代潮流。面对当时日本帝国主义的野蛮侵略、祖国危在旦夕的严峻形势，她断然拒绝日寇、汉奸的诱惑，甘守清贫，坚持办学，并鼓励、带领学生为抗日战争募捐、去医院陪护伤员等。

在这样的家庭氛围中生活、成长，祖辈的爱国爱乡精神薪火相传，演化为何先生兄弟姐妹承上启下的自觉行动。

1956 年，何先生等人将父亲多年从民间收集、珍藏的 1374 件珍贵文物和 642 册图书全部捐赠给国家。1994 年，我们参观苏州市博物馆时，一位负责人告诉我，当年接受这批文物后，使该馆馆藏数量一下增加了三分之一。

1990 年，何先生的妹妹作为家人代表，约请南京博物院专业人士主持，将父亲生前埋藏于故宅内的从明清至民国时期的 72 方印章、印材挖出，全部捐藏于南京博物院。

1994 年 10 月 26 日，苏州市政府为表彰何先生一家的善举，特举行“何澄先生房产文物捐赠仪式”。苏州市有关党政领导对何先生及其兄弟姐妹秉承父亲生前意愿，表现出的爱国爱乡之情和无私奉献精神给予了充分肯定和高度赞扬。

2011 年 6 月 20 日，97 岁高龄的何泽慧先生仙逝，国家失去一位德高望重、成就斐然的科技英才。但是，她留下的辉煌业绩与宝贵精神遗产，定将激励后辈以她为榜样，为祖国做更多有益贡献。

我们了解的周光召先生点滴

——中国科学院理论物理研究所部分老同志回忆录

⊙ 安慧敏整理

周光召先生是中国科学院理论物理研究所老所长，他是我国“两弹一星功勋奖章”获得者，也曾担任中国科学院院长。今年正值中国科学院建院 70 周年，周光召先生从事科学事业 65 周年，为了传承周光召先生的科学精神和学术思想，理论物理研究所党委组织部分老院士、老同志讲述了他们了解的光召先生点滴故事，作为建院 70 周年献礼，让年轻一代更好地了解老一辈科学家的科学精神。

周光召先生 1979 年调任理论物理研究所研究员，1983 年至 1990 年担任理论物理研究所所长，1984 年担任中科院副院长，1987 年任中科院院长、党组书记，1999 年获得“两弹一星功勋奖章”。

学 术 大 家

理论物理研究所戴元本院士回忆：“我与光召认识比较早，大概 1959 年冬天，光召从苏联杜布纳联合核子研究所回国度假，与我合作了两篇文章。他是当时世界上著名的青年科学家。他在苏联杜布纳联合原子核研究所工作，发表了轴矢流部分守恒和螺旋度散射振幅等几篇顶级的科研论文，产生了很高的国际影响。当时苏联的科技力量在世界排名应属一流，世界各地的科学家可以从苏联科技期刊杂志上了解到光召的工作。后来他回国参加‘两弹’研制，‘文革’结束后不久的一段时间我们接触较多，经常在一起讨论问题。”

1980 年 9 月，光召先生应邀去美国弗吉尼亚大学和加州大学任客座教授，受到美国物理学界的热烈欢迎，他被国外同行视为中国理论物理学界的代表人物。著名高能物理学家、美国物理学会主席马夏克教授为欢迎周光召的访问，专门为他在弗吉尼亚理工学院举行了以弱相互作用为题的学术会议，许多国际知名物理学家前去参加了会议。美国物理学界这样隆重地接待一名外国科学家是少见的，尤其对中国的科学家可以说是第一次。戴元本院士当时也在美国访问，马夏克教授是理论物理所李小源研究员在美国的合作导师，他们两人同时见证了这一难忘的历史瞬间。欢迎会还邀请了李政道先生、杨振宁先生。会议期间，许多科学家在讲话中表达了发展中美科学合作和友谊的强烈愿望。后来，理论物理

注：安慧敏，在职，中科院理论物理研究所综合处处长、党办主任。

所也得到了李先生、杨先生的大力支持，那时杨振宁先生、李政道先生几乎每年都来所里访问，至今仍关心理论物理研究所的发展。

开放办所

在理论物理所楼宇显著位置都悬挂“开放、流动、竞争、联合”办所方针，“开放、交融、求真、创新”办所理念，“唯实求真、协力创新”的所训，这些思想均为周光召先生提出。何祚庥、戴元本、苏肇冰、欧阳钟灿等院士讲述了他们了解的点滴历史。

何祚庥院士是理论物理所建所初创者之一，和光召先生曾一起在俄罗斯杜布纳联合原子核研究所学习，之后还一同参加过“两弹”研制工作。何先生回忆说：“光召对理论物理所最大的贡献是八个大字‘开放、流动、竞争、联合’，这八个大字是他的办所思想，是经过深思熟虑的，背后也有很多的故事。”何祚庥院士向我们一一道来。

说到“开放”，何祚庥先生举例说：“建所初期我们就开始面向全国高校招收研究生，还聘请外单位如高校、科研院所著名的科学家担任我所的研究生导师，这本身就是开放。光召本人也招收了包括科大少年班的学生。光召身体力行，他带头与国外交流，向国际同行展示中国的科研实力。他是我们国家获得国外院士荣誉称号最多的人之一，大概拥有12个国家外籍院士称号，只有得到多个国外院士评选机构的认可才有可能被评上他国的院士，这本身就是他坚持开放的结果。”

周光召先生在2008年理论物理所建所30周年庆祝大会上曾说：“理论物理所从成立以来，就是希望为全国的理论物理工作者服务的，不仅它本身聚集了一批理论物理学家，还邀请了全国主要的一些理论物理学家作为学术委员会的委员；同时也希望建成一个平台，能够加强全国的理论物理界的合作，共同来发展中国的理论物理的事业。理论物理所特别强调要办成一个开放的研究所，所以它是中国科学院第一批的开放研究所。开放的意思首先就是对国内各大学、各研究所的理论物理学工作者开放，同时也逐步地对国外的一些同行要开放。”

欧阳钟灿院士回忆：“在周光召先生大力支持下，理论物理国际顾问委员会、中国科学院卡弗里理论物理研究所、理论物理国家重点实验室等建立。他还特别关心理论物理国际顾问委员会的活动，经常参加会议活动，有的会一开就是两三天，他经常不辞辛苦，只要有时间都亲自到场参加会议，听取意见，提出建议，并亲自推动实施。”

第一届开放所学术委员会主任戴元本院士说：“当时，我们执行了光召的方针，多数学术委员来自外单位，研究课题和经费分配都是学术委员会决定的。我们邀请较多的外单位专家到所里交流，不但活跃了本所的研究，也对推动全国的理论物理研究发展起了作用，特别是在科研经费还非常困难的时候。”

说到“流动”，戴元本院士讲：“流动有利于不同学术思想的交流和人才的成长。”

说到“竞争”，何祚庥院士说：“光召非常主张竞争，比如在研究所引进人才时，他很谨慎，对于水平一般的人他是坚决不同意引进的。这个原则从彭桓武院士担任所长时就明确的，光召担任所长期间非常好地传承了这个传统。因此理论物理所一直坚持慎重引进人才的原则，始终保持了一支精干的科研队伍。引进人才、选用干部对一个研究所是非常关键的。要办成一个高质量的研究所不容易，如果顾及人情世故，抹不开面子，是办不好研究所的。”

说到“交叉融合”，2008 年周光召先生对理论物理所领导班子提出建议，“今后要强调学科之间的交叉融合，强调跟国内外科学家之间的交流，互相之间要形成一个良好的关系。新时期理论物理研究所应以‘开放、交融、求真、创新’为办所理念，要始终保持对国内外开放，创造学科交叉融合，各地来所的研究人员相互交流，关系融洽的环境，达到追求真理，实现持续创新的目的。”在光召先生的建议下，“开放、交融、求真、创新”作为了理论物理所新时期的办所理念。

平易近人的科学大家，关心理论物理发展

作为文稿的整理人，我从 2003 年到理论物理所综合办工作，很荣幸在参加所里活动时认识了光召先生。记得 2004 年 1 月 7 日，周光召先生参加完当天的公务活动后赶回所里参加了所里的迎新联欢晚会，与职工亲切交谈、问寒问暖。那天他和 200 多名职工和家属一起合影留念，那张全家福合影已经成为理论物理所珍贵的历史记录，一直珍藏。后来我和光召先生的接触就是作为一名工作人员参与组织他到所里的活动。每次活动我都认真听他的报告。他作报告从不用讲话稿，但思路清晰，逻辑缜密。2019 年 5 月 15 日是光召先生的 90 岁生日，我把保存下来的、根据录音整理的他来所参加活动的讲话进行了整理，经所领导认可后，与所里收集的其他光召先生珍贵的讲话资料一起汇编成册，作为敬贺光召先生 90 岁生日的礼物，也作为年轻人学习他的学术思想和科学精神的食粮。

记得 2004 年 6 月 1 日上午，周光召先生应邀回理论物理所参加“国家自然科学基金理论物理专款十周年”学术研讨会，在会上光召先生脱稿作了近一个小时的专题报告。他从理论物理学的发展历史、理论物理发展的规律以及需要的条件、理论物理面临的一些问题，并从遵循基础科学发展规律的角度对我国理论物理发展提出了三条建议。他认为第一要有一支队伍，要培养一大批杰出、优秀的科学家，在老一代科学家不同风格的培养训练下，得到全面成长的队伍；第二必须要有学术争论，这个研究群体必须要真正地能够展开学术争论和学术批评，必须要在年轻的科学家之间，在年轻科学家和年长的科学家之间，要有真正的毫无保留的学术批评和学术争论，只有在争论的过程中真理才能越辩越明，而且即使是反对的意见，到后来也可能产生新的科学成果；第三要有一些帅才，要有一些特别杰出的个人，或者是叫天才，年轻科学家要脱颖而出，要逐渐能够发挥重要的作用。这些讲话内容，今天重温起来，感觉还是非常深邃和有新意。

2005 年 5 月 9 日，周光召先生主持了理论物理所第一任所长彭桓武院士从事物理工作 70 周年学术思想研讨会，在会上光召先生主持了当时 90 岁高龄的彭桓武先生关于广义相对论最新研究成果的报告。光召先生对自己的老师深表崇敬，希望师生们向彭先生学

习。他说："彭先生不但教给了我很多科学知识，科学方法，而且以他的言行，教给了我很多做人的道理，就是从来没有把学生当作是学生，而是当作朋友，每次向彭先生汇报工作，彭先生总是带着我到公园去散步，有时还请吃饭改善伙食，还要海阔天空把各种社会上的、科学上的周围发生的事情神聊一通。"还介绍了彭先生"回国不需要理由，不回国才要问为什么"的爱国情怀以及他的赤子之心。周光召先生还希望自己将来能够像彭先生学习，在退出领导职位后，能组织老年的研究队伍，和年轻人竞赛一次，看能不能在最新的事业的前沿去奋斗。关于培养青年人才的这种方式，周光召先生的研究生、已经当选中科院院士的吴岳良曾多次回忆光召先生培养他时的情景。他说周老师像彭先生一样，也把他当作朋友，经常自掏腰包带学生们改善伙食，经常对学生说"科学无国界，科学家有祖国""理论物理只有世界第一，没有第二。"能够得到光召老师的亲自传授是学生们一生中最幸运的事。

彭桓武先生逝世后，2008年6月27日，根据他的遗嘱理论物理所组织了将彭桓武"两弹一星功勋奖章"向军事博物馆捐赠的仪式，周光召先生在这次捐赠仪式上向大家介绍了当年"两弹"研制的故事，讲述了彭先生强烈的爱国精神。他说："彭先生把勋章捐给军事博物馆，反映出他希望中国国防能够强大的心愿，希望中国的军队能够无敌于世界。"周光召先生希望通过这样的捐赠仪式，使大家能够了解老一辈科学家的心愿，能够激发更多的青年科学家站在更高的高度，不是只关心发表多少SCI论文，而是站在国家的高度来看国家需要什么，应该主动做些什么；要像老一辈科学家那样在任何艰难的条件下都能够前进，都能够创造出前进的条件，能把中国的科技带到一个更高的高度。周光召先生自己也在2003年12月8日已经将自己的"两弹一星功勋奖章"捐赠给了他的母校湖南省宁乡一中，他希望报答家乡父老的养育之恩，将"两弹一星"精神传承给后代。

2007年10月19日，周光召先生参加理论物理所学术委员会会议，为全所科研人员讲述了巴丁的故事，希望大家加强融合，中年以上的科学家应该有人写总结，把自己的科研思想整理总结。他指出重要问题不是一个人的天才能够解决的。理论物理各方向的交叉对超导的发展和以后的进步就是一个启发，我们应更多地提倡交叉融合，研究粒子理论还是凝聚态理论，都应有实质性的交流，从事其他事情也是一样，我们全国理论物理学家的学生可以做一个交流。

2008年6月9日，他在参加理论物理所建所30周年纪念活动时希望，理论物理所要努力创造最好的学术研究环境，创造学术的思想，在这样的环境中，能够自由地交流，能够不断地争论，能够实现真正的学术批评而不伤及感情，能够让年轻人充分发挥自己的聪明才智，而不受到压制。他希望大家都是为了追求真理而去追求物理学的前沿，去解决现在存在的一些疑难问题，能够真正地服务于全国的理论物理界，将来还应该努力服务于世界的理论物理界，使它成为一个最好的具有学术环境的地方。如果理论物理所真正创造了一个优良的学术环境，那么在这里面，就一定能够集聚中国也包括世界将来最优秀的理论物理人才，也就一定能够出现最优秀的成果。

结　语

与周光召先生这样的科学大师成为同事，我们感到非常自豪。衷心希望“两弹一星”精神能够在理论物理所发扬光大，在青年一代中传承，为实现“三个面向”“四个率先”新时期中科院办院方针，建设科技强国目标做出贡献！

物穷其理　宏微交替

——记物理学家黄昆院士

⊙ 赵泉沐

中科院半导体所主楼前绿草茵茵，鲜花簇簇，松柏常青，绿草鲜花松柏映衬着一尊庄严的铜像。铜像中老人凝眸沉思，目光深邃，道出“物穷其理 宏微交替”这一科学的真理。这尊铜像主人公就是半导体科学的奠基人与开拓者黄昆院士。

1919 年 9 月 2 日，黄昆诞生在北京。少年时期的黄昆聪明好学，1937 年考入燕京大学，大学四年各科成绩一直名列前茅。大学毕业时，在自学的基础上他完成了《海森堡和薛定锷量子力学理论的等价性》论文。1941 年毕业后，在昆明西南联大物理系任助教，1942 年底，考上西南联大物理系研究生。1944 年春，考取了庚子赔款留英研究生，来到英国布列斯托尔大学，研习固体物理。数月后，写出了他赴英后的第一篇论文《稀固溶体的 X 光散射》，后被命名为“黄散射”，后又相继发表《金银稀固体的溶解热和电阻率》《轻核的束缚能》两篇论文，进而获得博士学位，此时年仅 28 岁。后与夫人李爱扶共同完成了《F 中心光吸收与无辐射跃迁声子理论》论文，这一开拓性工作被国际上命名为“黄理论”。

1951 年黄昆发表了《晶体动力电磁波和格波是相互耦合的》，处理此理论时引入了一组描述晶格振动及其极化的方程，后被固体物理学者们称之为“黄方程”。同年黄昆回到祖国的怀抱，在北大物理系任教，1955 年当选中科院学部委员，与谢希德教授合著了《半导体理论》《半导体物理学》等书。1956 年领导开办我国第一个半导体专门化培训班，年复一年，培养了一批又一批半导体专门人才，为国家做出了巨大贡献。

1977 年在邓小平的推荐下，黄昆从北京大学来到中科院半导体所任所长。那是初冬的一个上午，黄昆戴着一顶旧帽子，身穿半旧棉大衣，脚穿布鞋，来到半导体所门前。传达室同志不认识黄昆，以貌取人以为是个普通的老人，拦住不让进。直到所领导来了，解除误会方请入所内。这是一件趣事，说明黄昆的朴素和平易近人。任所长后，黄昆又要抓科研又要抓管理，忙得不亦乐乎。在千头万绪的工作面前，黄昆十分注重抓提高的工作，他觉得衡量全所科研水平的高低不能光看研制了什么材料和器件，还必须把“出学术成果”作为一项基本任务。所以他特别强调积极开展学术活动的重要性，人才的培养问题

注：赵泉沐，76 岁，中科院半导体研究所工艺工程师。

也是个重要的问题，在组织领导全所科研工作完成国家科研任务的同时，黄昆十分重视提高科研人员的学术水平，他要求科研工作者不仅要知其然，更要知其所以然，只有这样才能从根本上摆脱跟在别人后面走的被动局面。为了尽快给科研人员打好从事理论研究的基础，黄昆重操旧业上台讲课，每周讲一次课，每次半天，前后用了 10 个月终于讲完了半导体能量理论及其计算方法等内容。在黄昆所长的推动下，半导体所的学术水平有了很大提高，并且培养了一支精干的学术氛围较为活跃的半导体理论研究的队伍。

夜，已经很深，万籁俱寂，中关村一栋宿舍的窗口还闪烁着灯光，此刻，黄昆正在灯下埋头工作，进行科学研究。起因是 1978 年的冬天，黄昆收到意大利的里雅斯特国际理论物理学中心的来信，邀请他第二年夏季前去讲学。他已多年没做研究工作了，大部分时间和精力都花在繁杂的行政事务上了，作为知名学者，硬着头皮接受了邀请。半年的时间，白天照常在所里工作，他利用一点点空余时间或跑图书馆查资料或伏案进行计算，晚上回到家，才真正开始研究工作。在研究工作中，他始终抱着从零开始的态度，除了请两个助手帮助做些计算外，一切都是亲自动手。

一篇题为《与晶格弛豫相联系的多声子跃迁》的论文终于完成了。1979 年 7 月在意大利里雅斯特国际科学讨论会的讲坛上，黄昆教授向来自世界各国的同行报告了自己最新的研究成果，这份心血熔铸的成果是黄昆向广阔未知世界的新探索，这是用勤奋的工作态度和坚忍不拔的毅力铸成的结晶。

黄昆所长在工作步入正轨并取得明显的进展之后，又有了更高的要求——“既然身在研究所，就必须承担一线的工作，有自己的科研成果”。他在繁忙的工作岗位上抓紧点滴时间，针对国际学术界在多声子无辐射跃迁理论方面出现的疑难，重新开展了研究。三年中，他与合作者一起写出了《与晶格弛豫相联系的多声子跃迁》《多声子无辐射跃迁理论》等多篇论文，解决和澄清了 20 多年来国际上在这方面理论发展中存在的一些根本性的疑难问题。

1983 年，年事已高的黄昆卸下了所长的职务，改任名誉所长，自此他把自己的全部精力又用在推动我国半导体超晶格物理的研究工作上。1991 年 11 月 11 日，超晶格国家重点实验室通过了国家计委组织的专家委员会的验收，验收报告认为“建成了一个具有国内第一流水平，国际先进水平的，对半导体超晶格量子结构材料、物理和器件进行综合研究的实验基地。”超晶格国家重点实验室成立以来，硕果累累，在超晶格声子模理论，超晶格和纳米材料电子态理论，拉曼光谱，瞬态光谱，压力光谱，输运性质，自组织生长量子点等方面的研究都取得具有国际水平的成果。鉴于黄昆在固体物理和半导体物理学方面的重大贡献，1995 年 10 月 19 日他获得何梁何利基金科学与技术成就奖，荣获 2001 年度国家最高科学技术奖。

黄昆不仅科学业绩卓著，科学作风严谨，教书育人有方，而且生活上也严格要求自己，表现出了一名共产党员的优秀品格和无私的奉献精神。他身为全国政协常委，又是名扬中外的科学家，但从不搞特殊化，更不以权谋私。1977 年黄昆调任半导体所所长后自己从不用公车办私事，也不准夫人和孩子用所里的车。他的夫人李爱扶原是英国人，是位十分优秀的英语口语教员，所里人事部门有意将其调来半导体所英语口语班任教，黄昆知道后坚决反对，认为“这样不好，至少需要避嫌”。黄昆 1951 年回国，四十年过去了，他们一直住在由北京大学分配给他的一套三居室的普通楼房里，天长日久墙壁都变黄了，所里要给他装修，他不同意。1978 年海淀区黄庄的专家公寓建成后，中国科学院领导出于对黄昆的关怀和爱护，分给他一套四室一厅的单元房，他坚决不去。同年，黄昆被选为第五届全国政协常委后，按副部级待遇又一次给他一套更大的住宅，照样被他拒绝。他说：“三室足够住了，要那么多房子做啥，孩子不应借父亲的光，享受那样的住房。”

黄昆多年来致力于探索物质结构的奥秘，可以说，他在认识物质方面是极为“富有”的，然而，他对物质生活的要求却十分恬淡，身居简室，衣着朴素，粗茶淡饭，凡是去过黄昆家的人无不为他的简朴生活感到意外并被感动。

由于黄昆在科学和教育事业上取得的成就，有功于国家和人民，他曾被选为第三届全国人民代表大会代表，第五、六、七、八届全国政协常委；他是中国科学院院士，瑞典皇家科学院院士，第三世界科学院院士；他还曾获得全国劳动模范，中国科学院优秀共产党员光荣称号。黄昆这位德高望重的科学家，他所看重的不是科学家的气派，阔绰的讲究，而是中华民族的智慧和美德，共产党人的风范。他虽已于 2005 年 7 月 6 日与世长辞，但他对科学的执着追求，对教育的无私奉献，对党对祖国的伟大情怀，辉耀寰宇，光彩照人，是我们后人最为宝贵的精神财富，他是青年学生的好老师，科技人员的好前辈，共产党员的楷模。

两位著名声学家成为我的科学引路人

⊙ 张德俊

1958 年 11 月 2 日，一列由郑州驶向北京的火车上，一群年轻人的心随着车轮的轰响声而跳跃激荡，他们憧憬着未来的时光。我就是这群人中的一员。回想离开郑州大学前，校领导殷殷嘱咐我们道："根据国务院关于向科学进军，各省建科学院分院的精神，河南省决定从高校最高年级中，抽调一批学生，进京赴科学院各所培训。"并对我们说："你们是我省第一批科学队伍，这次去京短期学习 3～6 个月，回来就成专家啦。"这是何等的急切心情与莫大期望啊！可反过来又想，像我们这样连大学还没毕业的学生，能挑得起这副重担吗？这种兴奋激动而又忐忑不安的心情伴随我们度过一个不眠之夜，直到火车鸣笛方知北京前门车站到了。

到京后，我被分配到声学所超声室学习，室主任是刚从美国回国的超声专家——应崇福教授。几天后，研究室秘书带我到主任办公室。由于刚出校门，第一次见到知名的科学家，心情难免有些紧张。但当我看到应先生那亲切和蔼的神态、笑容可掬的面容，拘谨的感觉立刻消除了一半。他说："欢迎你们来这里进修，来了就是一家人，不要有做客思想。要向超声科学进军，你们需边干边学。我们的主要参考书就是这一本书。"说着他拿起一本俄文版的《超声》指给我们看。望着这本又大又厚的外文书，我暗下决心，一定要加倍努力呀！

当时，同在超声室进修的分院人员有 20 余人，人们把我们这些未毕业者称为"拔青苗"。应先生并不嫌弃我们，而是更加用心地培养我们。他深入浅出地给我们讲预备知识。从"什么是超声，超声的特性与应用"讲起，后又给全室讲授《超声学基础》，除讲课外，还留有习题。当时正值严冬，在刚建成的阶梯大教室上课，由于暖气设备尚未装好，室内如冰窖，大家都是手脚冰凉。应先生不顾自己寒冷，坚持授课，还特别体贴大家，他每讲 20 分钟，就让我们集体"跺脚取暖"一次。在这种环境下，我们虽手脚冰冷，但心中却是温暖的。

创业是艰难的。超声室的科研工作都是在应先生的带领下，从无到有、由弱到强，逐渐开展起来的。其间，还经历了"大跃进""大搞超声运动"的干扰。直到 1962 年，通过总结正反两方面经验教训，才重新明确了"加强基础研究""以任务带学科"的方针，使科研走上正轨。

注：张德俊，83 岁，中科院武汉物理与数学研究所研究员。

在这种形势下，应先生根据国外超声研究动向及国内需要，决定开设“超声空化机理及其效应”的研究课题，由汪承灏（来自北大，现为院士）任组长。这是我在声学所参加的最重要的科研工作。在此后长达 4 年的科研工作中，应先生的言传身教，使我终生难忘。

回想当时，国际上对超声空化发光机理，存在两种互相对立的假说：一是苏联物理学家弗仑克尔（Frenkel）提出的液体刚拉断时产生“透镜状空腔”，因离子涨落形成内电场“放电”理论；另一是美国诺尔汀克（Noltingk）等提出的空化气泡闭合时，由于闭合速度极快，泡内气体受压形成高温的“热点”理论。按照前者，空化发光应发生在气泡的生长初期；而按后者，则应发生在气泡闭合的最后阶段。但当时，已有的实验研究都基于连续波超声，首尾相连，无法确定发光的准确时刻。因而形成国际上长期争论不休、无所适从的状态。

应先生另辟蹊径，提出采用单个气泡的一次空化过程，精确测量发光与气泡运动的相位关系，从根本上解决这一问题。这是一个崭新思路，但实现起来却步步艰难。首先，单个气泡如何产生？正当大家困惑时，应先生向我们介绍了国外最新报道的“动力式”方式：即由弹簧拉动一容器高速向上运动，在速度最高处将其突然卡定，容器内的液体因惯性继续向上运动，因而在液体中产生负压。此负压使得预置在液体中的微小气泡陡然膨胀，继而长到最大，然后开始压缩，最后快速闭合，形成一个完整的单泡空化过程。与此配合的，还需自制记录发光脉冲的光电倍增管系统；探测气泡电磁波辐射的电探针测量系统；以及同步闪光与拍摄系统。这套装置经反复实验、改进，共花了一年多时间，才达到使用要求。我们用这套装置，成功地拍出了直径约 2 厘米的单个气泡空化全过程。

需特别说明的是，这一过程并不是用高速摄影机拍摄的，因为当时没有这样的设备。我们没有等靠要，而是以创新的精神，开动脑筋想办法。汪承灏提出了延时抽样拍摄技术，即精确控制不同延时下，拍摄气泡单张照片，然后按延时排列起来就得到气泡的连续运动过程。在此基础上，再用上述研制的各种测量系统，测得空化气泡发光与放电的脉冲均出现在气泡完全闭合前的瞬刻（约 1 毫秒）。

实验结果有力支持了“热点理论”。为我们提出“两种辐射可能与泡内产生微骇波有关”的结论提供了依据。论文由应先生亲自修改并推荐，在 1964 年 4 月召开的第一届全国声学会议上报告，并在《声学学报》创刊后的第二期上发表。后来，随着实验条件改善，我们又进一步用高速摄影发现气泡闭合前有“小脉动”现象，并对超声乳化机理等进行了一系列创新性研究，均获突破性进展。

没想到时隔了 36 年，2000 年《声学学报》评选创刊以来的“最佳论文奖”时，学报主编著名声学家马大猷教授，特意要我到北京声学所参加颁奖会，与汪承灏一同领奖。并在评语中给予高度评价。

1963 年中科院机构调整，我的编制由河南分院并入中南分院物理所。在我即将赴汉工作的前一年，即 1964 年 11 月，武汉物理所的水声专家许宗岳教授在北京召开全国超声应用学术会议期间，特意要我陪同拜会应先生。他对应先生说：“希望您多为我们培养几颗种子，我们的工作就好做多了。”

1965 年 7 月 16 日，我结束进修前往武汉物理所，分配到第 4 研究室（声学室）工作。此前，我在声学所时曾听人讲过这样一件往事，一次我国一个赴苏联考察团提出参观水声实验时，苏方人员推诿说：“你们不是有位水声专家吗？”他们说的水声专家就是许宗岳先生。因为在 1957 年苏联翻译出版的《超声》那本名著上，介绍并推荐了许先生于 1945 年在美国布朗大学期间进行的“用力积分天平测量水中超声波吸收”成果。想见，人们对水中超声波的吸收，其海洋应用价值是敏感的。我对许先生充满了敬意。

随后了解到，许先生还是应先生的学长，1936 年应先生考入华中大学（现为华中师范大学）时，许先生已是该校讲师。许先生是 1945 年 10 月在美国学成回国的。后来，许先生在武汉物理所筹建声学室，指导开展大功率超声发生器（50 千瓦）及超声处理钢液，大坝监测，水下电视，以及压电材料与换能器等研究工作。其中，大功率超声设备创世界之最，处理钢液后，使钢锭发生晶粒细化和缩孔减小的显著效果，至今无有超过。

当时，我所声学室正承担着二机部“核燃料棒的超声自动检测”工作。经组内负责声学方法的同事许克克、孙占清等的努力，声学方法已确定，即提取斜入射超声在棒壁的二次反射波进行逐点扫描检测。电路系统也由苏旭等基本完成。但碰到的瓶颈问题是机械传动装置在水中不能正常运转。眼看验收时间临近，大家都很焦急。原来一直从加工上找问题，所里工厂的技术员程春生，工人师傅蔡崇实、张克俭、张昌蓬等不知做了多少次修改，但总不见效。我与大家一起，经仔细察看，终于发现水中机械在有滑润油时可运转，而油飘散时水就成为阻滞剂，因而便受阻停转。这一思路首先征得搞声学研究的同志认同。问题是还需加工的配合，为此由许克克出面提出：将棒的探测部位与传动装置隔开。幸好，工人师傅们采纳了这一建议，并巧妙地想出用“双层水槽”彻底解决了这一长期困扰的问题。事后我向许先生汇报，获得他的赞许。

这里应特别说明，在当时的政策下，许先生虽不能直接参加军工项目，但在我室承担的核燃料棒、稀土炮弹、卫星蒙皮、复合板材、带筋锆管、钨钼灯丝、变截面管的超声检测等国防科研任务中，无不得到他的实际指导与帮助。室内人员但凡有学术难题或工作上取得进展与成绩，大都会立即到他的办公室告诉他，听取他的建议，从中得到指教与鼓励。公正地说，在这些项目中许先生发挥了专家的作用，他是功不可没的。有时候他的子女问他：“看你每天忙得，什么成绩也没你，值吗？”他总是笑着说：“只要我做的事情是国家需要的，这就够了。”

然而，这种不正常的状态，很快就被“文革”搞得更加不正常了。许先生被当作“反动学术权威”“美军间谍”而遭受迫害，直到“文革”后期（1973 年）才得到平反。当时，正在北京治病的许先生，获知自己已平反昭雪的喜讯，心情格外激动。立刻接受马大猷院士的个人邀请，带病参加了在北京中关村召开的“1973 年全国声学论文报告会”。回到武汉仍兴奋不已，欣然写出“满江红”词，张贴在所门口墙上。开头写道：“北去怀愁，归来时，面对鹦洲。党关怀，二赴都休，……”真诚地倾诉了对党的拥戴之情。并在词末表示了要在有生之年，发挥“主沉浮”作用的决心与信念。

时间真快，如今两位著名声学家早已作古。我们这代人也进入老年。回想这一生，能遇到这两位老专家是倍感幸运的。应先生是我学习超声的启蒙老师，他带领我这个“青苗”，走进了科学院这座殿堂，并身体力行地教会我怎样从事一项探索性的科研工作；许先生留给我的，则是他身处逆境而对党和国家始终忠诚不改的品格。

他们对祖国的热爱，对科研事业的奉献精神；工作中敢为人先、勇于创新而又注重育人的无私品质，都为我们后来者树立了榜样。

忆洪朝生院士之小事几则

⊙李　晓

初识洪朝生院士是在1987年，那时我刚调入低温中心财务处工作不久。一天，一位穿着一身劳动布工作服，头戴布帽，貌似工人师傅模样的人来办理业务。在帮他办理业务时感觉这个师傅面容慈祥、待人和善，便对他充满好感。待他走后，同事告诉我，这是咱们的中心主任洪朝生院士，我很惊讶，对这位简朴可亲的洪院士肃然起敬。

后来由于工作业务的关系与洪先生接触多了些，对先生有了更多的认识，尤其先生的人品十分正直，给我们留下非常深刻的印象。

公私分明、不占公家便宜

20世纪80年代，电话还没有普及，为了工作需要，单位会给部分所领导的家里安装电话，安装费及电话费均由单位支出。洪先生家里自然有一部。一般情况下，家里装电话了家人私事也会用到的，单位也不会计较，可洪院士隔段时间就会为私事用电话后到财务来交钱，每次看着他拿来记录着某月某日、几点几分，共计打电话多少时间，合计多少钱的记录纸，心里都充满了感动。

洪先生老两口没有子女，外甥、侄子等亲戚有时从外地过来看看并照顾一下他们，偶尔外出办事，亲戚们搭洪先生顺风车的事情也有发生，每次洪先生都到财务交纳顺风车路程的费用。记得有一次交费单上是这样写的："行车路线：中关村—魏公村—三里河（院部），交纳中关村到魏公村的费用"，每次用完车的洪先生都请司机师傅记录好公里数，折算好用车金额后，笑眯眯地到财务来交钱。老先生公私分明，绝不占公家一分钱便宜的精神着实让人敬佩。

按规定自觉计算缴纳个人所得税

有一段时间单位发放工资时可以代扣代缴个人所得税，但是个人在外单位取得的评审费、劳务费等需要个人到本单位财务自行申报计算，财务汇总后统一向税务缴纳。洪先生每次在外单位取得评审费后都会第一时间到财务来缴纳税金，看着先生一笔一画认真地填写税单，我的心里敬佩不已。说实话这不是每个人都能做到的。

注：李晓，63岁，中国科学院理化技术研究所六级职员。

替国家节约会议开支

洪先生是全国政协委员，每次开政协会议时会务组都会为参会代表订宾馆，包括中午休息时也会为代表订房间休息。有一次与洪先生聊天时无意中了解到，洪先生从来不让会务组给他订宾馆，甚至中午也不要订房间休息。我问他为什么？他说："因为房间一订就是几天的，我是北京代表，晚上可以回家，中午休会时可以在沙发或椅子上坐着就休息了，这样可以节约会议经费不浪费呀。"听着先生简短的话语，我心里除了敬佩还是敬佩。

人们说，欣赏一个人始于颜值，敬于才华，合于性格，久于善良，终于人品。在我看来，洪先生就是一位集才华、性格、善良和人品于一身的人，是值得我们敬爱、纪念、学习一生的榜样！

张存浩院士对我人生的积极影响

——记在张存浩院士身边工作二三事

⊙ 姜英莉

2013 年，张存浩院士获得国家最高科学技术奖，喜讯传来，我的心和所有化物所人一样，十分激动。想起在张院士身边工作的时光，张院士的诚实做人、严谨做事、永无止境地向科学高峰攀登的崇高精神让我记忆犹新。

一、张存浩院士教我要有敢于探索和求真务实的工作态度

我是 1987 年调到所长办公室工作的，专职文字秘书工作。当时办公室主任丁吉山交给我的第一件工作，就是撰写 1986 年所志。所志内容包括研究所年度工作总结、大事记等。我集中了各部门的工作总结、查阅各部门有关重大事项，对研究所重点工作环节做好调查落实，在此基础上，编写完成年度工作总结和大事记。在丁主任对所志初稿审阅后又交到时任所长的张存浩院士审阅。原以为张院士工作很忙，一时半会儿不会阅完，丁主任也嘱咐我说不要打扰所长工作，所以我边做其他事情边安心等待。但没想到张院士第二天就找到我，他已在百忙之中非常认真地看完了二十几页的文稿，还做了一些批注。他不仅跟我谈了与文稿有关的话题，还跟我聊了科研上的事，印象深刻的是谈了中科院和化物所的可持续发展。好多内容是我从未思考过的，也并不十分清楚，但是张院士深入浅出的谈话却让我受益匪浅，当时真有“听师一席话，胜读十年书”之感。

最让我难忘的是，随后张院士又抽出一张纸，当即给我写了庄子的一句经典文句：“夫千金之珠，必在九重之渊而骊龙颔下”。我当时对这句哲理名言不甚理解，既感自己读书少，缺乏对诸子大家理论的理解，但又碍于面子未敢当面请教。事后我查阅了资料，才对这句名言有了深刻的理解，顿觉豁然开朗。张院士是要告诉我，要获取工作成果并非易事，需要敢于冒风险，不可走捷径轻易取得。科研工作和行政工作都是这样，要敢于探索，要求真务实，来不得半点的巧取和虚伪，因此在这之后我对从事的各项工作都尽最大能力去主动思考，努力创新，勇于实践。

注：姜英莉，69 岁，中科院大连化学物理研究所五级职员。

二、张存浩先生百折不挠的工作精神让我肃然起敬

那些年张院士身患腰椎间盘突出症，病痛时直不起腰来，这个病还最怕长时间坐着工作。医生告诫他病痛时要卧床休息。而张院士是个习惯于跟时间赛跑的人，不舍得让时间在病床上白白流走。那段时间我们办公室的同志都看到张院士每走进办公室，总是左手扶着腰，腰部是稍微向右弯曲着走进来，看着都心疼。可是，他从来不让自己身体的疾病影响到工作，干起工作来心无旁骛，每天如饥似渴地不是看文献，阅论文，就是在计算机旁敲打文字，即使是中午时间也较少休息，在家吃过午饭后马上来所工作。后来病情发展很严重了，不得不接受医生的劝告，才住进了医院做牵引治疗。

张院士在医院住院期间，让人把计算机搬进了病房，在病房弄了个简易的工作台面（那时还没有笔记本电脑），相当于把工作室搬进了病房。每次牵引后，他立即伏案工作，指尖流利地敲打着键盘，身旁是一摞文献资料。我每次去看望他，给他捎去报刊和信函，都看见他在那样专注地工作。他的百折不挠的工作精神深深地感动了我、影响着我，对我之后的人生有着潜移默化的影响。

三、张存浩先生诚恳待人，诲人不倦的品质高山仰止，景行行止

张存浩先生任所长期间，既能当好一所之长，又是深受硕、博学生们尊敬和爱戴的好导师，他教学生无诲无倦，传授知识无私无怨，我们看在眼里，敬在心底。

我们经常看到张院士的学生中午时间或者下班后来到他的办公室，和他讨论科研论文，讨论学术思想。张院士会认真审阅学生们厚厚的论文，并和他们认真交谈，指导学生去做好每一项研究工作。朱清时院士也是张院士的得意学生，是张院士用伯乐之睿智思想发掘和亲手培养出的年轻院士。那时，我们也经常看到朱清时院士到张院士办公室讨论问题，张院士对弟子的关怀和指导细致入微，他们师生之间的相互尊重充分体现了张院士对年轻人才的爱护和培养。

在张院士身上体现出的既有谦谦君子的儒雅之气度，又有大师级尊贵严谨之风范，凡接触并受教于张院士的学生都有深刻的体会。经常来办公室找张院士讨论论文的李效农和李华峰同学跟我们说，他们能得遇张院士，成为张院士的学生，是极大的幸福，张院士对他们的教诲，使他们终身受益。

张院士 2013 年获得国家最高科学技术奖后，退休的老同志在学习张院士的活动中讲述了许多先生的事迹，讲述他在艰苦年代，在一项重大实验过程中，不怕危险，亲临实验现场，和普通实验人员共同战胜困难、攻克难关的故事。还有同志讲述了张院士平易近人，关心困难职工生活的故事。在最困难时期，张院士也是省吃俭用，但是却把节省下来的粮食送给最困难的职工，让这些同志到现在每每谈起都仍然感动不已。老同志谈到张院士的许多看似平凡的问候和关心，也是泪花在眼圈里打转，这都是他身上所体现出的谦虚为人的优秀品质，这不是谁都能做到的。

张院士还曾多次在所里举办的联欢活动中用英文演唱《友谊地久天长》，还曾用这首

歌为舞台上跳舞的同志伴唱，后来这首脍炙人口的英文歌成了张院士在联欢活动中的保留歌曲，这首歌也正映照了张院士身上所体现的真善美以及巨大的人格魅力。

张存浩先生身上的正气和儒雅之气的闪光之处不胜枚举，以上记叙的只是我曾在张院士身边工作时大量受益中的点滴小事，以及接触老同志所知的二三事。近水楼台先得月，耳濡目染，我从张院士身上学到了许多，对我的工作产生了巨大的积极影响。虽然我已退休多年，但张院士的思想和精神仍然让我受益终身，他那正气儒雅的风范，严谨的学术思想，不断攀登科学高峰的精神，高山仰止，景行行止。

成功与坚守同在

——记著名玻璃科学家姜中宏院士

⊙ 徐德祖

1953 年夏秋之交，姜中宏大学毕业，离开广州华南工学院（即华南理工大学前身），辗转一个多星期，来到长春中国科学院仪器馆（中科院长春光学精密机械与物理研究所的前身），从事无机非金属材料光功能玻璃研究与开发生产，后又根据科研工作需要于 1964 年调往中科院上海光机所，至今在这个领域辛勤耕耘了将近七十年。而其中的六十余年，他专注于两个大类、三代激光钕玻璃的研发与生产，作为第一人或主要参与者，荣获过三次国家科技发明（进步）奖二等奖，七次中科院或上海市科技发明（进步）奖特等奖或一等奖、二等奖。姜中宏用一个多甲子岁月的努力与执着坚守，最终收获了成功。

依据本意，姜中宏在大学毕业后，希望从事工业催化剂方面的工作，这是大学毕业之前就考虑成熟的选择。因为他在学习《工业化学》和《硫酸制造》过程中，大胆提出过用改良的催化剂提高硫酸产量的构想，不仅得到了任课老师的赞许和支持，还获得了天津永利化学工业总公司总工程师姜圣阶先生（中科院院士）的肯定和鼓励。所以，当他获悉被分配到了大连工业化学研究所时，当然踌躇满志，十分高兴，因为这个研究所的化学催化剂研究颇有名气。但是，最终的分配结果是长春的中国科学院仪器馆，理由是刚筹建的我国光学玻璃研究与试剂基地人才奇缺。姜中宏二话没说，继续北上，落脚于长春。姜中宏回忆往事，他说："当时的口号是党的需要就是我的第一志愿。这是每个大学毕业生共同的诺言。无条件地服从国家需要，是每个大学生无从争议的唯一选择。"姜中宏正是从中国科学院仪器馆起步，迈入了光功能玻璃研究的科学殿堂。

1960 年 5 月，美国率先研制成功世界上第一台红宝石激光器后，我国也于 1961 年 7 月获得了红宝石激光器的激光输出，比美国晚了一年多，比苏联早了两个月。激光科学技术具备的特性，特别是钕玻璃激光技术的高能量、高功率激光输出，成为强激光技术运用于两大高科技前沿研究的技术手段。一项是激光定向能武器（激光反导弹）研究，另一项是激光惯性约束核聚变研究。

1963 年春天，由姜中宏为主导研制成功我国第一根钕玻璃棒获得激光输出。从那时算起，至今已走过了半个多世纪的科研之路。作为这个研究领域的学术带头人，他带领上

注：徐德祖，75 岁，中科院上海光学精密机械研究所五级职员。

百位科技人员，经历了三代人锲而不舍的精心研制，见证了激光钕玻璃性能日趋优化，规模不断扩大的历程，上海光机所已经发展成为国内唯一，国际第三，具备大尺寸高性能激光钕玻璃研究能力的专业研发机构。一项研究工作，一种激光材料，持续时间如此之长，在我国科技发展史中并不多见，是我国激光研究中浓墨重彩的一笔，姜中宏功不可没。

1963 年 6 月,《科学通报》发表了姜中宏撰写的学术论文《无机玻璃中稀土氧化物的光学及光谱性质之二,三价稀土离子的吸收光谱》；1964 年 1 月,《科学通报》又发表了姜中宏撰写的学术论文《无机玻璃中稀土氧化物的光学与光谱性质之三,三价稀土离子的荧光光谱》。这两项理论性基础研究成果，是当时国际上最早发表的论文和数据，被国外专业论著、学术手册全部收入，被相关论文所引用。更为重要的价值还在于，这两篇论文标志着我国激光钕玻璃的早期基础性研究已进入世界行列。

从 20 世纪 60 年代中期到今天的漫长岁月里，根据国家的战略需求，上海光机所先后开展了两项科学工程研究：一项是以辐射武器为导向的高能量钕玻璃激光系统及其应用的研究；另一项是以激光核聚变为目标的高功率钕玻璃激光系统及其应用的研究。激光钕玻璃作为这两项重大研究项目的核心材料，姜中宏为主导率领科技人员努力不懈，硕果累累，研制成功了硅酸盐激光钕玻璃和磷酸盐激光钕玻璃两个大类、三代激光钕玻璃，为这两项科学工程研究提供了有力的保障。

激光钕玻璃的制备工艺十分复杂，涉及面十分广泛，包括配料、熔制、成型、粗退火、光学和光谱性能检测、精密退火、应力检测、包边和精密抛光加工等诸多环节。同时，钕玻璃的制备工艺必须满足高光学均匀性、气泡、荧光寿命、吸收损耗、铂颗粒和应力均匀性等指标要求，制造环节十分复杂，难度非常之大。姜中宏从理论研究与技术创新两个方面入手，带领科技人员不惧国外的技术封锁和禁运，完全依靠自己的智慧与能力，从四个方面获得了制备工艺的重大创新，即攻克了除杂质、除水、除铂颗粒三项关键技术，自主研发了软硬包边技术，自主建立了坩埚熔炼技术，自主建立了连续熔炼技术。

姜中宏领导课题组完成的具有更好更高激光综合性能的 N31 型磷铝钾钠系列磷酸盐激光钕玻璃性能优异，比日本 Hoya 公司 LHG-8 型钕玻璃具有更高的受激发射截面，比德国 Schott 公司 LG-770 有更好的化学稳定性，居国际同类产品的领先水平。日本的玻璃权威泉谷彻郎先生曾多次向姜中宏提出要求，用 N31 配方交换他提供给美国 LLNL 使用的配方。姜中宏婉言拒绝了泉谷的要求。

姜中宏的学术建树和科研成果，受到国外同行的密切关注和高度重视。他曾被列入国际上 20 位著名玻璃科学家，被邀请出席著名的德国耶拿国际玻璃会议，还应邀七次赴日本、三次赴美国进行学术交流和考察访问。他用独有的创新性成就博得了国内外同行的赞许，奠定了他在这个领域的学术地位。

激光钕玻璃，是玻璃基质中掺杂了稀土发光离子钕离子以后生成的一种光功能玻璃，也可称作特殊的光学玻璃，通过“泵浦光”的激励作用产生激光，或者对激光能量进行放大。目前，配置在我国高功率激光核聚变系列大型科学装置中的成千块大口径高品质激光钕玻璃片，经科研运行，可以将纳焦耳级的低能量激光放大千万亿倍，达到兆焦耳级的高能量激光。

这种瞬间的神奇，来源于长期的科研积累。追根溯源，姜中宏念念不忘王大珩、龚祖同两位光学前辈为开创并建立我国的光学事业，尤其是为光学玻璃工业所做出的卓越贡献。他们两位是引领姜中宏迈入这个科学殿堂的恩师，不仅给了他知识和技能，而且给了他为了国家的科学事业可以忘我的精神，永远奋斗的精神。如今已近九十高龄的姜中宏仍然保持着这种精神，关注着更新型钕玻璃的发展。

姜中宏结缘激光钕玻璃，走过的是一条荆棘丛生、充满坎坷的科学探求之路。在钕玻璃研究的前期工作中，他长期站在熔炼玻璃第一线，以上海新沪玻璃厂作为玻璃熔炼基地，坚持炉前三班倒作业十多年，业余时间搞研究。为了保证原材料的质量和供应，冒着酷暑，多次乘坐长途车到浙江湖州石英粉厂调研，经上海市科委安排，双方共同研发低铁含量的石英砂，还专门设计专用石碾轮压机加工合乎规格的石英砂。后来，又远赴山东招远寻求优质石英矿石，还南下广州珠江冶炼厂订购稀土原料。

激光钕玻璃研究，是一项高技术应用的前沿科学研究，无论是基础理论还是应用技术都需要投入大量的人力和物力，我国与美国相比还存在一定的差距。尽管我们在这个领域的某些方面与他们水平相当，甚至领先，但是要想在这场较量中取胜，姜中宏认为，还需要我们付出更大的艰辛、更大的努力，尤其需要一种艰苦奋斗的精神。

我们有机会走进姜中宏先生的科研人生，尽管所采集到的是他一些碎片化的经历，但已让我们思绪良久，既为之感慨，又为之振奋。他的一生既有跌宕起伏、波澜壮阔的辉煌，又有甘于寂寞、不动声色的平淡。姜中宏先生用他的成功与坚守建造成了一座“灯塔”，只是用来为后来者指引着正确的航向。

忆郭和夫先生在甲氰菊酯新农药研发中所发挥的不可替代作用

⊙ 陆世维

郭和夫先生是已故郭沫若老院长的长子，1917 年 12 月 12 日生于日本冈山市。1949 年春在党的关怀下回到祖国，怀揣周恩来同志的亲笔信来到大连，是新中国诞生前夕学成归国的高级知识分子，也是我所的元老之一，为我所的建设和发展发挥了特殊的作用，为我国的科学研究事业做出了重大贡献。

郭和夫先生在因公出差途中突发脑出血，经多方抢救无效，于 1994 年 9 月 13 日在哈尔滨逝世，享年 77 岁。

郭和夫先生是著名的有机化学家，在出成果、出人才等诸多方面都有突出贡献。他是一位热爱祖国、热爱人民、热爱中国共产党、热爱科学、热爱大自然的德高望重的杰出科学家。他的过早逝世，使我们深感悲痛和惋惜。记得在向他遗体告别的那一天，自发前往的所内职工达 500 余人，足见全所同志对他的敬仰和爱戴。在先生逝世后，全所上下、国内外学术界都纷纷以各种形式表示追思与缅怀。为此，我们于 1997 年 9 月在大连编辑出版了《郭和夫纪念文集》，收集了有关领导、社会各界人士、所内同志及日本友人、亲属等撰写的纪念文章 70 多篇，多方面表达我们的思念。在日本，由郭和夫先生在京都大学的同窗好友、诺贝尔化学奖获得者福井谦一教授作序，也出版了追忆郭和夫先生的纪念文集。之后，在中科院大连化学物理研究所所志《光辉的历程——大连化学物理研究所的半个世纪》以及《中国科学院人物传（第一卷）》等史志资料中都从不同角度反映了郭和夫先生的一生业绩和崇高品德。

我 1963 年大学毕业来所，1972 年到郭和夫先生主持的第二研究室工作。之后一直受到郭先生的亲切关怀和热情帮助，先后从事沸石分子筛、化学模拟生物固氮、化学肥料长效化等工作。1983 年从日本归国后仍在郭先生领导下从事金属有机、金属原子簇络合物等研究工作。1988 年 10 月至 1991 年 5 月受所领导班子委托并征得郭和夫先生的同意和支持，让我担任甲氰菊酯新农药建厂工作组组长，承担总体组织和技术总负责等工作。通过工作实践，我对郭先生在此项工作中无可替代的卓越贡献就有了最为直接、深刻、全面的了解。很多同志都说这一项目是郭先生的人品、人格、学风、学识的集中体现。

注：陆世维，79 岁，中科院大连化学物理研究所研究员。

急国家之所急 想人民之所想

拟除虫菊酯杀虫农药，是继含氯、含磷农药之后，可称为第三代的人工合成农药，其特点是高效、低残毒。甲氰菊酯则是人们已经合成的数十种合成菊酯类农药中的一个优良品种，它杀虫谱广，兼杀螨虫，可广泛用于棉花、水果、蔬菜和茶叶等多种经济作物。

中国是一个农业大国，需要的农药很多，必须自己生产。而我国农药行业一直比较落后，品种少，数量也不足，高效优质品种更少，技术水平又低，一些农药厂还只是半合成状态，或进口分装，或复配，难以满足实际需要。20 世纪 80 年代初，改革开放刚开始，百废待兴，首当其冲的就是农业，需要解决全国人民的吃饭穿衣问题。当时人们认为工业支农有三大项，化肥、农药与薄膜。而在农药方面，从安全环保的角度出发，国际上已禁止使用含氯高毒农药，又要禁止含磷高毒农药。科技落后的中国面临着极其严峻的形势，迫切需要高效优质的新农药是国家着急、人民着急的大事。

1978 年，郭和夫先生参加了全国科学大会。沐浴着“科学的春天”春风的郭先生以极大的热情投入到科研工作之中，凝练学科的发展方向，积极安排学术活动、知识讲座，学习量子化学、金属有机、络合催化等课程，悉心派人出国学习均相催化、络合催化、金属有机化学、金属原子簇化学、X 射线单晶衍射结构分析、核磁共振结构分析技术等。此外，郭先生还在人才培养、队伍建设、科学知识的更新学习、近代仪器设备等诸多方面排兵布阵，做了强有力的准备，急国家之所急，想人民之所想，急切寻找，努力选好为国民经济服务的好项目。

功夫不负有心人，机遇总是与有准备的人相逢的。终于，甲氰菊酯农药项目进入了郭先生的视野。

20 世纪 80 年代初，郭先生访日回来后兴奋地讲，在日本地铁车站候车时，在翻阅住友的宣传广告资料时，看到了甲氰菊酯的分子式。在有机合成方面功力深厚的郭先生，通过逆合成的分析方法，将复杂的甲氰菊酯逐步分解成若干较小的碎片，又组合了我们研究室内有机化学、金属有机、催化化学、烯烃聚合等科研基础积累，一个创造性的由合成四甲基乙烯、合成菊酸和合成菊酯三大部分构成的合成流程在他的脑海中形成了。

郭先生向所领导和同志们报告了要立项研制甲氰菊酯农药的想法和决心，以极大的热忱亲自准备详尽的资料，在全所举行了公开的开题报告，得到全所上下的支持。随即组织董明珏、李子钧组与陈惠麟、赵成文组分工协作，联合攻关，开展小试研究。前者以丙烯为原料，经齐聚制得四甲基乙烯；后者则以此出发，制取甲氰菊酸，进而合成甲氰菊酯。由于充分发挥了两组的特长和积累，小试很快取得好结果，随即被列为中科院的重点项目。1986 年，“甲氰菊酯农药主体原料——四甲基乙烯研制”通过了中科院的鉴定，“甲氰菊酯合成”也同时通过了中科院的鉴定，获中科院科技进步奖二等奖。

项目上马时正是我国农药奇缺的时候，国外厂商对我国实行技术封锁，只卖给我国最终的乳油农药产品，且价格昂贵，每吨 20% 的甲氰菊酯乳油农药（商品名为“灭扫利”）要 8400 美元，还有种种附带条件，如要得到该农药在我国农田上的实际使用效果的数据。

在我们进行技术研发放大的时候，一方面有人散布该农药制备技术难度大，中国人是搞不出来的；另一方面在农药产品打入我国市场的同时，各种广告也蜂拥而至，住友的彩色广告中有这么一段话："灭扫利是国产农药吗？不。灭扫利是日本住友化学工业株式会社生产的，是进口农药。"我们将这段话复印给科技人员人手一份，以此激发我们为国创新的斗志，誓要改变这种状况，拿出中国人自己生产的高效优质农药来。

人们说，好的选题是完成任务的一半，就是因为工作方向正确，目的明确，知道为谁而干，为什么干的缘故吧。

突出创新 精益求精 争创一流

选好题目以后怎么做？郭和夫先生带领大家以唯物辩证的思维方式和工作方法，基于丰富的基础知识和积累，结合我国的实际情况，敢于创新，精益求精，力争做出一流的成果来。现在看来，甲氰菊酯工作有如下几个特点：

一是立足于国内，从最基本的原料出发打通全流程。当时国内不少单位都在从事多种菊酯类农药的合成，多数将重点放在最终菊酯类化合物的合成上。这样，一些重要原料或中间体需进口而受制于人。在郭先生构思的蓝图中，从中国的实际国情出发，原料设备都要立足于国内。工作从最基本的原料丙烯出发，完全不依赖从国外进口昂贵的中间体，工作量大了，难度也大了，即使小试成功后，寻找合适的协作伙伴开发放大时，花了两年时间都难以找到"婆家"。农药厂不能胜任丙烯二聚制四甲基乙烯的合成工作，石化企业则认为丙烯二聚用量太少不值得一做。到了 1988 年，在参加全国人大会议期间，郭先生向时任大连市市长魏富海极力推荐本项目，希望大连市支持产业化。魏市长非常支持郭先生的建议，立即责成大连市政府、金州区政府和大连化物所合作，加快速度在大连建设国内第一个甲氰菊酯生产厂。经研究协商后，将整个工艺流程切成两段，分别找金州染料厂和大连农药厂承接，建设年产 250 吨 20% 甲氰菊酯乳油农药的装置，这才能进行产业化的工作。

二是抓住技术关键，研创五项催化剂，把握自主知识产权。郭先生深知近代有机合成化学的前沿和国际发展方向和趋势的。合成化学催化化，催化合成手性化，尽量采用计算机及信息技术，尽量采用先进的仪器设备和分析方法。因此，在领导所内、室内的研究工作中，从意识上，从人员培养上，从仪器设备更新上都花了大量的精力，努力使我们的研究工作水平跟上国际潮流。

三是加强开发放大工作，加速为国民经济服务。郭先生认为实验室取得成功，这是整个工作极其重要的一部分，是基础，而将科研成果转化为生产力，生产出产品，为国民经济服务，为社会谋福利，这才是根本。而这是一件不容易的事情，郭先生很是着急，身体力行，多方奔走协商，终于得到大连市政府的大力支持。1988 年，市政府决定大连化物所要在技术上全面负责，承担可行性论证、工程设计、人员培训，以交钥匙工程的方式，提供完整的生产技术，包括工艺流程设计、设备选型、安装调试、安全环保、物料平衡、三废处理、循环回收、工业原料选择和试验、工业装置开车投料试车操作规程等一系列工程化开发放大研究，直至工人师傅能规范操作，达标稳定生产后验收移交。化物所的担子是很重的。郭先生义无反顾，勇敢地担起了此重任。对此，所领导极为重视，由李文钊副所长牵头成立有郭和夫、陆世维、董明珏、陈惠麟、李子钧等人参加的甲氰菊酯工作小组，随即又和金州区政府成立建厂领导小组，并委任李文钊负责建厂的日常领导工作，并有效组织所内各方面力量，联合攻关，从事技术开发和工程化开发研究。比之实验室的小试工作，成果转化开发放大产业化的工作投入了更多的人力、物力和时间，在 1988～1991 年间，克服了包括技术上、物质上、经费上、人力上的种种困难，其中还经历了意外的偶发事故。最终，高速优质地生产了 20% 甲氰菊酯乳油农药。

1991 年工程化开发放大成功，建成年产 250 吨 20% 甲氰菊酯乳油农药的装置，形成工业生产能力，协助工厂取得三证，出产品上市为农业服务，达到了安全可靠、操作简便、经济合理、技术先进，可持续稳定生产。生产的中间体菊酸于 1990 年经国家科委等四部委批准为国家级新产品，20% 甲氰菊酯乳油农药则被中国农药协会评为优秀产品奖，并获全国星火计划金奖，被评为“农民信得过产品”。

随着国民经济的发展，甲氰菊酯农药的生产规模也不断扩大，由于技术的先进性和成熟性，每次放大都取得了一次试车成功的好结果，经济效益和社会效益也日益增加。

努力不在人后 成功不必在我

回想起来，在精准选题，提出流程，确定路线，组织力量，抓住关键，攻坚克难，打通流程获得产品，完成实验室小试，接着不懈努力寻找合作伙伴，组织团队，开发放大，工程化产业化的全过程中，郭和夫先生自始至终发挥了独一无二的无可替代的杰出作用。每当遇到困难的时候，总能看到他坚毅的目光和不知疲倦的高大身影，克敌制胜的力量，聪敏的智慧和澎湃的爱国热情。

记得在小试工作之初，郭先生已将 129 街六馆门口的办公室小屋让出做实验室了，而搬到楼上和我们一起挤在实验室里，所以我们知晓他的去向。那时每周必有 2～3 天要亲赴星海二站陈惠麟组关心指导工作，曾有数次打电话要我帮助查找一价铜化合物的特征。因为当时我们正在从事研究利用一价铜吸附以及催化活化一氧化碳的工作。郭先生知道一价铜具有对一氧化碳和烯烃双键的特殊选择性吸附和络合活化的优良性能，所以要选择合适的一价铜化合物作催化剂，高活性和高选择性地进行烯烃的配位活化再与重氮化合物反应生成含环丙烷结构的化合物，尤其是要消除诱导期以便安全稳定操作，这是一大技术关键。一直到在工厂放大试车时，郭先生还数次站在反应釜前仔细观察起始滴加的反应状态，确认反应平稳，无明显的诱导期。甚至在大雾之夜，还艰难坐车一个多小时赶到金州现场指导工作。又如，在发生意外偶发事故后，正是郭先生率先回到实验室搭建装置亲自动手做实验寻找原因和做改进试验，后又积极支持组织青年博士蔡家强等年轻同志组成突击攻关小组，对原有工艺技术做全面的复核和改进研究，最终对整个流程的第二、三部分都做了重大改进。合同原定第三部分的总收率为60%～70%，改进后的一号方案和二号方案分别可超过73%、84%。郭先生再三嘱咐，改进后的工艺流程要反复核实，稳定可靠，数据重复，除了让所内有关同志上岗可重复操作无误之外，还请工厂工人师傅来到实验室，重复小试操作，进行所谓实验室验收，确保技术真实过硬，可控、可简便准确操作。

1991年工业化试产成功后，“甲氰菊酯新农药——年产250吨20%乳油技术”通过了中国科学院与大连市政府的联合鉴定，1992年获辽宁省科学技术进步奖一等奖。先期申请的首批专利技术1995年获全国第九届发明展览会金奖、化工部化工杯奖，1996年获辽宁省专利金奖，获北京国际发明展览会金奖。郭和夫先生于1996年获得了大连市科技金奖。“甲氰菊酯农药生产技术”于1997年获国家科技进步奖三等奖。1999年，甲氰菊酯农药生产专利技术被国家知识产权局批准为首批“促进专利技术产业化示范工程”，2，2，3，3-四甲基环丙烷羧酸（菊酸）、甲氰菊酯项目获国家知识产权局颁发的“促进专利技术产业化示范工程”证书。

国产甲氰菊酯问世以后，一方面将灭扫利挤出国内市场，另一方面我产品逐步打入国外市场参与国际竞争。正如李文钊同志在总结时指出的“甲氰菊酯农药的研制成功，使我国成为国际上第二家能生产该农药的国家，打破了日本独家垄断的局面。”至2002年日本住友来华与我们签订了长期协作合同，决定购买我国生产的中间体甲氰菊酯，并逐年增加。

1991年，建厂工作小组获中科院大连化物所先进集体称号。参加甲氰菊酯农药下厂工作小组团队的人员很多，最多时达40～50人之众。大家都为工作忘我劳动，为工作的成功而高兴，也希望榜上有名，有的希望名列前茅。此时，郭和夫先生却非常诚恳、认真又严肃地找我谈了几次，强调工作是大家做的，阐明他的多种理由，要求在上报材料上不要列入他的名字，不要对外宣传，不要公开于宣传媒介。最后正式申报奖项时，根据所领导和科研人员的意见，仍将郭先生放到了首位，这是众望所归啊！

回忆甲氰菊酯的工作历程，使我们看到郭和夫先生伟大的人格，高尚的人品，严谨的学风，渊博的学识，这就是我们敬仰爱戴的“老郭头”。

丁公量：一名脱去戎装的优秀科技管理工作者

⊙ 骆昌平

1964 年 6 月，丁公量同志从中国人民解放军 60 军 181 师师政委岗位转业到中国科学院上海有机化学研究所（后简称有机所）任所党委书记。

他人生开始从军事战线转到科技战线，战线虽不同，但深入基层、接触群众、走群众路线可是共产党的传家宝。脱下大校军装，一身便装的“新官”刚上任，就径直住进了有机所的集体宿舍。集体宿舍都是所里的研究生、实习员等单身青年，突然来了位 40 多岁的中年人，青年人背后议论，这中年人是某位同事的父亲吧？一间小小的寝室住四个人，这位“新官”是其中之一。业余时间他与青年人同吃、同住、同聊，朝夕相处了三个多月，既从青年们那儿学了科学知识，又摸清了青年们的各种想法。丁公量同志喜欢同事们叫他老丁，不要叫他丁书记，因为他不想做一个功能单一的“订书机”。这位老丁还虚心向老科学家学习和请教，他深知“没有调查研究就没有发言权”的道理，老丁就凭着这条信念去实践他的行动，由“科盲”到专业研讨会上侃侃而谈，在科学家成堆的科研领域获得了发言权。

老丁在有机所期间，正好是解放军导弹二营击落敌人 U-2 高空侦察机的时段。国防科委需要将缴获的照片和高空胶卷加以分析解读，这项任务最终落实到了有机所。老丁就把思想政治工作落实到业务中去，配合所业务领导迅速从各研究室抽调骨干成立会战组，联合上海等地胶片厂，很快地完成了这项任务。

人工全合成结晶牛胰岛素，是重大科研项目，是好几个研究所大会战的成果。在项目实施期间也曾发生过矛盾，甚至有下马的危险。为解决矛盾，使这个科研项目顺利进行下去，老丁不厌其烦地与所有参与此项目的科研人员交谈，沟通了各所的实验和想法，最终解决了矛盾，统一了思想，才使得这一重大项目坚持了下来，最后获得国家自然科学奖一等奖。

在授奖前先要在北京请专家评价和鉴定。按照惯例，鉴定会都是由专家参加，对研究实习员和见习员来说是无缘的。然而这些青年在整个科研合成中，废寝忘食，甚至不惜身体受伤，他们都是奋战在科研最前沿的战士。为了激励大家的积极性，老丁建议并亲自带

注：骆昌平，82 岁，中科院上海有机化学研究所副研究员。

队邀请所有参加这一成果的青年人都去北京列席鉴定会。

老丁很同意中科院提出的“出成果、出人才”的口号。他在很快摸清了情况的基础上，重视有机所与国防建设直接相关的军工科研课题，如原子弹、导弹、火箭、卫星、高空摄影胶卷软片、代血浆等，也对工农业生产、应用研究如集成电路、红外传感、含氟材料、避孕药物、石油发酵等课题加以重视。老丁深入科研一线，以解剖麻雀方式，得出既要从近期的国家经济效益、社会效益和国防需要为着眼点，也要从战略上依据世界科技发展的趋势和前景，从国际前沿科学方面选择课题进行竞争。老丁就是以爱国主义、敬业精神、团结力量把自己融入科技战线上的一名“前线指挥员”。

老丁是位久经考验的老共产党员，始终保持着共产党人的高尚情操。他在“皖南事变”中被捕后关押在上饶集中营，由于叛徒告密，国民党特务得知当年的小丁是“暴动头子”之一，于是采用了各种残酷手段折磨他，对小丁折磨完后又加上沉重脚镣，还动员小丁在国民党军统的姐姐赶到了上饶。姐弟没有见面，姐姐给弟弟留下一封信说：“你应该在委员长（蒋介石）的领导下，做一个忠实的三民主义的信徒。”很明显，姐姐希望弟弟能够通过向蒋委员长表忠心来换得自由。然而姐姐没有想到，未收到弟弟的悔过书，反倒收到了一封“诀别信”，小丁在信中毅然写道：“同时同地同母生，各走各自道，一刀断亲根，大义赛天高。”

老丁 1950 年随 20 军赴朝参加抗美援朝，1953 年 5 月在板门店谈判中任中国人民志愿军代表团代表，后任遣返战俘办公室主任。1964 年转业到地方工作后最高职务是上海市科学技术委员会副主任，中共上海市顾问委员会委员，曾荣获中科院首届“十大文明”标兵称号以及被评为上海市老干部先进个人。

2017 年 3 月 7 日。我们的丁老与世长辞，按照他的遗嘱，把他的遗体捐献给医学事业，不告别、不追悼。丁老默默无闻地走了，却留下了共产党员的高风亮节。

严谨求实　薪火相传
——我身边的多位良师益友

⊙艾　菁

作为在中科院过程工程所这个大家庭里工作了40余年的一员，我亲眼见证了研究所从化工冶金向过程工程的发展历程。60余载春华秋实，如今的过程工程所在历届所领导和老中青几代人的共同努力下，砥砺奋进，求实创新，正在为构建具有持续竞争力的世界一流研究所阔步前行。

在40余年的科研和管理生涯中，我有幸得到了多位老前辈的悉心指导和帮助，他们是我成长的恩师益友，他们对科研的执着追求，对工作一丝不苟、严谨认真求实、追求卓越的科学精神，一直鼓舞着我、激励着我，是我很好地完成近20年的科研工作、管理工作的动力。

科研工作的启蒙老师

1977年1月我从吉林大学化学系物理化学专业毕业，来到当时的化工冶金研究所（后更名为过程工程研究所）二室工作。主要从事中科院重大项目“钢铁冶炼新流程研究”、国家自然科学基金重大项目“熔融还原炼铁过程应用基础研究”，以及国家科委“攀登计划”重点项目“炼铁过程的模拟、整体优化及软科学研究”等课题。王大光研究员是我科研工作的启蒙老师。他指导我在所里试验车间进行“氧气底吹转炉吹炼高钒铁水脱钒过程”的试验研究，以及在四川西昌410厂参与的半工业扩大试验研究；教会我怎样分析整理实验数据并进行计算机数学模拟计算（当初课题组还没有计算机，只能在所里机房的VAX机上计算）；帮助我怎样写实验报告和研究论文，并为我多次修改参加国际学术会议的英文论文。在上述科研课题中，我也有幸得到了谢裕生研究员的悉心指导和帮助。王老师、谢老师严于律己、精益求精的工作作风深深影响着我，他们严谨认真求实的言传身教使我终身受益。我克服孩子小、家远等诸多困难，努力学习，勤奋工作，与课题组的老师们团结合作，攻克了一个又一个科研难题，先后获得中科院重大科技成果奖一等奖1项，中科院自然科学奖二等奖1项，中科院科技进步奖二等奖1项；获发明专利和实用新型专利各1项；发表论文33篇；两次参加国际学术会议并作大会报告；还参与组织编辑了《熔

注：艾菁，69岁，中科院过程工程研究所四级职员。

融还原炼铁论文集》。

教育工作的恩师

2000 年我主管研究生教育，有幸得到了老所长郭慕孙院士的大力支持和帮助。年届八旬的郭先生非常重视人才的培养，他发现不少研究生科技论文英文撰写能力较差，严重影响了他们的国际交流。他主动找到我，要求给研究生讲科技英文写作的相关知识，经几次与先生沟通，很快就组织办起了英语写作讲习班。

郭先生在学术上非常严谨认真，对学生要求也十分严格，学生的每篇文章都留下了他密密麻麻修改的痕迹，甚至对误用的标点符号都不放过。他总是先请学生到家里“单兵教练”，然后再到课堂上针对学生论文的错误及出现的共性问题做细致的讲解，启发大家交流讨论。他语重心长地对大家说：“要写出一篇优秀的英文科技论文，首先要有创新的研究成果，其次要求文章的内容能传递信息和思想，同时语言表述是否准确、精练、流畅，结构是否严谨，逻辑是否清晰，也是论文能否被国内外核心期刊接受的重要因素，这就要求大家在撰写和不断修改的过程中提高写作水平。”郭先生腰不太好，不能久坐或站立，但他总是说：“这件事我还可以做。”就这样他坚持为研究生上课，答疑解惑，修改论文，有些文章甚至要修改 10 遍以上。截至 2009 年，89 岁高龄的郭先生共为研究生开办了 8 期科技英语写作班。

在我主持教育工作期间，我每次都和学生共同分享这难得的学习机会，感受郭先生的谆谆教诲。我和学生们一样，深感获益匪浅，我们不仅学到了在学校课堂上学不到的科技英文写作技巧，更重要的是感受到了老一辈科学家认真做人做事做学问的科研道德和严谨求实、追求卓越的科学精神，对年轻人的启示和教育作用意义深远。

建言献策的老前辈

自 2006 年起，所里让我负责老科协的工作，所以经常与郭慕孙先生交流。已进入耄耋之年的郭先生虽已退居二线，但仍以饱满的热情和活跃的、创造性的思维，关心着研究所和多相反应开放实验室。他不仅对不断扩展的流态化技术情有独钟，对国家的发展和科技事业的进步同样执着追求。他曾为国家的能源利用、科技管理队伍建设、人才培养和教育等方面多次提出很有创意的建议，为各级领导所采纳，如：“贯彻落实自主创新，建立全民全龄的智力开发体系”“关于缩短学制，建立全民全龄的智力开发及终身学习制度的建议”“扩大奋斗目标，设立国家行业奖”等。郭先生提出的这些建议都先交给我，非常谦虚地让我帮他斟酌，使我有幸协助先生完成了多篇建议，上报中科院老科协及北京市科协，其中，“贯彻落实自主创新，建立全民全龄的智力开发体系”的建议获 2006 年北京市科协优秀建议三等奖。这些都使我开阔了视野，学习了更多的知识，特别是先生那勤于思考、探索，追求永无止境的创新和严谨认真的科学精神深深感染着我，激励着我也要像先生那样勤奋忘我、锲而不舍地学习和工作。

已是 88 岁的第三任所长许志宏研究员，他是一位具有前瞻探索精神、永葆创新激情的老科学家，他的头脑一刻都不愿停歇，一直关注着能源和环境问题，迫切希望把自己几十年的科研积累和经验以及创新的想法传授给年轻人。他多方查阅资料，辛勤笔耕，为国家能源领域、为院所可持续发展建言献策，先后撰写了“用甲烷冰‘点到点’运输天然气的设想”“关于废聚合物回收利用的建议”“氢能、清洁能源利用和 CO_2 减排的建议”“从源头上根治 $PM_{2.5}$ 污染的建议”“钢铁工业过剩产能转向 IGCC 法发电的设想”等 50 余篇建议。老所长的所有建议都先交给我，让我帮他修改后上报中科院、北京市及海淀区科协，使我从中学到了很多新的知识。这些建议均得到了各级领导的重视与肯定，多篇登载于报刊上，其中，“用甲烷冰‘点到点’运输天然气的设想”获北京市 2006～2007 年度好建议奖，“关于废聚合物回收利用的建议”获 2008 年度北京市科协系统优秀建议奖，“从源头上根治 $PM_{2.5}$ 污染的建议”2013 年获北京市科协系统优秀建议奖三等奖。许老师不仅提出多项建议，而且非常注重建议的落实。他亲自指导两个年轻的研究团队，进行了“氢氧燃烧直接裂解生活垃圾中的废聚合物生产烯烃”的过程模拟和反应工艺实验研究及新设备的研制。

许老师最近又写了一篇《对“过程工程学”的一些理解》，在“三传一反”过程工程科学概念的基础上，又补充了“三环一网”的新思维。“三环”即“环保、再循环、社会大循环”，以节省资源，保护环境。“一网”就是利用部分产能过剩的大中型高炉，改造成超大型的、优质的、可以成为供应多种合成工业原料气或氢气（$CO+H_2$，H_2）的“优质、廉价的网络系统”。

郭先生、许老师、王老师、谢老师等老一辈科学家，他们与时俱进、严谨治学、淡泊名利、甘当人梯、勇于创新、追求卓越，他们的风范正是当前科技界最为宝贵的精神财富。许老师说：“在科学技术进步的发展上，我们应该从国家大局考虑问题，技术上必须严谨，要有远见，有继承性。”“一个研究所的宝贵之处，就在于学术思想的先进性、继承性和延续性。”我们这一代人现在虽已离开工作岗位，但学习、传承前辈诚信认真、严谨求实的思想理念和科学精神，踏踏实实做人，认认真真做事，发挥正能量，以自己的言传身教，教育好子女，影响周围人，同样是义不容辞的责任和担当。

我的老主任王成

⊙ 段培成

人的一生中都会遇到许许多多的人，有些人只是擦肩而过，有些人虽然在一起学习、工作多年但也没有留下多少深刻的印象，但是总有一些人品德高尚，真诚待人，令人终生难忘。王成先生就是这样一位让我终生难以忘怀的人，他不仅是我的良师益友，更是给了我莫大支持与帮助的贵人。

王成先生在大学期间品学兼优，毕业后，于 1957 年又以优异成绩考上我国著名化学家——北京大学傅鹰教授的研究生。后因 1958 年“大跃进”只念了一年就中断了学业。其后，根据国家的急需，王成先生从事国防军工科研任务。1961 年他在中国科学技术大学任教，讲授无机化学和物理化学等课程。他的授课条理清晰、逻辑严密，是大家公认的一位授课水平高的教师。他学术造诣精深，曾任研究室主任、感光化学所学术委员会委员、所高级职称评委会副主任，享受国家政府特殊津贴。

我是 1980 年来到王成先生课题组的。在他的直接领导下工作，深刻地感受到他学识渊博、治学严谨、研究思路极为开阔，以及为祖国科学事业的献身精神。

就拿我刚到课题组开展的 X 射线胶片感光层研究来讲，他首先深入调研，并密切结合我国的实际情况，与组里同志们充分讨论研究，准确地找到要解决的主要问题，将工作集中到如何解决胶片含银量较高的问题上，创造性地提出了研究的路线和方法。因此，我们首先从卤化银乳剂的制备开展工作，在调整卤化银乳剂配方及小型涂布机涂布双面乳剂层的胶片进行了大量的试验。在王成先生努力拼搏精神的感召下，为了早日完成任务，组里的同事也是经常加班加点。我当时与妻子和孩子两地分居，晚上加班至深夜更是家常便饭。由于大家的努力，工作进展得很快，取得了满意的实验结果。为此，我们与天津感光胶片厂、厦门感光材料公司开始合作，并与厦门感光材料公司成立了联合实验室。在下厂期间，王成先生带领大家积极与工厂合作，在工作中，他的精力似乎永远比我们年轻人旺盛，工作一天，到晚上连年轻人都感到很累，但他依然精力充沛地继续工作。在王成先生的领导下，我们的努力极大地推动了 X 射线胶片的研制与生产，取得了丰硕的成果。我们课题组研制的“高感，低银软垫护膜医用 X 光胶片”成果不仅在一些企业得到了实际应用，而且成果论文发表在了 1985 年第三期《应用化学》上。

王成先生虽然是领导、是年轻人的师长，但是他总是以普通人自居，时时处处做一个

注：段培成，68 岁，中科院理化技术研究所高级工程师。

普普通通的工作人员。他家住在林科院，离单位比较远，但他几乎每天早早乘坐公交车，不到七点就到了所里，进了实验室先搞卫生，擦桌子、拖地打扫楼道、打开水，一通忙活。做完这些清洁工作之后，他就查阅资料，安排实验工作。

王成先生特别重视学术的讨论和交流，他经常向我们介绍国际上的研究动态、学术进展。他还就查阅文献、专利后所触发的想法、思路与我们共同研讨，这使我们受益匪浅。

王成先生不仅献身科学的精神是我学习的榜样，而且其俭朴的生活态度和日常生活中处处为国家和研究所着想的高尚品德也令人敬佩。所里每年都安排一次全体职工的体检，在我的印象中，他从退休后就没有参加过所里组织的体检。他说："我的身体很好，没必要花这个钱。"他的医保卡也没怎么用过，有点小毛病不舒服就自己花钱买点儿药，看牙也都是自费。他表示过，将在自己的"百年之后"将遗体捐献给国家。他的生活非常俭朴，这些年我和组里的同事经常去看望他，见他穿的衣服大都是二三十年前的，很少买新衣服。他非常满足当下的生活，住的房子一直没有装修，至今地面还是水泥地，硬板木床，家具也大多还是 20 世纪七八十年代的老物件。

王成先生对同事的帮助不仅仅体现在工作上，对同事生活中遇到的困难也总是挂在心上，尽其所能帮助解决。对此，我有深刻的感受，也永远感念在心中。我结婚后一直与妻子和孩子两地分居，他对解决我两地分居的事非常关心和重视。一有机会他就和所领导及人事部门反映我的情况，力促早日解决。在我结婚十年后，所里为解决我妻子和孩子的进京户口，同意报送我的申请材料到中科院人事局，终于在 1987 年解决了我的两地分居问题，一家人得以团聚。我非常感谢所领导及有关部门为解决我两地分居问题所做的一切，也了却了老主任的心愿。就我个人而言，王成主任是我一生中对我帮助最大的人，说是我的恩人也恰如其分。

今天，我们的祖国越来越繁荣富强，人民群众的生活越来越好。希望王成先生健康长寿，幸福愉快地过好晚年生活。

感谢党的培养　愿做农民贴心人

⊙ 彭辉银

放牛娃当队长

我出生在湖北秭归水田坝乡一户贫苦的农民家庭，我出生时老家刚刚解放。那时的农民生活仍然艰苦，但与新中国成立前相比已经很幸福了，自己当家做主人。到我上初中时，家里拿不出钱读书，都是政府每月补贴3元助学金才读完初中。当我顺利考上高中时，公社书记来我家送录取通知书时对我母亲说：我们知道您家有困难，公社出证明由学校直接补贴，每月4元。就这样我顺利读完了高中。1967年9月，高中毕业后跟随父亲去荆州浩口水稻原种场油料加工厂当学徒，1968年被安排到生产队，半年后当上了团支书、生产队长、民兵连长。该队当年粮、棉、猪三超纲，因成绩突出，被评为荆州地区青年标兵。

队长变教授

1970年秋季，武汉大学招收首批工农兵学员，我第一批被推荐到武大生物系学习，圆了我的大学梦。毕业后按国家社来社去原则，我回到了农场承担起全县病虫害预测预报工作。1972年我被调到湖北省微生物研究所，第二天就下乡到孝感肖家岗大队驻点，开始开展“920”“702”“5406”的试验研究工作。1974年我再次进入武汉大学化学系深造，1977年毕业后我来到了中科院武汉病毒所，从此与农业结下了不解之缘。那时干工作不分专业，国家的需要就是你的专业方向。1978年我被分配到蒋湖农场研究机械化养虫，后来从事有害生物防治工作，针对危害作物、果蔬、花卉、园林的害虫进行防治，保证人们的正常生活，改善人类赖以生存的自然环境和食品安全。

过去，人们习惯采用化学防治法，即采用有毒化学药剂防治病虫草害。化学防治法的优势是：杀虫谱广、快速高效、方法简便；劣势是：污染环境、引起人畜中毒、害虫产生抗药性、大量天敌被杀伤，重要的是引起次要害虫再猖獗及食品中农药残留严重超标等诸多弊端。因此，研究有害生物无害化治理才是出路。

无害化立体防控技术是从自然生态体系出发，根据有害生物与气候环境、生物种群、自然天敌之间的相互联系，充分利用生态位、物理、微生物、天敌昆虫等自然因素的作

注：彭辉银，69岁，中科院武汉病毒研究所研究员。

用，将有害生物控制在经济阈值水平以内，以获得最佳的经济和社会效益。

我从 1978 至 1998 年，用 20 年走遍祖国大江南北，采集数千个昆虫样本，分离鉴定了 51 株昆虫病毒资源，在国际上首次报道的病毒达 21 种，填补了国际国内的空白。

1978 年夏秋之际，受赤壁市科技局委托，利用生物杀灭茶树害虫，在羊楼洞茶场八王庙分场首次分离鉴定了油桐尺蠖核型多角体病毒，利用该病毒有效地控制了油桐尺蠖的危害，并取得突破性进展。历经十二年，在全国十三个省、市利用该病毒防治油桐尺蠖，为保护茶叶和林业生态安全做出了突出贡献。

利用病毒杀害虫效果无可置疑，世界公认安全，不伤害天敌，可持续控制害虫效果好，其主要作用是能在害虫种群中形成病毒流行病。在 20 世纪 90 年代，用病毒制剂防治一亩地需要 30～50 元，农民难以接受。如果使用不当还会对作物造成危害，损失严重。因此，研究新方法势在必行。在一个偶然的机会接触到卵寄生蜂，脑海中突然跳出了一个想法，能否用它来做病毒的载体诱发昆虫病毒流行病？根据我多年研究昆虫病毒流行病学基础，相信自己的直觉。一头扎进实验室，一干就是三年，千方百计寻找依据。功夫不负有心人，试验终于取得进展，1994 年在湖南林科院汤池林场，利用卵寄生蜂作为媒介昆虫传播病毒防治松毛虫试验取得成功。单用卵寄生蜂防治效果为 42%，利用卵寄生蜂携带病毒效果为 89%。实践证明，利用卵寄生蜂传播病毒造成幼虫形成病毒病是最理想的中间载体。经历无数次试验、观察、验证、改进和完善，终于完成了利用卵寄生蜂传递病毒防治害虫新技术理论研究与实践，直至生产出第一批毒•蜂杀虫卡——“生物导弹”产品。

1996 和 1997 年我分别获得湖北省有突出贡献中青年专家称号和国务院特殊津贴，并申报了多项国家发明专利。2001 年在深圳高新技术大会上我签订了第一份技术转让合同，并被授予百名风云人物奖，为该项技术的大面积应用和推广发挥了积极作用。

2003 年，我受命湖北省委组织部到咸宁挂职科技副市长，将科技成果带到咸宁为地方经济服务成为我的首要职责，也为科技成果的转化带个好头。2004 年在咸宁国家高新技术开发区建立中国第一个“生物导弹”厂，并生产出第一批毒•蜂杀虫卡，即生物导弹杀虫卡被隆重推出。同年在咸宁 6 个县试用，防治松毛虫近 3 万亩，取得圆满成功；同时也得到云南普洱政府的支持，连续三年在普洱市 8 个县连续使用毒•蜂杀虫卡，防治面积达 8 万亩，取得了前所未有的防治效果。实践证明：毒•蜂杀虫卡在咸宁、普洱防治松毛虫取得很好的效果，三年节省农药数十吨，节省人工 3 万人次，受到当地政府和老百姓的赞誉。该成果首次在中央人民广播电台和央视 10 套和 7 套进行报道，并由北京农业电影制片厂拍摄成科教电影——《生物导弹治虫》和《生物导弹诞生记》，收到良好的社会效果，受到老百姓的欢迎。伴随 30 多年连续性研究工作积累，我于 2005 年获得全国科学大会技术发明二等奖，并登上主席台接受胡锦涛等国家领导人颁发的获奖证书。

2010 年我正式退休。人虽然退休了，但事业并没有因此结束。是继续往前走，还是享受“天伦”？生为农家子弟，成长于大山深处，一个农民的根不会变。虽努力工作 40 余载，但帮农民脱贫致富的心愿尚未完成。如何将科研成果转化为生产力，是科研成果取得实效后最后一公里的难题。

我的目标就是要让生物导弹飞起来！于是，自掏腰包 50 余万元，买自己在工作期间的发明专利创办公司进行产业化、市场化运作。其实，生物导弹并不完美，也有缺点，用它就只能订单操作，与其他措施配套才能发挥更大的作用。任何一个单一产品都存在缺陷，如病毒和赤眼蜂只能对靶标害虫有效，对环境安全，但作用单一，对其他害虫无能为力。因此，一下子拿出很多生物导弹是不可能的。

为解决这一难题，最近几年集中精力研发无害化立体防控多靶标控制害虫技术体系。如将生物导弹与“互联网智能杀虫平台”联合，研制多种仿生防控技术，实施立体防控，达到综合控制害虫的目的，实现人与自然的和谐共生。同时开发农产品全程追溯服务体系。以农产品的生产、流通、销售为对象，以生产企业为终端（超市或社区便民服务中心）模式，分别完成三个部分系统设计。

一是产品部分：通过终端软件录入农产品从土壤、种子、苗期生长、开花结果、收获储藏、包装运输等阶段进行监督。包括土壤养分、温湿度、光照强度、水质监测、病虫害防治、采摘加工、产品包装等进行全面记录。

二是将各阶段情况分别录入，数据上传到中心平台，产品包装时利用编码规则，生成带有产品生产档案信息的条码，即 RFID 电子标签。

三是消费者买到带有电子标签的农产品时，可以通过质量追溯系统中的网站、手机短信、超市扫描机等不同平台输入标签上的条码，即可查询产品情况。据此，我们率先开展国内有害生物无害化立体防控平台建设及专业服务体系。

企业为农民增收创制枸杞茶

2016～2018 年在湖北、宁夏针对茶叶、枸杞病虫实现无害化治理，两种产品均通过欧标（苏州）573 项（茶叶）和 546 项（枸杞）全部检验合格。让农民净得 3 个 10% 收益（产量提高 10%，同比价格增加 10%，防治费用下降 10%），让环境优美，让市场繁荣，与市场接轨备受关注。

一个人总是会消亡的，无论是早还是晚，我的目标只有一个：守护环境，健康生活；绿色产业，留给后代。让中国老百姓吃上无农残、无污染、健康的安全食品。为此，我要走的路还很远很长……

面对铜像的追思

⊙ 曹大均

1966 年 1 月 6 日，领导指派我陪同赵九章所长去西安视察三线工程，当时我感到忐忑不安。因为赵老是我国著名科学家（时任中科院应用地球物理所所长兼中科院人造卫星设计院院长），虽然日常工作中和他有接触，但都是简单的工作沟通。而这次因为担任了他的临时贴身秘书，他每天的行程安排、生活起居都由我一手操办，一是不知如何与领导相处，二是担心完成不好工作。接触之后，发现不是我想象的那样，虽然只有短短一个星期的相处，却使我感触颇深，受益匪浅，终生难忘。

首先是赵老为人平易近人，没有一点大科学家和领导的架子，更像是一位长者。他跟我说话或做指示，总是商量的口气，而且详细解释理由。例如，当他到西安后，原安排他住丈八沟国宾馆，他知道后，让我设法婉拒，要求改住人民大厦。他说国宾馆是招待外国元首和我国领导人的，他住不合适。后来住到人民大厦后楼的一个套间，这是高干住的房间，一间住首长，另一间住随从。原来我考虑我和司机住随从房，但随同他视察的还有二位党委书记（我所和卫星设计院的书记）。二人都是局级干部被安排住前楼，他觉得不妥，就和我商量，让二位书记和他住在一起。当时省里还特别安排一辆进口小车为他服务，他谢绝了。要我安排三线工程指挥部的老吉普车给他用。吉普车底盘高，每次上下车都要我扶他一下才行，省领导和我们都感到很不妥，他却坦然处之。当时西北分院院长时逸之与中科院西北分院的领导和接待人员在私下和我讲，没有想到大科学家却如此平易近人。

他公私分明，不搞任何特殊化，工作用吉普车，办私事都要我租车。一天晚上他要看望在西安的姐姐，让我向人民大厦租车，明确指出把费用记到他个人账户上，并事先向我交代所有私人开销，由我垫付，仔细记账，回北京后向他报账。记得我们看了一场电影，忘了记账，回京后他看过记账单提出“怎么电影票钱你没有登上”，我说才几角钱一张票，就忘了记，他说：“那怎么行，我看电影怎么能让你掏钱。”

其次是他对工作细致、严谨。记得视察三线工程时，他发现工地正处在秦岭北坡的一个山口下方，附近有很多大的乱石，他怀疑是个泥石流扇形冲击面。当时我说听建筑设计单位讲过，处理建筑地基时，遇到大量泥沙和巨石。他不放心，专门叫我去请当地的地质学家共同考察，结果地质学家肯定了他的看法，还指出正好是在冲击扇形面的中心地带。他十分重视，第二天就召集工程指挥部开会，采取了补救和预防措施。

注：曹大均，86 岁，中科院国家空间科学中心高级实验师。

得知他到西安，当地领导十分重视，西北局第一书记刘澜涛要接见他，而且通知了主管文教的书记胡锡奎，以及省委书记、省长、市委书记、市长，省军区司令和政委也陪同接见。我后来听西北局一位秘书说“这是前所未有的”，说明对赵老的尊重和对我国人造卫星科研工作的大力支持。赵老感到这不是一般的礼仪性接见，因此十分重视，作了周密的考虑，他先让我找工程指挥部的工程师，绘制了5～6张大型图表，特别叮嘱我要保密，我找了二位工程师加我三人干了个通宵，完成了任务，我记得有卫星总体图、轨道运行图等。第二天一早我把图交给他，他审视后十分满意，当听说我一晚上没有睡，就让我赶快在他床上睡一下。我刚睡下不到半个小时，就接到通知接见定在下午进行，他又把我叫醒，说“对不住了，你辛苦一下”，让我向西北局了解接见地方是否有带支架的黑板，因为他要把图纸挂在上面向领导汇报。他还向我交代，图纸如何挂，次序如何，他讲到某一地方，就要翻开那一张图表，便于他讲解。我们还带去了一套发射科学探测火箭的记录电影，准备汇报后向领导播放，他又交代我联系好放映地点和设备，还特别指出要另行准备一套播音系统，他要现场解说。他考虑大部分领导对科技工作不十分熟悉，专业名词听不懂，因此事先做了准备，在汇报时深入浅出，用通俗易懂的语言作汇报。领导们听得十分投入，他几次问领导是否听懂了，回答是一致的“听懂了”。刘澜涛在接见后十分高兴地说：“赵先生给我们作了一次十分生动的科学报告。”要求地方各级要大力支持我国的人造卫星科研事业！

他虽是自然科学方面的科学家，但他对历史、文物、诗词、书法、音乐等十分喜爱，也颇有水平。例如他的书法艺术很见功力，写得一手漂亮的赵体楷书（即赵孟頫体）。每到西安，他必去碑林，我陪他游碑林时，他十分仔细地观看，看到他喜爱的书法时，他就会赞不绝口，还边看边吟诵，并向我详细讲解赵体书法的特点，以及赵孟頫的生平，我才知道他和赵孟頫是同乡，赵孟頫是浙江吴兴人，赵九章也是吴兴（现湖州市）人。每次参观后，他总要购买不少拓片，回家后仔细观赏。

听说陕西发掘了唐永泰公主墓，他很感兴趣，让我联系争取参观一下，省里专门作了安排，因当时永泰公主墓尚未对外开放。他参观后十分兴奋，感到很有收获，又说现在科学技术尚未能解决壁画的保存方法，以后要解决这一问题。他又和我讲，这次专为他开放，且县委书记、县长专门在现场接待并陪同参观，内心十分不安，觉得有点特殊化了，后悔提出的参观要求。

还有一件事让我难以忘怀，在回北京的飞机上，我们坐的是苏联的依尔-14飞机，他从机窗向外望，看到发动机一侧的板子在不断地开闭，他知道我在航校是学飞机的，就问我这是怎么回事？我说：“这是气冷式发动机为了控制温度，配合动作，控制通过的气流，达到调控温度的目的。”他听后说“原来是这样”。一个大科学家不耻下问，使我十分感动，久久难忘。

他对音乐也十分喜爱，一天晚上，他提出想看音乐舞蹈史诗《东方红》。我在陪他观看时发觉他特别投入，不时微微点头，又合着音乐节奏，双手放在腿上轻轻打着节拍，看完回来，还意犹未尽，和我聊了半天，说《东方红》的音乐好，催人奋发向上，让人百看不厌，他以后还要再看等等。我们虽然只相处了一个星期，但一个大科学家的平凡身影深深地印入我的脑海中。

可惜的是，回京不久，他被迫害致死。当时，周总理和国防科委负责人罗舜初闻讯后，十分痛惜，多次说“我们没有保护好他呀！”1978 年，中央为他平反昭雪。1985 年国家追授“科技进步奖特等奖”给他。有 44 位著名科学家（其中 42 人为院士）联名写信倡议为他树立铜像。经中央批准，由钱伟长担任“铜像筹建会”的主任委员。铜像于 1997 年 12 月 17 日建成，并安放在我单位。1999 年党中央、国务院、中央军委又追授给他“两弹一星功勋奖章”。2005 年 12 月，由吴阶平、钱伟长、朱光亚主编的“中国当代著名科学家丛书”为他出版专辑《赵九章》。所有这一切，说明党和国家，广大人民没有忘记这位大科学家，给了他崇高的评价和荣誉，赵老值得后人永远怀念！

怀念气候学家张宝堃先生

⊙ 高登义

张宝堃先生离开我们已经十多年了，但张先生为我国四季划分和气候区划以及领导我国联合资料中心所做的贡献仍然历历在目，铭刻于心。

我国现代气候学奠基人之一

1934 年，我国气候学家张宝堃结合物候现象与农业生产提出了新的分季标准，他以候平均温度稳定降到 10℃以下作为冬季开始，稳定升到 22℃以上作为夏季开始，候平均温度从 10℃以下稳定升到 10℃以上作为春季开始，从 22℃以上稳定降到 22℃以下时作为秋季开始。这是目前从天气气候角度来划分的四季，为气象领域所接受的四季划分的标准。《中国四季之分布》的发表，确立了张宝堃先生在中国气候学界的地位。1935 年，他和竺可桢以及后来担任新中国第一任中国气象局局长、著名气象学家涂长望合作编著了《中国之雨量》，1936 年发表论文《南京月令》，1940 年和竺可桢以及气象学家、海洋气象与农业气象专家吕炯合作编著《中国之温度》，1941 年发表《四川气候区划》等。这些科研论文都是中国现代气候学奠基性的学术成果。

军委气象局联合资料中心主任

1949 年 10 月 1 日新中国成立。远在美国学习、工作的张宝堃得知消息，处理完在美国的所有事务，于 12 月离美归国。1950 年 3 月 10 日，张宝堃回到北京，就任中科院地球物理研究所研究员，并兼任军委气象局联合资料中心主任。他以极大的热情投身到新中国的气象事业，为我国的气候区划尽心尽力，为积累我国气候资料、科学运用我国气候资料奋斗终生。

我 的 老 师

1963 年 8 月，我从中国科学技术大学地球物理系毕业，分配在中科院地球物理研究所的第二研究室，师从张宝堃老师。

工作的头一年，张老师每周给我布置翻译一篇英文文章，这些文章全都出自于 *Nature* 和 *Science* 杂志的科学评论性论文。张老师对我的每篇译文都认真修改，并当面解读。四十多篇英文翻译完后，的确有所收益，对外国人写英文论文的样本有了了解，对他们表达科学问

注：高登义，79 岁，中科院大气物理研究所研究员、中国科学探险协会主席。

题的方式有了体会。当然，也有一个副产品，那就是我的视力从原来两只眼睛1.5转换为其中一只视力降到了1.0。

在1964年8月我转正后，研究室领导让我负责承担一项国防科研工作，两位比我早两年入所的大学生和一位统计员成了我的组员。张宝堃老师除了自己的科研任务外，还兼任中科院的工会副主席，工作繁忙，没有参加我们组的科研工作，但在我们组织学习时，他尽可能地抽空来指导我们组科研工作。

张老？老张？

我进入地球物理所工作时，张宝堃老师已经年过60，是第二研究室在职同志中的最年长者，人们尊称他为“张老”，也是第二研究室唯一一位冠以“老”字尊称的研究人员。我也和其他同事一样尊称他“张老”。

有一天，张老约我去他办公室，让我坐下来与他讨论。我认为是要讨论我的英文翻译问题，静候老师的指导。但事出意外，张老认真地问我：“大家叫我张老，你认为，是叫张老好，还是老张好？”问题来得突然，我有点不知所措，没有立即回答。张老好像看出了我的犹豫，和蔼地说，“不要紧，今天我们是同志式讨论，畅所欲言。”接着，又鼓励我说，“你平时说话办事很有分寸，年纪轻轻的，倒像是老高，我想听听你的意见。”张老这样看得起我，我就大胆地说：“各有千秋。”“怎么讲？”张老问。“大家尊称您张老，是大家发自内心的尊重，但显得有距离；如果叫您老张，那非常亲切，也符合共产党的习惯。”“对了，我赞同大家叫我老张，你带个头，如何？”我有点为难，没有立刻回答。张老笑笑，说，“不要在意，随便聊聊。”

张老因兼任中科院工会副主席，经常喜欢与同事们谈心，倾听同事们对于有关工会工作的建议和意见，例如，宿舍的暖气热不热，路上的电灯亮不亮，等等。为了能够了解同事们生活中的困难和意见，他希望自己是大家的“老张”，而不是高高在上的“张老”。

你们有多少时间？

1991年起，张老身体一天不如一天。其时，他的夫人鲍老师已经去世，鲍老师的侄儿和张老住在一起，但他工作也忙，整天都是张老一人在家。那时，张老住在中关村北区的4号楼，我住在北区的9号楼，时任中科院副院长的叶笃正住在南区。当叶笃正得知张老身体欠佳时，几乎每隔一段时间就要去看望张老，每次都是路过我家时约我一道前往。记得每次去看望张老，他老人家都很高兴。他知道叶笃正工作忙，总是先表白：“你们有多少时间？不要耽误你们的工作。”当叶笃正告知“没关系”时，张老笑了。他以长者的口气说：“院里工作忙，不能够耽误，给我半小时，如何？”我听了，心里难受。张老是大气物理所的老前辈，也是叶笃正的前辈，但他从不摆老资格，处处为他人着想。在这短短的会面时间里，张老非常关心中科院的情况，不时向叶笃正打听各种他关心的问题，有时还要谈谈自己的见解。给我的印象是“非常关心国家大事”。

从叶笃正看望张老的过程中，我印象深刻的是，科学界前辈之间的对话，充分反映了对长辈的尊重，也反映了张老事事为他人着想的高风亮节。

竺可桢副院长眼中的张宝堃

1966 年，由于参加国家登山队的天气预报工作，我曾经一度生活工作在国家登山队。每周二、周五，是我们在北京体育馆游泳馆游泳锻炼的时间。一天，我正在游泳的时候，一位风度翩翩的老人进来了。老人带着一副黑框金边眼镜，身材瘦高。老人先在游泳池边活动活动，然后手扶游泳池边的扶梯慢慢下水，以蛙泳姿势游两百米后坐下来休息。我望着这位老人，好像在哪里见过，过了一会儿想起来了，他是中科院副院长竺可桢先生。我与登山队气象组的其他同事交流后，大家一致认为是竺可桢副院长。想起竺老是张宝堃的老师，我大胆地走过去，恭恭敬敬地问："您是竺老吗？"老人问："你是？"我赶忙回答："我是中科院大气物理所的高登义，是张宝堃老师的学生。""啊！"老人高兴地让我坐下来，"那你怎么在这里呢？"我把我在国家登山队协助做珠穆朗玛峰登山天气预报工作的事情简短汇报后，竺老高兴地说，"好，好！"接着，竺老询问我一些珠穆朗玛峰天气预报的事情，我一一回答。末了，竺老语重心长地对我说："你们研究所在刚刚解放后的几年，一直参加国家的天气预报，这是好事情。后来因为某些原因没有继续下去，这下好了，你继续下去了。"我当即表示："一定要尽最大努力把国家登山队攀登珠穆朗玛峰的天气预报做好。"竺老很高兴，在他临下水游泳前对我说："你要好好学习你的张老师，他工作兢兢业业，一丝不苟，对于资料非常认真，非常严格。"

我记住了竺老对我的教导，后来我一直秉持着张宝堃老师"兢兢业业、一丝不苟"的工作作风，"严格认真"地对待气象资料。

留下难忘的遗憾

1981 年 1 月，我应邀赴美国科罗拉多大学大气科学系工作，离开北京的那天早晨，张老特意赶来为我送行，并叮嘱我"学成归国报效祖国"。一年后，我归国了。尽管那时我的科学研究工作主要是对珠穆朗玛峰对于大气和大气环流演变影响的考察研究，我和张老不在一个组，但我们师生之间个人来往频繁。记得是 1984 年前后，张老正在分析研究春季大气暖波变化对于预报寒潮的规律，有了初步结果。张老希望我帮助他分析研究这种规律与大气环流演变的关系。我因一个又一个的国家科学考察任务，没有完成张老的嘱托，留下了终生的遗憾。

光阴似箭，日月如梭，我也快八十了。回忆我与张老相处的日子，历历在目，记忆犹新。张老对于我国季节划分和气候区划的科学贡献，对于我国联合资料中心的建立和中心工作的开展所付出的心血，让我这个学生永难忘怀。

著名导演、演员谢添在张宝堃老师八十华诞时，为他题写的"世间人瑞 气候先河"是对张宝堃老师人生最精准的写照。

气象学家杨鉴初先生

⊙ 梁幼林

杨鉴初（1915～1990），气象学家，江苏宜兴人。中国长期天气预报研究与业务工作的先驱者，日地关系研究的开拓者。1935年毕业于中央研究院气象研究所气象练习班。曾任中央研究院日观峰气象台观测员、气象研究所技士。新中国建立后，历任中央军委气象局与中科院地球物理研究所联合资料中心主要研究人员、大气物理研究所研究员。他还曾担任中国气象学会理事，北京气象学会理事长，《气象学报》编辑委员会委员，发表论文54篇，专著四本，科普文章十余篇。1951年提出长期天气预报的历史演变法，被称作杨鉴初方法。1958年，他和叶笃正先生等四人合作在*Tellus*上连续发表三篇论文，向国际学术界展示我国学术水平，深受重视。1959年，他论述了物理气候系统的强迫因子，继而提出“一个太阳活动单元”观念，开辟了“太阳活动与气候”研究方向。50年之后，2007年政府间气候变化专门委员会（IPCC）第一工作组发表第四次科学评估报告（AR4），把这一研究方向归结为气候变化的自然强迫。杨鉴初先生用三篇论文论述臭氧与太阳活动的关系，AR4印证了太阳活动和臭氧层总量确实存在关系。杨先生十分重视气象科普工作，他写的《知识丛书》《日地关系》出版后发行达27万册，得到钱学森先生的好评。

在“联心”“联资”期间崭露头角

新中国建立后，杨鉴初进入中科院地球物理所工作。1950年12月，杨鉴初先生所在的地球物理所与军委气象中心合作成立“联合天气分析预报中心”（简称“联心”）与联合资料中心（简称“联资”），由军委气象局直接领导，办公地点设在西郊公园（现在的北京动物园）军委气象局内。“联资”一个重要任务是为抗美援朝战争进行中长期预报的气象资料的分析整理工作；另一个重要任务就是为恢复和发展经济，制作一年以上的长期天气预报。当时世界上没有制作一年以上长期预报的先例，资料丰富的美国也只做到5～7天的预报，还没有一个月的预报；苏联用历史天气图生成的长期预报也只有3～5个月时效。而国内台站稀少，历史天气图不足。在这样的条件下，杨鉴初先生充分利用仅有台站积累的历史资料，对我国长期天气预报进行了深入系统的研究。他于1951年在《天气月刊》发表了《运用气象要素历史演变规律做一年以上长期预报》一文，所提出的长期天气预报方法被誉为“杨鉴初法”，并立即应用于实际预报业务中，《人民日报》曾载文对此做过介绍。

注：梁幼林，82岁，中科院大气物理研究所研究员。

1953 年，资料条件得到改善，杨鉴初先生系统介绍了《苏联天气图方法的长期天气预告》，带领一批年轻人结合我国以及亚洲上空大气环流实际，研究苏联长期天气预报的基本概念和独特预报方法。在后来的 1959 年他又发表论著，从东亚大气环流自然天气季节出发，提炼出我国自己的《季节长期天气预报一个方法》。差不多就在那时，已到不惑之龄的杨先生，还自学了英文、俄文。

1955 年“联心”与“联资”两个中心完成任务后撤销，在那个特别的年代里为巩固新生的共和国做出了无法磨灭的贡献。在“两联”的日子中，杨鉴初先生还为我国培养了一批长期天气预报业务和研究方面的专家。“联心”与“联资”为创建新中国气象事业及培养气象干部做出了重大贡献，也奠定了杨鉴初先生作为中国长期天气预告的创始人的历史地位。

跻身“叶顾陶杨”科学群体中的一员

在回到地球物理研究所后，杨鉴初先生把历史资料分析用于气候研究和大气环流研究领域，与叶笃正、陶诗言、顾震潮合作，开创了气候研究联系实际方向，填补了气象学研究的空白，深受国际大气科学界的重视。当时他们四人一起被外界称为“叶顾陶杨四大金刚”，后来业内也有“叶顾陶杨精神”之说，指的就是在那个特别的年代里，年轻的科技工作者无私地团结在一起，为祖国为一种科学精神忘我地工作。后来获得 2005 年度国家最高科技奖的叶笃正先生回忆说，当时四人合作完成并在国际著名气象学杂志 *Tellus* 发表的三篇论文具有非常重要的意义。陶诗言先生回忆说：“中国的大气科学研究始终在跟随着世界大气科学的脚步。我们一直跟着跑，并没有落后多少。”2005 年中科院为叶先生九十华诞所举办的庆祝大会上，叶先生致辞中说：“一个科学工作者，一生的经历就好像是一出戏……这台戏的成功，不是一个人的成绩，而是大家的，是包括‘叶顾陶杨’在内的一个科学群体的成绩。”虽然当时杨先生已经辞世多年，但仍然可以感受到，与他共同创造了那一段激情岁月的同事兼战友的深切怀念，令后代学者感慨。

进入 20 世纪 50 年代末到 60 年代，杨鉴初先生在原有研究的基础上认识到：依靠大气环流演变，最长只能做季节预告，由此开始关注外界强迫因素的影响，进一步转向并开创了日地关系研究新方向。杨先生把这个日地物理框架称为日地关系。1986 年起，杨鉴初先生转入研究太阳活动与臭氧关系，同时关注低纬度云量和磁暴所调制的宇宙线高能粒子的关系。就太阳活动与臭氧关系，接连发表了 2 篇论文。到杨先生去世 16 年之后，2007 年，AR4 认为太阳活动不仅影响全球臭氧总量并且影响距地面 50 公里平流层温度变化，讨论了宇宙线和云量以及物理气候系统对太阳活动响应的复杂性问题。

杨鉴初先生十分重视气象科学普及工作，发表科普文章十余篇。其中三篇发表在《人民日报》《光明日报》(1951～1955 年)，其他发表在《北京晚报》等媒体上，这些科普文章不仅介绍基本知识，并且用深入浅出、活泼准确的语言表达了学术思想。他写的《知识丛书》《日地关系》综合以上各种因素，出版后发行达 27 万册，对我国日地关系研究，普及日地关系科学知识，起了很大推动作用，当时就得到著名科学家钱学森的好评，杨先生去世多年，王绍武先生仍感到受益匪浅。

1989 年，经中央批准的中国第一部大型人物词典《中国人名词典》当代人物卷收录了杨鉴初先生简历，在国内外发行。

绿叶对根的感恩

——众多大家为我师，自学深研五十载

⊙ 沈有根

我自少年时代就酷爱数学、物理、天文等自然科学，向往长大后能够成为中科院中的一名研究人员。

党的十一届三中全会之后，一个尊重知识、尊重人才的风气逐步在全国形成。1979年夏天，我结束了插队生涯，按政策回到了上海，并在六百多名考生中以第一名成绩（数学第一，总分第一）进入建设银行工作。

酷爱科学，努力自学

回到上海后，这时我母亲已经过世，我和父亲住在朝北的亭子间里。由于周围邻居家的电视和收音机的干扰，我只能晚饭后先上床睡觉，到十点多父亲睡觉了，我再起床，此时电视机、收音机也差不多休息了，我开始看书、计算、钻研。我牢记居里夫人的话："我永远忍耐地、坚毅地向我唯一的目标努力……"在那段日子里，为了一个问题，我常常弄到了深夜，有时一个问题想通了、解决了，东方已吐出了鱼肚白。奋斗的生活是紧张的，然而正因为紧张，生命才有意义，才有价值，追求真理，其乐无穷！

经过多年的刻苦自学，我终于在广义相对论、黑洞物理、量子宇宙学、暗能量与宇宙加速膨胀机制、虫洞理论及多元复变函数论方面做出了一些成绩。自1976年发表第一篇学术论文以来，先后在国内外著名学术刊物上发表学术论文229篇，并得到了国内外同行的多次引用。培养了10余名博士后、博士、硕士研究生。自1983年10月南宁召开的中国引力与相对论天体物理学会第二次全国代表大会以来，我连续七次当选（每四年改选一次）该学会理事。1985年我获得全国首届自学成才奖，并作为代表受到了中央书记处领导同志的接见。

经过很多曲折，在中科院院士、中科院上海天文台老台长叶叔华先生的亲自过问下，我于1986年春正式调入天文台，从事引力论和宇宙论方面的科研工作，历任助研、副研、研究员、博导。

我由一名科学爱好者，成长为一名科学工作者，其间是离不开那些科学前辈对我的关

注：沈有根，73岁，中科院上海天文台研究员。

心、帮助、指导。可以说没有前辈们的无私化育与栽培，是不会有我今天的一切。人要知恩、感恩和报恩。

下面我将分别叙述一下华罗庚、叶叔华、郭汉英和吴方先生对我方方面面的指点与帮助。

与华罗庚先生的交往

我与华老相识始于 1966 年隆冬。当时我听说华老被贴了大字报，又受到了批判，心里焦急，很想去看看华老。于是我坐车来到了北京西郊玉泉路的中国科技大学，找到了副校长办公室。室内只有华老一个人。我向华老问了好，介绍了我自 1964 年高中毕业后两年来自学的课程，讲了我对科学的追求与热爱和对华老的敬仰，也讲了我的境况。以后我和华老往来次数多了，当华老知道我每次从家中到中国科大路途较远，他就把家中地址告诉了我，因为从我家到他家的距离近一些。

从 1966 年底到 1969 年初下乡前两年的时间里，我和华老有过 20 多次来往，华老在治学上对我教诲甚多。华老对于青年学子，后学之人除了一贯倾注无限关爱、竭尽帮助外，还十分注意呵护他们的求知与科研的热情，而不轻易挫伤他们，这方面我是深有体会的。下面我仅举两例予以说明。

在 1966 年冬我曾向华老说起，我在椭圆整点问题研究中得到的结果：○（$X^{12/37+\varepsilon}$）。此结果是把陈景润在圆内整点问题中把华老在 40 年代发表的结果○（$X^{13/40+\varepsilon}$）改进为○（$X^{12/37+\varepsilon}$）推广到椭圆中去。此前吴方曾把华老圆内整点中结果推广到椭圆，得到

$$\sum_{au^2+2buv+cv^2\leqslant x} 1=\frac{\pi x}{\sqrt{ac-b^2}}+O\left(X^{\frac{13}{40}+\varepsilon}\right)$$

我的结果是把上式中○（$X^{13/40+\varepsilon}$）改进到○（$X^{12/37+\varepsilon}$）。

华老听后，说：“哦，很好，你可以去找一下吴方，和他详细谈谈。”后来我去找了吴方，吴方对我讲：“这个结果已经有人做了。是我们让中科大数学系 64 届数论专业的一位优秀学生做的，是他的毕业论文。”我说：“我怎么没有看到，我查过《数学学报》与数学进展。”吴方说：“论文是发表在中国科大校庆五周年论文集上的。不过你也不错，你能自己找题目做。”

虽说此文没能发表，但我得到了鼓励，增强了科研信心，而且我总结了一条“比例第四项法则”，即：

华老圆内的○（$X^{13/40+\varepsilon}$）$\longrightarrow$ 陈景润圆内的○（$X^{12/37+\varepsilon}$）

$\downarrow$　　　　　　　　　　　　$\downarrow$

吴方椭圆内的○（$X^{13/40+\varepsilon}$）$\longrightarrow$ 新的椭圆内的○（$X^{12/37+\varepsilon}$）。

这是一个很有用的科研法则。过了很多年后，我在看波动力学的创始人，诺贝尔奖得主薛定谔讲演录时，发现亦有这条法则。薛定谔说：从通常的经典力学走向波动力学的一步，就像光学中用惠更斯理论来代替牛顿理论所迈进的一步相类似。我们可以构成这种象征性的比例式：

几何光学：波动光学＝经典力学：波动力学

此外，在 1967 年下半年，有一次华老讲起一个智力测验题：兄弟俩分一块生日蛋糕，弟弟可以在蛋糕上指定一点，哥哥用刀来切蛋糕，但必须通过弟弟给出的那个点，问弟弟如何选取这个点？华老还让我们把结论推广。

我后来给出如下三个一般性结论：

1. 设 G 为 n 维凸体的重心，过 G 可做 C^2_{n+1} 个 $n-1$ 维超平面，把此凸体分成 $2^{n-1}C^2_{n+1}$ 个等体积的 n 维体。

2. 过 n 维凸体重心 G，可做一个 $n-1$ 维超平面 P，P 把凸体分成 V_1,V_2 两部分，则

$$\frac{n^n}{\sum_{j=1}^{n} C_n^j n^{n-j}} \leqslant \frac{V_1}{V_2} \leqslant \frac{\sum_{j=1}^{n} C_n^j n^{n-j}}{n^n}$$

3. 过 n 维凸体重心 G，可做任意一直线 L，设 L 交凸体于 A、B 两点，则

$$\frac{1}{n} \leqslant \frac{AG}{BG} \leqslant n$$

我在 1968 年 1 月 16 日把结果告诉华老，华老仔细看后，把我 1 中原来的 $n-1$ 维体改成 $n-1$ 维超平面，并说：你还是会推广的。我当时很兴奋，后来我知道，有些结果华老早已得之。

下乡前，我到华老那里辞别，华老当场抄了一首自己写的诗送给我：

主席喜咏梅，岂因梅枝俏，
嘉其斗风雪，敢把春来报。
主席喜咏梅，岂因梅香好，
勉其不争春，甘没花丛笑。

华老关心地对我说："你能不能在决心报名上山下乡，但在批下来之前，向有关部门谈谈，要求来做我的助手。如果有关部门能够来问我，向我征求意见，我就可以表态。要你来协助我工作，这样就好了。"我没有去说，因为我觉得太难了。但我心中永远感激华老对我的关心。

我在下面经常给华老写信，汇报自己的学习情况，劳动情况，惦念华老的身体、工作及处境。华老先后亲笔给我回了近二十封信。他总是语重心长地嘱咐我要注意身体，要休息好，要把身体锻炼得棒棒的。

1972 年华老曾致函浙江省科技局有关同志，向他们推荐我，亦曾向浙江省省长周建

人同志谈过我的情况，周省长亦有批示给省科技局。1973 年，华老来浙江省推广优选法，他叫人专门从杭州打长途电话给我，叫我去杭州听他的报告。华老对我可谓恩重如山，我唯有牢记恩师教诲，努力工作，生命不息，攀登不停。

叶叔华先生将我引入科学家行列

虽说我很早就知道，我国有个著名女天文学家叶叔华先生，但一直无缘结识。直到 1984 年夏末秋初，在上海天文台召开的有关天体物理的学术会议上我才得以当面认识叶先生。

在那次会议结束后，我找了叶先生，向她表达了我想到上海天文台工作的愿望，并呈上当时我已发表的 27 篇学术论文中两篇论文单行本。叶先生对我说："等我们考虑决定后再通知你，你的情况我们有所了解。"过了一段时间后，天文台有关部门打电话通知我去天文台讲一讲自己的科研工作。记得那次我较详细地介绍了即将在《物理学报》上发表的"Kerr-Newman-de Sitter 时空中 Dirac 方程的退耦与分离变量"一文，并简单地介绍了我在数论方面的一个未发表的研究结果《球内整点问题》。与会者问了一些相关问题，并问我都看了哪些书籍。我都如实作答。

经过双方单位（上海天文台与建设银行）协商，我于 1985 年 4 月借调到天文台一年，并于 1986 年 4 月正式调入中科院上海天文台工作。自此结束了我业余搞科研的局面，正式成为中国科学院一名科研人员。1987 年 1 月我被聘为助理研究员。后来我才知道，为了我的工作调动，叶先生费了很大劲，亲自做了许多工作，可以说没有叶先生的关心，就没有我的今天。

进了天文台后，叶先生对我也是关心有加。每次见到我，总是问我：还好吗？有什么困难来找我。虽然短短一句话，总让我倍感温暖，如沐春风，如浴阳光。

我曾问叶先生，我做些什么？先生说：你还是做你熟悉的东西，继续做你的黑洞方面的工作。这充分体现了先生的"人尽其才，人尽其能""知人善任"的宽广胸怀。

正是由于叶先生把我调入中科院上海天文台，我才得以心无旁骛、全身心投入科学探索中，从一名有志科学事业的青年成长为一名科学工作者。

亦师亦友郭汉英

我与郭汉英先生认识是经华老介绍的。我在自学数学同时，对相对论亦感兴趣，特别是对广义相对论，因为它用到了很多数学知识，使我对这个理论由衷喜欢。1967 年春、夏这段时间，我有几次去华府，看到华老在翻阅福克写的《时间、空间和引力理论》一书。并恭听了华老关于利用矩阵几何知识来推导狭义相对论中相关公式，实质上三维的球几何就是狭义相对论另一表达形式。华老的处理极大地简化了有关狭义相对论基本原理中的一些问题。所以在 1969 年 2 月下乡后，我田间劳作之余时时思考一些相对论中的有关问题。在我 1971 年回京探亲时（那时我父母尚在北京），一次去看望华老，华老对我讲，你若对相对论也感兴趣，我可以介绍你认识郭汉英，去和他们组多交流，他们组正在从事那方面研究。听后我非常高兴。尔后我持华老给我写的介绍信，前往动物所楼上寻访郭汉英先生。

在以后与汉英老师交往过程中，汉英老师与我关系亦师亦友，给了我诸多鼓励与帮助。下面仅举两例。

对我工作调动一事汉英老师非常关心。在 20 世纪 70 年代中期，他曾想推荐我去北大读理论物理高级研修班。在 1981 年元月，他还曾致函关心我工作调动进展，并表示他可以出面对我的工作做出学术评价。

另外，他多次向我介绍他们组科研工作及国际上一些研究热点。例如在 1988 年秋，他曾关照留意“虫洞”方面的工作，并给了几篇相关预印本。我根据汉英老师建议，做了一些工作，使我较早地进入了这个领域，先后在国内外相关学术期刊共发表了 20 多篇相关的论文。

斯人虽去，然长驻我心。我至今时时梦见汉英老师，音容一如往日。

因“圆内整点问题”与吴方先生结缘

和吴方先生结缘是由于“椭圆内整点问题”。我于 1965 年底在北京图书馆查阅《数学学报》时，看到 1963 年第二期上有一篇吴先生写的“椭圆内整点问题”论文。在该论文中，吴先生利用维诺格拉多夫的一条定理代替李特伍德所用的公式，把李的整系数椭圆推广到实系数椭圆，且改进了李的误差项中指数结果。我联想到曾看到 1962 年第四期上陈景润先生的“圆内整点问题”论文，我觉得有可能把陈先生结果推广到椭圆中去，后来我写了一篇论文。在 1966 年冬日，在我和华老见面时，曾谈及我的这个工作。华老当时出于对我科研热情的呵护，说：“哦，很好，你可以去找一下吴方，和他详细谈谈。”正是依据华老的指示，我不久之后去找了吴方先生。

在和吴先生交往中，吴先生给了我很多帮助，送了我很多书籍及资料。有兰道的三卷本《数论教程》，维诺格拉多夫的《论文集》以及一些抽印本。在“文革”浩劫期间，正是靠这些科学著作，才找到了思想上的乐趣，摆脱了人生的种种苦恼，最终走上了学习和探索科学的人生旅程。但由于各种原因，我在数论方面研究始终进展不大。虽说后来我又写了一篇《球内整点问题》论文，所得结果为“$67/100+\varepsilon$”，这个结果优于陈景润在 1962 年得到的“$35/52+\varepsilon$”，但逊于他和维诺格拉多夫在 1963 年得到的“$2/3+\varepsilon$”(由于“文革”期间图书馆都闭馆了，因此在撰写论文时没有看到这个结果)，这点也是吴先生看了我的论文后告诉我的。

在和吴先生的交往中，吴先生始终给我一个亲切感。无论是见面还是往来信函中（我和吴先生信件交往有几十封），总是亲切地叫我“有根弟”，从不摆谱、端架子，是真正的学者。

对中国科学院，我始终怀有一种感恩心情。我感恩中科院，是因为中科院使我由一个天文爱好者，成长为一个天文工作者。我感恩中科院，是因为中科院给我提供了施展的舞台，使我的研究工作大幅度产出（在调入上海天文台之后，到现在我已在国内外学术刊物上发表了 202 篇学术论文）。我感恩中科院，是因为中科院培养我成为“杰出贡献教师”。我感恩中科院，是因为老一辈科学家优良学风影响了我，使我对头上星空怀有一种默默敬畏的心，在几十年的科研生涯中，不敢有丝毫的倦怠，以致一往情深。我感恩中科院，是因为在中科院科研探索工作锻炼了我，使我在各种困难面前无所畏惧、披荆斩棘、勇往直前，使我无论什么时候都能不忘初心，砥砺前行。

记全国劳动模范孙超同志

⊙ 胡南宁

我很早就知道我们单位的孙超同志是全国劳动模范，因为所工会每年春节都要去慰问他，巧的是我们两家都住在科学园南里五区的同一栋楼里，我一直想去拜访他。

在初夏的一天，我打通了孙超老先生家的电话，提出了拜访他的想法，孙老爽快地答应说你来吧！放下电话，我就去按响了孙老家的门铃。门开了，一位神采奕奕、有着一双充满智慧双眼的老先生站在我面前，“老胡同志欢迎你！”说完他就热情地和我握手，把我请进他的书房里。

我落座后，再次表明了来意，想了解孙老的事迹。孙老谦虚地说，也没有什么成就，就给你讲讲我的故事吧。于是，孙老娓娓向我讲起了他的过去……

中学我是在北京四中上的，我在初三的时候就对天文很有兴趣，我买了陈遵妫先生撰写的《恒星星表》，爱不释手。1949 年我考上了北京大学物理系，当时我 16 岁，在学校里我的成绩很好，数学、物理每次考试都是满分，化学成绩也不错，当时胡启立是我们系的团委书记。大三时我是学习部干事，并组织一个天文小组，当时东城区科技馆有一台天文望远镜，我们天文小组组织中学生的天文爱好者去那里仰望天空，普及科学知识。

1952 年我以优异的成绩从北大毕业。当时是双向选择，国家也正是第一个五年计划期间，中科院去北大等全国有名的大学挑选了 150 位优秀大学生，我被分配到中科院地球物理研究所工作，当时我 19 岁。赵九章所长让我参加海浪的研究工作，海浪仪器要在船上做试验，又要在所里做海浪的仪器，所以经常往返于青岛和北京。1954 年在地球物理所新落成的研究大楼内建成了 001 海浪自动记录仪，取得了海浪的数据。1955 年在青岛小麦岛建成了我国第一个海浪观测站，为此国家授予我“全国社会主义积极分子”的光荣称号，我还得了自然科学奖三等奖，并参加了在北京召开的“社会主义积极分子表彰大会”。1956 年，我因在海浪数据分析处理方面的工作，国家又颁给了我“全国先进生产者”和“全国劳动模范”的光荣称号，当时是刘少奇主席给我颁发的奖章。

1956 年 5 月我和曲玉珍结婚（曲玉珍离休前是我所情报室主任，研究员）。1956 年夏天，我被紧急从青岛召回北京，让我准备出国留苏，8 月即出国留学。我们到莫斯科后，大使馆的钱其琛同志来火车站迎接我们，我被安排在苏联科学院海洋物理研究所学习海

注：胡南宁，78 岁，中科院国家空间科学中心高级实验师。

浪，我的导师是舒列金院士。当时安排我的工作是到里海做海浪数据分析，我得到了一些不同时间海浪的波动结果。1957 年苏联科学院著名数学物理科学家叶拉夫伦切夫带我去里海实地考察，经过一段接触后对我很满意，要我做他的研究生，研究海啸。首先分析欧克里克海地震后在千岛群岛产生的海啸，同时在试验室做些相应的模型，模拟地震后产生的海啸，总结了一些数据，由此我发表了一些论文。

1958 年我随老师到了西伯利亚进行考察，并写了考察数据的论文。1959 年底，苏联举行第一届理论和应用物理代表大会，我在大会上做了有关海浪研究的学术报告。1960 年初我回国探亲，参加了地球物理所用土炮进行人工降雨的研究。当时我们也在做 T_7 气象探空火箭的试验研究工作，后回到了苏联，本想拿个博士学位，但因中苏关系破裂，1961 年我以副研究员的身份回国。

我回国后就从事气象火箭探空、高空物理的研究。1963 年 4 月，当时我国准备进行核试验，我带领我的学生赵立珍、马瑞平等，一起用我们自己做的仪器进行弱冲击波、气象和地面关系的研究。1964 年 10 月 16 日下午 3 时，我国第一颗原子弹爆炸试验取得圆满成功。我们获得集体一等功；第二次 1965 年 5 月核爆是从飞机上投弹，也很成功，核爆试验后对核爆试验结果又做了力学方面的理论分析。

在两次核试验中周总理给赵九章所长两个任务：第一，飞机飞多高时不会受到核爆二次冲击波的影响？第二，要准确预报核爆现场的气象情况。这两个任务我们都圆满完成。为此，颁给我个人一次一等功，两次三等功，我也是中国核研究委员会委员、核爆领导小组成员。

1961～1963 年我担任 T_7 气象探空火箭工作组组长，是 T_7 气象火箭，高空锌丝测风工作主要领导人和参加者，因此我获得国家新产品集体二等奖。我对锌丝弹研究研制方面做了许多工作，对火箭探空取得的数据、数据处理方法、雷达回波强度计算、数据精确度、对降落伞测风、高空大气温度、压力测量等都进行了规范性的指导。

国家对我们的研究工作给予极大的荣誉。1963 年春节，我作为青年科学家代表参加了党和国家领导人的接见。刘少奇、邓小平等同志接见了我们，并和我们在人民大会堂举行了座谈会。1965 年 6 月我又作为核试验有功科学家，参加了党和国家领导人周恩来、邓小平和罗瑞卿大将的接见和宴请。

在采访结束时，孙老表示，虽然已经 86 岁了，但如果国家需要，他还可以发挥余热。

我望着眼前这位一辈子为国家做出了诸多贡献、获得了诸多荣誉的老前辈，心里有许多想表达的话，却一时不知从何说起。只是紧紧地握着他的手，以此来表达我的敬仰之情。

事后我想，我们国家正因为有无数默默无闻、甘心奉献的科学家，在各自的科研岗位上努力拼搏着，我们的国家才有了今天这样的辉煌！

地球科学领域卓越的开拓者
——施雅风先生

⊙苏　珍

2019年3月21日在兰州成功举办了“纪念施雅风先生诞辰100周年暨冰冻圈科学进展研讨会”。施雅风先生是我国杰出的地理学家、冰川学家、中国共产党优秀共产党员、中国科学院院士，是中国冰川冻土研究的奠基者和创始人。施雅风先生逝世至今已八年了，但在他半个多世纪的科学生涯中，他成功地创建了兰州冰川冻土研究所，开拓了我国现代冰川学、冻土学、寒区和旱区水文与水资源、第四纪冰川学和泥石流研究的科学体系；培养和造就了一批知名的科学家；主编出版专著38部，发表文章470多篇；先后获得国家和中科院等各种重要奖励10多项，其中部分成果直接应用于经济建设，取得明显的社会效益和经济效益。

开创中国现代冰川研究

科学的发展离不开当时的社会实践和生产实践。1958年，甘肃河西地区干旱少雨，农业生产受到影响。施雅风先生以其敏锐的洞察力把目光投向了现代冰川和积雪，提出向祁连山高山冰川要水，促进冰雪融化，增加农业用水的主张。在有关方面的大力支持下，克服重重困难，很快成立了有120多名科学技术人员组成的“中国科学院高山冰雪利用研究队”，分为7个小分队奔赴祁连山开展冰川、积雪考察，历时3个月，初步查明冰川的规模和储量，并对现代冰川有了初步认识。此次大规模的科学考察，不仅对祁连山冰川水资源开发利用具有深远影响，而且对我国现代冰川研究也具有开创性意义。并于当年组织编写完成了我国第一部现代冰川学专著《祁连山现代冰川考察报告》，填补了我国冰川研究的空白。随后，施雅风先生又率队对天山、喜马拉雅山、喀喇昆仑山等地现代冰川进行了一系列科学考察活动，获得了大量的第一手资料。在此基础上三次全面总结，他撰写中国冰川专著（1966年发表“中国现代冰川基本特征”，1988年出版《中国冰川概论》，2000年出版《中国冰川与环境——现在、过去和未来》一书），这对中国的冰川学研究都具有重要的指导性意义，标志着中国冰川研究和理论体系的成熟。

冰川编目是施雅风先生亲自倡导组织的一项国际水文研究计划的一部分。从1978年起，

注：苏珍，80岁，中科院西北生态环境资源研究院研究员。

经过 20 多年先后 50 多人参加，分卷出版了 22 册《中国冰川目录》。接着于 2005 年化繁为简出版了《简明中国冰川目录》，还建立了冰川目录数据库，基本摸清了我国现代冰川分布、规模、数量等大量科学数据，为百域冰川学研究提供了可靠依据，而且使中国成为世界各冰川大国中唯一全面完成冰川编目的国家。

喀喇昆仑山巴托拉冰川考察是一项与生产实践紧密联系而具有国际影响的科研任务，具体且艰巨。经过 2 年（1974～1975 年）艰苦努力，施雅风和队员们出色地完成了任务，并提出“波动冰量平衡”理论，预报了未来几十年冰川运动的变化趋势，对中巴公路设计方案提出修改意见。这段公路于 1978 年修复通车，经过 30 多年考验，没有出现任何故障，可以说研究方案完全成功。经过这次考察研究，既解决了生产建设问题，还为国家节约数千万的资金。国际水文学会主席 M.F.Meier 对这一研究成果给予了高度评价。

通过上述一系列的考察和研究，施雅风先生发展和完善了冰川学理论体系。今天中国冰川学的学术成就和在国内外的影响体现着几代人的贡献，也处处都渗透着施雅风先生的心血。

不断探索，不断开拓新的科研领域

在研究现代冰川的同时，施雅风先生还不断开拓新的研究领域，组织领导和参与了许多新课题、新任务。例如对我国冻土学、泥石流、寒旱区水资源及中国气候环境变化等，也做出了重要贡献。

科学研究，特别是基础应用学科，往往是在生产实践中发展起来的。20 世纪 50 年代末和 60 年代初，施雅风先生注意到我国高寒地区的冻土现象。无论是在我国东北地区还是西部高山高原上，冻土经常给道路、林业、矿产、水利等工程建设带来困扰，在我国现代冰川地区也广泛发育有多年冻土和季节冻土。于是，在施雅风先生的亲自组织领导下，1960 年组织了我国首支冻土考察队，对青藏高原多年冻土开展了研究，这是我国冻土开始步入正式研究的重要标志。在此基础上，由他主编的《青藏公路沿线冻土考察》（1965）专著正式出版，这是我国第一本有关冻土方面的专著。这一开拓性的成果为后来的青藏公路和铁路建设起到了重要的科学支撑。此后，在我国冻土研究的不断发展和壮大过程中，他虽然没有直接参与到冻土学的具体研究中，但在学科方向、人才培养、软硬件环境建设等方面都起到了关键的领导和引领作用。

新中国成立初期，西藏东南部川藏公路上频繁发生冰川泥石流，破坏桥梁、堵塞公路，给交通运输造成一定压力。20 世纪 60 年代初，施雅风先生就率队考察和定点观测，对泥石流的形成机制有了初步认识，并首先提出“泥石流”一词的概念。此后，又对川西成昆铁路建设中的泥石流灾害防治提出工程防治的合理建议。为了进一步研究泥石流，专门的研究室不久就建立起来了，现在成都山地灾害研究所的泥石流研究室就是在此基础上不断发展起来的，这其中无不体现施雅风先生的前瞻性眼光和卓越的贡献。

伴随着中国冰川学研究的发展，以冰川水文和冻土水文为代表的我国寒区水文研究也在施雅风先生倡导下先后开展起来，并在天山站和祁连山冰沟先后建立了冰川水文和冻土水文系统，以此为基础获得了一系列的相关研究成果。在河西水土资源系统研究的基础上，20 世纪 80 年代中期，为系统研究西部干旱区水资源的形成规律，以乌鲁木齐河流域为研究对象，组织了对乌鲁木齐河流域水资源的系统研究，形成了系统性成果，将我国西部内陆河流域水资源研究提到一个新的水平，对西北水资源利用和研究具有重要的指导意义。为解决乌鲁木齐市缺水提出的解决方案被采纳实施，经济和社会效益十分显著。

在总结 1959 年、1964～1968 年青藏高原综合考察成果和经验的基础上，施雅风与刘东生先生首先提出开展“青藏高原隆升及其对自然与人类活动影响的研究”。项目实施后，作为领导者之一，施雅风组织了其后的一系列考察研究活动，完成了系列性的总结专著，将我国青藏高原研究推到了前所未有的科学高度，对我国青藏高原研究领先于世界水平起到了关键作用。此后，施雅风先生针对青藏高原隆升这一至关重要的科学问题，提出青藏高原隆升过程及对周边广大地区产生的重大影响。在全球变化研究方面，施雅风先生提出了许多有见地的学术观点，完成了多项有影响的成果。其中，由他主持的“中国气候、湖泊与海平面变化及其趋势和影响”项目，完成系列专著 5 本，是中国全球变化较为全面、系统化的研究成果，影响巨大。后又针对我国西北地区近十几年出现的气候及环境显著变化情况，施雅风先生敏锐地觉察到西北干旱气候可能正在发生重大转折性变化，为此，他不顾年逾 80 岁的高龄，亲自到新疆考察，并组织专家研讨，于 2002 年提出了西北西部气候由暖干向暖湿转型的科学推断，这一成果在学术界和国家决策层面上产生强烈反应并受到高度重视。

施雅风先生在开拓新的科研领域方面的成就还很多，如领导推动冰雪灾害理论与防治研究，敏锐地将中国中纬度山地冰芯研究推向世界，以及中国海平面上升的研究等。

重建中国第四冰川与环境研究

施雅风先生是最早开展中国第四纪冰川研究的学者之一。他结合冰川地貌分布特征，确定了中国西部山区 15～19 世纪的小冰期和约 2 万年前末次冰期以及 56～78 万年的最大冰期的冰碛物遗迹与特征，以后均得到测年资料的证实。

基于多年来对现代冰川作用研究的认识，施雅风对我国第四纪冰川作用也提出不同的看法。他不仅否定了中外学者所认为的第四纪青藏高原曾经存在过连续大冰盖的观点，还对中国东部第四纪冰川提出新的见解。我国东部古冰川问题一直是地学界争论的学术问题，李四光先生庐山古冰川学说在我国广为流行，对人们的影响较大，也是争论的焦点。从 20 世纪 80 年代开始，施雅风先生积极参与并和多位学者合作，经过数年时间，对东部诸多山地进行考察研究，其结果总结在 1989 年出版的《中国东部第四纪冰川与环境问题》一书中。该书主要的新观点认为，庐山的冰川“泥砾”混杂堆积实为泥石流堆积；在东部低于 2000 米海拔的山地不存在第四纪冰期，对中国东部一些中低山存在第四纪冰川的观点提出了明确的否定意见，黄汲清院士撰文评述该书“内容丰富、论述精辟，他们的结论否定了李四光学派的成果和观点，这是件好事。”

此外，施雅风先生对中国西部高山为主的第四纪冰川进行了系统研究和总结，他于 2006 年组织出版了第四纪冰川专著《中国第四纪冰川与环境变化》。该书自出版以来，已有 9 种学报给予高度评价，当时的国际冰川学会主席大村纂评论该书“全面、广泛地揭示了中国第四纪环境变化过程和特征，是国际上已出版的第四纪专著中，具有顶级水平的专著，无疑是中国近半个世纪的丰富成就。”刘东生院士也高度称赞该专著是“老中青几代著名学者对过去几十年工作的系统理论总结，对中国第四纪冰川和环境变化的关键问题，提出了非常重要和有价值的观点，极大地推动我国第四纪研究，对国际第四纪科学发展具有重大特殊意义”。为了让更多学者了解近年来中国第四纪冰川研究的新进展，施雅风先生还于 2011 年出版了《中国第四纪冰川新论》的科学普及本。

一代地磁学宗师
——陈宗器

⊙ 吴智诚

陈宗器（1898～1960），地磁学家、地球物理学家，1925年东南大学物理系毕业，1928年在清华大学任教、1929年受聘中央研究院物理研究所，1936年9月去德国柏林大学深造，研究地磁学与地球物理学，1939年11月进入英国伦敦帝国理工学院，1940年4月因战事中断学习回国。

陈宗器从事地磁学研究和地磁野外测量几十年，创建了我国最早的几个地磁台，完成了我国自己编制的第一幅地磁图。他是我国地磁学的奠基人，培养和扶持了陈志强、刘庆龄、周寿铭、吴乾章、胡岳仁、刘传薪、章公亮等几十位地磁学专家，不愧为我国地磁学的一代宗师。他又是我国地球物理学的开拓者和奠基人之一。他曾先后当选为中国地球物理学会理事长、秘书长等职。

从一张大字报对陈宗器先生有了初步了解

我对陈宗器先生的了解，是从一张大字报开始的。1957年，地球物理研究所开展整风检查，对领导有意见除了可以在会上提，还可以写大字报。其中有一张大字报上提到，白家疃地磁台院子里种了许多果树，不符合勤俭办科学的精神，是浪费。意见是针对主持台站建设的副所长陈宗器先生的。

当时我在所办公室工作，让我参加对群众意见的收集和梳理工作。我到所才一年多，对地磁台很陌生，对陈先生也没有什么了解。他虽然是副所长，但多数时间是在科学院办公厅和管理局上班，每周仅回所一两天，回来就在他主持的地磁研究室处理事务。为了大字报的事，我请教了朱岗昆先生，我和他曾在一个党支部一起开过会，有些接触。他给我讲了建地磁台的要求和特点。我还去了一趟白家疃，走进院子，就像进了一座小花园，各种树林、花卉、草坪，使人很舒畅。观测仪器安装在地下室，上下四周都不能有铁磁物质。所有建筑材料都要磁性检测、房屋家具连一颗铁钉都不许有。种些花草树木是以免泥土裸露。

台上工作人员说陈先生建台有长远打算和国际眼光。观测资料要参加国际地球物理年

注：吴智诚，86岁，中科院国家空间科学中心原党委书记。

的资料交换。白家疃是我国的一个标准台（1952 年筹建，1957 年出观测报告），在陈先生规划下还有几个台也要参加 IGY 计划：拉萨台（1956 年筹建，1957 年出报告）、广州台（1954 年筹建，1958 年出报告）、兰州台（1955 年筹建，1959 年出报告）、武汉台（1956 年筹建，1959 年出报告）、乌鲁木齐台（1965 年补建，1978 年出报告）、长春台（中科院长春综合研究所 1951 年筹建，1957 年出报告）再加上海佘山台（1874 年外国教会举办，1949 年陈先生主持接办）。以上共八个台，形成我国的"老八台"。这几个台在我国地磁研究中起了骨干作用，在国际上也受到高度评价。老八台 1985 年获得"国际地球百年观测纪念"金奖一枚（上海佘山台）、银奖七枚（北京白家疃台、拉萨台、广州台、兰州台、武汉台、长春台、乌鲁木齐台）。老八台的获奖是对陈先生开创的地磁观测事业的充分肯定。目前我国地磁台已发展为 35 个，陈老先生如在天有知，更会感到欣慰。

广泛开展地磁测量，为地磁学研究打好基础

时间追溯到 1935 年，陈先生在南京紫金山地磁台开始了我国地磁测量工作。1936 年他在我国东南沿海进行地磁测量，测点 16 处。这是中国人自己进行地磁测量的创举。抗日期间（1940 年），他留学回国，中央研究院物理研究所南迁，1941 年迁到广西桂林良丰，他负责筹建雁山地磁台。1941 年 9 月 21 日日全食，陈先生带领陈志强、吴乾章等前往福建崇安（今武夷山市）进行 3 个月的观测。这是我国首次进行日全食的地磁观测。随后又对福建省共 13 个点进行地磁测量。

1944 年日军南侵，物理所迁至重庆北碚。陈先生在北碚建临时地磁台观测，还带领刘庆龄、吴乾章、胡岳仁等对北碚地区进行详细的地磁测量，共测 15 个点。1946 年 4 月至 9 月，陈先生带领刘庆龄、胡岳仁等对四川省进行 16 点地磁测量。1946 年 9 月到 1947 年 3 月，从四川沿江而下，直到吴淞口共测 21 点，1947 年 4 月至 8 月又派刘庆龄等测量东南沿海和南海永兴岛、太平岛共 10 个点。本文罗列了多年多次地磁测量的测点，似乎有点不厌其烦，但这些内容生动体现了陈先生不论在战乱中还是抗日胜利后，他总是把握一切机会，利用一切条件，进行着国内前无古人的地磁测量，尽量多掌握资料，为我国国防建设、经济建设积累更多的科学数据。陈先生默默打基础的大师风范，令人十分敬佩。

1957 年前后，曾有人批评陈先生领导的地磁组，不搞研究只搞地磁台和地磁测量。陈先生的学生徐元芳说："地磁台和地磁测量是研究的基础，不打基础用什么地磁资料，怎样研究？事实上陈先生当时已指导我作佘山台 1909～1944 年和南半球同一纬度的澳大利亚 Watheroo 地磁台 1919～1944 年的地磁资料进行地磁场的长周期变化分析研究。依照陈先生与刘庆龄 1948 年'磁偏角长期变化与太阳活动的关系'一文中的分析方法，将两个台六个元素进行资料处理，并绘制出曲线图，完成了计算工作。"

陈先生说："利用地磁台记录和野外测量的大量数据，进行地磁场及其长期变化的研究与地磁短期变化及其相关现象的研究，是研究地磁科学的主要任务。"

地磁测量仪器，过去一直是国外进口，陈先生由 20 世纪 30 年代起着手自己研制。到

1957 年，陈先生的团队已研制出多种先进测量仪器，具有较高的水平。这些都凝聚着陈先生二十多年的心血。

由于陈宗器的真心挽留，一批中研院精英留在了大陆

1957 年在地球物理所的一次高级学习组会议上，傅承义先生（学部委员）说："我对陈先生极为尊重，陈先生要我们留下来建设新中国，现在看来是留对了。"

1948 年冬到 1949 年春，国民党政权风雨飘摇，惶惶不可终日。当权者令中央研究院在南京各研究所迁移至上海，准备去台湾。中央研究院物理所的地磁部分由陈先生主持，于一年之前已合并到气象研究所，陈先生担任气象所副所长，与所长赵九章志同道合、配合默契。他俩都非常痛恨旧政权的黑暗腐败，认为国民党独裁统治大势已去，去台湾肯定没有出路。气象所被迫迁至上海后，不久，中央研究院及驻沪办事处负责人均逃离上海。陈宗器被上海各所公推主持驻沪办事处工作。陈先生临危受命，与各所领导一起抵制迁台，坚持留沪不动。组织各所在岳阳路和长宁路看好院区大门，加强巡逻，以保护科学仪器和职工家属安全，免遭国民党军队滋扰破坏。陈先生还参加了上海各大学校长联谊会，互通信息、相互声援，做些护校、护所的应变准备。

1949 年 4 月 30 日，竺可桢由杭州来到上海，他是应教育部长杭立武几次电催，说来沪有要事相商。当时铁路运输十分混乱，火车拥挤不堪，火车到站后竺可桢只得从车窗爬出，出站时因无上海居住证明受到盘查，只得打电话给陈宗器。陈立即去车站接，下午 3 时，陈又陪同竺去见杭立武。所谓"要事"乃是要竺立即去台湾或广州。竺不以为然。5 月 6 日竺路遇蒋经国，蒋又要求竺去台湾，竺婉言以对。5 月 19 日杭立武从广州电催竺"速乘机飞穗"，竺仍不予理会。

1949 年 5 月 3 日，杭州解放。因交通中断，作为浙江大学校长的竺可桢已无法回杭州了。陈一直敬佩竺的崇高学术威望，在地学、地理学、地磁学、气象学等方面长期受到竺的指导，俩人之间充满浓浓的师生情谊。陈特别关注竺的安全，安排竺食宿于岳阳路 230 号，并时常陪伴左右。

竺可桢是中央研究院 1928 年创建元老，是首任气象研究所所长，在竺的精心筹建、培育下气象所成长壮大。抗日以来，竺任浙江大学校长，全身心忙于校务，气象所所长一职仍在兼任。直到 1947 年，在竺推荐下官方才正式任命他的学生赵九章为所长。竺可桢鲜明的政治立场更坚定了陈宗器、赵九章及气象所全体同仁留下的决心。

气象研究所和中研院在沪各研究所平安留在上海，迎接解放，陈宗器功不可没！这就是傅承义先生对陈先生"极为尊重"的缘由、傅先生也说出了许多有同样经历的科学家的心声。

尽职的科学家，尽责的管理者

新中国成立后，科研机构百废待兴。陈宗器先生一心为公、顾全大局、不拘泥于个人

学术专业，听从党的安排，先后担任上海办事处主任、南京办事处主任、中科院办公厅副主任、管理局长等职，做了大量科研组织管理工作，体现他一心为党的觉悟，1956 年成了一名光荣的共产党员。那年他 58 岁。

陈宗器为中国的科学事业，坚忍不拔、吃苦耐劳，奋斗几十年，秉性不移。早在他 31 岁时，1929 年 10 月就参加了中国西北科学考察团。随后他又参加绥新公路查勘队。到 1935 年 2 月，在长达 5 年多的时间里，他的足迹遍及内蒙古、甘肃、青海、新疆等边远地区；额济纳、祁连山、柴达木、罗布泊等荒无人烟地区；经历过断粮断水、恶劣天气、沙海迷路等种种常人难以想象的困难；开展了天文、地理、水文、气象测量；研究了河流、湖泊等生态的变迁。陈先生不顾个人安危完成了举世瞩目的综合科学考察任务，开展了我国西北荒原地球科学研究事业。

在他几十年科研生涯里，不论是战乱还是和平时期，不论是科学研究、干部培养还是领导管理，他都是勤勤恳恳、兢兢业业、事必躬亲，没有丝毫懈怠。他 60 岁时，终因积劳成疾，于 1958 年 12 月动了一次大手术。养病不到半年，他又投入到紧张的工作之中。1960 年 3 月 4 日终因沉疴不治，一代宗师倒下了。鞠躬尽瘁！年仅 62 岁。

半个多世纪过去了，陈先生的爱国与敬业精神并不过时，将永远激励着后人。

记忆中的父亲

——记曾昭顺致力于土壤科学研究二三事

⊙曾　青

我的父亲曾昭顺，生前先后担任中科院林业土壤研究所（中科院沈阳应用生态所前身）副所长、所长，兼任中科院黑龙江农业现代化所（现为中科院东北地理与农业生态研究所）第一任所长。

我从记事的时候，就觉得父亲常年在外出差，跟我们在一起的时间很少。记得有一次外婆告诉我："今天你爸回来。"我高兴地往家属区大门口跑去，准备迎接，可等了很久也没有接到爸爸。后来外婆找到我说"你爸爸已经到家了。"弄得我心里很不舒服，连自己的爸爸都认不出来。慢慢地长大了，我才知道爸爸长期在野外工作，生活很艰苦，这更让我钦佩他热爱工作的敬业精神。

爸爸年轻的时候，执着地追求他的理想，立志求学报国。听爷爷讲，由于家庭生活艰辛，没有钱供他读书，尽管爸爸努力学习，但也只能就读于师范学校。爸爸毕业后到邮政局当了科员。这在当时，已是一份很让人们羡慕的工作了。但是爸爸并不满足于现状，立志继续求学深造。在家里并不支持的情况下，爸爸克服了许多困难，考取了复旦大学。毕业后，他先后在南京中央地质调查所和中科院南京土壤研究所工作。爸爸在南京工作舒心、家庭温馨，生活安定，使他能潜心于科研工作。

20世纪50年代初，中科院决定在沈阳筹建林业土壤研究所。因工作需要，爸爸毅然放弃了舒适的生活条件，来到东北从事土壤考察，并参加筹建、选址和组建中科院林业土壤研究所。1954年10月中科院林业土壤研究所成立。为了服从国家需要，爸爸被调到中科院林业土壤研究所工作。妈妈当时是一名教师，本不想来东北工作，但为了顾全爸爸的事业，还是随同调到了沈阳。每当家里谈及此事，仍然让妈妈不太愉快。爸爸来到东北，立即全身心地投入到繁忙的科研工作。只记得他在家时，整天除了工作就是看书，很少有时间和我们玩耍或与家人聊天。

爸爸先后参加和领导了东北土壤调查和荒地勘察，中苏联合黑龙江流域综合考察。他曾参加了黑龙江省第一次土壤普查，为东北地区大规模农业开发和土地利用提供了有力的科学依据和翔实的实验资料。爸爸和他们那一代科学家，曾为当年的北大荒，如今我国最

注：曾青，61岁，中科院沈阳应用生态研究所高级实验师。

大的粮食生产基地“北大仓”的开发，奠定了科学基石。

20世纪50年代末至60年代初，他主持领导了东北地区主要农业土壤的长期定位研究。爸爸根据他和同志们多年积累的实地调查和试验研究结果，在总结当地群众经验与吸取国外先进理念和技术的基础上，对东北地区广为分布的黑土和白浆土的命名、发生、分类、肥力特征以及改良利用提出了具有一定开拓性的自己的学术观点，受到国内外学术界的重视和赞誉，白浆土、黑土也作为独立土类列入中国土壤分类系统中。

1977年粉碎“四人帮”后，他出任中科院林业土壤研究所副所长，重新开始了他热爱的科研工作。1978年爸爸参加了全国科学大会，受到了国家领导人的接见。从北京回来后，他激动不已，长久郁闷的心情终于在“科学的春天”里被事业的激情点燃了。从此他更加竭尽全力地投入到工作中去，含辛茹苦，殚精竭虑，致力于土壤科学的发展，致力于发展东北地区全局性的农业生产。

1979年受中科院任命，他兼任中科院黑龙江农业现代化研究所第一任所长。1980年他又被任命为中科院林业土壤研究所所长。改革开放以来，为了适应全所学科发展的需要，他特别重视科技队伍的建设，大力培养青年人才。同时进一步明确了研究所的主攻方向，为我所（我与父亲在同一研究所工作）20世纪80年代后期的蓬勃发展奠定了坚实的基础。

1978年他主持了我国首批农业现代化综合科学实验基地县——黑龙江海伦县的农业自然资源综合考察。在中科院和黑龙江省委的领导下，由黑龙江省科委及地县具体组织，我所为技术牵头方组成海伦农业自然资源综合考察队。他作为“海伦综考”的总负责人，亲自拟定综合考察方案。在不到两个月的时间里，考察队组织了20多个学科、10个相应的专业组，来自40余个单位、156人。为给每个专业组制定工作任务目标、实施方案，他承担了综合考察总报告编辑及整个报告汇编工作。他首次运用农业生态观点，调整当地农业生产结构，提出改变多年“以粮为纲”的单一种植结构，为农、林、牧、副、渔多种经营及种、养、加工一体化的农业现代化的设想和步骤建立了一套完整的农业资源及农业发展的规划，在国内学术界产生很大反响和共鸣。20世纪80年代，爸爸参与主持和设计了中国农业生态系统台站网络研究的重大项目，制定了中科院农业研究发展规划，创建了我所农田生态研究室和农业生态试验站，为我国土壤科学、农业生态、农业区划等领域的研究和发展做出了突出贡献。“六五”期间，他还承担了国家科技攻关项目，亲自主持土壤资源遥感复查工作。他再赴三江平原，采用遥感手段及时为国家在新时期深度开发三江平原提供了可靠的科学依据。

1987年大兴安岭发生特大火灾，这是新中国成立以来罕见的森林大火。灾区余火未熄，国务院即在同年6月23日组织专家组到林区考察，他被任命为国务院专家组副组长，亲自率团深入林区考察。那年他已年过七十，但仍和大家吃住在一起，精力充沛地亲临现场，实地考察与指导，体现了老一代科学家雷厉风行、吃苦耐劳的风采。考察归来，我到火车站接站时，考察团的冯宗炜先生称赞爸爸雄风不减当年。这次野外考察，行程880公里，他深入火灾严重的23个林场，调查了69个不同类型的火烧林地，得到大量的第一手科学资料，提交了完整的综合考察报告15篇。与此同时，还向国务院提出了加快恢复森林资源，全面建设大兴安岭林区的具体建议，为保护生态环境献计献策。该项考察报告获得林业部科技进步奖二等奖。历经30多年后的今天，大兴安岭又已郁郁葱葱、生机盎然，这里曾包含了像我父亲他们那一代科学家的心血和无私的奉献。

爸爸的一生在学术上取得了很多的成就，曾经获得国家科学技术进步奖、中国科学院自然科学奖、全国科技大会重大成果奖、中科院科技进步奖等10余项。除了科研工作之外，他还曾经兼任国家科学技术进步奖评审委员会农牧渔业组副组长，中科院科学技术进步奖评审委员会委员。同时，他又担任中科院农业研究委员会副主任、中科院农业现代化研究委员会委员、副主任，中国自然资源研究会常务理事，中国土壤学会副理事长、辽宁省土壤学会理事长、中国生态学会理事、顾问及中科院农业生态专业委员会主任、中科院林业土壤研究所学术委员会委员、主任、学位评定委员会主席、《应用生态学报》第一任主编等职务。参加主持编著了《中国土壤》《中国东北土壤》《中国白浆土》《辽宁省土壤志》《黑龙江土壤》等专著，还在《中国大百科全书》(农业版)中撰写了"白浆土、黑土、草甸土"等篇章。

爸爸在他近50年的科研生涯中，工作认真负责，一丝不苟。按照爸爸的遗言，他的书都捐赠给农田生态室。当我在整理他的书籍时，看到他做过的几百本工作日记和野外记录，每个记录写的是那么的认真详细，惊叹之余唯有钦佩。他对工作的执着、严谨的学风，无疑是我们后人学习的榜样。

在《海伦百年》一书中，闻大中先生撰写的《曾昭顺与海伦综考》篇章里，你能找到他工作的身影，你能看到他如何为工作废寝忘食与夜以继日的工作风貌，看到他凭借其深厚广博的学识和长期在东北地区从事土壤和农业研究的工作经验，团结和带领广大综考人员跑遍了海伦的山山水水，历经两年多努力，出色地完成了全部考察任务。他从不搞特殊，吃住和大家一样，有时没有考察车，他竟能坐大卡车去考察，风餐露宿，不辞辛劳地奔波于沈阳与海伦之间，为海伦的农业现代化建设做出了巨大的贡献。

爸爸虽然获得过很多荣誉，但从不张扬，更不居功自傲。他心地善良，乐观向上，助人为乐，没有丝毫的"官气"，总是那么平易近人。

"文革"期间，他仍然笑对人生，从不怨恨别人。有时间他就给我们讲做人的道理，领着我们读书，为我们创造和谐的家庭气氛，使我们自幼就受到良好的家教，这对我们的一生都是受益不尽的。看到这些，我们也被他豁达的胸怀所感染，不再悲观面对生活。全家坚强地渡过了那动荡的时期。20世纪60年代初期国家困难，爸爸帮助了很多人，其中包括所里的很多工人。一些生活困难的职工粮食不够吃，在我们家也不富裕的情况下，爸爸让他们拿我家的粮本去买粮，并借钱给他们。这些助人为乐的"小事"我们都不知道。为此他们非常感激爸爸。爸爸去世时，很多人为爸爸送行，其中有不少后勤人员。这让我们始料未及。

1987 年 10 月爸爸已是七十多岁高龄的老人了，但他仍然全身心地忙于所里的工作和课题研究，终于积劳成疾病倒了。在生病期间，他还一直挂念着没有完成的工作。他一直想退休后，能静下心来写书，要写中国的黑土，还要写……可是，从此再也没有回到他热爱的工作岗位上。1993 年爸爸去世，带着诸多遗憾走了。他为祖国的科研事业奔波了一生，把所有的心血和全部的热情倾注在了他的事业上。

写到这里，我终于读懂了爸爸的一生。他呕心沥血地把一生留在东北这块热土上，留给我们的是他崇高的品德和光辉的业绩，这必将激励着后人学习他那种无私奉献的精神和严谨的学风，脚踏实地搞好科研、不断进取，也更将激励新一代科学家们开拓创新、与时俱进，为生态所的持续发展，为振兴东北老工业基地发挥我所的优势，为将知识创新工程试点工作推进向新的发展阶段而努力奋进。

追梦“云梦泽”的激情岁月

——记国土与湖泊学家蔡述明研究员

⊙ 朱明清

“湖北是千湖之省，武汉又是百湖之市。这里离洞庭湖、鄱阳湖都不远。在这儿研究湿地有着得天独厚的条件。湿地是大自然赋予人类的财富，很美，在野外工作也心情愉快。我一辈子都与它打交道，很幸运。”这是湖北省政协副主席，国土与湖泊学家，中国科学院测量与地球物理研究所蔡述明研究员讲过的一段话。

随着贯彻落实习近平总书记“绿水青山就是金山银山”等关于生态环保系列重要讲话的不断深入，我们就会想起蔡述明研究员敢为人先，艰苦奋斗，追求卓越，发挥自己的特长和聪明才智，报效祖国，服务社会，全身心投入到生态环保的科研实践中，做出了具有显示度的成就。

蔡述明在几十年的科研工作中，与生态环保结下了不解之缘。1980年，蔡述明的《古云梦泽研究》专著出版，这是他在生态环保研究向纵深发展的第一步，在学术界激起了“千层浪”，引起强烈的反响。他的专著对生态环保提出了许多新的理论，而且在国内首次得出了荆楚地区历史上，所谓的有一个跨长江南北的内陆大湖——“古云梦泽”之说是不成立的，从而给了长江中游地区历史地貌的本来面目。对保护江河湖泊，尤其是开发长江，保护长江，繁荣长江经济带提供理论依据，给人们一个全新的认识。

蔡述明是中山大学地理系的高才生，1960 年 9 月毕业后留校任教。热爱科技事业的他，三年后北上来到武汉中科院水生所。为了更好地从事湖泊学研究工作，20 世纪 80 年代又调入中科院测量与地球物理研究所，继续对“古云梦泽”进行漫长艰难的探索和研究。敢于向几千年来形成的历史结论挑战，不仅说明当年年轻气盛的蔡述明有“初生牛犊不怕虎”的精神，而且表现了他对科学的大胆追求。为证实对“大云梦泽”的质疑，蔡述明知难而进，通过查阅大量历史资料，分析洞庭地区不同地质年代的孢粉化石，多次深入江汉平原进行实地踏勘，收集研究大量的钻孔资料后，终于发现第四纪时期，这一带既有大量的水生植物，又有茂盛的针叶林，有力证明了这一带地貌的复杂性。从而率先否定跨江南北“古云梦泽”的存在，并提出“泛滥平原说”理论，打破了 2000 多年的传说和前辈学者的结论。有关专家认为，新理论的建立，为今后深入研究长江中游，发现地下矿

注：朱明清，66 岁，曾任中科院测量与地球物理研究所处长。

藏，水资源利用，环境变迁及生物演替提供了依据，对丰富和发展长江中游的文明史做出了重要贡献。

长江中游是我国经济具有发展潜力的地区，却同时又面临着洪涝灾害频发、湖沼湿地退缩、水环境恶化等生态环境问题。对长江中游地域资源环境与可持续发展的调查研究，长期以来一直是国家和中科院的重要战略任务。蔡述明承担了国家攻关课题“三峡工程对荆江南北湖区环境与土壤潜育化、沼泽化的影响及其对策研究”。他带领课题科研人员常年奋战在湖区，克服种种难以想象的困难，晴天一身汗，雨天一身泥，日日夜夜在野外选点、打井、取样，观测长江对湖区地下水补给情况。经过大量分析研究和试验，他终于得出了三峡工程将延缓洞庭湖的消亡等结论，成为经国务院三峡工程审查委员会，国家环保局验收通过的《长江三峡水利枢纽环境影响报告书》的重要组成部分。

蔡述明在几十年的科研工作中，将开发长江、保护长江作为他奋斗的目标和动力。他先后承担了《三峡工程对沿江湿地和河口盐渍化的影响及其对策研究》《四湖地区综合开发及生态对策研究》《新兴垸立体农业与生态经济规划》等多项国家和湖北省重大科技攻关任务。他与同事们的足迹遍及江汉平原、洞庭湖平原，行程达几十万公里，调查研究的范围涉及众多的河流、湖泊、洼地、农田、土地及人口、经济、生态、资源、环保等方方面面。他风里来、雨里去，究竟在江河湖泊工作了多少日日夜夜？又有多少节假日是在沼泽地、实验室度过的？谁也记不清楚。很多地方只搞大开发、大建设，环保工作却滞后。他看在眼里，急在心上。怎么尽到一个科技工作者的职责？他想了许多办法，较好的办法就是多宣传。于是，无论是做课题调研还是论文论证，他走到哪里，生态、环保的重要性就讲到哪里、宣传到哪里。他给有关部门举荐过多少条建议，谁也记不清。功夫不负有心人，辛勤的劳动换来了丰硕果实，他的建议和方案，为国家和湖北省进行生态农业开发和资源合理利用及生态保护提供了科学依据，多项成果推广产生巨大社会效益和经济效益，得到同行专家的高度评价。

湖北有着“千湖之省”的美誉，治理好，保护好湖北的湖泊，还一个遥远的“云梦泽”，是人们美好向往的代名词。蔡述明是一个责任心很强的人，为了更好地为湖北经济建设做贡献，经湖北省委、省政府批准，成立了“湖北省发改委，中科院武汉分院环境与国土研究中心”，由蔡述明担任该研究中心主任。在蔡述明的领导下，积极承担并完成了湖北省政府下达的一系列科研任务。蔡述明正在利用这一平台，将他的“云梦泽”梦想打造得更加牢靠，为“千湖之省”的湖北国土整治、资源评估、实地开发、生态环境保护等提供了第一手资料和决策依据。这些都得到湖北省和中科院领导的充分肯定。

蔡述明研究员长期从事长江中游资源环境的研究，是长江中游河湖湿地系统研究的开拓者之一，同时也是将研究成果付之应用的积极推动者。他的多项政协议案和对政府的咨询报告得到了国家和地方政府的高度重视，对洪湖等湿地的生态环境保护起到重要作用。

在几十年的奋斗岁月中，蔡述明研究员先后发表学术论文 120 多篇，出版专著 10 余部；在取得的成果中，有 10 项获得国家、中科院和湖北省重大成果奖。2005 年获得国际湿地公约最高奖——三年一度的“拉姆萨尔湿地保护科学奖”。作为湖北省政协副主席，博士生导师，国务院颁发的特殊津贴获得者及湖北省有突出贡献的专家，直到退休之前，他仍然在追梦“云梦平原”，以“挖山不止”的精神，带领着他的学生与同事们一起，用辛勤的汗水浇灌着这片古老而又生机勃勃的土地，为“美丽中国”之花、“绿色兴农”之花在“两湖”平原上开得更加绚丽多姿而奋斗不已。

我在中国科学院新疆分院的成长经历

⊙ 潘伯荣

1972 年 4 月从伊犁 9901 部队农场劳动锻炼结束后，我被重新分到当时的新疆科技局，紧接着当年 11 月份组织上通知我被分配到了新疆生物土壤沙漠研究所（下文简称为“新疆生土所”）的沙漠组工作。组长李崇舜同志考虑我的专业是林学，就安排我跟我的学长黄丕振同志工作。因此，我去了吐鲁番红旗公社治沙站工作点（现在的吐鲁番沙漠研究站暨沙漠植物园）。

新疆生土所的沙漠组虽然是研究所一个小的基层单元，总人数还不到 20 人，却有许多见证新疆分院成立的老同志，如夏训诚、刘铭庭、管绍淳、胡文康、兰芳茂、彭思均、刘志俊、吉启惠等，他们先后分别在莎车、莫索湾等野外站点开展沙漠基础资料收集和治理研究，积累了丰富的实践经验。通过老同志的言传身教，我不仅学习到了许多书本上没有的专业知识，还学习到了老同志吃苦耐劳、不畏艰辛的优良品质。

我随同黄丕振学长在吐鲁番先后进行胡杨育苗的试验、开展沙拐枣和老鼠瓜等植物特性研究和防风固沙造林试验。当时驻吐鲁番基点工作组（组长是胡文康和刘铭庭）安排我撰写的第一篇论文是有关老鼠瓜的，我花费了很大力气完成了初稿，最后还是由组长胡文康帮我修改、补充、完善定稿的。这篇论文既是我撰写的第一篇论文，也是我科研工作的起点（《能固沙的经济植物——老鼠瓜》于 1975 年发表在《植物学杂志》第 2 期上）。

1978 年的 3 月 1 日中国科学院新疆分院恢复。3 月 18 日至 31 日中共中央、国务院在北京隆重召开了全国科学大会。在会上，时任中共中央副主席、国务院副总理邓小平做了重要讲话，号召“树雄心，立大志，向科学技术现代化进军”，方毅副总理作了有关发展科学技术的规划和措施的报告，大会宣读了中国科学院院长郭沫若的书面讲话：《科学的春天——在全国科学大会闭幕式上的讲话》，会上先进集体和先进科技工作者受到了表彰。会上，新疆生土所有四项成果获得表彰，其中就有我们在吐鲁番参加的“沙生乔灌草种防风固沙试验”项目。同年 6 月，新疆维吾尔自治区召开的科技大会也奖励了沙漠室的该项成果，还有“老鼠瓜及其种植技术”和《新疆沙漠及改造利用》专著。

我从 1972 年开始做见习员，到研究实习员（1975 年 1 月～1983 年 2 月），我的科研工作渐有起色。1978 年沙漠室夏训诚主任安排我负责组织撰写“沙拐枣研究”的专著，由我、黄丕振、毛祖美、杨戈、李银芳等于 1979 年合作完成《沙拐枣研究》初稿，作为

注：潘伯荣，73 岁，中科院新疆生态与地理研究所研究员，原党委书记。

国庆30周年献礼成果提交给研究室科研计划处。1983年在沙漠研究室进行晋升助理研究员的论文答辩会上，我做了两个报告，一是“沙拐枣扦插育苗试验研究”，二是关于沙拐枣害虫“寒妃夜蛾的初步研究”。头一篇文章于1979年参加中国林学会“三北”防护林体系建设学术讨论会交流，并于1980年收编入该会论文集（摘要）；全文在1979年载入《新疆沙漠》第一辑（内刊），1980年又收入《新疆林业文集》第三集第一分册（内刊）。

说到我晋升中级职称的考核也是永生不忘的经历。1982年10月7日，我和李崇舜、周兴佳和彭思均三人去伊犁塔克尔穆库尔沙漠考察，一早出发离开乌鲁木齐，就快到精河时，在托托乡发生车祸，我因颈椎骨折错位受伤住院治疗共计九个多月，先后做了两次手术。中级职称论文答辩会我是从医院请假回来做的报告，考虑到“沙拐枣扦插育苗试验研究”是1979年就发表了，因此，又补加了一篇“寒妃夜蛾的初步研究”的论文。为了照顾我的特殊情况，同时也不改变职称晋升考核的规矩，新疆分院破例让我在家进行外语考试。我手术成功后，主治医生建议我不要再出野外了，时任新疆分院计划处处长的魏柳根极力让我去分院计划处做管理工作，时任新疆生土所科研计划处的领导倪频融、文隆馨两位处长则希望我能去他们那里做管理工作。我当时非常感谢这些老同志对我的关心，但我确实不想丢掉我的专业，尤其在新疆这个分布诸多沙漠的大省区，防风治沙的任务很艰巨，我只能开玩笑地说，我舍不得丢弃那么多专业书籍。由于我坚持要继续从事科研工作，1984年研究所正式任命我为吐鲁番沙漠研究站站长。

当了基层领导后操心的事情多了，为了植物园的建设，我主动给中科院植物园工作委员会主任俞德浚院士（当时称学部委员）写信请教，我还去北京聘请了中科院植物研究所植物园的园林专家余树勋先生作为吐鲁番沙漠植物园的顾问；为了延续荒漠薪炭材的研究工作，我去中国林科院找了我国著名治沙专家高尚武先生；为了吐鲁番沙漠植物园能争取到有关荒漠植物基础研究的项目，我利用参加中国植物学会在杭州召开的全国学术会议期间，主动结识国内各位知名专家，邀请原江苏植物研究所所长盛诚桂先生和中科院植物研究所陈灵芝先生作为我申请“新疆荒漠珍稀植物引种及其特性研究”基金项目的推荐专家；为了做好荒漠植物的基础研究工作，我去北京到中科院植物研究所王伏雄院士家登门请教、学习。

1986年我申报的基金项目获批，我申请了20万，但是只获批了2万（这在当时也是个不小的数字，基金项目一般就批1万元左右），因新疆面积太大，荒漠植物的引种花费太多，新疆分院特别支持了1万元；又因我们每年的研究进展均属优秀，基金委后来又追加了1万元，共计4万元的经费支持。项目先后发表论文20多篇（原先没有SCI和CSCD一说，论文都发表在本所和国内的学术刊物上）。1993年，“新疆荒漠珍稀植物引种及其特性研究”获中国科学院自然科学奖三等奖，这既为吐鲁番沙漠植物园开展基础或应用基础研究奠定了基础，同时，也培养了人才。

1991年所里任命我为沙漠研究室主任，虽然如此，我并没有放弃自己的业务工作。1990～1993年我参与负责国际合作项目“中日干旱区环境资源共同研究”，1990～1995年参加尹林克负责的中科院植物园专项“沙漠植物园栽培植物种质资源保存及乡土野生植物引种驯化研究”，1991～1993 年负责中科院植物园专项“民族草药圃建立”，1992～1994 年参加尹林克负责的院植物园专项“柽柳植物园建立”，1991～1995 年参与负责国家“八五”科技攻关课题“塔里木沙漠石油公路防沙治沙研究”，同时参加李银芳负责的科技部科技攻关课题“干旱地区防护林体系建设与水分平衡研究”，1994～1996 年参与负责中国天然气总公司的科技攻关专项“塔里木沙漠腹地石油基地环境观测与防沙绿化先导试验研究”，1994～1998 年参与负责国际合作项目“中日干旱区环境保护共同研究”，1995～1999 年参加尹林克负责的国家自然科学基金项目“柽柳科植物的研究及生物多样性保护”等。在参与或负责以上诸多的项目或课题的研究工作的过程中，逐渐地提高了自己的科研能力与学术水平。1990 年 11 月，我通过了新疆分院专业职务任职资格评审委员会的评审，获得了研究员的资格。1998 年 7 月 7 日两所（新疆生物土壤沙漠研究所、新疆地理所）整合为中科院新疆生态与地理研究所后，1999 年 12 月新疆分院下文聘任我为创新研究员；2008 年 3 月，经中国科学院审查评审，我和宋郁东所长同时被评定为中国科学院二级研究员。

我在业务上不断进步，在政治上也没有放松对自己的严格要求。1984 年 9 月 12 日我成为一名光荣的中国共产党党员。之后，我先后担任了党支部书记、所党委副书记、党委书记等党内职务。1986 年我被评为中国科学院野外台站先进个人，1991 年荣获自治区为政清廉干部，1995 年被评为自治区优秀专家，1995 年获得国务院政府特殊津贴，1998 年被评为中科院优秀研究生导师，2004 年荣获中科院科普工作先进工作者等。

我只是新疆分院这个大家庭中的一个成员，能有现在的成绩和进步，要衷心感谢新疆分院和研究所长期以来对我的关心和培养，也要感谢所有关心、帮助、支持过我的每位领导和同事。

我愿作挺立在沙漠中的一株柽柳

⊙ 刘铭庭

我于1957年毕业于兰州大学生物系植物专业本科，毕业后主动要求到新疆。60年来，我做了一个科技工作者力所能及的工作，为科学事业奋斗终生是我一生的追求。

1956年8月，正值大学三年级的我，由我的老师兰州大学生物系张鹏云先生带领来到新疆维吾尔自治区荒地勘测设计局生产实习，跟随设计局土壤三队到塔里木盆地孔雀河下游考察植物。我们一行从尉犁县乘敞篷卡车一路颠簸来到下阿克苏甫村，一路几十公里，路上的浮土几乎有半米深，汽车卷起的尘土令人人面目不可辨认。大学毕业前夕，我提笔给高教部杨秀峰部长写信："敬爱的杨部长：在这毕业的前夕，我坚决要求组织把我分配到祖国最艰苦最需要的地方去，把我分配到祖国的边疆去。""把组织认为最艰苦的工作交给我吧！我的身体很结实而且健康，对于一个共青团员来说，没有一件事比接受一件艰苦的工作更光荣的了。"1957年9月我如愿被分配到刚成立的中科院新疆分院生物研究室工作。

1959年，中科院成立治沙队。开始对沙漠地区进行全面系统的综合考察，为大规模治理沙漠提供科学依据。

我参加了治沙队塔里木东部考察队，首先到达塔里木河下游的尉犁县，沿塔里木盆地东部地区塔克拉玛干边缘考察沙漠地区的植物。4月的一天，在塔里木河南岸英苏一座高大的流动沙丘上，我发现一种完全生长在流沙上的柽柳。1960年，治沙队在北京召开学术会议，我对这个物种作了介绍。刘慎鄂学部委员听了我的报告后说：应该重视和加强对这个物种的研究。1960年，我在《新疆农业科学》(1960年2期)发表了"沙生柽柳的新发现"一文，首先宣布了"沙生柽柳"的新发现。1979年，这个新种被正式定名为"塔克拉玛干柽柳"，正式发表在中科院《植物分类学报》。这是我国柽柳唯一的一个流沙的种类，抱茎叶，仅分布在塔克拉玛干沙漠中。

1960年，中科院在新疆设立了莎车站、莫索湾站两个定位沙漠站，在野外考察同时进行定位科学实验研究。治沙队工作结束后，这两个治沙站交由新疆分院管理。1960年这一年，我都在莎车站工作。9月25日，我从莎车县赶往于田县参加中科院治沙队的又一次集结。治沙队在于田租了25个骆驼，由朱震达带队，沿克里雅河一带行进，沿途考察沙丘类型分布、沙漠气候、水分、植被组成等。我们对克里雅河进行考察，在沙漠中

注：刘铭庭，86岁，中科院新疆生态与地理研究所研究员。

心，发现了大片胡杨林和柽柳林，也发现了不少沙荒地，我们还专门对沙漠古城“卡拉旦”进行了考察。10 月 25 日，我们走出沙漠，结束任务。中科院治沙队大规模的考察也在这一年基本完成。

1961～1968 年，我任莫索湾站业务负责人。1971 年，中科院新疆生态与地理研究所（下文简称为“生地所”）在吐鲁番五星公社设立了临时治沙点，我在这个治沙点和群众一起治沙。1972 年，生地所在吐鲁番红旗公社成立了治沙站，我是业务负责人。“沙生乔灌草种防风固沙大面积试验”“吐鲁番地区大面积固沙造林试验的研究两项”课题在这些时期完成。1972 年，中科院生物学部下达“优良固沙植物的引种驯化”课题，我们每年到南北疆采种，引种驯化固沙植物 130 种，还从南北疆及全国各地引种和保护了十几种柽柳，至 1985 年，吐鲁番沙生植物园初具规模。

1982 年春，策勒县告急，流沙前锋逼近，距离策勒县城 1.5 公里。新疆维吾尔自治区司马义・艾买提主席在策勒召开紧急会议，中科院新疆分院临危受命。这一年，我和张鹤年转战南疆，奔赴策勒县城，在策勒治沙站开始防风治沙工作。1995 年，生地所的两项科研成果“策勒县流沙治理试验”和“盐碱沙地大面积引洪灌溉恢复红柳造林技术”获 UNEP 全球土地退化和荒漠化控制成功业绩奖。

1985 年新疆维吾尔自治区副主席黄宝璋在吐鲁番参加植树节。问我有没有办法在南疆快速恢复荒漠植被，我回答说有。1986 年我在伽师、策勒、于田、民丰 4 县的流沙地、重盐碱地实验夏季造林，引洪大面积恢复和发展红柳灌木林，三年完成了 27 万亩。时任自治区人民政府常务副主席黄宝璋批示：“这是为南疆人民办的一件大好事。”1995 年，南疆引洪灌溉发展的红柳达到 500 万亩，伽师县的大片寸草不生的重盐碱地变成了茂盛的柽柳灌木林，生态环境发生了质的变化，通过柽柳的蒸腾排水作用使伽师全县农田地下水位普遍下降了 1.5 米，达到了 2.5 米以下，基本上遏制了土壤返盐现象，农田恢复了生机，农业生产走上了良性循环的道路。

新疆在柽柳属植物资源及其种类分布方面具有得天独厚的优势。从 20 世纪 50 年代末起，中科院生地所对柽柳属植物开始进行研究，并且协调全国有关科研单位和有关大专院校进行联合攻关，查清我国柽柳属植物资源种类共有 20 种，约占世界柽柳属总数的 20%，其中有一种为外来种，6 个种为 1959 年以后我国学者发现的新种。种类分布最多的为新疆，有 16 种，占全国柽柳属总种数的 80%，初步查明了塔里木盆地分布着目前世界上最大面积的柽柳荒漠灌木林，面积约有 5500 万亩。除研究柽柳属种类资源外，对柽柳属植物的引种、育苗及不同立地条件下的造林技术，柽柳属植物的抗旱水分生理、茎叶形态、花粉孢子形态、染色体数目等方面进行系统的理论研究，新疆成为全国柽柳属植物研究和推广利用的中心。1995 年，我担任主编的我国第一部柽柳属植物专著《柽柳属植物综合研究与大面积推广应用》由兰州大学出版社出版，为柽柳属植物应用于荒漠化防治奠定了理论基础和实践经验。

1985 年，我在策勒治沙站开始了红柳大芸人工接种试验研究，1986 年试验获得成功。

1988 年，新疆维吾尔自治区科技厅向策勒治沙站下达了“红柳大芸人工繁育”课题，并下拨 3 万元经费。1992 年，我接种了 8 个种类的红柳，均长出了大芸。同年 3 月，科技厅验收鉴定。同年 6 月“红柳大芸繁殖技术”获得在新疆乌鲁木齐召开的全国星火成果技术展览会展会金奖。

1995 年春，我接到新疆于田县人民政府的来信。来信邀请我到于田沙区帮助群众通过种植大芸来改变贫困状况。我收到来信，赶赴策勒治沙站，拉了 2 万株优质红柳苗直奔于田县奥依吐克拉克乡，在第九大队的流沙地上种植了 50 亩红柳大芸示范田。1996 年，我在这 50 亩红柳地接种了大芸，1997 年大芸产出，这真是一件令人兴奋的事！

1997 年，我说服老伴、儿子一起来到和田地区于田县奥依吐克拉克村一个沙窝子里，建立了全世界第一座 500 亩的大芸示范样板基地——“于田县大芸种植场”。在新疆和田地区推广柽柳肉苁蓉 40 多万亩。

现在，许多沙漠边缘地带都被农民种上了红柳和肉苁蓉，既绿化了沙漠，治理了沙害，也让农民有了收入，改善了生活。新疆于田县奥依托克拉克乡 18 700 人，每年仅大芸一项，当地人均增收 500 元。2015 年，于田县产鲜大芸 15 000 吨，成为名副其实的“红柳大芸之乡”。

除了新疆，我的大芸推广工作足迹也遍至全国各大沙区。2005 年至今，我在内蒙古库布其沙漠杭锦旗、乌兰布和沙漠的磴口县、乌海市、额济纳旗沙漠地区推广梭梭大芸 40 万亩，在甘肃河西走廊张掖高台县、武威民勤县及酒泉地区推广梭梭大芸 10 万亩。2013 年我主持了新疆维吾尔自治区科学技术厅项目“和田地区梭梭大芸育苗技术及梭梭大芸高产种植技术研究”课题，2017 年 5 月 19～21 日，我受邀参加中科院西北生态环境资源研究院、山东省昌邑市人民政府联合举办的首届海岸柽柳论坛，接受了中科院西北生态环境资源研究所和山东省昌邑市人民政府的聘书，被聘任为昌邑海洋生态与工程研究中心学术委员会委员以及被昌邑滨海（下营）经济开发区聘请为昌邑滨海（下营）经济开发区产业研究院特聘专家。

20 世纪 70 年代以来，我获得各种科研奖项 27 项，其中联合国奖三项，国家及省部级奖 24 项，出版专著 2 本，发表研究论文及报告 60 篇，发表科普文章百余篇；2014 年我获评全国民族团结进步模范个人、获自治区“双放”先进个人、自治区科普先进个人、自治区有突出贡献的优秀专家、自治区学习吴登云先进个人、全国沙产业优秀个人、全国水土保持先进个人、全国防沙治沙十大标兵、全国科普先进个人、全国扶贫先进个人、中科院“双文明”十大标兵等多项荣誉称号，2016 年获中国老科协首届全国十佳突出贡献奖。

怀念你啊，我的战友

⊙ 孙广友

电影《冰山上的来客》有一首令人撕心裂肺的插曲《怀念战友》，我还是在大学合唱队时就唱熟了这首歌，因为那时身边的同学各个生龙活虎，无从寄托哀思，只是喜欢这首歌的旋律。我毕业后来到东北地理所，这首歌在我的脑际即被封存了，一封就是 40 多年。

在东北地理所六十年的风风雨雨中，同志间凝结成的珍贵而纯洁的战友情终生难忘。三江平原井排井灌的十年，至今恍如昨日。尤其忘不了的是已经逝去的搭档——王春鹤同志。

在那个举国沸腾的年代，王春鹤考进了颇有名气的长春地质学院，在水文地质系修的是冻土专业。毕业后他就扎根在东北地理所，加入了火热的创业队伍。

王春鹤敦敦实实的身躯像一段“钢锭”，脸上总是泛着友善的微笑。生活中的他就是这样的人——宽厚而善良。有一年，我们正在三江平原搞试验，听到所里发生了严重车祸：自己的大板车与人家的货车迎头对撞，结果我们一车人都被抛出车外，轻重伤残成一片，其中两位军队转业干部多处骨折，生命垂危。听到这不幸的消息，老王和我商量，咱们去向农场场长请求，卖给两袋面粉，带给这两个重病号。收队的考察车将面粉千里捎回，送去的不仅是面粉，更是一颗热诚的心。

王春鹤家境贫寒，上学很晚，三十几岁才完婚。喝完喜酒，我对王春鹤说：这回你就好好在家陪新娘，野外的事有我，你就放心吧！可是，刚过两个星期，王春鹤却突然出现在钻井现场。大家惊异地问询，老王，你怎么来啦，我们不是干得挺好的吗？其实老王是心里不踏实，因为他是野外工作的总管家啊。

王春鹤善于吃苦耐劳，这在所里是出了名的。每到关键时刻，他必定冲锋在前，拼起来真是不要命。在三江沼泽第三试验场打钻时，有一口设计深度 40 米的试验井，刚刚打到一半，钻台上的曹师傅突然大喊：泥浆供不上了！常识告诉我们，深井一旦断了泥浆，护壁脱节，就会出现涌砂埋钻的严重后果。危难时刻显身手！王春鹤二话没说，腰间用绳子一系，就跳进齐腰深的泥浆池里，甩开双臂当成了搅拌机。要知道，此时正是北大荒的深秋，不只泥浆冰冷，为了增加黏度，里面还加了火碱！王春鹤用血肉之躯帮助造浆。泥浆的压力上去了，钻井也成功了，而且避免了一场重大事故，可是钻台上的师傅们心疼地流了泪。等大家把王春鹤从打浆池里拽上来，他已经变成了一尊“泥塑”。事后大家常说，

注：孙广友，80 岁，中科院东北地理与农业生态研究所研究员。

大庆有铁人王进喜，我们这里有铁人王春鹤！

王春鹤不仅工作卖力，做学问也毫不含糊。他的硕士论文关注的是冻土，冻土科学已深深地“冻结”在了他的心底。搞井排井灌试验，大家整天忙得喘不过气来，他竟然还能忙里偷闲，默默地积累冻土的资料。几年后他发表了令冻土学界震撼的文章：大兴安岭北部多年冻土上限和地下冰，而且他是中国阐述冻土与沼泽关系的第一人，令人肃然起敬。

20 世纪 80 年代，他参加了大兴安岭和小兴安岭砂金矿的重大项目，还是忘不了心爱的冻土。他在找砂金的同时，默默地收集多年冻土的资料。天道酬勤，多年后的 1994 年，是他“征战”一生的退休之年，但他并没有真的“解甲封剑”，而是闭门临池，奋笔四载。待到 1998 年所庆四十周年时，他不负众望地推出学术专著《中国东北冻土区融冻作用与寒区开发建设》，科学出版社将他的书正式出版。我国现代冻土学奠基人之一的周幼吾在书的前言中这样写道：“这是一本理论与工程结合的好书，是作者以对科学的极大热忱，数十年如一日，辛勤耕耘的结果。”同行们都承认这部书使他在中国冻土学界占有一席之地。专著出版圆了王春鹤一生追寻的梦，但他却并没有因此而过分欢喜。

由于几十年辛苦工作，他那“钢锭”般的身躯早就病患深隐；也由于退休后昼夜伏案，使他的脉管炎和颈椎病不断加重。他再经受丧妻等一连串的打击，敦实的身体变得干瘦，那曾经让他东奔西走的双腿，如今却只能靠一根手杖艰难地挪步。门前的几十米廊道就是他的整个世界。每当远远对望，他必向我举起手杖，表示平安无事。而我每次去他家里探望，他总是指着那部书喃喃低语：写它累的。

2006 年寒冬的一个傍晚，冰冷的月光朦胧地投射在生活区的告示板上，映照着孤零零的一张打了黑框的讣告——竟是王春鹤去世的讣告。三天后的告别之日，天降鹅毛大雪，更添凝重气氛。在告别仪式上，望着王春鹤瘦小的身躯静卧在花丛中，与他相处几十年的情景，一幕幕浮现在眼前，我不由得泪如泉涌。我在心里默念着独有的悼词：春鹤兄，你太累了，好好睡吧。此生你应无悔，为了科学，你春蚕到死丝方尽！

此时，不知不觉中，40 年前唱过的《怀念战友》的旋律在我的心里再次响起：“啊！亲爱的战友，我再也见不到你雄伟的身影，可爱的脸庞……”此情此景是那么的契合！

地球物理学家张赤军身残志坚著述不辍

⊙ 朱明清

张赤军研究员为新中国的建设，为科学事业的发展做出了优异的成就。尤其在其因公负伤后，以夕阳之龄，以病残之躯，克服了常人难以想象的困难，坚持双手并用，以顽强的毅力著述不辍，他的动人故事在中科院武汉测量与地球物理所传为佳话，令人景仰。

1992 年 3 月，张赤军因公出差，在北京不幸遇到车祸，致使头颅骨被撞裂，脑血从左耳溢出，三根肋骨撞断，肩胛骨粉碎性骨折，右手失去了正常功能……这对他、对他的家人是非常沉重的打击！

他默默地躺在床上，强忍骨折，头痛，头晕，记忆力减退之苦，心里却想着如何完成“八五”攀登课题以及发展我国绝对重力测量等问题。家人宽慰他：明年就退休了，何必想那么多工作。组织上也让他暂不考虑工作，好好休息，争取早日康复。但张赤军想，自己快退休了，工作时间不多了，应该抓紧才行。他认为只有对本学科和社会的发展尽自己最大努力的人，才是最快慰的。1993 年，张赤军到了退休年龄，身体虽尚未痊愈，但他闲不住了，一边办理退休手续，一边继续努力工作。科研工作就像他的生命，作为课题组长，张赤军心里时刻思考着课题的事，构思着赴青藏高原进行重力测量的方案，制定下年度课题完成计划。

善于独立思考，全身心投入工作是张赤军长期从事科研工作的习惯。即使是在走路、吃饭的时候，他满脑子里装的还是工作，以致有人说他是书呆子。他认为勤于动脑，会补救因脑部创伤导致的记忆力衰退和老化。他为自己的右手无法正常书写，不能将自己的美好构思流利地记录下来而满心焦虑。为此，他想过不少办法，如学习用计算机打字，练习用左手写字，或请儿子代写等，但效果都不佳：不是耽误时间，就是打断了思路。在困难面前他没有低头，他经常以居里夫人的精神激励自己，以革命英雄人物的事迹鼓舞自己，以百般的韧劲克服一个又一个的困难。经过几年的艰苦努力，张赤军摸索出一套双手写字的方法，即用不听使唤的右手“掌握方向盘”，左手按住右手的手腕，用力控制抖动的右手写字。开始时，一个小时只能写十几个字，后来慢慢增加到百十来个字，为了加快写作的进度，他还采取了许多省略、速写的办法，以惊人毅力，勤奋地耕耘着。每写一个字，他都要付出比常人多好几倍的艰辛和汗水。每一篇文章的完成，字迹虽不工整，但他却像考试取得了好成绩的孩子，心里乐滋滋的。

注：朱明清，66 岁，曾任中科院武汉测量与地球物理研究所处长。

功夫不负有心人。退休以后，他先后发表科普文章、思想政治工作论文、诗歌、散文50多篇；过年过节还为研究所墙报、黑板报组稿写稿；1997年他撰写了13万字的《测绘学思想史》；还在《科学通报》《地球物理学报》《测绘学报》等国内主要学术刊物上发表10多篇科学论文，而且每篇文章都有新的创意和发展。他在研究“青藏高原和南亚大地水准的场源和动力效应时”，科学地提出了在中印度洋可能存在地幔柱，由于对流产生在地壳下的应力可能影响到我国中西部地区；在研究珠穆朗玛峰的大地水准面和海拔高时，首次提出了用地形质量计算重力异常垂直梯度的新方法，在地质构造和大地测量学界引起关注。他积极参与了国家测绘局组织的“南极地区现代地壳运动和遥感成图研究”，前后发表了4篇论文，该项目1997年被评为科技进步奖一等奖。如果说，他在退休前履行了“对己以严，待人以诚，谋事以公”的格言；退休后“不在职和在职一个样，加与不加工资一个样，奖与不奖一个样”，不忘初心，淡泊名利，乐于奉献，孜孜以求，奋发向上，时时处处充满着正能量，是研究所的优秀共产党员，是我们学习的楷模。

刘慎谔

——我国植物和森林保护的坚强卫士和治沙先驱

⊙陈　涛

刘慎谔（1897～1975）是中国植物分类学、地植物学和森林生态学的主要开拓者和奠基人之一，享誉国内外。他生前曾任中科院林业土壤研究所（中科院沈阳应用生态所前身）副所长，一级研究员；全国人大第一、二、三届代表，民盟沈阳市主任委员，沈阳市副市长等；1975 年去世。

他一生治学严谨，坚持理论密切联系实际的科学作风；他主张森林实行择伐，坚决反对大面积皆伐，为保护我国大兴安岭、小兴安岭的森林大声疾呼；为保障包兰铁路建设，科学实行草灌结合治理大西北沙漠。他的工作取得了瞩目的重大成果。在 1978 年全国科学大会上，刘慎谔以动态地植物学为理论基础的“森林采伐更新理论研究”和共同协作的“西北沙漠地区修筑铁路设计施工”两项成果被授予重大科研成果奖，给我们国家和后人留下了宝贵的财富。

刘慎谔先生 1897 年出生于山东牟平县一个农民家庭，1918 年考入保定留法高等工艺预备班学习，1920 年赴法国留学，先后进入郎西大学农学院及蒙比利埃农业专校学习，1926 年在科来蒙大学毕业，获理科硕士学位。同年法国著名植物学家 Braun Blanguet 给刘慎谔提出有关高斯山区植被的几个问题。为了解答这些问题，刘慎谔只身一人在法国高斯山区经过三年的艰苦工作，完成了全面调查研究。1929 年他在巴黎大学提出高斯山植物地理学研究的学术论文，获得了博士学位。他在法国留学 10 年采集了 2 万多号植物标本。1972 年，当他随我国科学代表团在巴黎参观访问一个植物学研究机构时，法国朋友特意展出当年刘慎谔在法国时期的著作，他们说：“刘慎谔是第一个研究法国植物的外国人。”

植物和森林资源保护的坚强卫士

作为植物学家的刘慎谔，他爱惜大自然的一草一木，对毁坏大自然草木行为竭力反对，而且一有条件就择地建植物园。1929 年他满怀发展祖国植物学科的雄心壮志，带着一箱书和植物标本，回到了祖国，被聘为北平研究院植物研究所研究员兼主任。当时所里只有几个工作人员，研究资料也只有他从法国带回的植物标本和一套法国植物志和零散

注：陈涛，82 岁，中科院沈阳应用生态研究所研究员。

的书籍。他积极组织工作人员到各地采集标本，同时在植物所附近建立植物园。1935 年，北平市市长袁良要全部毁掉植物园已栽种的树木而改种白菜。刘慎谔非常愤慨，他写信向各方面呼吁希望能保留植物园。他在信中写道："北平市政府舍本逐末，……又复倒行逆施，横加摧残，以改充农田（种菜）为名，取消中国已有 5 年历史之唯一植物园，弟以事关学术建设，不忍坐观宰割……然市府之野心未死，数千植物之生命危在旦夕！"尽管一直呼吁，然而无济于事。

1936 年底，北平形势紧张，为躲避日寇侵华战乱，植物所迁至陕西武功，与西北农学院成立了西北植物调查所，同时又筹建了一个植物园。刘慎谔亲自领人到山里挖树苗和收集花木。1941 年北平研究院迁至昆明，刘慎谔又去昆明，住在西山的一座庙里，依旧注重到各地采集标本和调查研究工作，同时在西南联大兼职任课，并且在昆明筹建一个植物园。1945 年抗战胜利，刘慎谔回到北平。1948 年解放军包围北平，植物所被国民党兵侵占，植物标本横遭践踏。刘慎谔组织人员冒着生命危险把植物标本转移至中南海怀仁堂。当时植物所园内炮弹飞落，他和同事躲在寒冷的锅炉房看守温室、图书和设备。1950 年，刘慎谔应东北农学院院长刘达之邀请来到东北农学院建立东北植物调查研究所。1953 年东北植物调查研究所改为中科院林业研究所筹备处，1954 年与东北土壤研究所筹备处、长春综合研究所农产化学研究室合并成立中科院林业土壤研究所，刘慎谔任副所长兼植物室主任。他除了指导植物学的分类原有工作外，对东北的植被和森林采伐更新做了大量深入调查研究。

小兴安岭是东北地区东北部低山丘陵山地，西与大兴安岭对峙，面积 77 725 平方公里，是我国重点用材林基地。森林面积 500 多万公顷，主要是红松、白桦、栎树等。森林蓄积量 4.5 亿立方米，其中红松 4300 多万立方米，占全国总蓄积量一半以上，素有"红松故乡"之称。

刘慎谔通过调查首先提出了红松阔叶混交林地区的植被演替规律，并应用这些植被演替规律来解决林业生产问题。1955 年当他看到在小兴安岭开始试验顺序带状皆伐（林区工人把这种采伐方法叫作"剃光头"），一片片好端端的森林，即时变成了只剩下枝丫、断木和落叶满地的凄凉景象。他感到非常痛心，他认为红松是阴性树种，像这样的异龄复层林是不适于大面积皆伐的，这样砍伐下去，材质良好的红松阔叶混交林就会消失。随之而来的将是大面积的次生林和荒山秃岭。由此也破坏了森林生态环境，造成气候条件恶化和大量水土流失。对此他没有袖手旁观，而是出于一名科学家的良知，挺身而出，反对大面积皆伐。他根据红松阔叶混交林的演替规律明确指出，现在红松林外围正在逐渐扩大和发展的蒙古栎林，就是红松林过去受到严重破坏形成的次生林。从植被演替关系上，这些比较稳定的次生蒙古栎林是红松林的转化顶极，即使造成植被转化条件消失以后，在一般的自然条件下，也不能再恢复到原来的植被。

根据这些理论依据和红松林破坏后逐步扩大发展成为次生蒙古栎林的事实，他坚决反对大面积皆伐，他将自己的学术观点公开在 1955 年《林业科学》上发表，并在全国和东北地区林业会议上做报告。当《中国森林杂志》组织关于红松林采伐更新方式的讨论时，刘慎谔提出："红树林必须实行择伐和天然更新"，旗帜鲜明地反对大面积皆伐，主张实行择伐，并积极支持由乌敏河林业局在生产实践中创造出的适用于红松林复层异龄结构的采育兼顾伐（即现在的采育择伐）。而主张大面积皆伐的人对刘慎谔的主张认为择伐是古老的采伐方式，在报刊上给刘慎谔扣上主张择伐、天然更新是靠天吃饭，"等待自然的恩施"和"自然主义"的帽子。刘慎谔毫不动摇地坚持自己的主张，并大声疾呼，要为了子孙后代着想，不能"吃祖宗饭，造子孙孽"，要保护森林资源，不能杀鸡取卵，采伐必须青山常在，永续作业。他除了在理论上论述自己的观点外，还亲自领导一个科研小组，深入到小兴安岭林区调查。当林区工人看到他以 68 岁高龄还和大家一起爬山越岭去调查时，深受感动。通过调查和试验，他提出了伐后保留一定郁闭度和一定数量的中小径木是保证越采越多，越采越好的关键问题。他这种为保护我国宝贵森林资源，坚持科学真理，不惧攻击而奋斗的精神，深受大家赞扬。伊春林业管理局的宫殿臣书记说，刘慎谔老先生最关心林业生产，理论联系实际，是一位有真才实学的，受林区工人尊敬和爱戴的老科学家。在去世前一年（1974 年），刘慎谔还写信给宫殿臣，嘱咐一定要做到青山常在，永续利用。

我国沙漠治理的先驱

刘慎谔先生是我国沙漠治理的先驱。1953 年刘慎谔率领年轻的科学工作者在辽宁省西部阜新章古台建立了沙漠定位试验站。他根据沙地植被的演替规律，并结合固沙实践，与 1952 年成立的章古台治沙所同事一起总结出一套草、灌、乔相结合的人工植被类型的治沙措施，对我国治沙工作起到了指导作用。如今有"八百里瀚海"之称的科尔沁沙地南缘章古台，昔日沙海茫茫，风沙滚滚的流动沙丘旁，已建成一片以樟子松为主的万顷防风固沙林。万顷林海，苍翠欲滴，鸟语花香，兽走禽飞。万顷固沙林有力控制沙漠化。2012 年章古台被国务院批准为国家级自然保护区，经常有世界各国官员和学者前来参观考察。

腾格里沙漠是我国八大沙漠之一，海拔 1200 米，总面积 3.67 万平方公里，沙丘占 70% 以上。宁夏中卫市城区西部的沙坡头，位于腾格里沙漠之东南缘，海拔 1300～1500 米，总面积 4500.3 公顷，集大漠、黄河、高山、绿洲为一体。1956 年，铁道部建设包兰铁路，其中在中卫县一段 140 公里，要穿过腾格里沙漠。铁道部通过中科院委托林土所承担铁路沿线治沙任务，合作单位有铁道部铁道科学研究所、铁道部第一设计院。同年 3 月刘慎谔与李鸣岗率领队伍出发，冒着风沙，骑骆驼进入沙坡头沙区。沙坡头风沙大，降水量少，高大流动沙丘，大家对植物固沙能否成功信心不足。经过仔细考察，刘慎谔带领大家站在大沙丘上，遥望黄河南岸，指着一片油蒿固定沙丘说："这块沙丘就是我们的样板，将来铁路沿线达到这个程度，通火车就没有问题了。我们看了这个样板，就要有信心，一定能做到。"为了仔细观看黄河南岸植被演替关系，他和大家一起坐羊皮筏过黄河。小小的羊皮筏在波涛汹涌的黄河里颠簸起伏，初坐的人手里都捏着一把汗。而他却谈笑风生地给大家讲解沙地植被的重叠与交叉演替关系，这使大家的心安定下来。

为了固沙，他对主要固沙植物——蒿子，做了深入的研究和精辟分析。他说，蒿子在这里，我们把它当作草，实际上他是非草非木，他下半截不死，但木质化程度不高，到冬季上半枯死，叫作“半灌木”。由于大气候的不同，蒿子种类也不同。在东北西部及小腾格里拉沙地东部有差巴嘎蒿，在内蒙古伊克昭盟、巴彦淖尔盟一直到甘肃河西走廊，有油蒿和籽蒿，这几种蒿子都有一个共同特点——喜沙。因此在固沙开始时，我们需要它，在固沙时要与种植蒿子配合进行，而且一定要用油蒿。籽蒿固沙作用不好，就用沙障来代替这个先锋阶段的植被。因此说把油蒿直接栽到沙障中，并不算违背植被演替规律。植被演替是不能改变的，但可以根据我们的需要控制它，不能死搬，要灵活运用，但是演替规律的原则，绝不能违背。最后他指出：“在固沙方面，蒿子起到草的作用，还必须与灌木（柠条、花棒等）配合起来才行，草、灌结合起来，才能达到治沙的目的。自然界的规律是先草后灌，我们根据治沙需要可以灌草并进。有条件可以同级代替。这不算违背自然规律。如果只上一种，那才是违背自然规律，只有草灌结合，才能加快改造自然的速度。”

1957 年他又深入沙区，研究沙漠植物分布，生态习性以及植被演替规律。他鼓励大家一定要在 1958 年提出保证通车的植物固沙方案。值得欣喜的是，1958 年 7 月，全长 990 公里的包兰铁路胜利通车。现在沙坡头已成为 5A 级旅游景区，国家级沙漠生态自然保护区。1959 年中科院成立的治沙队，刘慎谔兼任治沙队副队长，每年要到西北沙漠地区进行科学考察，指导工作。刘慎谔先生关于治理沙漠的动态地植物学理论和措施，为我国的治沙工作打下深厚的理论基础，做出了卓越的贡献。1987 年包兰铁路的防沙治沙措施获国家科学技术进步奖特等奖，刘慎谔先生有重要贡献。正如中科院兰州沙漠所已故治沙副队长李鸣岗先生所赞扬的那样，刘慎谔不愧为我国治沙研究工作的创始人。

刘慎谔先生虽然去世已 44 年了，但他一生不畏艰险，努力挖掘和保护祖国的植物和森林资源的爱国情怀，自力更生艰苦奋斗的创业精神，勇于探索，理论联系实际的科学作风，值得广大科技工作者，特别是生态工作者学习。

追踪“生态文明”观形成的轨迹

——忆马世骏院士对我国生态文明建设的贡献

⊙ 王祖望、李典谟

在当今“生态文明”已变成举国上下的一致行动，“绿水青山就是金山银山”的号召已在祖国大地逐步变成现实的时刻，我们不由想起在28年前，中科院动物研究所一位隽智的老人，奔走在祖国的大江南北，以各种形式呼吁重视生态系统研究，重视生态学研究人才的培养，他亲手创建了我国第一个昆虫生态研究室、亲自组织和创建了中科院环境生态研究中心和中国生态学会，并创办了《生态学报》。他带领一批中青生态学者，学习国际生态领域中的新理论、新概念和新观点，并亲自撰写《边际效应与边际生态学》，主编《现代生态学透视》，下大力气追赶国际生态学先进水平。他就是1950年，冲破美国政府的阻挠，毅然回归祖国，参加新中国建设，最终为之献身的中国科学院院士，中国现代生态学的奠基人马世骏先生。

本文仅通过追踪我国“生态文明”观形成的轨迹，重点探讨马世骏先生如何从一位中国著名昆虫生态学家，在蝗虫、黏虫危害治理方面已功成名就的专家，而毅然转变到生态学中一个更为复杂的研究领域，在年届七十之际，提出了“社会－经济－自然复合生态系统”，并为之呼唤、呐喊，践行不倦的情怀。马世骏在他的谢世之作——《促进我从事生态学工作的动力》这篇文章中，向我们做出了清晰的回答。

马世骏一生都怀着一颗好奇心，打量着身边的大千世界。他不断地观察、思索大自然和人类社会中种种现象。他回忆：“1938～1943年是抗日战争最艰苦的阶段，我离开了山东，流亡到四川，辗转至鄂西一带，参加农业害虫研究，常年奔走在鄂、湘、川三省交界区。该地区地形复杂，高山、低丘、深谷、平坝交错分布，在仅仅几平方公里内，在不同地点，可同时出现亚热带、暖温带及寒温带微气候。随着地形及海拔高度差异，自然景观不同，植被及生物亦相异，石质的高原缝穴中只能生长耐受剧烈气候变化的稀疏小灌木，山谷中则有包括水杉等古老树种在内的茂密森林。”这让初次进入内陆鄂、湘、川地区的他，开阔了眼界，“是什么原因造成自然界如此多姿多彩？更使我当时不解而又必须弄明白的，则是当地少数居民在农业中的一些问题。例如水稻是当地种植最普遍的作物，从海

注：王祖望，84岁，中科院动物研究所研究员、原所长；李典谟，79岁，中科院动物研究所研究员、原副所长。

拔只有十多米的谷地可向高伸延约2000米的山坡，构成梯田奇景。那时当地为害最严重的稻虫是二化螟，三化螟，部分湿地邻近的稻田亦有大螟发生。在同一个大的坡梯田内，有的梯田下部是三化螟，上部是二化螟。而另一些坡梯田内二、三化螟分布情况则相反，即低处及高坡上是二化螟，中部是三化螟，而且发现该害虫的年发生世代数及其发生密度亦有‘不规律’的现象，这又是为什么？”在一连串的问题面前，马世骏感到惊愕、困惑，他下决心“要找找差别的原因”，他还说：“这是我接触生态学工作的原始动机”。此后，马世骏的一生都在践行着他的“好奇”（由现象引起）、“探新”（找答案）、“追根”（寻机理）、“好强”（压力、责任）。这成为他毕生为之献身的“原始动机”。

20世纪40年代后期，马世骏在美国留学和工作期间，他的好奇心变得更加强烈起来。当时在美国生态学界，流行一种“环境阻力”的观念，恰好他的导师就是“环境阻力”观点的倡导者之一。马世骏抱着“好奇”之心，学习这一观点，但他在自己的观察中却发现了一些疑点：“苜蓿面积和蜜蜂种群之间的相伴发展，腐殖质层中多种小动物的共处，以及红松叶蜂种群与其寄生和捕食昆虫之间相生相克的复杂关系，使我对‘环境阻力’观点产生了怀疑。我带着这个问题，访问了法、荷、比、奥、英等国的生态学家。”但这次欧洲的访问，虽然开阔了他对气象、营养、天敌等生态因子等作用的认识，但除了从逻辑斯蒂种群动态曲线中增添了空间与数量可互为函数的思考外，仍未获得生物与环境关系的概貌。

1952年，马世骏终于回到了祖国，那时新中国百废待兴，国家给他的第一个科研任务是解决两千多年遗留下的蝗灾问题。这是一块令人生畏、望而却步的“硬骨头”，几千年来“蝗灾”在中国自然灾害史上扮演了“头号角色”，甚至可以产生“人相食”的惨剧并导致改朝换代。马世骏以极大的责任感和使命感投入“治蝗”研究中。他和同事们面对的是“蝗灾波及七省二市，面积大，地形复杂”，以及一连串的问题，例如：“何处是飞蝗老巢？哪种类型是蝗虫发生地的原生型？次生型或从一般发生地演变而来？导致演变的因素又是什么？是否有逆向转化？”等等。为了回答这一连串的问题，马世骏勇于“探新（找答案）”，更勇于“追根（寻机理）”。由于他“好强（压力、责任）”又具有强烈的“民族感、事业心”，他领导的“蝗虫治理”团队，深入灾区，“通过室内外结合对比，分析与综合检验”等办法，“在三年多的时间内找出了不同类型蝗区的共性，明确了形成过程的主导因素，水、旱灾相间是主因，社会不稳定及贫穷落后是次因。理论推导与连年的施药防治亦相继证明，单一使用农药，仅能减少飞蝗为害，但不能控制其再度发生，反而由于遗留的低密度蝗群具有较高的生殖力，可能出现连年为害的情况。这说明根治蝗害必须采取施药防治与改造发生地相结合的措施”。

在十年浩劫中，马世骏被打成“反动学术权威”受到冲击，被迫中止了他热爱的科学研究，但他对发展中国的生态学事业的决心并未动摇。他通过各种渠道密切关注国际生态学发展的动态。在“文革”时期，国外启动了“国际生物学计划（IBP）”，以国际合作方式开展了不同类型生态系统的研究，其研究水平和国际合作的规模都取得显著的进展，将我国远远甩在后面，马世骏和国内一批生态学领域的学者忧心如焚。1976 年，党中央一举粉碎“四人帮”后，在马世骏等生态学家的倡议下，中科院生物学部于 1978 年在西宁召开了“中国科学院陆地生态系统工作会议”。我院从事生态学研究的各单位和部分高校的科研人员踊跃参加，大家似乎憋足了一股劲，摩拳擦掌，跃跃欲试。马世骏在会上作了“陆地生态系统研究概况及其主要任务”的主旨发言，随后中科院生物学部在香山举办了“陆地生态系统研究方法的讲习班”，由此揭开了我国陆地生态系统定位研究的序幕。

从 20 世纪 70 年代末开始，中国迎来了改革开放的大好机遇，经济的高速发展也带来了自然资源紧张，环境持续恶化，一些生物物种濒临灭绝等严峻的问题。马世骏作为中国生态学的领军人，他在思索着这些前所未有的难题。他的思绪广博而实际，从中国博大精深的传统哲学“天人合一”和毛泽东的《矛盾论》中获得启示，从国外经典的种群生态学、群落生态学等到现代的景观生态学、生态系统生态学、分子生态学等现代学科中吸取营养。马世骏带领他的研究团队通过国际交流，不断地学习生态学的一些新概念、新理论、新方法。通过不断地思考、实践，马世骏在研究方向上作了一次重大的转变，作为中国现代生态学的领军人，他将自己的学术领域从昆虫种群生态学及虫害防治转为“社会-经济-自然复合生态系统”研究，这个转变是他“好奇”、“探新”、“追根”、“好强”的思维模式经过深思熟虑后的一个必然结果。马世骏说：“70 年代环境保护问题突出后，生态学界曾认为：生态学能否在缓解环境问题中做出贡献，是衡量生态学是否成熟的一个指标。这可以说是时代的呼声，是时代给生态学家的任务。生态学家不能不思考如何把这门基础科学延伸出一个能直接用于实际的应用分支（学科），以缓解工业-资源-环境失调所造成的矛盾。”他认为“要做到经济与环境同步发展的效果，这是一个涉及社会-经济-自然资源与地区群众素质交织在一起的社会问题，要寻求解决这类问题的途径，首先要找出社会、经济、自然（资源与环境）之间的联结点，共性，进而分析三者之间主要矛盾焦点，方能纲举目张，把问题化繁为简，进行一般系统原则处理，社会-经济-自然复合生态系统就是在此思想的指导下提出的”。马世骏在“复合系统”一文中指出“社会、经济和自然是三个不同性质的系统，但其各自的生存和发展都受其他系统的制约”“必须当作一个复合系统来考虑”。马世骏进一步指出“在此类复合系统中，最活跃的积极因数是人，最强烈的破坏因数也是人。”其后，西方科学家也开始关注复合系统的研究，他们把这一套理论总结为“生态系统方法”。生态系统方法是一种综合各种方法来解决复杂的社会、经济和生态问题的生态系统管理策略。它提供了一个将多学科的理论与方法应用到具体管理实践的科学、政策的框架。2000 年，《生物多样性公约》正式将生态系统方法作为行动的基本框架，号召各缔约方和其他国家政府、国际机构应用生态系统方法。2003 年联合国千年生态系统评估项目中，明确指出其概念框架与生态系统方法是完全一致的。生态系统方法有六大特点：综合性、系统性、持续性、科学性、人文性和灵活性，认为人类是生态系统的一个重要组成部分。它是对土壤、水和生物资源等生态系统组分的一种综合管理途径，以保证生态系统保护、生物资源可持续利用和公平合理地共享生态系统的产品和服务功能三者之间的平衡。后来，马世骏的学生，美国密执安州立大学教授刘建国2007年在美国著名杂志《科学》上发表了“人与自然耦合系统的复杂性”，在学术界引起了关注和讨论。其后不久，美国科学院院报（*PNAS*）专门开辟了专栏讨论复合系统的复杂性。马世骏无疑是这个领域的先驱者。

马世骏是一位具有战略眼光和魄力的生态学家，他在20世纪80年代创建了中国科学院环境生态研究中心，大力培养人才，积极参与国际有关环境问题的讨论和决策。作为发展中国家的代表，他参加了以挪威首相布伦特兰（Brundtland）夫人为主席的“世界环境与发展委员会”，对世界面临的问题及应采取的战略进行研究，并共同参与起草了《我们共同的未来》（Our Common Future）的报告。在历时三年多的筹备过程中，马世骏代表发展中国家，据理力陈抛开经济建设去谈环境治理，脱离国情而靠外援去治理环境是不可行的；提出以生态控制论方法去引导而非机械控制论手段去堵截污染。在讨论的过程中马世骏还以中国古代传统的哲学“天人合一”思想，提出人类应以与大自然和谐相处的积极态度去主动保护大自然，而不是仅仅从大自然的对立面以回归自然的方式去保护环境。通过反复讨论后，最终产生了可持续发展的概念，为《我们共同的未来》报告的完善做出了卓越的贡献。挪威首相布伦特兰在马世骏逝世后的唁电中对他的工作给予了高度评价：“从马世骏教授在世界环境与发展委员会的合作，使我了解到他最可敬的人格而尊敬这位亲密的朋友，他对我们的工作做出了极其重要的贡献。”

在20世纪80年代，马世骏研究的焦点集中在农村、乡镇。1983年中央有关文件指出：“要把合理利用自然资源、保护良好的生态环境作为发展农业生产的前提条件。我们的目标是根据我国社会主义的农村特点，采用多类型、多途径发展生产，提高商品率，活跃市场经济。……因此，要求我们在制定农村建设规划时，要把生态（环境）效益、经济效益一致起来，发挥生态效益和经济效益相辅相成的作用。”马世骏对中央指示精神有着深刻的理解，他考虑的重点是，如何把党中央的精神，变得更加通俗易懂，便于实践，落到实处。他在农业部召开的会议上提出：“我们的农业既不能走经济发达国家大量投入的高能耗道路，也不允许我们长期保持小农经济的经营方式，这说明我国的农业正处在探索农业稳定协调发展的过程，就其涉及的因素及性质而言，是一个社会－经济－资源－人口相互作用的复杂体系，这四类组分的协调程度直接关系着农业的发展；反之，不可避免地加深农业生态环境的恶化”。为此，马世骏提出：“运用生态学原则建设农村，实现农村建设生态化”。他运用生态学的理论，深入浅出地指出：“农村是以农业经营为主题的社会－经济－自然复合生态系统，它包含着三个亚系统，即：1. 生产系统；2. 加工系统；3. 运销系统。它既是人民食、衣、原料生产基地，亦是农业产品加工亦是商品的生产基地。”“它依赖于自然资源的供给，但有受自然生态条件的约束，三者既相互依存，又相互制约与依赖，构成一有机整体。”为了实现“农村建设生态化”这一目标，他大力推动建设“生态县”“生态村”。1987年9月，他率领专家组参加位于青海省海北州的“高寒草甸生态系统定位站的开放论证会”时，曾与时任青海省省长宋瑞祥、副省长尕布龙（分管农牧业）、副省长班玛旦增（分管文教卫生）等领导会面，马世骏向他们介绍了中科院在全国有代表性地区建设生态系统定位站，并进行长期定位观察的重要意义。在谈话过程中，马世骏特别强调了青海省的独特地理位置，提到保护三江源头的重要战略意义，他特别提到全国正在兴起建设“生态乡”“生态县”的有关情况，宋瑞祥省长对此特别感兴趣，提出是否可以将青海省建成“生态省”，他的这一建议得到马世骏的赞许和支持。

在此，我们应特别提到在20世纪80年代，马世骏与刘静宜、汤鸿霄、王德铭等合作，精心准备了讲稿，亲赴中南海，向中央领导同志们作了《现代化与环境保护》报告。这次报告深入浅出，在介绍现代人类社会的生产活动与自然环境关系的一些基本概念和原理外，简要介绍了国外环境保护工作的开展概况，重点是介绍我国环境存在的若干问题。报告中指出：“我国环境的污染和破坏目前已达到相当严重的地步。突出表现在城市环境恶化，江河湖海污染和自然生态的破坏等方面。新中国成立前我国城市布局不合理，新中国成立以来城市发展迅速、人口密集、工业布局不合理，以及管理不善等原因，城市大气、水以及环境噪声污染更为严重。值得注意的是随着经济的发展，我国环境污染还有进一步发展的趋势。”然后，报告按大气污染、水污染、土壤污染、噪声污染四个方面展开，直言不讳，并辅以图表展示。最后是对我国环境保护对策的探讨。这次，以马世骏为首的专家亲赴中南海，向国家领导人面陈我国面临的严重环境问题及对策，其重要意义不言而喻。

行文至此，在我们面前已展现出一条清晰的“生态文明”观形成的轨迹图，我们追踪马世骏在各个历史时期从事生态学研究所留下的“动点”，从中国古代的“天人合一”“阴阳五行”（1）——“生物与环境关系”（2）——东亚飞蝗种群生态学、蝗区的结构与转化、黏虫越冬迁飞规律，棉虫种群动态及综合防治理论研究（3）——“社会－经济－自然复合生态系统”（4）——参与起草《我们共同的未来》（Our Common Future）的报告（5）——提出“农村建设生态化”（农业生态工程、庭院农业）（6）——生态乡、镇、县、区建设：1991年5月，马世骏参加由农业部主持，数百个生态县、生态村、生态乡参加的“全国生态农业（林业）县建设经验交流会”并做了他一生最后的学术报告：“生态县的内涵和发展趋势”（7）。上述7个“动点”所描出的轨迹图清晰表明，马世骏及其同时代一大批生态学研究者正是由于他们“不忘初心，牢记使命”，长期在生态学方向扎根工作，才逐步形成了今天“绿水青山”的愿景规划，让我们永远铭记马世骏先生及与他并肩战斗的那些无名英雄们。

曹新孙先生的治学精神

⊙ 姜凤岐

1962年我大学毕业被分配到中科院林土所工作，有幸进入了曹先生领导的科研集体。从此，便和这位德高望重的老先生以及由他开辟的防护林研究结下了不解之缘。在先生逝世前的近30年时间里，我几乎参与了由他组织和主持的全部科研活动，与先生同实践，共忧乐。他成为我们这一代人科研路上的良师益友，治学精神的楷模。

我体会，先生的治学精神主要体现在以下三个方面：

一是坚持理论联系实际，不断探索开拓的精神。青年时代，先生在北京中法大学读的是理学院，数理成绩优异，在科学救国思想的影响下，决定以理学为基础，专攻应用科学——学林治水，消除水患，为国计民生做实实在在的工作，曾誓言绝不空谈理论。先生留法学成归国后，满怀报国之志在旧中国却无法得以施展，只有在新中国建立后他才找到了用武之地。自20世纪50年代后期应聘到林土所任研究员以来，为开辟农田防护林研究，从建立科研基地、组织科研协作到深入一线设计、率队科学考察，他满腔热情、脚踏实地，历20余年，终于把农田防护林研究提升为一个独立的新学科，其重要标志是他主编的《农田防护林学》于1983年面世。专著从理论与实践的结合上构建了农田防护林规划、营造、效益评价与经营管理的理论与技术体系，其间融入了诸如三级分区设计原则、中间林带思想、有效防护距离等新方法和新概念，这些创新成果既处于学科前沿，又符合我国防护林建设的实际需求。专著的科学性和实用性受到国内林学界和生产部门的认同，1986年获中科院科技进步二等奖。1998年，先生开辟的农田防护林研究获得了第三世界科技组织网络奖，表明了国际社会对该项研究的高度赞许。

二是追求科学真理，践行学术继承的精神。曹先生在中法大学理学院生物系读书时，曾受教于刘慎谔先生门下。刘先生启发了他对自然科学的热爱和兴趣。先生对刘老追求真理、勇于为科学而献身的精神体会尤深，敬重有嘉。他不仅是刘老科学精神的追随者、志同道合的合作者，更是他学术思想的继承者。

20世纪50年代中期以来，在国内林学界，就东北红松林采伐与更新问题，掀起了一场学术大辩论，在主张皆伐和人工更新观点占压倒优势的背景下，刘慎谔先生挺身而出，据理力争，提出了实行择伐和天然更新的正确主张，竟被贬为“陈旧、古典、落后”的方式，被贴上了自然主义的标签。刘老身处逆境，却观点不变，并以“风吹草不动”自勉。

注：姜凤岐，82岁，中科院沈阳应用生态研究所研究员。

此时的曹新孙先生因科研主攻方向不在该领域而没有直接参与到辩论之中，但他支持刘老观点的学术立场是十分坚定的。1963 年 3 月在全国农业科技工作会议上，他旗帜鲜明地站在刘老的一边，与刘慎谔、朱济凡联名提出了“对于改变东北红松林现行大面积顺序皆伐的建议”，文中依据无可争辩的实验结果、国外经验与发展趋势、主伐树种生物学特性等坚实论据，驳斥了皆伐和人工更新是“先进的”“多快好省的”采伐和更新方式的论点，并非常坚定地指出：“目前，该是引起领导严重注意的时候了，小兴安岭红松资源已经所剩不多。为社会主义建设的愿景着想，国家今后还需要把这里变成永续利用的木材基地，小兴安岭又是低山地区，为了涵养水源和保持水土必须采用择伐方式，再从红松的生态特性来说更必须坚决确定采用择伐方式，充分利用天然更新的潜在能力；同时，辅以补植等人工促进天然更新措施。为了保留有巨大生产潜力的幼树及小径木，也必须坚决用择伐方式。为此，采伐树木的机械都必须按着择伐及保留幼树的要求加以改进和设计。此外，必须明确小兴安岭可以恢复红松的地区必须以红松为主要目的树种，营造红松阔叶林。”读着这段写在 55 年前背景下的铿锵有力的谏言，不禁为老一代科学家们执着的求真精神深深感动。面对当今主导国际社会的可持续发展观，先生们提出的采用择伐和天然更新，实现青山常在永续利用的学术思想又是何等的远见卓识。

1963 年以后，刘老一度病重时曾主动提出学术继承问题，希望自己的学术思想后继有人，对他的学术观点不仅仅是接受，而是要去扩充、去发展和纠正。遗憾的是由于十年动乱的干扰，继承之事被搁置下来。但曹新孙先生对刘老的学术观点心知肚明，他认为刘老从生态学角度提出择伐的主张是非常正确的，这正是他全心支持的理由。而限于观察为主的工作方法的局限，刘老的择伐思想只停留在原则层面，至于如何择伐还需要实验摸索，坚持下去，不断改进，以臻完善，为生产提供可行的择伐技术体系。而这正是后来者继承刘老择伐思想的关键所在。1985 年，当刘老逝世 10 周年之际，曹新孙先生已 73 岁高龄，他在纪念文章中表示并号召大家要继承刘慎谔先生的学术思想。此后的几年直到生命的终止，他竭尽全力倾注于择伐作业的理论与技术的研究。1988 年撰文介绍《现代择伐的理论体系》之后，1990 年完成了专著《择伐》。然而先生竟没能等到专著的出版就与世长辞了。先生用春蚕般的可贵精神默默地践行着他的承诺，从一个择伐思想的坚定支持者，跃升为现代择伐思想的倡导者，堪称学术继承的一代楷模。

三是引石铺路，无私奉献的精神。生于 1912 年的曹新孙先生，亲历了民国时期的国弱家贫、民族危亡的境况，抱定科学救国之心。留学法国长达 7 年之久，不仅理科与专业基础深厚，而且，法、英、德语融会贯通。他深知我国的科技现状与先进国家的差距，因此，深刻理解“洋为中用”的深刻含义。在几十年的科研实践中，他坚守国际学术文献的第一线，时时关注着来自世界各国的有关研究领域的现状、突破与进展，并把这些信息仔细地译制成文献目录卡、文摘卡和译文等多种形式，分门别类地归档供大家参阅。译文涉及防护林学、造林学、森林遗传学、生态学等多个学科，总量达 200 余万字。倘若出版几本译著，依先生中西贯通的学识和文笔，也并非难事。但是，我们所看到的却是一幕幕无私奉献的场景：1961 年他与刘慎谔先生配合，翻译了 1956 年法文版《国际植物命名法规》，以内部资料供植物分类学界参用；1962 年，他将一部美国植物学家克列门茨的专著要点译成讲义，在地植物学讲习班上向来自全国各地科研与教学岗位的科技工作者讲授克派的学说，成为刘老动态地植物学说的背景与参照；1973 年，配合国内林木良种选育的需要，他整理出《国际森林遗传与良种选育资料汇编》，以单位名义作内部资料在国内交流，并通过培训班方式向基层普及，为地区乃至全国林木良种化做出了贡献；20 世纪 80 年代初期，先生在一篇论文中顺便提到 desertification 的译法问题。这是当时国际环境和生态学界出现的一个热词，国内沙漠学界专家把它译成“沙漠化”，而曹先生指出应译为“荒漠化”，沙漠化只是荒漠化的一种表现形式。后来，实践证明先生的意见是正确的。准确的释义，一丝不苟的严谨，让我们可以确信那数百万字的他山之石不会出现认知上的瑕疵；20 世纪 80 年代中后期，先生兼任《陆地生态译报》和《生态学进展》的名誉主编，他一面身体力行翻译或撰文介绍国外林学与生态学研究进展，一面推介瑞士联邦林业研究院有关专家为刊物撰文介绍先进经验和方法，在一定程度上助推了我国树木年代学、年轮气候学的发展。无须更多的列举，先生凭借娴熟的外语，搬来一块块他山之石铺在我们学科发展的道路上，让众多的后来者阔步前行。

先生走了，他的治学精神还在。

在脊椎动物化石园地中耕耘

⊙ 张建军

50年前，我告别了人民海军的行列，有幸跨进中国科学院古脊椎动物与古人类研究所，从事动物化石研究的技术服务工作。退伍军人安置办公室有些伙伴不屑一顾地说：搞考古和偷坟掘墓差不多，又脏又累不吉利。还有的说当兵在外那么多年，得过几天安稳日子了，出野外风餐露宿的太艰苦，没那个必要。我却一门心思想着，为了不虚此生，要行万里路读万卷书!

刚进研究所分配到技术室的修理组，搞化石修理。室领导是从部队转业到地方的老革命，对我们十分爱护和关照，希望我们这一批共和国的同龄人，有文化知识的退伍军人，能发扬部队的光荣传统，成为懂专业的技术能手。为此，专门请了贾兰坡老先生、周明镇、邱占祥、张弥曼、董枝明等骨干给我们上辅导课。老先生们的启发和教导，使我坚定了立足于搞好这门学科的辅助工作，并为之奋斗一生。

初尝野外考察的艰辛

20世纪70年代初，野外工作很艰苦。我第一次出野外是配合人类学古人类课题组到广西十万大山搞古人类、巨猿的野外调查。我们一行五人，加一大桶电石，受到当地政府特例照顾，动用县医院的救护车将我们送到下辖的考察区域。

考察过程有辛苦、有危险、有收获，结束都安的考察到柳州地区后，我们考察了柳江人遗址，在附近的一个洞穴，发掘出一颗完整的熊猫头骨化石。之后还去了桂林地区开展调查。这一次的广西之行，让我切身体验到了洞穴野外工作的艰辛。

第二年，技术室的工人以“掺沙子”的方式进入到了研究室。我被分到人类学研究室。我们一行四人赴云南禄丰进行古猿动物群的发掘。在云南省博物馆和禄丰文化馆的参与支持下，圆满地完成预定的野外任务，发掘出一具完整的拉玛古猿下颌骨及一百多颗牙齿，60余种各类伴生动物，并做了地质勘查、摄制纪录片等工作。

进入依头骨复原面貌的专业领域

1976年，对面办公室从事今人类学研究的张振标先生，接受了一项协助南京市公安局陈旧性遗骨个体识别案例，与标本馆的王存义老先生共同执行。好奇心促使我经常过去

注：张建军，64岁，中科院古脊椎动物与古人类研究所高工。

观看、询问。泥塑像完成之后，还要翻制石膏模型，我就主动帮助他们动手翻制模型并请教雕塑方面的知识。因为我自幼喜好美术，可以说心有灵犀一点通，很快与王老成了忘年交。公安局刑侦处长来验收时非常兴奋，因为塑像与死者的妹妹极为相似，能够起到个体识别的作用。这坚定了我学习这门技艺的决心。

随着流动人口的增加，各种刑事案件增加，无名尸骨案增多，我先后完成公检法等单位的验证性复原近 20 例，得到有关方面的好评。其间还完成国内古人类、历史人物复原 20余例，如：旧石器时代的南京人（女性）、陕西大荔人（男性）、辽宁金牛山人（男性）、广西柳江人（男性）、云南丽江人（女性）；新石器时代的有江西万年仙人洞遗址（女性）、陕西半坡（女性）、江苏城头山遗址（男性、女性）、河南贾湖人遗址（男性）等；历史人物有西汉时期的湖北编钟墓主——曾侯乙、明代的《西游记》作者——吴承恩等。

再现远古动物的模型

1985 年我重回标本馆，参与古生物化石模型的技术革新，并担任组长。我们成功引进一些化石模型复制的新材料，并建立了一套操作方法。如：化工原材料制模具的硅橡胶，成型用的环氧树脂 618、6101、不饱和聚酯树脂（仿石工艺）、聚氨酯发泡材料等新技术，在筹措赴欧、赴美、赴新加坡的大型恐龙展品的加工制作上，发挥了巨大的作用。我参与大型恐龙骨架的补配、装架工作，包括 17 米长的新疆克拉美丽龙、13 米长的李氏蜀龙、大头龙、建设气龙等大型爬行动物恐龙的修复。我得到全面的古生物化石技术工作知识的掌握和锻炼。

1994 年在所工会的积极支持下，我参与组建了“北京科古魂原科技服务中心”，带领下岗职工到云南先后完成 10 余具大型原蜥脚类恐龙等的化石骨骼装架，按比例复原各类恐龙、古哺乳动物生态雕塑像，体量在一米以上的 20 余件，达到自己参加古生物化石保护和科普宣传工作的又一个峰值。

迟暮之年同样有作为

从 2010 年以后，自己的身体情况还比较好，始终还活跃在古生物学领域的技术工作中。2014 年为配合北京洛德展览设计公司筹备南京青少年奥运会建设项目，布置新建的汤山猿人遗址博物馆展览陈列，复原了南京人超现实主义复原像的造型，得到一致的好评！后又复原了薛城新石器遗址人骨。

2010～2017 年，我接受云南省考古所吉学平教授的邀请，每年赴云南 1 至 2 个月，协助开展当地古生物化石的修复、模型、装架等科研辅助性工作和科普工作。我先后进行了广西隆林人化石修复、模型制作、复原画的绘制。吉教授和澳大利亚学者的研究成果，发表在《科学》杂志上，复原图刊登在当期封面上。

在此期间我还完成了昭通水塘坝化石遗址，古猿化石的修复及模型制作，并对该地点的古象化石进行修复装架。2017 年，该地区举行了多名院士参加的古脊椎动物学会理事会，全体代表一致认为该地点，是继云南禄丰古猿化石遗址重大发现以后的，又一新近纪古生物化石重要地点。2018 年，昭通剑齿象完整骨架，移进市博物馆展览大厅。从古哺乳动物研究先驱周明镇、翟仁杰先生在 1962 年研究命名昭通剑齿象化石，到 2017 年 10 月完整象骨架站立起来，整整用了 55 年的时间。

这就是我们古生物工作者的工作特点，孜孜不倦地努力，才会有收获。

第三章　在科研的道路上砥砺前行

【题记】“科学上没有平坦的大道，真理长河中有无数礁石险滩。只有不畏攀登的采药者，只有不怕巨浪的弄潮儿，才能登上高峰采得仙草，深入水底觅得骊珠。”这是华罗庚老先生对自己科研历程的总结，也是对科学后人的谆谆教诲。事实确实如此。在70年的科学历程中，无数科学人在科研的道路上砥砺前行着，他们不畏难，敢拼搏，用自己对人民共和国的忠心和深厚的学识为人民共和国的大厦添砖加瓦，书写着自己无悔的科学人生。

我是怎样在《九章算术》和刘徽研究中取得突破的

⊙ 郭书春

四十年来，我在《九章算术》和刘徽的研究中做了一些工作，出版了十几部著作，社会反映较好，有的图书获国内外大奖，大多数著作被重版。在一次面向青年学子的讲座中，有人问我：郭先生是怎样想到研究“刘徽”的？我答道：走投无路逼的。他们以为我是讲笑话。这不是笑话，是实情。

中国数学史是20世纪基础最好、成绩最大的科学史学科。1964年钱宝琮主编的《中国数学史》出版，使学术界普遍认为，中国数学史已经搞完了。我到研究所之后，领导要我研究世界数学史。可是“十年动乱”中我所所在的哲学社会科学部（今中国社会科学院）彻底停止了科研工作，连阅读恩格斯的《自然辩证法》都会受到工人宣传队的斥责。1975年国务院科教组宣布哲学社会科学部恢复业务工作，我已过而立之年，大学毕业十几年一事无成。现代数学知识已经生疏，俄语也还给了老师，搞不了世界数学史啦。而中国数学史界仍然沿袭“已经搞完了”的成见。几位研究了20余年中国数学史的先生，有的转向，有的公开表示不再搞中国数学史了。自己怎么办？世界数学史搞不了，搞中国数学史没有前途，真是走投无路！

正在自己彷徨的时候，1978年秋，梅荣照先生提议与他一起研究刘徽。他说，李约瑟的《中国科学技术史·数学》谈到刘徽的地方，比杨辉还少，不公正。我查了美国的《世界科学家大辞典》，发现其“刘徽”条写的全是《九章算术》，几乎没有刘徽的东西。可见学术界根本不了解刘徽。我遂答应梅先生的提议。但是，怎么搞？会有什么结果？自己心里一点数也没有。

我一向爱读书、爱思考。1972年我回京后除了“两报一刊*”，自己还学习了三个方面的东西：一是钱老的《中国数学史》，二是法语，三是恩格斯的《自然辩证法》和《反杜林论》，以及《马克思、恩格斯、列宁、斯大林论思想方法》。通过学习，我懂得了马克思主义的一个根本观点：原则不是考虑问题的出发点，事实才是出发点。1978年国内关于“真理标准”的大讨论进一步教育了自己，感到要研究刘徽，将中国数学史的研究深入下去，唯一的途径“是在原著上下苦功夫，认真地、逐字逐句地研读、分析原著”。

注：郭书春，78岁，中科院自然科学史研究所研究员。

* 两报指《人民日报》《解放军报》，一刊指《红旗》杂志。——出版者注

于是，我就开始逐字逐句研读刘徽的《九章算术注》。1979 年初，我读到刘徽的《圆田术注》，也就是著名的割圆术。众所周知，刘徽首创了求圆周率的正确方法，祖冲之将其推进到 8 位有效数字，并提出密率 $\frac{355}{113}$，在世界数学界领先千年上下。华夏子孙都应为此感到自豪。因此，自 20 世纪新文化运动时期到“十年动乱”爆发的 1966 年约半个世纪间，割圆术和圆周率研究一直是中国数学史学科文章最多的课题。读刘徽的《圆田术注》，我本来没想到会有什么新的结果。可是，当我读到“以一面乘半径，觚而裁之，每辄自倍，故以半周乘半径而为圆幂”时，心里豁然一亮：刘徽这是在证明圆面积公式！再重读这段刘徽注，发现这是对《九章算术》圆田术“半周半径相乘得积步”即圆面积公式 $S=\frac{1}{2}Lr$ 的相当严格的证明。然而，我不记得钱老谈到过这一点。我赶紧查钱老的《中国数学史》，果然他在谈了刘徽的极限过程后，就跳到求圆周率的程序，没有涉及圆面积公式的证明。我回过头来再看整个《圆田术注》，发现它包括明确的两个部分，第一部分是证明《九章算术》的圆面积公式，其关键不仅是圆内接正多边形的极限是圆，更重要的是将与圆合体的正无穷多边形“觚而裁之”，分割成无穷多个小等腰三角形，求其面积之和便证明了圆面积公式。第二部分是求圆周率程序。为慎重起见，随后我到各图书馆查阅了能找到的所有谈割圆术的文章，发现都是只谈圆周率，没有一篇涉及圆面积公式的证明。甚至一篇逐字逐句用现代汉语翻译《圆田术注》的文章，对上面所引这几句画龙点睛的话，竟跳过不译。

我接着研读割圆术中求圆周率程序，又发现，由于没有认识到刘徽首先是在证明《九章算术》的圆面积公式，所有文章都把刘徽求圆周率的程序统统搞错了。刘徽的程序是：在求出直径 2 尺的圆面积近似值为 314 平方寸之后，代入圆面积公式 $S=\frac{1}{2}Lr$，反求出圆周长的近似值为 6 尺 2 寸 8 分，与直径 2 尺相约，得出 $\pi=\frac{157}{50}$。钱老等却使用圆面积公式 $S=\pi r^2$，因此“$100\pi=314$，或 $\pi=\frac{157}{50}$。”这不仅不符合刘徽求圆周率的程序，而且还会把刘徽置于他从未犯过的循环推理错误的境地。

在被人们研究得最多的课题上的这一发现，对我的中国数学史研究意义重大。一是它破除了中国数学史“已经搞完了”的成见，克服了畏难情绪，坚定了继续研究《九章算术》及其刘徽注的信心。二是钱老学风严谨，功底很深，但他的工作也不都是尽善尽美、无懈可击的，破除了对钱老工作的迷信。三是尝到了从第一手资料出发，认真研读原著的甜头。实际上，这成为我治学的宗旨。40 年来，我在中国数学史研究上的进展，大多得益于认真研读原著。

此后，海峡两岸和国内外出现了《九章算术》和刘徽热。我也在刘徽的体积理论、率的理论、刘徽的逻辑思想、刘徽的思想渊源和当时社会思潮的关系，以及《九章算术》的编纂、版本和校勘等方面取得重大突破，出版了汇校《九章算术》、《古代世界数学泰斗刘徽》、汉法对照《九章算术》、《九章算术译注》、汉英对照《九章算术》等重要学术著作。《九章算术》和刘徽也是笔者主编或撰著的《中国科学技术史·数学卷》等学术著作的重要章节。学术界公认，刘徽是中国古代的第一流数学家。

我国高功率激光及惯性约束聚变研究五十年回顾

⊙ 范滇元

上海光机所建所初期就确立了“两大（大能量激光、大功率激光）”为先导的研究方向。其中的“大功率激光”是指用高功率激光驱动聚变这一开创性重大研究领域。该研究自1965年在上海光机所正式立项，迄今已有五十多年的不平凡发展历程，已成为体现国家意志和举国体制办大事的重大科技领域。

我在邓锡铭、余文炎等同志带领下，与数百名同仁一起，亲历了高功率激光及惯性约束聚变研究的艰难创业、沧桑变迁和重大发展，深深地被前辈科学家的远见卓识、主管科技领导的慧眼识珠，以及开拓者们不畏艰险、勇于探索的创新精神所折服。在下文中特回顾其中一两个精彩片断以资回味与共勉。

一、千里之行始于上海光机所

1992年5月31日，在钓鱼台国宾馆举行的“中国当代物理学家联谊会”上，诺贝尔奖获得者李政道在王淦昌发言前提问：王老师，在您所从事的众多项科研工作中，您认为哪项是您最为满意的？王淦昌考虑片刻后回答说：“我自己对我在1964年提出的激光引发氘核出中子的想法比较满意，因为这在当时是一个全新的概念，而且这种想法引出了后来成为惯性约束聚变（inertial confinement fusion，缩写为ICF）的重要科研题目，一旦实现，这将使人类彻底解决能源问题。”

1964年10月4日，王淦昌提出《利用大能量大功率的光激射器产生中子》的建议。他在“建议”中写道：“目前国内外，都在研究和制造可以产生大能量和大功率的光激射器（即莱塞）。我们认为，若能使这种光激射器与原子核物理结合起来，发展前途势必相当大。其中比较简单易行的就是使光激射器与含氘的物质发生作用，使之产生中子。”1964年12月，在北京召开的第三届全国人民代表大会期间，王淦昌向邓锡铭（时任上海光机所副所长，1993年当选中国科学院院士）提出了他的设想。邓锡铭非常高兴，回应说：“这是实现激光应用的一条重要路子，我们一定要做好实验来证明。”随后，王淦

注：范滇元，80岁，中科院上海光学精密机械研究所研究员，国家“863”计划激光技术领域专家组成员，1995年当选为中国工程院院士。

昌将自己十几页稿纸的建议交给了邓锡铭。邓锡铭及时向中科院张劲夫副院长做了汇报，立刻得到赞同和支持。

1965 年 5 月“高功率激光及其驱动的惯性约束聚变研究”项目在上海光机所正式立项，负责人为邓锡铭。从此，揭开了我国高功率激光驱动聚变研究的序幕，迄今已有五十多年发展历程。

二、八年努力，实现零的突破

项目立项之初，激光聚变还只是一个梦想，“存在定理”尚未得到证实。激光能否产生聚变所需的高温高压条件？何种性能的激光能够引发氘核放出中子？没有现成的答案，更没有成功的先例可资借鉴，一切都得靠自己摸索。

挑战严峻，但机遇并存。项目承担单位上海光机所，是中国第一个以激光为研究方向的专业研究所，在高功率激光技术上有着良好的基础和技术积累，不仅研制成功国内第一台红宝石激光器，还独立提出 Q 开关激光原理并研制出国内第一台转镜调 Q 脉冲激光器，更开发出掺钕硅酸盐激光玻璃，研制成功国内第一台钕玻璃激光器，等等。到 1965 年，在引发聚变中子的需求牵引下，项目组就果断地选择了钕玻璃激光为主攻技术路线，摒弃了当时国际上采用的红宝石激光路线。邓锡铭回忆当时决策的情形时写道：“虽然当时国外一些研究评论认为，钕玻璃不适合大功率激光器的研制，但中国的研究人员经过分析认为，钕玻璃在中国的研究有基础，光学质量好，加工容易，利于扩大尺寸……决定放弃红宝石方案，改用钕玻璃工作物质作为我国高功率激光器的发展方向。”继而项目组又独立提出并实现了多级行波放大的总体技术方案，解决了扩束和消除寄生振荡等关键技术，于 1965 年底建立了 3×10^9 瓦的四级行波放大钕玻璃激光系统（时称 7651 装置，波长 1.06 微米、脉宽 20 纳秒）。实验上首次观察到空气击穿的现象：在激光束的聚焦点处，空气被击穿，光轴上出现一连串火球。当用高功率激光聚焦照射高 Z 材料的平面靶时，观察到激光引发靶面等离子体辐射的 X 射线，通过 X 射线测温方法，测得了辐射温度。连续进行了百次打靶实验研究，摸索提高温度的规律和方法，为后续的打中子实验积累了宝贵的经验。1965 年冬，邓锡铭、余文炎等专程到北京向王淦昌汇报工作进展。听到激光功率已经达到 10^9 瓦、激光等离子体发出的 X 射线透过铝箔引起照片曝光等结果，王老十分高兴，一连几个夜晚冒着风雪骑自行车从中关村到友谊宾馆讨论科学问题，指示下一步工作。

项目组据此制定了研制万兆瓦激光系统和辐照低温氘冰靶的计划，在组长余文炎带领下组织实施。项目组采取了一系列的技术手段来改善激光器的性能，主要有：选定硅酸盐钕玻璃为激光工作介质；把非稳谐振腔用于转镜调 Q 振荡器，光束发散角改善 4 倍；特别是大幅度改进了非球面聚焦透镜的光学质量和靶瞄准调焦精度等，实验取得显著的综合效果，靶面功率密度提高了一个数量级。同时，与上海技术物理所合作，依托上海电机厂的低温（液氦）条件，研制低温真空靶室。

我受命负责到位处闵行的上海电机厂筹建低温打靶实验室。到 1973 年初，我国第一个 10^{10}W（40J/4ns）激光打靶实验平台在闵行实验室建成并投入运行。我们连续几个月，每天夜以继日地进行打靶实验，终于在 1973 年 4 月 25 日，万兆瓦大功率激光辐照低温氘冰，首次获得中子发射，在我国激光聚变历史上实现了零的突破，继而又在常温 LiD 固体靶和氘化聚乙烯靶上成功地获得了中子发射。验证了激光引发氘核产生中子的科学可能性，也验证了“万兆瓦”激光系统的总体技术路线是正确的，关键技术措施是有效的，为后续发展指明了方向。

实验虽然成功了，但还留下一个缺憾，这就是 BF_3 中子探测器记录到的中子信号不干净，总是在一个“大信号”波形的背景上叠加几个“小毛刺”。当时认为大信号是中子信号而小毛刺是干扰信号，但又找不到干扰来源。此时，王淦昌得知后指派中子专家王世绩前来鉴定。王世绩考察后认为，“小毛刺”具有中子信号的特征，而“大信号”倒可能是干扰信号。在这一判断指导下，经过反复的“双盲”实验，最后确认“小毛刺”才是真正的中子信号，同时找出了产生大信号的干扰来源：原来是由于夹持含氘材料靶的机构全都是金属导体，当激光照射到靶上时，在激发出高温高密度等离子体的同时，产生了强烈的电磁干扰，它通过金属机构传导到中子探测器上。此后，就改用玻璃纤维等绝缘介质来夹持靶材，解决了干扰问题，并一直沿用至今。

1974 年将万兆瓦装置扩容升级，激光输出功率提高一个数量级，达到 10^{11} 瓦，激光打靶实验的中子产额也提高了一个数量级，达到 2×10^4 个 / 发；同时，还观察到了从靶面发射出的硬 X 射线，其光子能量超过 100keV。能够实现这一跨越发展的核心在于突破了一项有长远影响的关键技术，这就是采用多程放大构形的片状激光放大器。为了充分提取放大介质（钕玻璃）中的储能，提高总体效率，余文炎、范滇元（1995 年当选中国工程院院士）首次倡议并具体设计研制成功一台“两轮三通道”片状放大器。激光束往返六次通过同一放大器，获得了高倍增益并显著提高了效率。到 20 世纪 90 年代美国国家点火装置（NIF）采用四程放大构形的放大器后，这种多程放大型的片状放大器，为国际上新建的高功率激光装置所广泛采用。

1974 年 7 月，王大珩（我国光学事业奠基人之一、上海光机所首任所长）带队的中国政府激光代表团到美国、加拿大考察时，介绍了激光照射含氘材料打出中子的成果，并说明所用激光装置、靶材和大部诊断设备都是中国自己技术独立研制完成的。加拿大光学学会会长当即站起来表示祝贺，并说：这一成就表明中国的激光技术是和加拿大在同一水平线上的。

除继续提高单链路激光的输出能量外，另一个重要的发展方向是增加激光装置的光束数。随着向心聚爆原理的解密，用多束激光同步照射球形靶的方式成为激光聚变实验研究的主流。

为开展向心压缩聚爆研究，上海光机所从 1975 年开始建造六路激光装置。第一阶段建立了纳秒脉宽、输出功率 2.0×10^{11}W/ 束的六束激光系统，进行激光打固体微球靶的探索研究；第二阶段建立了亚纳秒脉宽、输出功率（5～10）$\times 10^{11}$ W/ 束的六束激光等离子体物理实验装置。在这个系统上开展了大量的激光等离子体实验研究工作。1977 年，利用六路装置中的四路激光束对称照射薄壁玻壳微球靶，从 X 射线针孔照相中观察到微球靶的向心压缩，体压缩率达到 30～50 倍，标志着我国的 ICF 研究进入了逐级论证向心聚爆原理的重要发展阶段。

三、十年磨一剑，"神光"出鞘

时钟指向 20 世纪 80 年代。国际上激光聚变研究蓬勃发展，特别是以美国劳伦斯利弗莫尔国家实验室（Lawrence Livermore National Laboratory，LLNL）为代表，相继建立了 ARGUS、SHIVA 等太瓦量级的高功率激光装置，成功进行了一系列聚变物理实验。我国的激光聚变研究，历经"文革"浩劫后，迎来了跨越发展的机遇。1977 年 10 月，时任第二机械工业部副部长的王淦昌亲自带队，带领第二机械工业部九院的几位所长和科研骨干，到上海光机所考察、交流、研讨，共商合作开展激光聚变研究大计。但是，当时"文革"刚结束不久，中科院的科研布局处于大调整之际，许多科研项目因经费困难而纷纷下马，激光聚变项目能不能上？怎样上？面临艰难的抉择。在此关键时刻，中科院联合第二机械工业部在北京科学会堂召开了一次有重要影响的高峰会议。在严济慈副院长主持下，钱三强、王淦昌和主管专业局领导，会同上海光机所和第九研究院一线科技人员，围绕惯性约束聚变的研究目标、科学意义、技术途径和发展战略等方面展开了热烈的讨论和争论。从事磁约束聚变的李正武院士明确表明了支持惯性约束聚变研究的态度；中科院一位主管局局长则对激光驱动聚变心存疑虑，在会上抛出一份材料，引用美国专家邓昌黎的话："用重离子加速器驱动聚变，五年内一定成功，否则砍我的脑袋！"而王淦昌则激动地说：美国人又不是上帝，他说行就行，他说不行就不行了吗！中国激光技术有较强的基础，有条件以激光驱动聚变为主要研究方向，而其他驱动方式可安排适度的跟踪调研。最终，会议取得共识，对我国激光聚变研究的持续发展具有重要的推动作用。

1979 年中科院举行院长会议，审议全院的重大项目。激光聚变项目以 5 票对 1 票的表决结果获得通过。1980 年，第二机械工业部第九研究院和中科院上海光机所共同签订了《合作研制激光 12# 实验装置协议书》，经第二机械工业部和中科院批准，由中科院下达上海光机所实施。同时，双方还联合组建了"12# 协调小组"，王淦昌、王大珩任组长。

激光 12# 实验装置，经过两年的技术论证和预先研究，三年半的工程建造和调试，两年多的运行考核和试打靶实验，于 1987 年 6 月通过国家级鉴定，得到高度评价。被正式命名为"神光"装置。张爱萍将军亲笔提名，聂荣臻元帅给王淦昌和王大珩发来贺信。信中说："在建军六十周年的喜庆日子里，感谢你们又告诉我一个喜讯：激光聚变实验装置已经建成。这对我国国防和经济建设都具有重要意义，很值得祝贺。所云整个工程体现了自力更生和勤俭节约的原则，更值得赞扬。你们和许多同志多年来为祖国的科技事业的发展，为国防力量的增强，精勤不息，贡献殊多。现在又在高技术领域带头拼搏，喜讯频传，令人高兴。请转达我对同志们的敬意和祝贺！”

“神光”装置是当时我国规模最大，国际上为数不多的大型科学装置。上海光机所投入了三分之一的研究人力和试制工厂主要力量，直接参加研制的科技人员有三百多人，十多个协作单位，从项目启动到获奖，前后十年拼搏，始得收获成果。王大珩在装置落成典礼上动情地说：人生能有几回搏？你们真是搏了一搏啊！

“神光”装置是我国激光技术发展上的一项重大成就，达到了国际同类装置的先进水平。标志着我国已成为在高功率激光领域中具有这种综合研制能力的少数几个国家之一。这是我国科技人员自力更生，奋发图强，不畏艰险，自主创新的结果。

“神光”装置获得 1988 年首届陈嘉庚奖技术科学奖，1989 年中科院科学技术进步奖特等奖和 1990 年国家科学技术进步奖一等奖。

四、持续发展，走向“点火”

“神光”装置建成并连续运行九年，胜利完成预定任务后退役。接力棒交给“神光升级装置”。王大珩建议把原先的“神光”装置改称为“神光 I”，而把升级装置定名为“神光Ⅱ”。体现了将以神光系列装置为标志，分阶段持续发展的战略意图。经八年努力，“神光Ⅱ”于 2001 年建成并投入运行，成为我国在 21 世纪初叶开展 ICF 研究的重要平台。

针对国际惯性约束聚变研究的最新进展和我国 ICF 长远发展的战略需求，王大珩、王淦昌、于敏等三位科学家向中央建议在国家高技术发展计划（863 计划）中增列惯性约束聚变主题。国务院时任总理李鹏十分关心，在中南海接见了王淦昌、王大珩、于敏、邓锡铭、贺贤土五位科学家，认真听取了他们的汇报，提出了许多问题，并对我国发展惯性约束聚变工作做了重要指示。1993 年初此项目正式获准增列为 863 主题。

2005 年后，惯性约束聚变研究进一步纳入到国家中长期科学技术发展规划中，制定并积极实施了“三个台阶、三步走”的 ICF 中长期发展战略和规划（即依托万焦耳、十万焦耳和百万焦耳级激光研究平台，逐步实现聚变点火目标）。

经过近半个世纪的努力探索，伴随着高功率激光技术的长足发展，激光聚变物理研究取得重大进展，“聚变点火”的曙光已经显现。聚变能源的前景虽还遥远但是可及。

王育竹院士介绍原子钟发展历程

⊙ 王育竹口述　徐震、王金媛整理

1949 年新中国成立，在中国共产党的领导下，新中国的方方面面都发生了翻天覆地的变化。中央人民政府为了保卫国家和发展经济建设，组建了各个领域的领导机构。1949 年 11 月中国科学院成立，以集中全国的力量引领科技发展，使我们的科技水平慢慢摆脱整体落后的局面，逐步取得了一项项令世界瞩目的成就。

一、铷原子钟在风浪中诞生

1960 年，我在苏联科学院无线电技术与电子学研究所学习量子电子学，研究生毕业后回国，分配到中国科学院北京电子学研究所工作。由于国防建设的需要，所里决定成立新的原子频率标准研究组（简称频标组），成员都是来自著名大学的新毕业生，是一个年轻的朝气蓬勃的研究团队。我任组长，赵家铭任副组长，从建组一开始就确立了明确的指导思想：做好原子钟基础物理研究，研制实用化原子钟，为国防建设服务。1964 年由中科院长春光机所和北京电子所的部分实验室组成了新的上海光学精密机械研究所（简称上海光机所），我们搬迁到了上海新址。1965 年中科院党组书记、副院长张劲夫同志视察了上海光机所，并视察和询问了我们研制的钠原子频率标准装置后说："此项工作在国防建设上很有意义，应继续做好！"这番指示坚定了我们研究原子钟的决心。

1964 年，国外报道开始研制性能优异的铷原子钟。但是，这种先进的高科技产品对中国禁运，时至今日仍然禁运。我们认识到铷原子钟在导航定位技术中的重要作用，1965 年我们决定独立自主地开展铷原子频标（铷原子钟）研究。但是这项研究十分困难，我国没有铷原子同位素。几经周折终于找到中科院原子能研究所请求帮助。他们热情地利用初建的装置分离出了我们所需要的两种铷同位素，解决了最大的困难。我们用了四年时间研制成功了铷原子钟的关键部件和所需要的测试设备，观察到了铷原子基态的钟跃迁信号。于 1969 年底研制成功了两套实验平台上的铷原子频率标准装置，并实现了闭环频率锁定和频率比对。

正当研究工作顺利进行的时候，"文革"开始了，我被关进了"牛棚"，被戴上了不实的"帽子"，最终查无"实据"放出来了。虽然我受到了打击，但没有影响我研究原子钟

注：王育竹，87 岁，中科院上海光学精密机械研究所研究员，1997 年当选为中国科学院院士，1999 年当选为瑞典皇家工程科学院外籍院士。

的心愿。1969年9月30日，周恩来总理提出丢掉“洋拐棍”，建立中国“原子时”的决策，并提出“中国发布的标准时间信号要建立在中国研制的原子钟基础上。”上海光机所承担了铷原子钟的研制任务。我们非常振奋，可以顺利开展原子钟研究了。

1970年，为了当时的“开门办所”，我们停下研究工作，搬到上海手工业局国荣灯具厂重新开始研制铷原子钟。这是一个制造漆包线的小工厂，工作环境和条件极差。我们克服了各种困难，艰苦的条件并没有影响我们完成国防任务的工作热情。我们在工厂厨房的小阁楼里重新搭建了原子钟实验平台，与工人师傅组合成几个小组，开始了研制工作。工人师傅们对我们非常热情友好，研制工作进行得很顺利。我们提出了多项创新技术，与工人共同努力解决了许多技术和工艺上的关键问题。从1970年到1978年，一共研制了三代铷原子钟，性能一代比一代强，达到了当年国际水平。研制期间，我们用铷原子钟先后参加和完成了多项国防任务，如：超长波导航、潜艇导航、基地台站间的时间同步和远程导弹及通信卫星发射、国家原子时系统等等，特别是完成了“远望号”测量船原子钟任务，先后经历了两次出海考验，于1978年组织了铷原子钟验收会，鉴定结论为“铷原子钟性能符合工程要求，同意装船”。这样，我们的原子钟正式装上了“远望1号”和“远望2号”测量船，参加完成了多项重要任务。上海光机所两次收到了中共中央、国务院和中央军委的贺电。1987年，“远望号”测量船项目获得国家科学技术进步奖特等奖，上海光机所是主要获奖单位之一。由于原子钟的成果，我们也获得了全国科技大会“重大科技成果奖”。十几年后，1992年，从测量通信总体研究所获悉，铷原子钟一直正常运转在“远望号”测量船上，为多项任务服务。这是我们一生中引以为豪的为国家做出的贡献！

二、认真努力开辟新天地

1978年，全国科学大会召开了，科学的“春天”来了。科技工作者以极大的热情迎接科学的春天，它激励着我们寻求新的原子钟发展方向。

这时，我看到了1975年汉斯（T. Hansch）和肖洛（A. Schawlow，1981年诺贝尔奖获得者）发表的一篇文章，名叫“Cooling of gases by laser radiation”。他们提出了利用多普勒效应激光冷却气体原子的建议，尽管没有给出实现冷却气体原子的实验方案，但对我们产生了巨大的吸引力。因为，原子钟的稳定度和准确度受限于原子的热运动速度，如果能降低原子的热运动速度，即降低原子气体的温度，原子钟的稳定度和准确度就会大幅度地提高。这是改进原子钟性能的根本途径，不仅对发展原子钟重要，而且对原子物理以及验证基本物理规律的研究都有重大科学意义。我们认识到了它的重要学术价值和诱人的应用前景，决心投入到“激光冷却气体原子”的研究中去。当时，这个研究领域是空白，只要我们认真投入和专心研究，就会有所创造和发现，开创一片新天地。

1978年，我提出了几个与多普勒效应相关的激光冷却原子气体的建议，发表在1979年成都召开的全国计量会议上，其中一个是“积分球红移漫反射激光冷却气体原子”（简称积分球冷却）。这是一个创新的激光冷却气体原子的物理方案，它需要的实验设备简单、紧凑，体积小、重量轻，不需要额外的磁场。在我们和研究生们几十年的长期坚持下，目前已研制成积分球冷原子钟装置，性能达到国际先进或领先水平。今后将在便携式小型原子钟和星载原子钟的研制中起到关键作用。更重要的是1979年我从一个新视角来思考激光冷却气体原子的物理机制。我知道铷原子钟物理机制中有光频移问题。既然多普勒频移可用于激光冷却气体原子，为什么光频移不能用于激光冷却气体原子呢？经过深入学习和思考，我终于提出了利用交流斯塔克效应（即光频移）激光冷却气体原子的物理机制。这是一个原始创新的激光冷却气体原子的物理思想，完全不同于已有的多普勒冷却机制，它的冷却效率远大于多普勒冷却机制，可得到极低温度的气体原子。我国改革开放后，美国肖洛教授来华讲学，他访问了我们实验室。我向他讲述了这个冷却新机制。他很赞同这个物理思想，并鼓励我写成文章发表。在肖洛教授的热情鼓励下，我撰写了《利用交流斯塔克（光频移）效应激光冷却气体原子》一文。我将文稿寄给肖洛教授请他审阅，他来信评价说："学术思想是新的、合理的，表达是直接的和清晰的，我建议你发表。"我收到回信后备受鼓舞，并将文章发表在国内1979年《科学通报》和1982年《激光》上。1980年在上海召开的国际激光会议上我做了报告，会议主席汉斯教授即多普勒冷却机制的提出者。我做完报告后，他说：一个电容器中有原子存在，电容器上电压改变了原子能级在变，如何冷却原子？我回答他：这与我讲的光频移冷却完全不同。会上发生了争论，但他坚持认为不可能冷却气体原子。这使我受到国际权威极大的压力。当时我国科技水平落后国际水平很多，自信心受到损伤，但反复思考后我坚持认为我的物理思想没错误。后经十年的科学发展证明，光频移冷却机制与诺贝尔奖获得者朱棣文（S. Chu）和科亨－唐努日（Cohen-Tannoudji）在1989年提出的"Sisyphus冷却机制"相一致，我们几乎早十年就发表了这个重要的激光冷却原子的物理机制。我相信研究方向正确，坚定地开展了激光冷却物理研究和冷原子钟研究。

从1979年至1984年，频标组全体人员在艰苦条件下共同建成了中国第一个激光冷却原子束的实验装置，开拓了物理学研究的新领域。我们先后验证了共振荧光的亚泊松光子统计分布和进行了原子束一维激光冷却实验，观察了低于多普勒冷却极限温度的现象。改革开放将我们的工作推向了国际舞台，1985年国际激光光谱会议邀请我们参加会议并做报告，亚泊松光子统计分布研究得到国际科学家的认同和好评，我被选为会议的指导委员会成员。这次会议为1997年申请国际激光光谱会议在中国召开建立了基础。1995年我们开始了玻色－爱因斯坦凝聚（BEC）研究，这是一个高精度、高稳定度和高难度的物理前沿实验。诺贝尔奖得主维曼（C.Wieman）教授说："任何一个实验室获得BEC都是一场挑战！"我们研究组的一批新生力量周蜀渝、龙全等参加了BEC研究工作，解决了多个实验技术难题，于2002年3月实现了中国第一个铷原子稀薄气体的玻色－爱因斯坦凝聚。我们的实验证实了"在磁阱中紧束缚状态下超冷原子气体BEC相变的新判据"。国际玻色－爱因斯坦凝聚研究网站上飘扬起了五星红旗。2009年我们实验室的青年研究生李晓林、颜波实现了原子芯片上的BEC凝聚体，为超冷原子干涉仪、空间超冷原子物理研究建立了基础。

研究激光冷却的初衷是用冷原子研制冷原子钟。1997 年在力学所胡文瑞院士的鼓励和推动下我们开始开展微重力环境中的空间原子钟研究。空间原子钟研究可以展现我国科学研究的综合实力。我们参加在力学所进行的微重力物理学术研讨会，并约请中科院光研院负责航天项目的顾逸东院士参加研讨和申请立项。1998 年我们研究室开始空间原子钟方案调研，并招收空间原子钟方向的研究生。从 2002 年开始我们得到中科院两次方向性项目的支持，2005 年在中科院和上海分院领导的支持下将方向性项目转为中科院航天项目的申请。为了开始空间原子钟的研究，项目组魏荣、边风刚、吕德胜、李唐、王新祺等研制成功了国内第一套铷原子喷泉钟，并提出了空间原子钟技术方案。2007 年航天项目获得批准，我任首席科学家，我的学生刘亮任主任设计师与青年科技人员组成空间钟研究组，开始了微重力条件下的冷原子钟的研究。在中科院的大力支持和上海光机所的组织协调下，在研究室整体团队二十余年积淀的原子钟和冷原子物理的学术成果基础上，成功地研制出空间冷原子钟。研究组突破了微重力环境下运行的冷原子钟物理系统、长期自主运行的冷原子制备与操控激光光学系统、铷原子钟超低噪声微波频率源等一系列关键技术，最终在国际上首次实现了冷原子钟的在轨稳定运行。2016 年 9 月 15 日，一个晴朗的中秋月圆之夜，装载着空间冷原子钟的天宫二号成功发射入轨，实现了研制空间原子钟的梦想。空间原子钟在轨运行两年多时间里运行正常、状态良好、性能稳定，完成了全部既定在轨测试任务，成功验证了在空间环境下高性能冷原子钟的运行机制与特性。实验结果显示它可以具备天频率稳定度 7.2×10^{-16} 的超高精度——这相当于 3000 万年误差小于 1 秒，预计可将目前人类在太空的时间计量精度提高 1～2 个数量级。这是基于冷原子的空间量子传感器领域发展的一个重要里程碑，为空间超高精度时间频率基准的重大需求以及未来空间基础物理前沿研究奠定了坚实的科学与技术基础。该成果已于 2018 年 7 月 24 日作为亮点文章（highlighting）在线发表于国际重要学术期刊《自然・通讯》(*Nature Communications*)。

三、结　语

回顾我们的科研经历，尽管道路并不平坦，但创新驱动仍是我们不断突破国外的技术封锁，取得成功的核心力量。时间过得太快，经历的往事，依然历历在目，有痛苦和无奈，有振奋和喜悦。使我们感到欣慰的是在西方禁运的条件下，我们为国家研制成功了铷原子钟和建立了冷原子物理研究及其应用的基础，研究成果逐渐达到国际前沿水平。在这几十年里，从我们实验室培养和锻炼出了一批优秀的科技工作者，他们走向了全国成为我国冷原子物理和原子钟研究的骨干力量。当今，各项事业正走向高速发展，国家对科技事业提出了更高的创新要求，我们肩负着国家和人民的期望，任重而道远。我们必须奋力拼搏，锐意进取，坚定地克服任何困难，勇攀 21 世纪科技的顶峰，为实现中国梦做出新贡献！为建设美丽中国而奋斗！

传承的力量

⊙ 郑志鹏

中国科学院创立至今已整整 70 周年。在这 70 年中，我与中科院结缘 60 年。作为一个亲历者，我目睹了自 1958 年来它的巨大变迁，我见证到了它由弱变强的过程。

下面就以我与中科院结缘的这段历史，从一个侧面观察中科院发展壮大的不平凡的历程，从中深感中科院事业之所以能持续发展，乃得益于它始终重视人才培养，不断涌现出一批又一批的优秀人才，将执着的科学精神和勤恳踏实的工作作风一代代传承下去，成为其科学事业不断取得辉煌的源泉。

五年科大生活

1958 年我考上了心中最理想的中国科学技术大学。这是一所刚刚成立、由中科院创办的以培养高端科技人才为目标的大学。以全院办学，所系结合的方针，使我们享受到得天独厚的资源。教师大多是中科院的兼职研究人员。我所在的原子核物理与工程系（5801 系，后改为近代物理系）系主任是著名原子核物理学家赵忠尧，他除了繁忙的科研、管理工作外，还亲自给我们讲授原子核反应的课程。他邀请了著名粒子物理学家张文裕讲授粒子物理，著名数学家关肇直讲授高等数学，此外还请朱洪元讲授量子力学，梅镇岳讲授原子核物理，他们都是该领域赫赫有名的学者。

我们还能听到吴有训、严济慈、钱学森、华罗庚、赵九章等大师级的专家讲授的大课。我们从这些名师身上不但学到了许多知识，还学习到了做科学研究的态度和方法。他们对科学执着的精神和勤恳、踏实的作风影响了我的一生。华罗庚讲过：读书要越读越薄，从中汲取精华。张文裕讲过：不但要学习知识，更重要的是学习方法，掌握解决问题的本事。这些话使我终身受益。

这里不但有最好的老师，而且有极佳的学习环境和刻苦努力的学风。进入大学三年后就来到实验室，通过实践，学习到理论联系实际、勤于动手的良好作风。毕业设计时，又可以到原子能研究所实习，受到严格的培养和训练。

研究初期训练

毕业后我分配到中科院原子能研究所工作。很荣幸，我能在赵忠尧先生的指导下从事

注：郑志鹏，79 岁，中科院高能物理研究所研究员，原所长。

原子核反应研究，继续接受他的教诲。研究组的组长叶铭汉曾在中科大给我们上过加速器课，现在指导我们在一台称为V2的国内第一台加速器、250万电子伏静电加速器开展核反应实验工作。他热情指导年轻人，工作作风严谨、踏实、以身作则，能影响到组内的每一个人。在这样的环境下，年轻人通过实际锻炼得到很快成长。

他交给我的第一项任务是制备一台核磁共振测磁仪。从调研到线路设计到制造再到测试，每一步工作都得到他的指点和启发。我最终在半年内圆满完成任务。

但不久“文革”来了，科研受到极大冲击，基础科学研究受到限制，研究工作很难开展下去。即使这样，我们的研究工作也没有完全停顿，仍在艰难的条件下进行辐射探测器的研制工作。我自己更没有放弃，在业余时间阅读我感兴趣的专业书籍和期刊。

在丁肇中实验室工作

1978年初，我有幸被选送到丁肇中实验室学习、工作，成为改革开放后第一批出国访问的学者。第一批先选送十人是邓小平接见丁肇中时商量确定的。出国前我们还受到时任中科院院长方毅的接见。

我们第一批赴丁肇中实验室学习工作的十人，1978年元旦刚过便乘机飞往汉堡，到德国同步加速器中心（DESY）丁肇中实验室参加Mark J探测器的建造工作。到达DESY的第二天，丁先生就给我们分配任务，然后就开始了紧张的工作。我们没有时间系统学习，只能边干边学，不懂就向丁先生和外国同事请教。一开始丁先生考虑到“文革”期间中国科研所受的干扰，对我们能否胜任工作是有疑虑的，但很快就放下心来。因为我们十个中国人每一个都能很好地完成他交给的任务。原因之一是挑选的这十人都有一定的科研、业务基础，且适应性很强。加之大家都十分珍惜这次宝贵的学习机会，学习工作十分刻苦，每天都工作十个小时以上，周末也不休息。我们以顽强的毅力，坚持不懈的努力很快就上手了。我们在顺利完成任务的同时也学到了许多国际粒子物理前沿的知识以及丁肇中先生严谨的科学作风和果断的决策能力。

一年多的时间里，我们十位中国同事和外国同事一起在丁肇中先生的领导下成功完成了Mark J探测器的建造。探测器性能优良，不久在其上发现了著名的三喷注现象，找到了胶子存在的实验证据。这一发现获得了1995年的欧洲物理特别奖。在2016年丁先生访问中科院做报告时还多次提到第一批到他那里学习工作过的十人，对我们的工作给予很高的评价。

建造北京正负电子对撞机

从丁先生实验室回来不久，就赶上了建造国内自己的探测器的机会。

中国高能加速器计划几经周折，最终，北京正负电子对撞机建设项目在邓小平同志亲自关怀下获批，并于1984年开始建造。

我参加了对撞机的核心装置北京谱仪的建造工作。一开始负责飞行时间谱仪的制备，

1986 年后接替叶铭汉，负责北京谱仪的建造、安装和调试。

因为是在国内第一次建造这样一台 500 多吨重，由上万个元件组成的精密复杂的探测器，在设计、加工制造、安装、调试几乎每一步都遇到预想不到的困难。但在北京谱仪四年建设期间，100 多位研究工程人员夜以继日，奋力拼搏，加班加点，节假日很少休息。大家都十分珍惜这个难得的机遇，决心建成中国的第一个高能加速器基地，早日实现自己的梦想。正是在这种精神鼓舞下，大家继承老一辈科学家赵忠尧、张文裕脚踏实地的传统，攻克了一个又一个技术难关，同时得到了全国有关单位的支援，终于在 1988 年 10 月 16 日实现了正负电子对撞，标志着对撞机、谱仪按时建造成功。

同年 10 月 24 日 ，邓小平等党和国家领导人到北京正负电子对撞机视察。小平同志接见了十位有功人员，我很荣幸成为这十人之一。他和我们一一握手，亲切询问我们是什么地方人，负责对撞机的哪一部分？我们一一作答。然后小平同志向与会人员发表了“中国必须在世界高科技领域占有一席之地”的讲话。讲话鼓舞了全体高能人继续拼搏，为占有世界高能物理的一席之地而努力奋斗。

去年是北京正负电子对撞机建成 30 周年，大家回顾 30 年来在对撞机上取得的丰硕成果，充分证明了“高能人”没有辜负小平同志的期望，实现了在世界高能物理占有一席之地的理想。

主持 τ 轻子质量实验

对撞机、谱仪建成后能不能出成果？各国同行都在关注，这是我们必须回答的问题。

1992 年，我主持的在北京谱仪上进行 τ 轻子质量测量实验取得了成功，打响了北京谱仪的“第一炮”。

在经过精心的准备后，北京谱仪合作组的物理学家开始了一次带有极大挑战性的实验。由于方案创新，我们在世界上首次采用 τ 质量阈值扫描方法，加上使用了精巧的实验手段，最终得到了比以前实验精度高十倍的结果，回答了国际高能物理界几年来争议不休的问题。我们以可靠的数据向粒子物理界宣布：轻子普遍性原理是正确的，以前的怀疑是因为 τ 质量测量的偏差所致。北京谱仪的实验让国际高能物理界为之一震，刚建成不久的北京正负电子对撞机就取得了世界瞩目的成果，可谓一鸣惊人。该实验被权威的 PDG（粒子数据小组）认为是 50 年来粒子物理最重要的实验之一。实验成果获得 1995 年国家自然科学奖二等奖。

从此以后北京谱仪上的一项项成果接踵出现，向世界表明中国科学家不但可以建成世界一流水平的对撞机和谱仪，而且可以做出令世界瞩目的物理研究成果。从此北京谱仪在国际高能物理界逐步建立起了信誉。

1992 年，我担任了中科院高能物理研究所所长，在原有科研工作的基础上又增加了新的任务。任这个大所的所长，我感到诚惶诚恐。周光召院长勉励我，要依靠集体，调动大家的积极性，并说：“你的任务是带领全所职工促进对撞机早日出成果，推动高能物理及相应学科发展，实施一院两制的改革任务。”我明白自己身上的担子有多重，只有全心全意、踏踏实实工作才能以勤补拙；必须团结高能所领导班子全体成员，调动全体职工的积极性才能完成任务，不辜负科学院的期望。

为了在对撞机上取得出色的物理成果，需要不断提高对撞机的亮度和谱仪的质量。为此，在我任所长期间，组织全所力量开展了对撞机、谱仪的升级改造，最终获取到更多、更优质量的物理事例；同时加强物理分析队伍进行数据分析，充分利用北京谱仪国际合作的优势，提高数据分析水平。在采取了这些措施之后，才获得了一批国际高能物理界认可的成果。同步辐射装置不断完善与扩建，在其上也取得了许多应用成果。

利用国际合作的优势，经过多年的努力，1994 年高能所建成了我国第一条互联网线路，提供给中科院广大科学家服务，大家第一次享受到这种新通信方式的便捷。高能所计算中心则精心维护好这套系统，使其稳定畅通运行。

这期间西藏羊八井宇宙线高山站也取得一系列国际一流水平的成果。在天体物理研究方面，为高空气球发放，X 射线天文望远镜的预制研究打下了坚实的基础；在自由电子激光研究方面也给予大力支持，为这个亚洲第一台实现饱和受激辐射振荡的自由电子激光器的建成准备了良好的条件。

所领导班子在致力于研究所实力的提高，人才培养方面做了许多扎实的工作。我个人在科研中也培养了 20 多位硕士、博士研究生，他们之后在国内外都成为粒子物理与相关学科方面的骨干，有的已成为中科院院士，有的已是粒子物理、探测器领域的学科带头人。看到他们的成长，并在各自岗位发挥作用，我感到无比欣慰。

高能所的进展也获得了国际上的认可和中科院的表彰，在我任职期间多次获得中科院优秀研究所的称号。

从我的导师赵忠尧、张文裕、叶铭汉到我，再到我的学生，几十年来一代又一代把中科院的优良作风传承下来，使得中国的高能研究事业不断发展。从零起步到如今中国高能物理在世界上已牢牢占有一席之地；从对撞机到大亚湾中微子实验再到国家散裂中子源的建造成功，这是几代人努力的结果，是科学精神传承的力量。

从高能物理发展的一个侧面，可以窥测到中科院发展的脉络。70 年前中科院诞生到如今取得的辉煌，也是一代一代人传承发展的结果。这种传承的力量是中科院由弱到强、不断壮大的源泉，也是这种力量预示了中科院更加辉煌的未来。

回忆我与中科院结缘的一生，心中充满了感激之情。感谢中科院的培养，并给了我一个平台，能为中国科学事业尽一点微薄之力。为此我感到自己的一生过得十分充实。

最高奖项

⊙ 邢福生

中科院电工所建所不久，在 1960 年就建立了“高电压研究室”，考虑到与产业部门的分工及国家经济建设的需要，突破了高压输变电的研究领域，所里提出重点研究发展高电压技术的新理论、新应用与开拓高电压技术新生长点的指导思想。经调查研究，确立了以能广泛应用于军事、科学实验、工农业生产以及医学领域的高电压脉冲技术为主要研究对象。在研究工作中除继续开展防雷保护外，所里又在我国率先开展了液中放电和脉冲磁场的理论及应用等研究，在海洋勘探、液电清砂（用于铸造模具的清砂）、液电成型、磁力成型、建筑和桥梁的桩基无损探伤等多方面得到了实际应用，取得丰硕成果。

创意的提出

1980 年，在高电压研究室参加高压脉冲放电应用研究的张禄逊研究员，从国外文献上看到了有关用此技术破碎人体结石构想的只言片语，但对于技术细节和临床医学理论完全不了解。冲击波穿透人体组织，击碎体内结石而对人体组织不造成不可逆的损伤，这简直是天方夜谭。正好他的夫人是人民医院的大夫，他从夫人那里了解了不少相关的医学知识，又结合自己参加液电清砂、电磁成形等研究工作的实践经验，于 1983 年大胆地提出了“体外冲击波碎石技术”的课题，立项后一直主持此研究工作。

人的身体比石头还硬吗

20 世纪 80 年代以后，各大医院纷纷贴出广告：不用手术，治疗肾结石。治疗方法是一种被称为“体外冲击波碎石机”的治疗仪器：用冲击波穿过人体的皮肉和脏器壁，将肾内的石头打碎，然后随尿液排出体外。这就怪了，如此强的冲击波，能把石头打碎，而人的血肉之躯却完好无损（即便有一些微小的损伤，也是可恢复的），难道真的是人的皮肉比石头还硬？显然不是，但这里有科学、有研究人员的智慧。

为什么能碎石而不伤及人体。这里科研人员巧妙地运用冲击波在传递中的一些特性。利用的第一个特性是冲击波的传递在不同的介质中是不一样的，在人的身体中冲击波能耗损最少，冲击波迅速进入人体而到达结石，而对组织不造成损伤。

利用的第二个特性是冲击波在两种声阻抗不同的介质（人体组织与结石）的界面发生

注：邢福生，78 岁，中科院电工研究所原党委书记。

反射，这个过程中在结石上产生很强的应力，导致结石破碎。两种介质的特性阻抗的差别越大，应力就越大，而人体组织与结石的密度等特性差别很大，所以结石结构很容易破坏。

探索与试验

研究工作要解决五个关键问题：一是冲击波的发生、强度控制，二是冲击波穿透人体的衰减问题，三是定位问题，四是冲击波能量聚焦在定位点问题，五是控制问题。把这些问题都解决了，最后达到体内结石被击碎，而人体组织没有不可逆损伤的目的。

在完成医学上理论论证和试验后开始研制工作。第一阶段是用动物躯体组织做实验，从 1984 年初开始，利用猪肉代替人体组织观察不同特性冲击波在穿透不同厚度猪肉时的衰减规律；进而用活体动物做局部实验。通过这两个阶段的实验探索，研究人员找到了冲击波的传导规律，为脉冲放电系统、X 射线定位系统、控制系统、辅助系统等的设计提供了理论和实验依据。特别是研发的聚焦冲击波能量于结石上的关键部件——反射器，更具有创意。这些研究工作为样机的设计奠定了基础。

第二阶段是动物活体实验。1984 年 10 月，中科院电工所高压研究室与北京人民医院合作研制成功第一台体外冲击波碎石机，命名为“E8410 型肾石碎石机”。此后进入紧张的动物活体模拟临床试验，共用了 50 多条狗分别进行了医学试验和研究，包括对肾脏、肝脏、肺、骨脊髓、输尿管、膀胱等的冲击影响研究和埋石碎石效果试验研究，观察结石的击碎情况和对身体组织的影响。

至此，从理论上和实践上完全证实了我国第一台体外冲击波肾石碎石机进行临床应用的安全性和有效性。1985 年 7 月 18 日，由北京医科大学组织了临床前的科学技术鉴定会，同意进行人体试用。

第三阶段是人体试用。1985 年 8 月 19 日，研究人员进行了我国体外冲击波碎石第一次人体试用，取得圆满成功。

最 高 奖 项

随后，研究团队又进行了上百例患者的碎石治疗，均取得成功。1985 年 12 月 24 日，国家卫生部委托中科院电工所与北京医科大学对我国第一代第一台体外冲击波肾石碎石机进行科学技术鉴定，给予高度评价。该项成果于 1986 年获北京市科学技术进步奖一等奖，同年获卫生部甲级成果奖，1987 年获国家科学技术进步奖一等奖，这是我所自建所以来所获得的最高奖项。张禄逊、朱建华、史荣等同志作为主要贡献者成为获奖人。

默默耕耘　砥砺前行　终结硕果

⊙ 张寒虹

近几年，我国海军电磁诱导加快弹速的舰载型新武器研制佳音频传，每当闻讯总是心潮澎湃，回想起参加该项目立项论证研究时的日日夜夜，难忘的峥嵘岁月至今历历在目。

20 世纪 80 年代末、90 年代初，国内得知美国星球大战计划里有电磁发射的研究计划，而且美国已经做到了每秒数公里的发射速度，这让军方感到异常紧迫，急于进行跟踪研究。要想研究必先立项，但没有人知道它长什么样，实际威力到底多大？在既没有技术资料又缺少必要经费的情况下，海军把立项所需的论证工作，即电磁发射的机理和实验研究课题委托给了合肥分院等离子体物理研究所。由于对发射效果的最终认定是终端弹道的高速摄影记录，该所没有相关条件，找到中科大协作。我在中科大一直从事爆炸冲击波高速摄影技术的教学和研究，因而有幸参与该项目，负责终端弹道的摄影测量工作。

终端弹道的摄影目标是随机现象，必须有能够捕捉随机现象的类似瞬态波形存储器那样的等待型高速摄影机，这是研制新型武器的必需设备，国际社会对我国禁运。不要说人家不卖给我们，就算卖，我们也没有那么多经费买。但是，新型武器的研制决不能空缺，再大的困难我们也要克服，否则我们就会落后很多，落后就要挨打。当时苏州一家生产高速摄影机的工厂刚刚研制成功了等待型高速摄影机（是用胶片的，多年后我们才见到 CCD 的快速摄影机）。那也是在重重封锁下靠自力更生的理念完全自主研发成功的。校科研处余翔林处长对该项目非常重视，在科研经费十分紧张的情况下支持购买了这台设备。

用于拍摄高速飞行物体的高速纹影摄影系统由纹影仪、高速摄影机、附加光学系统、光源和同步系统几部分组成，在中科大的实验室里我们应用得很熟练，但终端弹道的拍摄现场完全不同于实验室，我们也是第一次接触。首先，终端很危险，摄影的视场既要准确地对准弹道，又要让全部设备离弹道有足够的安全距离；同时技术上要解决强磁场、强光、杂散光、烟雾、振动等多重干扰才能实现拍摄时刻、光源和弹体的同步。经过反复试验，我们研制成了专用的控制电路解决了同步问题。在外弹道上布置两个同步靶，用弹丸穿透同步靶时给出的信号触发同步系统，适时给出高压脉冲去触发脉冲光源，确保弹丸到达终端时发出闪光，而且闪光的脉宽既能覆盖终端弹道的全过程又不致发生二次曝光使有用的图像被淹没。为了确保安全，高速纹影摄影视场必须远离发射口。两个纹影镜相距约 20 米，原有的附加光学系统只适用于实验室的小范围，不能把弹道的纹影图像成像在

注：张寒虹，74 岁，中国科学技术大学教师，三级高工。

高速摄影机的胶片平面上。我们重新设计附加光学系统，推导出不同距离下光学系统的计算公式，能够根据不同的拍摄任务迅速设置好附加系统，使弹道在摄影机胶片平面上清晰成像。说是摄影机，却是个头一米七，重量一吨多的庞然大物，无论是移动或操作都十分笨拙。不仅技术难度大，体力上也是严峻的考验。每次实验要根据不同的弹道要求调节光路和摄影机，在一百多平方米的范围内做这些工作既需要精确的计算和调节光路，又需要往返奔波无数次，是典型的体力活。发射准备工作的最后一步是安装胶片。摄影机用的是70毫米宽的胶片，没有定位孔。近一米长的胶片要在暗箱里的导轨上平稳滑动，装片时身体不能触碰摄影机，两手臂要高高举起尽量张开同步转动两个片轴，完全靠手感把胶片滑动到拍摄位置上，而且不能让摄影机有丝毫移动，装一次胶片就能累得腰酸胳膊疼。卸胶片和冲洗胶片是整个实验的最后环节，也需要高度紧张，不容许出任何差错。我们总是早晨到现场布置元件，天黑以后才能调节光路，调好后进行发射实验，等把后期工作做完才能离开。不少次是凌晨回到家，早晨又要赶到20公里外的现场。由于是摸索，实验极不稳定，一次又一次地失败，但是大家一直顽强坚持，夜以继日，反反复复不知实验了多少次，经历了多少次失败。天道酬勤，我们终于准确而完整地捕捉到了最成功的一次实验。飞行体超高速撞击靶板的全程图像雄辩地证明了电磁轨道加速技术的超强威力，为它的立项论证提供了关键依据。那一天，弹丸打出了1.4公里/秒的速度，我们以40万帧/秒的高速摄影成功记录了从弹头着靶到穿透近40毫米厚的装甲板以及弹孔熔化、喷射的全过程，超高速撞击的典型特征一览无余。那一刻，整个课题组那个欢喜、兴奋，真好像我国原子弹爆炸成功后的庆祝场景那样。

项目持续了一年多，不管严冬酷暑，我们摄影组是随叫随到，自始至终，不离不弃。辛苦不说，经费也很紧张。中午，所里同志们都回家了，我们就在现场凑合着休息，舍不得把经费用到住招待所上。连非常支持该项目的伍小平院士到现场观看实验，也和我们一样，就在实验大厅的木凳上躺一会儿。实验总是失败再失败，甚至不知道最终能否成功，但是整个项目组包括我们摄影组的所有成员都从不气馁、埋头苦干、无怨无悔，心里只有一个念头，为了国防的强大我们所有的付出都是值得的。在此我要感谢我的主要组员周听清副教授和胡晓军工程师，感谢他们不图名利、坚韧不拔的精神和对我的高度信任。我们为了共同的目标，团结一致，齐心协力一起度过了那些难忘的日日夜夜，终于圆满地完成了任务。

在院庆70华诞的喜悦时刻，回想起当年工作中的点点滴滴，身体力行了“科大人”崇尚科学、献身科学、不图名利、顽强拼搏的精神，虽没有丰功伟绩，但努力了、奋斗了，贡献了自己微薄的力量，内心十分充实，无怨无悔。

778 光电经纬仪研制纪实

⊙ 张振轩

在艰难困苦环境条件下起步

根据国家的战略需要，中科院光电技术研究所于 1970 年成立（1975 年 12 月前为中国科学院长春光学机械研究所分迁到成都的 6569 工程及以后的十院 1019 研究所），建所主要方向之一是飞行器光测设备的研制。这里地处四川大邑的一个山沟，地域狭窄，全年约有 8 个月为阴雨天气，年平均相对湿度达 81%，洗一件衣服有时一个星期都晾不干，再加上地理偏僻，交通不便，使得后勤保障、学术交流与协作以及家庭生活等方面都存在大量难以想象的困难。

在这种艰苦环境条件下，能否长期扎根下来？能否研制出精密光学测量仪器？对许多人来讲都是大大的问号。但是，事在人为，以国家任务为重，在中国人特有的勤劳和智慧面前，是可以把看似不可能变为可能的。

根据所的发展规划，以及科委基于组建新型测控网而提出的大型光电经纬仪的要求，1976 年初，光电所以新建的总体室为主，开展了方案论证工作。1976 年 6 月，光电所技术负责人林祥棣和项目总体负责人张振轩，应邀去国家科委，向钱学森副主任汇报。钱副主任认为光电所提出的总体方案符合要求，并指出，应该往多目标观测等方向进一步研究。

此后，在进行了大量调研并与国家科委等单位反复协调后，全面完成了仪器总体指标和方案的论证工作。1977 年 8 月，国家科委在昆明召开了“光电经纬仪任务落实会”，正式向光电所布置了光电经纬仪研制任务，代号为 778。

在攻坚克难中勇攀技术高峰

778 光电经纬仪的研制，是一项多功能、高精度、高可靠性的大型技术密集型光学工程。由于当时光电所相关技术基础较薄弱，一些单元技术尚属空白，不难想象该任务的复杂性与艰巨性。但是，在党委书记刘允中和科技处负责人都俊卿等领导的大力支持下，778 课题组成员满怀信心，知难而进，决心在光电测量技术领域取得新的突破，为国家建设做出新的贡献。

注：张振轩，86 岁，中科院光电技术研究所研究员，曾任该所研究室主任。

778光电经纬仪是一种综合应用光、机、电以及微型计算机等先进技术的大型、多功能光测设备。为了确保研制任务的顺利完成，考虑到光电所在光学精密机械领域较有基础，我们设计了大口径、高像质的主光学系统，并选择了1：1试验样机研制的技术路线，各分系统相对独立，与主机有约定的接口，给各单元技术系统提供试验与改进提高的条件。在试制组织上，将红外、激光分系统委托1411所协作，光电所重点进行了精密跟踪控制，高速间歇式摄影机及其同步控制，电视、红外与激光三种手段的光电跟踪测量，微型计算机应用，21位增量式轴角编码器和大型直流力矩电机等分系统的研究。

与此同时，为确保仪器在现场苛刻环境条件下的可靠工作，我们还通过新材料、新器件的选用，对整机与分系统可靠性设计以及精密机械加工、光学主镜加工及其装校工艺设计等方面进行了大量的研究工作。

我们所取得的每一项技术的突破或进步，都是广大科技人员和技术工人智慧与汗水的结晶，比如：数字系统作为数据采集、显示、实时处理与整机协调工作的中枢，我们从中规模逻辑器件到单板机，再到多系统处理机，三易方案，始终走在当时国内数字技术发展前沿；高速摄影机，经历了抓片机构易破损、高速轴承寿命短和低温条件下胶片断裂等三道技术难关；外转台原有的直流电机驱动方案由于齿轮箱振动噪声较大，影响仪器精度，果断弃用，重新研制了力矩电机直接驱动的外转台；再如，对于1米直径的大型平面止推轴承环，加工精度要求在1微米以下，按工人师傅的话说，如同在一根面条上加工那样困难。面对诸如此类的技术难题，不言而喻，如果没有一丝不苟的工作作风，如果没有科学的态度，如果没有创新的精神，是不能完成的。

正当778样机进入总装调的关键阶段，1982年底，所长高福晖和课题负责人张振轩，到国家科委参加了某工程靶场鉴定方案论证会。被鉴定的是一种高精度、高机动性，测量难度较大的小型飞行器。当听过我们所正在研制的778大型光电经纬仪的性能介绍后，与会人员认为其完全符合该飞行器的测量要求，确定选用778系统作为主要光学参试设备，并要求于1984年上半年完成。

778系统未研制出来就承担了任务，由于任务紧急，1983年2月，光电所成立了由张振轩、雷有生、马佳光、张景魁和吴泉清组成的领导小组，代表所里负责778系统研制的指挥调度工作。同时，所里还提出778系统研制为“全所工作重中之重”的号召，全所各部门都为778项目研究开绿灯。

课题组成员和工人们急国家之所急，放弃所有节假日，加班加点，从研究室、试制车间到装校大厂房，每晚都灯火通明，当其他人一家老小围坐在电视机旁的时候，当山沟难得的每周一次露天电影放映的时候，他们都坚守在自己的工作岗位上。

1983年11月，整机装调进入最后的紧张阶段，为保证进度要求，开始实行两班制，换人不停机，从而有效增加了装调时间，但骨干人员是没办法换的，劳动强度也就大幅度增加了，一个个同志都消瘦了下来。终于在攻克了各种技术难题之后，按计划于1984年4月完成了室内总检测，并于5月中旬，顺利通过了由国家科委主持的室内鉴定，各项性能指标达到了任务书要求，确认 778 系统的综合性能达到了国内同类仪器的新水平。

在实践考验中脱颖而出

1984 年 7 月 5 日，778 系统按预定计划运抵试验场。外场小分队带着所领导和全所职工的殷切期望和嘱托，于 7 月底到达现场，投入紧张的外场安装、联试、校飞检测工作。当时正是酷热的夏季，戈壁滩白天气温达 35 摄氏度以上，阳光刺眼。从潮湿清凉的山沟突然来到这里，大家很不适应，不少人手脚裂口，流鼻血，拉肚子……在生活方面，尽管基地尽了很大努力，但条件有限，住房拥挤，洗澡困难，伙食标准较低。当然对于这些，大家早有思想准备，很快就适应了这里的环境。但是工作条件的不具备带来了很大麻烦，最为关键的是仪器塔罩还没到场，临时用帆布罩代替，不密封，不隔热，又因风沙大不敢轻易开启，在烈日照射下，塔内温度大大超过 40 摄氏度。在塔内工作，大汗淋漓，透不过气来，但为保证计划进度，大家仍坚持工作几小时不下机。还有，在大电网接通前的两个多月时间里，用柴油机定时发电，工作时间受限，我们就利用午休和晚上 10 点前播放闭路电视的供电时间，加班工作。1984 年 11 月 13 日，经各方大力协同，778 系统完成了现场联试、校飞检测工作，为靶试任务做好了准备。

该试验任务，是一项艰巨、复杂并具有重大影响的工程任务。1985 年 1 月，外场小分队再次进场。关于 778 系统的工作状态和适应能力，有关领导机关、用户与客户都十分关切。在场的专家对 778 系统进行了参观，当听完我们的介绍，其第一反应竟是不相信这是中国人自己制造的，问“是从哪个国家进口的？”“是不是用从瑞士进口的部件组装的？”当我们明确地告知“这是中国自力更生研制的”之后，他们非常惊讶并赞不绝口。

经过一个多月的六次靶试测量，778 系统果然不负众望，在恶劣的环境条件下，圆满地完成了各项任务。在现场十余台国产和进口光测设备中，778 系统提供的有效数据最多，精度最高，摄影图像最清晰，视频实况监视直观及时。由 778 系统提供的实时和事后处理数据和影像，成为本次试验鉴定分析的主要数据来源，从而为试验任务的成功做出了重要贡献。

1985 年 4 月 21 日至 24 日，国家科委和中科院在洛阳联合主持召开了“778 光电经纬仪鉴定会”，我代表课题负责人做了“外场校飞与应用总结”的报告。与会代表一致认为，778 光电经纬仪作为我国靶场光测设备的第四代产品，其综合性能在国内达到了同类仪器的新水平，主要技术指标接近或超过国外同类仪器的水平，微型计算机的应用，是我国光电经纬仪进入新一代的重要标志之一。我国光学领域的奠基者、王大珩院士深有感触地说“25 年了，我们等的就是这一天，在靶场光测设备方面，我们终于可以拍拍胸脯讲这句话了，确实可以跟国际先进水平相媲美了。”这一权威评价，让国内光学界的同行们，都为之振奋并深受鼓舞。

1985 年，作为最新一代和具有国内领先水平的 778 光电经纬仪，与国内其他靶场光测设备仪器一道，荣获国家科学技术进步奖特等奖。

778 光电经纬仪的辐射效应

1985～1992 年，光电所进行了五台 778 系统小批量试制工作。由于总体工作量加重，总体组进行了分工，雷有生与马佳光分别主抓 778-1 的第一台和第二台，马振洲主抓 778-1 的第三台和第四台，778-2 由马振洲和张振轩负责。各台仪器由于适应不同地区，技术指标都有不同程度的改进提高。

通过 6 台套 778 光电经纬仪的研制，有力地带动了光电所科技队伍的成长，仅以 778 后三台试制为例，由于计划紧迫，加工与装调工作，有时是两台甚至是三台并行，这就要求大批年轻科技人员和技术工人，从“二线”走到“一线”，成为科研舞台的“主角”，使这三台系统的研制时间，从 1990 年 3 月到 1992 年 6 月，仅用 27 个月就完成了。

通过 778 研制形成的完整的图纸、资料、工艺与检测规范、配套的工装设备等，也为光电所的科研工作与技术开发推广奠定了坚实的基础。可以说，778 系统的研制，产生了良好的社会效益和经济效益。

778 光电经纬仪的精神成果

在研制 778 光电经纬仪期间，我所形成了“778 精神”。什么是“778 精神”？根据我们的切身体验，那就是“勇于创新、团结攻关、精益求精、无私奉献”。回顾长达 17 年的 778 研制与小批量试制的历程，778 参研人员以国家任务为重，在困难和压力面前不退缩，大胆引用新技术，以忘我的精神，团结奋战，刻苦攻坚；他们淡泊名利，一次次主动放弃休假、疗养以及外语进修的机会，以换取更多的工作时间；他们常常以“小我”服从“大我”，把家庭和个人问题搁置在后，无怨无悔，甘于奉献。毋庸置疑，正是在这种精神的支撑下，778 光电经纬仪研制任务才能在条件艰苦、情况复杂的背景下得以顺利完成。

科学大会40年　科研成果斐然

⊙ 吴石增

我是1968年毕业于北京理工大学，1984～1986年在美国俄克拉荷马大学进行访问研究。曾获得院部级奖励的科研成果6项，发表论文60余篇，出版著作5本。现为中国电工技术学会自动化与计算机应用专业委员会委员，IEEE学会高级会员，科技部评估中心咨询专家，中国老科学技术工作者协会科学报告团成员，中科院老科学技术工作者协会电工所分会理事长。

干了一辈子科研工作，真正塌下心来干科研是在全国科学大会之后。以电工所为例。电工研究所自1958年建所以来至2007年共取得科技成果446项，其中1958年至1977年19年共取得132项，平均每年为6.9项，而1978年至2007年共取得314项，平均每年为10.8项；另外，这446项科技成果中共有90项获得了国家级或院部级的奖励，其中在科学大会前的获奖成果共有14项，这14项中国家级奖励只有1项，科学大会后的获奖成果共有76项，这76项中国家级奖励占22项。从这些数据可以看出，全国科学大会后的科研成果以及获奖成果远远多于大会前的科研成果，它充分证明了全国科学大会后科学春天的光辉。

在全国科学大会之前，电工研究所一直将电工电能新技术及其应用基础研究作为本所的研究方向。科学大会之后，开始致力于扩大与其他学科的交叉，拓展电工电能新技术研究的新生长点。从1980年以后，电工研究所就开始了医疗仪器和相关设备的研制，并与多家医院建立了联系，进行动物实验和临床实验等多方面的实质性合作，取得了多项成果，积累了丰富的经验，成为电工研究所开展生物电磁技术研究的先声。据统计，截至2000年，电工研究所研制成功的医疗设备有30多种，创造了很好的经济效益和社会效益，并获得了多项奖励，其中“液电冲击波体外碎石机”获1987年国家科技进步奖一等奖，与科健公司合作的“基于0.15T永磁磁体的ASP-015磁共振成像扫描仪”获1991年国家科技进步奖二等奖，“前列腺射频治疗仪”获1996年中科院科技进步奖三等奖，“诱发电位仪”获1998年科技进步奖三等奖，“ZMT-1型微波治疗机”获1999年中科院科技进步奖三等奖。

我本人自进电工所至退休在参加或主持的两种科研项目中，共取得院部级奖励的科研成果6项，全国科学大会前取得2项，全国科学大会后取得4项，这些都得益于科学春天

注：吴石增，76岁，中科院电工研究所研究员。

对科研工作者个人工作条件的改善和工作热情的激励。在改革开放初期的1984～1986年我在美国俄克拉荷马大学进行访问研究，回国后从1988年开始就进入了医用仪器的研究领域，先后进行了三个项目的研制。

1. 1988年在所长基金的支持下，与北京医用电子仪器厂合作，进行了“微机化的B型超声诊断仪”研制，我们负责用单片机进行检测、控制、图像重建和显示部分，1990年初研制成功，由该厂接产。

2. 1990年我本人向所领导提交了研制“ZMT-1型微波治疗机”的申请报告，很快得到了所领导的批示，开始了该项目的研制。微波治疗机是利用微波辐射对人体局部产生热量的效应，以及人体癌细胞耐热性低于正常细胞的特性，用计算机检测被治疗癌症的温度和控制微波功率的大小，将温度严格控制在杀死癌细胞而对正常细胞没有影响的数值，对癌症进行治疗。当时国内尚没有解决在微波的干扰下正确检测温度的重要问题，不能控制微波治疗温度的准确性。针对这一问题我们采用特种技术方案进行了研究，1992年底解决了这一难题，完成了样机的研制，随之根据规定交由两家三甲医院（北京大学第一附属医院和第二附属医院）试用，在这两家医院临床研究报告的基础上，1994年12月通过了国家医药管理局的产品鉴定，1995年又通过了国家医药管理局的成果鉴定，随之又被评为中科院重要成果。此后，中科集团的医电技术公司接收了技术转让，并进行生产、推广和销售，取得了较好的经济效益和社会效益。1999年获得了中科院科技进步奖三等奖。

3. 1998年与北京手表厂合作研制“自体血液回收机”。该机主要用于手术中病人血液回收再利用，对手术中输血用血清不足和防止输血感染有重要意义。该机在1999年底研制成功，后转交北京万东医疗装备公司进行产品化并生产推广。

在前面所介绍的电工研究所开展生物电磁技术研究先声的基础上，2000年在中科院领导的组织和安排下，电工研究所成立了生物电磁技术研究部。该研究部一方面进行生物电磁机理的研究，另一方面进行医疗仪器的研制。当时，已经接近退休年龄的我也参加到了此研究部，协助年轻的科学家开展研究工作。2007年电工研究所又成立了一个新的前沿探索研究部，此研究部也进行了有关电磁探测医用仪器的研究，特别是对人体疾病早期诊断的磁声成像技术进行加大力度的研究。我退休之后，先后被这两个研究部返聘，返聘中我对磁声成像技术的研究特别喜爱和重视，这一研究项目是针对目前医院广泛使用的医学影像仪器（包括X-CT、超声诊断仪、磁共振诊断仪）不能对人体疾病早期诊断的共同缺陷立项研制的。磁声成像是一种多物理场耦合成像技术，在原理上它可以克服目前广泛使用的医学影像诊断仪器的共同缺陷，对人体疾病进行早期诊断，一旦实用化，就会对人类的健康带来极大的福祉。

特等奖背后的故事

⊙ 苏桂琴

20 世纪 60 年代初，中国的橡胶产业极其落后，所需主要依赖进口。橡胶是重要工业原料和战略物资，国家迫切需要发展橡胶工业。顺丁橡胶韧性好、抗拉强度大、耐高低温、应用广泛，优先发展顺丁橡胶成为急需解决的迫切任务。

生产顺丁橡胶，首先必须生产“单体丁二烯”，有了“单体丁二烯”通过聚合反应才能制得顺丁橡胶。中科院兰州化学物理研究所（1958 年建所，当时称为中科院石油研究所兰州分所，下文简称“兰州化物所”）急国家所急，接受了生产顺丁橡胶所需要的“单体丁二烯”的任务，当时国外对制备“单体丁二烯”技术进行封锁，可借鉴的资料也没有，科技人员只好自力更生，探寻制备方法。

首先是生产“单体丁二烯”原料的选择，最初是采用丁烷脱氢制丁二烯，可是这个反应由于受热力学平衡限制，技术和经济指标都达不到要求，只好停下来。开始探索用丁烯氧化脱氢制“单体丁二烯”的研究。

丁烯是无色气体，与空气混合会产生爆炸，是一项非常危险的工作。科研人员经过多次试验找到了空气与丁烯爆炸安全比例范围，艰苦仔细地进行丁烯氧化脱氢试验。这是一个催化过程，因此，首先研制了多种催化剂，直到 1964 年确定了 P-Mo-Bi [磷 – 钼 – 铋] 为丁烯氧化脱氢制“单体丁二烯”第一代催化剂。催化剂性能很好，通过了小试、中试试验后，又在石油工业部锦州六厂已建成的 6000 吨 / 年生产装置试验获得成功，接着在北京燕山石化公司胜利化工厂、齐鲁石化公司、岳阳化工厂等地建成年产万吨级生产装置。

可就在第一代催化剂 P-Mo-Bi 在工业化装置上运行一段时间后，暴露了催化剂的一些问题，出现了一堵二漏三污水，收率和选择性还需进一步提高，需要尽快解决这些问题。正在解决这些问题时，“文革”开始了，正常的科研工作受到影响。在这种情况下，课题组科技大员下定决心一定要完成任务，只能断断续续坚持工作，开始研制能替代 P-Mo-Bi 的催化剂。曾试验过 Sn-P-Li [锡 – 磷 – 锂]、钼系七组分催化剂等，但都没有解决 P-Mo-Bi 催化剂所存在的问题。直到 20 世纪 70 年代，国家提出抓“整顿”以经济建设为中心的较好形势下，科技人员开始探索用铁系尖晶石作为丁烯氧化脱氢制“单体丁二烯”的第二代催化剂，经过反复试验，铁系催化剂在活性和选择性上比 P-Mo-Bi 催化剂有很大提高。但因铁系催化剂是无载体催化剂，机械强度不够，影响催化剂寿命。又经过两年的研究，不

注：苏桂琴，79 岁，中科院兰州化学物理研究所研究员。

仅进一步提高了催化剂的性能，也解决了催化剂的机械强度和寿命问题。

1981 年 9 月，中科院专家组鉴定认为，该项工作在国内首先开发了丁烯氧化脱氢制“单体丁二烯”无载体铁系尖晶石催化剂，单程收率为 60%～70%，选择性为 90%～93%，副产物生成率低于美国 PETRO-TEX 公司，原料丁烯单程损耗可降 15% 左右，在经济上有较大收益，又在小试硫化床上通过了 1000 小时寿命试验。鉴定会后，有关同志又到锦州石油六厂 1000 吨 / 年中试装置上对整个实验过程进行验证。就在验证时，工程上又遇到了难题，这个难题只能在试验进行中找原因求解决。可是在中试装置上每试验一次都要花费几十万元。当时国家经济非常困难，这样花钱搞试验，遭到来自各方面的非议，有人主张停下来，但科技人员还是顶住压力，经过几次失败后，最终解决了一切问题，经得住 6000 吨 / 年、10000 吨 / 年大型装置的考验。

1983 年 12 月，在北京由中国石油总公司组织鉴定，鉴定意见：完成了催化剂每批 200kg 的工业放大制备工作，在 Φ2600mm 流化床上连续运转 1000 小时以上，重复了小试结果，这说明了铁系催化剂在流化床上进行的丁烯氧化脱氢制“单体丁二烯”技术与当时世界先进水平的美国 PETRO-TEX 绝热床在主要技术指标方面相当。而铁系催化剂在流化床反应技术方面，反应温度低、水比小、炔烃生成量少、无机酸及含氧化物生成少等，优于美国 PETRO-TEX 绝热床技术。

这个结果表明了铁系催化剂性能已超过了国外工业化水平，实现了该催化剂在国内的工业化，丁烯氧化脱氢制“单体丁二烯”这一过程开发成功，使我国成为继美国之后第二个掌握这个技术的国家。

继铁系尖晶石催化剂实现工业化之后，1987 年兰州化物所又承担了国家“八五”重大攻关项目，开展了丁烯氧化脱氢制“单体丁二烯”高效无铬第三代催化剂的研制。从环保角度考虑，催化剂含有铬等有毒元素，会对人体造成伤害，因此需要开展无铬催化剂的研制。经过两年时间，在科研人员努力下，1989 年完成了实验室阶段工作，各项指标都取得较大进展。因研究所没有中试、工业级放大装置，只能与外单位合作继续进行工作。于是，1990 年 10 月与锦州石油六厂签订了联合开发无铬催化剂的研制的协议。1991 年春，完成了催化剂放大工作，制备近 300 吨催化剂，同年 5 月在 Φ2600mm 流化床工业装置上试验取得成功，1992 年 6 月在同装置上又进行了 3600 小时连续运转的寿命试验，各项指标达到合同要求。1993 年 4 月通过中科院和中国石油化工公司联合鉴定。丁烯氧化脱氢制“单体丁烯”无铬第三代催化剂，由小试直接实现工业放大应用，为合作方取得了显著经济效益。

兰州化物所在研制丁烯氧化脱氢制“单体丁二烯”过程中，包括三代催化剂制备的探索，共完成研究课题 17 项，授权专利 2 项，获得国家科技进步奖特等奖、国家自然科学奖二等奖、全国科学大会奖、国家经委技术开发奖等共 4 项，中科院科技成果奖共 8 项，当这一项目完成时共获奖 12 项。

顺丁橡胶研制成功，实现了工业化。兰州化物所成功完成了丁烯氧化脱氢制“单体丁二烯”工作，同时又与长春应用化学研究所（以下简称“长春应化所”）合作完成了“单体丁二烯”在镍系催化剂、汽油溶剂下成功完成了聚合反应制得顺丁橡胶。

合成顺丁橡胶这项工作是在丁二烯氧化脱氢制“单体丁二烯”工作出现好的结果时，就开始与长春应化所合作进行“单体丁二烯”聚合反应制备顺丁橡胶的试验。当这两项工作在实验室阶段取得进展时，引起了石油界行家和领导人的重视，在他们的推荐下，国家科委批准了顺丁橡胶中试技术的开发，分别在兰州化工研究院和锦州石油六厂建成了两套中试装置，这也是世界最早建成的顺丁橡胶中间试验装置。1965 年 12 月该装置投入运行。1966 年 1 月又组成了由石油工业部、化学工业部、高教部、第一机械工业部和中科院共同参加的“四部一院”顺丁橡胶大会战，集中力量完善和完成锦州六厂的顺丁橡胶全流程中间试验。1968 年又计划在黑龙江大庆建成第一套顺丁橡胶工业生产装置，但由于“文革”和“珍宝岛”事件的影响，重新改换厂址，1971 年才在北京燕山石化公司胜利化工厂建成了第一套合成顺丁橡胶工业生产装置。1973 年至 1975 年在胜利化工厂进行顺丁橡胶工业化试验，在生产装置上全流程运转正常。这表明了我国独立自主完成顺丁橡胶工业生产新技术的开发，后来相继在辽宁锦州、甘肃兰州、山东淄博及湖南岳阳建成了万吨级顺丁橡胶工业生产装置。

丁烯氧化脱氢制“单体丁二烯”和顺丁橡胶工业生产技术开发成功，不仅解决了国家急需合成橡胶的一条先进生产途径问题，并为四碳烃分离和综合利用以及为溶剂聚合技术提供了理论基础和工业化经验。“顺丁橡胶工业生产新技术”这一研究成果，打破了国外的技术封锁和垄断，形成了我国独立自主的工业化技术，为我国创造了巨大的经济效益。截至 1990 年底，这一重大科技成果已累计为国家生产 100 多万吨顺丁橡胶，创造产值 50 多亿元，创利税逾 26 亿元。1985 年“顺丁橡胶工业生产新技术”获国家科技进步奖特等奖。中科院兰州化学物理研究所和石油工业部锦州六厂并列第一名，合作单位有长春应化所等。

这一科研成果的取得，体现了科研人员敢于承担、坚忍不拔、艰苦奋斗的科研精神，可歌可泣，为后人做出了榜样。

从我所等离子喷涂研究历程看科研形成生产力

⊙ 董祥林

1960 年初我到金属研究所工作，被分配到等离子喷涂研究小组。当时所里这项工作刚刚起步。所谓等离子是指物质的固态、液态、气态三态之后的第四态，即等离子态。该种状态的物质称为等离子体。等离子体中有相当一部分原子被离子化，成为正离子和负离子，但在一个范围中正离子和负离子数量是相等的，故称为等离子体，它在整体上呈电中性。我们研究的等离子体是由压缩直流电弧产生的，称为电弧等离子体。它在离子化时要吸收大量的能量（电能），在中和或称“解离”时就放出大量的热能，整个等离子体就这样处于不断离化和中和状态，同时放出大量的热而产生高温和高速焰流。经测定这种办法最高能产生 15 000℃左右的高温。等离子喷涂研究的关键之一是设计一种等离子喷枪使其产生等离子焰，让粉末从中通过时熔化而喷射出并附着于基体上，以形成涂层。

开始只是凭借想象的原理设计了喷枪，费了好大的劲加工出来。可一点火，只听啪的一声，好不容易设计加工的喷枪就烧毁了。无奈只好重新设计、加工，如此重复多次。每次由我跑到工厂请师傅加工，但一次又一次，自己心里也不好意思。多次失败不免令人沮丧，私下里我产生怀疑，心中暗想这能行吗，弧焰尚且不能稳定，怎能喷涂呢？虽然遇到困难，但小组并未气馁，仍坚持试验。好在经过几十次日夜奋战，终于有了进展，总结失败的经验后，试验一次比一次好一些。就这样经多次改进，如将送粉从原来和主气流一同送入，改为单独从前部送进、改变阴极材料、改变冷却方式、改变阴极和阳极形状和尺寸、改变电参数、改变输入气体的流量和成分等等，每次改进都得到了一定的提高。这样不断地前进，到了 1961 年，终于从量变发生到了质变，不仅喷枪再也不烧坏了，等离子焰十分稳定而清洁，喷涂粉末也顺利起来，涂层的质量越来越好。

我们利用这项技术，喷涂了多种金属和非金属涂层，完成了大量国家任务。比如对火箭喷管的内壁保护，火箭在发射时，因高温高速焰流冲刷，易使喷管内壁尤其是喉部被冲坏，即便损坏很少也容易造成火箭不稳定，轻则偏离方向，重则坠毁。我们喷的主要是氧化物，如氧化铝、氧化锆等，这类陶瓷材料的特点：一是耐高温，熔点都在 2000 多摄氏度；二是硬度高，从而耐冲刷；三是导热率低，从而隔热效果好，能保护基体免受高温的

注：董祥林，81 岁，中科院沈阳金属研究所高工。

影响，非常适合用于火箭燃烧时产生高温高速冲刷的苛刻条件。又如这项技术也喷涂过火箭头锥，以防止其再入大气时锥部受损；还喷过我所用难熔金属铌-752制成的卫星天线，以防止其在再入大气时，因摩擦产生的高温而损坏（因天线安装在最外面，最容易受到损坏）；也喷过一些难熔金属材料，如钨粉、钼粉等。

在我们开始研究以后，先后有很多单位到我们这里学习，既有中科院内的，也有院外的研究机构。凡来学习的我们都毫无保留地欢迎他们来共同研究。

在进行喷涂时又发现等离子弧焰有多种用途。因其能量集中，产生的温度高，且不含氧气，首先可很好地用于切割。机械加工中，在切割较厚的普通钢板时，一般用氧–乙炔火焰切割法。但若切割不锈钢、铜或铝等板材或棒材时，由于它们的导热系数高、散热快，氧–乙炔火焰的温度不够高（3000多摄氏度），切割时热量立即从板材上传开，切割的局部难以形成能切动（熔化）的高温。又因其太厚、太大，机械切割也不行，给生产造成极大困难。有了等离子弧，因其能量密度高，切割处能和周围产生巨大的温度梯度，产生能切动的高温，切割起来很方便。很厚的不锈钢板材，经其切割得又快又好，切缝很窄，边缘整齐，减少了浪费，解决了机械加工中的一大难题。

同时利用等离子焰高温和惰性环境，可用于焊接，喷焊、堆焊等许多方面，成为一项用途很广的新技术。因此国内很多单位都开展了等离子工艺的研究和应用。

记得是1963年，我们又接受了利用等离子体进行烧蚀试验的任务。因为在火箭工作时，有的部位（如头锥、喷管等）要遇到高温高速火焰的冲刷，在设计、选材时要有相关材料承受能力数据，用其他焰流如燃气火焰等，难以达到接近实际的高温和高速。现在出现了电弧等离子体焰流，很适合做这种实验（即风洞实验）。我们专门设计了一台烧蚀试验设备，为了提高等离子体的速度，在出口处安装了两台大型真空泵，强大的抽吸力，能使本来就是高速的等离子体加速到3至4个马赫。这样就完全满足了有关单位提出的要求。当时试验过很多材料，为国防建设做出了贡献。

现在包括喷涂在内的等离子技术应用，在国内科研、工厂等军工和民用单位已有百家以上，成为一种不可或缺的加工或试验手段。

从最初参加这项研究工作起，我们从懵懂到熟练，从小到大发展，从单一功能到多种用途，形成一种特殊的工艺，对我国工业、国防起了难以估量的作用。有力地证明了科技是生产力，只有科学研究才能推动工业进步。这件事对我启发很大，说明要解决任何难题只要持之以恒，锲而不舍，不怕失败，终能获得成功。

在研制硝基胍炸药的日子里

⊙ 谢炳炎

在人生的旅程中，总难免要经历一些坎坷的事情。蓦然回首，感到印象最深的是那些艰难困苦、险象环生的事情。本文追忆我来所后经历的一项工作，即“硝基胍炸药的研制”。

20 世纪 60 年代初，当我们完成了七机部委托的解决作为火箭燃料的液氢储存问题的任务后，正要回组搞分子筛吸附研究时，张大煜所长找我，谈到由于苏联停止供应黄色炸药三硝基甲苯（TNT）的原料甲苯，而无法生产炸药，五机部委托中科院承担研制一种新型炸药（硝基胍炸药）来取代 TNT。院部决定由我们大连化学物理研究所（以下简称大化所）研究用催化法制备，而另一个所则研究用有机合成法制备，然后选择其中合适的方法进行生产，要求三年完成此任务。张所长指示要我参加这项工作，同时把罗烘原同志也调来了。

我俩在二馆楼下建立起一个实验室。工作一切从头开始，很陌生，可以说是摸着石头过河，慢慢了解制备硝基胍的一些知识，知道是使用硅胶做催化剂，用尿素和硝铵作为原料，按适当比例混合，在温度 195℃进行反应，所得产物经分离得到中间体硝酸胍，然后用淡硫酸硝化即得硝基胍。当工作有了一些头绪后，考虑到二馆楼下地方小和安全原因，决定搬到七馆旁边一座小楼开展工作。

所领导为了加强力量，安排李文钊同志为项目负责人，我和陈希文同志协助他工作，又调来了化工室的王铮同志，增加了朱道乾等五位新来所的大学毕业生，组成了十多人的任务组，使反应、评价、分析测试工作逐步完善，进度得到加快。

在工作中也会遇到一些意想不到的事情，实验中发现“作为催化剂的硅胶，在液相高温下进行反应就会逐渐碎裂而导致床层堵塞”。经过对此反应器结构的改进和硅胶的预处理，使问题得到解决。在全组同志的共同努力下，仅一年多时间，就完成了实验室规模制备硝基胍的各项工作。

为了争取时间，当小试工作即将完成时，所领导及时调任李启鹏和厉任韬两位同志承担中型放大和试生产建厂设备及流程的设计。中试工作从设计到设备加工和安装，不到半年时间全部完成，在中试过程中虽然出现一些技术问题，但都得到解决。由于反应是日夜不停连续进行，人手不够，这时作为协作单位的亮甲店化肥厂也派人参加倒班，又调入几位技校毕业生，组成 20 多人的团队。记得那时主食还是定量供应，吃的是粗粮素菜，营

注：谢炳炎，87 岁，中科院大连化学物理研究所副研究员。

养不良，有的同志体力不支，但为了任务能尽快完成，大家不辞辛苦，日夜坚持奋战。时值“文革”进行中，同志们都还是以工作为重，坚守岗位，团结一致，不参加派系斗争，没有受到外界的影响，使中试工作进行得比较顺利，只用一年时间就完成了。

在此项任务进行过程中，一直得到领导的重视和支持。当时主管全所业务的朱葆琳副所长对我们的工作给予指导和鼓励。中科院的老院长郭沫若还到所里视察，亲自过问这项任务的进展情况，并亲临中试车间参观。我有幸向他做工作汇报，得到他的赞扬，当他与我亲切握手时，我感到非常高兴和荣幸，这是我人生中最难忘的事情之一。老院长给我们工作的关怀和鼓励，对工作起了很大的促进作用。

回想在这项任务的进行过程中，也经历了一些惊险难忘的事情。有一次我与罗烘原同志值夜班做实验，半夜时我突然听到他尖叫一声，看他站在设备旁边不动了，意识到可能是触电了，立即拉下电闸，才听到他喊痛的声音。一看他手掌上烧出一些泡泡，当时两人吓呆了。原来是设备漏电，他无意碰上了，幸亏及时断电，才化险为夷。还有一次是在亮甲店化肥厂硝基胍生产车间，我与李文钊同志值中班，那天下午在进行反应时，忽然看到温度自动记录仪的指针打到头，我判断可能是反应超温，在那危急时刻，无暇考虑自己的安危，迅速切断热源降温和放空物料，在很短的时间内就将事故排除。在放断电时拔出测温电偶，一看都发红了，判断温度远超反应温度，真是太危险了。事后查明，由于反应堆高温和高压，物料喷射而出，如果犹豫不决，延误时间，继续升高温度，后果不堪设想：因超温未能及时采取有效措施，使反应物料分解产生大量气体导致反应塔内压力迅速增加而爆炸，造成物毁人亡、整个车间报废、前功尽弃的严重后果。

这次超温事故，给我们敲响警钟，研制、生产炸药的确具有危险性。从事这方面的工作，即要有过硬的技术，还要有舍生忘死、不怕牺牲的精神。事后我们分析发生超温的原因，找到解决问题的办法，杜绝了这种意故的再次发生。所使用的原料硝铵本身就有爆炸性，但只要小心使用，仔细操作，就能避免事故的发生。像这样的工作，纯属实验性的，无文献可查，只能靠不断摸索实践，没有什么高深理论，可以说是一项默默无闻而又具有风险的工作。为了国家的需要，为了人民的利益，大家不计较个人得失和安危，无所畏惧，努力奋战，使任务如期胜利完成，思想上也经历一次严峻的考验和锻炼，给人生旅程中留下难以忘却的回忆。

当中试工作完成后，接着在金县亮甲店化肥厂建立年产几十吨硝基胍生产车间，经过约一年的试生产，确定生产工艺流程和技术是可行的，用我们生产的硝基胍装填手榴弹和炮弹，其爆炸性能经测试与用黄色炸药 TNT 装填的相当，只是爆炸猛度稍低，但不影响使用，解决了当时的急需。本任务从 1964 年 6 月开始至 1967 年结束，经过三年多的艰苦奋斗，在领导的重视和支持、全体同志的共同努力下，在协作单位大连金县亮甲店化肥厂的大力合作以及辽阳三七五厂为炸药性能测试所做的大量工作下，如期完成了这项工作量很大、又具有危险性的军工任务。本任务于 1967 年底通过院级技术鉴定，并获得 1978 年中科院科学大会的奖励。

回忆五十年前的两项科技攻关任务

⊙ 施天生

大约在 1967 年年中，四川 32111 气井由于阀门腐蚀损坏造成严重事故。油田希望我所（中科院上海冶金所，后更名为中科院上海微系统与信息技术研究所）研制新的抗 H_2S 腐蚀的球阀。科研业务计划处的科长张超俊，提出要曹铁樑与我共同组织腐蚀室和物理室的有关科研人员协同攻关。

我们商定，腐蚀室负责模拟腐蚀试验和表面保护处理，物理室负责材料性能测试和结构分析，共同查明阀门损坏的原因，重新选定抗 H_2S 腐蚀的材料、工艺和表面保护措施，研制新阀门。

方案确定后，大家发挥所长，分头行动。陈俊明承担材料的模拟 H_2S 腐蚀试验，陈庆贵、周佩德、葛庆麟负责原阀门的材料的熔炼加工和热处理，我和田佩兰负责性能测试和金相观察，曹铁樑、黄元伟负责表面保护处理……

实验结果表明，原阀门用的低合金钢经 H_2S 腐蚀后，表面腐蚀情况并不严重，也没有发生裂纹。但在拉伸实验时却明显变脆，由原来的韧性断裂变为脆性断裂，显然这是一种很特殊的腐蚀损坏现象，原因不明，令人疑惑。随后在试验样品的断口观察中，发现断口处总有大小不一的圆形亮点，在灰暗的断面上呈现出银白色。我突然想到这是不是"白点"。"白点"是合金钢氧脆断裂的标志性特征，说明是腐蚀过程中腐蚀产物 H 进入了钢中，导致了氢脆。后来石声泰先生从国外文献上找到了 H_2S 腐蚀时 H 会以原子态进入钢中的信息，这样就可以确定原阀门腐蚀损坏的原因。

原因找到了，就能对症下药。我们提出以抗腐蚀性能优越的钛合金（不腐蚀也就不产生 H）和对氢脆不敏感的 316 奥氏体不锈钢和 701 黄铜作为新的抗 H_2S 腐蚀的球阀材料的建议。而对原用的低合金钢则通过提高回火温度降低内应力和渗铬软氮化等抗腐蚀表面保护处理加以改进。同时也加工了新的球阀提供给油田。在大家的共同努力下，此次任务顺利完成。

大约过了半年后，在 1968 年春夏之交，科技组负责人李荣东找到我，要我去嘉定参加一项紧急的攻关任务。项目负责人陈文周告诉我，任务是要制作高速电机上使用的一种铜合金环，既要电导率高，又要强度高。这两个条件是有矛盾的，因此难度比较大；而且任务来得急，要求能尽快找到一种热处理工艺，使铜环性能同时满足这两个条件。因时间紧

注：施天生，83 岁，中科院上海微系统与信息技术研究所研究员。

任务重，他还安排了一位姓车的女同志配合我开展工作。

经过调研，了解到这种合金环材料是一种时效硬化型的铜合金。我知道在时效过程中合金的电阻和强度会先上升达到极限后再下降，情况比较复杂。经过考虑，决定从比较容易的测量电阻入手，我们立即搭建了电阻测量装置，系统测定了时效过程中电阻变化的规律，初步确定能满足任务对材料电阻要求的工艺范围。然后根据时效过程这种强度变化和电阻变化虽然类似但又不完全同步（强度变化一般晚于电阻变化）的规律，进一步确定了电阻能满足要求且强度又较高的工艺范围。然后再通过对材料进行强度试验加以验证，使铜合金强度也能符合使用要求。

就这样我们很快地确定了铜合金热处理的工艺条件，按此制备的铜环材料一次即达到了任务要求。再经工厂师傅精加工成实用部件，由陈文周和我连夜送到闵行电机厂，圆满完成了这项紧急任务。

作为一个科研工作者，能以自己的专业知识为国家的经济建设和国防建设切实地解决问题、添砖加瓦，心中特别高兴，这种满足感本身能胜过任何奖励。

在科研道路上敢于跨学科发展

⊙ 夏冠群

1966 年 2 月我以优异的成绩从北京钢铁学院毕业，来到中国科学院冶金研究所（即现在的中科院上海微系统与信息技术研究所），被分配到从事化合物半导体研究的第二研究室工作，随后被安排在超纯铟课题组。

半导体和冶金是两个不同的领域，正当我感到忐忑不安、焦灼迷茫时，我见到了我国冶金过程物理化学的专家邹元爔先生。他十分和善地告诉我："不用担心专业对口问题，冶金和半导体虽然是两个不同的领域，但许多半导体的制作工艺都是精细的冶金问题，大学里学的知识都能用上，当然还是要补学一些半导体理论知识。现在国家需要发展半导体，我也在转变。"邹老先生的一席话让我顿悟。为了国家的强盛，我需要攀登科研道路上的一座新的高峰。

半导体材料研究

作为半导体领域的新兵，在杨倩志、潘慧珍等老科学家的指导下，我先后参加了超纯铟、硫、镉、硫化镉晶体、砷化镓液相外延生长等课题研究。工作中我细心观察、学习和琢磨老师们如何开题、如何安排人员、如何解决研究中的问题、如何收尾结题。老师们真诚的待人方式和实事求是、探索求新的作风，一件件都镌刻我心。同时，我还从邱月英、王振英等技术人员的身上学到了受用一生的工艺操作技术。

我体会到超纯元素的提纯、半导体材料生长本质上都是精细的金属冶炼，深深感到半导体理论知识的缺乏将影响到我的研究工作。为此我从所里步行到市区福州路的旧书店，购买了黄昆和谢希德合著的《半导体物理学》自学补课，后来又自学了施敏教授著的《半导体器件物理》，为我所从事的研究工作"补钙"。

复旦大学物理系进修

1975 年，复旦大学发布开办学制两年的半导体研究生班。在夫人的支持下，我向所领导提出了脱产学习申请，并很幸运地被复旦大学物理系半导体材料专业录取。我带着强烈的使命感和求知欲，也带着工作上的许多问题，读完了半导体材料、半导体物理学、半

注：夏冠群，78 岁，中科院上海微系统与信息技术研究所研究员，曾任该所化合物半导体器件研究室主任、科技处处长、上海信耀电子有限公司总经理。

导体特种器件和无线电技术等必修课程，还旁听了谢希德教授“半导体表面物理”、唐柏山教授的“集成电路设计”等课程。我用心听讲、认真做笔记、积极提问、挑灯夜读，恶补了半导体理论知识。在唐厚舜、方志烈老师指导下，我顺利完成了研究生论文《磷化镓绿色发光材料与器件研究》。同时，为了日后能胜任半导体器件与电路的研究，我还认真学习了版图设计、制版、光刻、蒸发、划片、装架、热压、封装和测试等全套半导体器件工艺流程操作。另外，利用复旦大学图书馆的资源优势，我查阅大量文献资料，完成了“关于化合物半导体发光器件发展趋势”和“砷化镓 MESFET 场效应晶体管的最新进展”两篇文献总结报告。可以说，两年的进修学习为我的跨界转行储备了充足的“粮草”。

半导体器件研究

20 世纪 70 年代，根据国家的需求，我室的研究方向由“超纯元素与半导体材料”拓展延伸为“化合物半导体材料与器件”。第二研究室调整为第四研究室，邹元爔先生任室主任。我的工作调整为化合物半导体器件研究，从事砷化镓器件新工艺研究。

一开始时我接替老同志继续完成遗留的课题，进行“砷化镓毫米波体效应器件”研究。后来参加了王渭源主任负责的“砷化镓 MESFET 场效应晶体管”课题研究。王渭源先生是一位出色的研究员，每次我写好论文初稿给他看，他都会仔细修改，不但要求数据正确可靠，还要求尽可能进行定量数学处理找出规律，而且必须语句通顺简洁，一篇论文往往要来回修改四、五遍才定稿。我十分钦佩他这种严谨的科学精神和治学态度。在他的言传身教下，我在科研道路上逐渐成熟起来，所以当他后来调任传感器研究室主任后，我才能挑起化合物半导体器件研究室的管理工作。

我室完成了砷化镓体效应器件与功率振荡器、砷化镓 MESFET 场效应晶体管、低噪声 MESFET 场效应放大器、异质结双极晶体管（HBT）、高电子迁移率晶体管（HEMT）、3mm\8mm 梁式砷化镓混频管、砷化镓中全离子注入与器件物理、量子阱红外探测器与物理、砷化镓霍尔传感器和红色、绿色 GaPLED 发光器件等多项研究与小批量试制课题。在老师们的指导下，我带领半导体器件团队在化合物半导体器件与物理研究方面翻越了一个又一个山峰。

砷化镓集成电路研究

邹元爔老所长在世时，希望我所开展“砷化镓集成电路”研究的愿望未能实现，我一直记着老所长的愿望。1987 年在邹世昌所长、沈国雄副所长的大力支持下，根据国防工业的发展需求和所里的实际条件，我室正式起动“砷化镓集成电路”的研究。这时，我国集成电路研究的泰斗徐元森先生退休后带着他的几个学生加入了我们的团队，可以说是喜从天降。他是我所最有威望的室主任，是一位十分正直、严谨认真的睿智学者，对高新技术的未来有独到的见解。我与老先生很谈得来，“汽车电子”“DNA 芯片”等研究方向就是他在闲谈中提出的。

我们以“砷化镓高速集成电路”“半导体毫米波雷达制导系统”为攻关目标，在“七五”、“八五”与“九五”期间先后申请承担国防科委、国家科委、中科院、国家自然科学基金委员会和上海科委等部门十多项重大科研项目，建立了200平方米的“化合物半导体器件与集成电路”专用超净实验室和相应的测试系统，组织了以硕士生、博士生为主的老、中、青三结合研究队伍，开始向化合物半导体集成电路研究领域迈进。

我们深入研究了砷化镓材料阈值电压不均匀性对电路特性的影响，探索多种高速、低功耗砷化镓单元电路，建立了砷化镓ASIC电路实用库，先后研发全离子注入砷化镓高速分频器，120门、600门、2000门门阵列等多种实用电路。同时，我室与中国科大、上海技物所合作开展了半导体毫米波雷达制导系统总体设计，分别研制毫米波体效应振荡器、MESFET低噪声放大器、毫米波砷化镓混频器、自适应对消电路芯片、系统信号处理分机等关键部件，然后进行系统样机总装与联调。我们成功研发出8毫米波混合集成雷达引导头系统实样，供有关军工单位使用，又批量开发民用毫米波雷达系统，在交通运输和冶金工业中获得初步应用。在中科院与英国皇家学会资助下，长期与英国谢菲尔德大学、香港科技大学互派学者开展化合物半导体器件与电路合作研究。

在所内其他研究室配合下，与国内外兄弟单位密切合作下，我们全面完成了预定的攻关目标，登上化合物半导体电路的高峰，开始跨入电子信息系统的新领域。

知识创新工程“汽车电子”项目

1997年江绵恒所长提出要走出研究所，根据国家战略目标，瞄准国家重大需求，利用已有科研积累，加强高新技术创新研究与开发，进一步实现科研成果的产业化，为国家经济发展做出实实在在的贡献。根据徐元森院士多年前提出的报告，江所长建议我所发展“汽车电子”高技术研究、开发和产业化。按照这个指示，我走访了上海汽车工业（集团）总公司、上海大众汽车公司和汽车零配件公司等几十家单位，了解汽车电子的现状和发展需求，查阅了国内外相关文献资料，撰写了“中国汽车电子产业概要”和“上海市汽车电子产业调研报告”，并根据我室研究队伍的专业情况和已积累的研究成果，提出发展汽车电子研发的近、中、远期的初步计划。

1998年6月25日，上海市委书记黄菊等市领导视察我所时，商定上海冶金所、上海汽车总公司和上海市轿车国产化办公室共建“上海汽车电子工程中心”。6月28日，徐匡迪市长为“上海汽车电子工程中心”揭牌。

根据中科院的部署，我所启动了“知识创新工程”试点工作，开展史无前例的学科方向的调整和体制机制改革。我室研究课题按“汽车电子”重大需求整合成汽车半导体照明、汽车半导体传感器、汽车半导体专用电路和汽车电子模块与系统等四块，以“汽车电子”项目入选所“知识创新试点一期”，我被任命为该项目的项目经理，进行高新技术的开发创新工作。与此同时，由三方共建的上海汽车电子工程中心也正式签约启动，由我兼任中心主任。经过一年多的努力，我们出色地完成了预定目标。最可喜的是我们的科研成果首次跨入了产业化的门槛。

2001年底，李守臣书记与我谈话，决定“汽车电子”项目整体脱编转制成立公司。我说风险太大，再说我也没有办过公司，要养活这么多人责任太重。李书记看到我有顾虑，就说：“允许公司头三年亏损，但要做到脱编的职工无一人下岗，我相信你能挑起来，就这么定了，回去想想。”

我回去反复思考，过去一直梦想着将自己多年的科研成果投入生产，为国家做出一点贡献，现在办公司，虽然风险大、责任重，但也是实现自己梦想的好机会。我走访了多家国企、民企、高新技术公司，他们的经验告诉我：下海办公司要有“勇往直前、决不回头”的决心，有了坚持到底的决心和明确的目标，其他一切都好办。于是我同意了下海创业，成立了“上海信耀电子有限公司”。

为了坚定自己“勇往直前、决不回头”的决心，我做出了两项决定：第一，公司马上搬出865号大院，不给自己留后路；第二，确定“诚信、创新、优质、勤俭”为公司的宗旨。坚持以高新技术为主导，注重开发有自主知识产权的产品，以区别一般的公司。由此，我开始了行政班子筹建、公司选址、生产线建立、职工招聘和操作工培训等一系列的工作，让公司尽快运转了起来。同时为了实现公司的战略目标，我力排众议，着手组建了一支20多位硕士、博士为主体的年富力强的研发队伍。这支一度被有些人称为“拿高薪，只出样品不赚钱”的超级队伍为以后公司的发展和起飞立下了汗马功劳。

我向董事会承诺，公司坚持以自主创新的汽车电子产品为方向，争取三年内达到自负盈亏，力保由所里转制分流进公司的职工无一下岗，五年内年产值超过3000万元，年利润达到150万元。

在所领导的支持下，我带领公司全体员工踏上了新的征程。我们先后研发并批量生产了“LED汽车灯模组”“HID汽车前照灯镇流器”“汽车霍尔相位传感器”“汽车里程表专用电路”“恒功率灯光控制模板”“汽车毫米波防控雷达系统”和“CAN总线汽车网络控制系统”等多种新产品，其中有14类60多种产品在上海大众、上海通用、丰田、天津本田、重庆本田、奇瑞和上海联电等汽车行业公司得到广泛应用。公司第一年就实现了自负盈亏，第五年年产值超过5000万元，年利润超过250万元，所里分流进公司的职工无一下岗，超额完成了预定目标。我非常高兴地看到自己亲手创立的上海信耀电子有限公司，现今已成为年产值超过10亿的中型企业。

结　语

2006年12月我退休回家，开始安度晚年。回首往事，感觉自己无论是学科的还是工作机制的转行都是值得的。本人在五十年的科研道路上，先后从事了金属冶炼，化合物半导体材料、器件、集成电路，电子信息系统和汽车电子的研究、开发和产业化工作；职称从1966年聘为研实员开始，经助研、副研，后晋升为研究员；先后担任过课题组长、研究室主任、科技处处长、工程中心主任、公司总经理、国家自然科学基金委员会评委和博士生导师等职；先后发表学术论文和著作 150 多篇，获批发明和实用专利 30 余项；获得国家、中科院和省部级科技成果奖 20 多项（其中一等奖 1 次、二等奖 4 次）；培养 10 多位博士生、硕士生科研新秀；1992 年获得由国务院颁发的有突出贡献专家的政府特殊津贴和证书，1995 年由国家计委、国防科委、国家科委和国家经贸委联合授予“国防军工协作配套先进工作者称号”，多次获得由国防科委、国家科委、电子工业部和中国科学院颁发的“七五”“八五”“九五”重大科研任务先进工作者称号。

裂解炉旁科技攻关的日日夜夜

⊙ 黄元伟

20世纪70年代末，上海石化总厂最早引进的一批具有国际先进水平的设备刚运行一年就在检修中发现了很多设备的腐蚀问题。在我所（中科院上海冶金所，后更名为中科院上海微系统与信息技术研究所）腐蚀老专家石声泰研究员的带领下，我们积极参加了上海石化总厂的腐蚀大调查。这个调查使我们大开眼界，生产实际中有这么多重要的腐蚀与材料问题急待解决，这不正是我们腐蚀科技工作者最好的用武之地吗！

上海石化总厂遇到的最严重问题是乙烯裂解炉管的高温腐蚀，因为不久前刚发生了裂解炉弯管处腐蚀穿孔喷火事故。正常运行中的裂解炉，突然从几十米高的炉顶喷出熊熊火焰，煤柴油物料源源不断地喷发燃烧，迫使全厂紧急停产。乙烯裂解炉是全厂的咽喉和关键，煤柴油要通过高温裂解才能成为乙烯、丙烯等各种化工、化纤原料供应给各个分厂生产，裂解炉生产的不稳会威胁到整个石化厂的生产，停产一天的损失近500万元以上，这可是石化厂的头等大事！

一般而言，正常的裂解炉管其设计寿命在10万小时以上，可现在运行仅2万小时就穿管破裂，肯定是不正常的。为此，厂里先后组织了三次会诊来查找原因，但国内从来没有这样的事例和经验，国外的文献中也未见过对此类事故的报道，始终未能找出问题。当时，现场还有设备引进方的日本专家，他看了这样的腐蚀破坏现场也很惊讶！他只见过炉管的渗碳开裂，而不是像这次这样在弯管内壁长出一个“大瘤子”使内壁侵蚀出一个大洞来，发生穿透喷火的事故。日本专家说：“我们没有遇见过这种情况，也无法说明发生的原因。除非委托我们回去研究，否则现在只有采用多检查、多更换的办法。”现场检查还表明：裂解炉各个相似部位的弯管都存在类似的问题，发生了严重的腐蚀减薄，这种隐患会使事故随时发生，成了全厂生产的重大威胁。

面对工厂这样紧迫的需要，我们科技人员有解决科技难题的责任，中国的腐蚀问题应该由我们中国的腐蚀科技工作者来解决。

工厂希望能有全面解决问题的科技方案，既要找出腐蚀原因，提出防治对策，还要提供耐蚀材料和弯管，解决炉管的焊接和焊条。任务是复杂艰巨的，但这也正是对我们的能力和水平的真正考验和锻炼。冶金所腐蚀室有着多年的工作积累和坚实的科研攻关力量，我们相信只要认真下功夫去探索、钻研问题，一定能认清腐蚀破坏的客观规律，找到相对

注：黄元伟，79岁，中科院上海微系统与信息技术研究所研究员，曾任该所金属腐蚀与防护研究室主任。

的解决办法。而且长期以来我们就善于把材料应用和腐蚀问题结合起来研究，在理论结合实际方面有较好的经验，不熟悉的方面还可以利用大协作来解决问题。因此，我们主动向厂长请战，要求承担这项任务。厂长也认为这样综合性的重要科技攻关任务交给中科院这样的专业单位是最合适的。于是，任务就这样被确定下来。

厂里要求半年内能够见到初步效果，时间紧迫，我们争分夺秒地投入工作。大家认为要解决这个问题，关键是要抓住正确分析腐蚀原因这个主要矛盾，只要原因找准了，其他问题都可以迎刃而解。为了分析原因，我们到现场搜集了各种可能得到的第一手数据，还跑遍了上海图书馆、情报所查找了几十篇文献，摸清了裂解环境的国内外的设备、材料工艺、曾经发生过的事故情况和有关腐蚀的研究，做到心中有数。同时，抓紧用各种现代物理化学分析手段对炉管腐蚀样品和腐蚀产物进行分析。

然而，一开始的进展并不顺利。瘤状的腐蚀样品经分析表明：这个腐蚀瘤是一个由各种金属氧化物所组成的层状腐蚀产物。这说明合金表面保护性的氧化膜已遭到破坏，只有异常的加速氧化才会产生这种层状的氧化物瘤。但是，炉管加速氧化的原因是什么呢？照理说，炉管材料是高铬镍的高温合金，在裂解炉管内约600℃的温度下应该是很耐氧化的。为了探索这个加速氧化的“秘密”，我们不断在思索、讨论甚至争辩。往往走路在想，吃饭在想，在招待所就寝前还会讨论一番，一时间也得不出明确的结论。但经大家反复地讨论分析，认为问题可能还是出在取样上。因为至今分析的样品是从已喷火燃烧过的穿孔弯管上取下来的，而在油气高温喷烧的情况下，许多腐蚀产物已经挥发、分解后燃烧掉了，加速腐蚀的物质也烧尽而不见踪影，只剩下烧不掉的层状氧化物，这与炉管实际使用状态已经完全不同了。而且炉管内运行的是低氧势的煤柴油气体，他与炉管外的高温大气气氛完全不同，在炉管内低氧势下稳定且能加速腐蚀的侵蚀性物质完全可能穿管后在高氧势下的大气中高温燃烧后分解消失了。因此，我们应该重新获取保持使用状态下的样品，也就是要截取那些腐蚀“将穿管但尚未穿管”的样品进行分析，才有可能准确地抓住加速腐蚀的“元凶”。

厂领导听取了我们的分析和要求后，认为这个建议很有道理，马上安排组织了工人师傅带着测试设备和我们一同去裂解炉重新取样。裂解炉内黑洞洞的，还布满了脚手架，几十根炉管耸立在炉中，炉内热烘烘的，还有余热。但我们对这些全然不顾，纷纷脱去白大褂，穿上了工装，戴上了藤帽。不论是年纪大的老同志还是体弱的女同志，一个个都攀上了高高的脚手架，在工人师傅的带领和帮扶下，对几十个弯管逐一地检查、测量。最终找到了管壁已经腐蚀得很薄，但是尚未腐蚀穿透管壁的弯管，让工人师傅锯下弯管，取得了珍贵的样品。随即我们在实验室对样品进行了一系列的金相、电子探针、能谱、X射线衍射相分析，终于发现了在腐蚀产物中有大量硫化镍相，甚至还存在元素结晶硫。所有的分析结果都提供了有说服力的证据，原来加速腐蚀是由于油中的硫污染造成的。显然油料中含硫量未加控制，致使含硫过高，造成管内呈现一种低氧势、高硫势的环境。而进口的炉管含镍量又很高，让低熔点的硫化镍能稳定生成，而且极易熔化。硫对管壁的吸附、渗透和反应，液态硫化镍的生成，破坏了壁管表面保护性的氧化膜造成了炉管的局部加速氧化破坏。

与此同时，工厂的技术人员又为我们收集了历年来工厂原料油的成分分析数据，将它们的含硫量与炉管管壁腐蚀减薄的数据对照后，更证实了硫的危害，含硫量与管壁腐蚀是完全对应的，凡是原料油中含硫量高的时候，炉管腐蚀更换频率就急剧上升。

为探寻控制硫腐蚀的有效途径，我们又开展了低氧势下硫对合金高温腐蚀影响的研究，发现当油中硫含量大于 0.02% 时，由于硫化镍能稳定地存在，就会导致严重的腐蚀，而当油中硫含量小于0.02%时，由于硫化镍不能稳定地形成，就不会产生硫化–氧化腐蚀。因此我们向厂方提出控制油中含硫量小于 0.02% 的建议，得到了厂方的充分肯定。根据这一研究结果，上海石化总厂向上级报告说明控制煤柴油含硫量的必要性，很快石油部也批准了使用控制含硫量的混合油向石化厂供料。我们又通过厂所合作先后研制成功耐高温硫腐蚀的新合金、弯管以及炉管的焊条，用新炉管更换了已腐蚀的炉管，安装在裂解炉上投入运行。这样就全面地解决了裂解炉高温腐蚀的难题，之后再也没有发生过炉管腐蚀穿孔喷火事故。

厂方赞誉我们是工厂的坚强后盾，我们也对能为石化厂稳定生产，为国家的发展贡献力量而感到由衷高兴。之后，抗高温腐蚀炉管新材料这一项目还荣获国家技术发明奖三等奖。

每当我们和工厂的同志一起走到金山卫的海滩边，看到雄伟的裂解炉喷吐着白烟在正常地运行着，自豪感和幸福感油然而生，总觉得我们为此付出的辛劳和汗水很有价值。

回忆宝钢长江引水水质试验

⊙ 张承典

1978 年 12 月，宝钢工程开工建设。虽地处上海长江口，但一期工程建设工业用水审批方案却是从 72 公里之外的淀山湖引水。原因是枯水季节，长江口水质因海水倒灌使水中氯离子含量升高，不符合与日本签订的合同要求。由于前期可行性研究论证等准备工作不够深入和其他因素的影响，于 1981 年停工缓建，1982 年复工续建。这一期间，上海市科协宝钢顾问委员会为保证宝钢工业用水符合水质技术标准，多次组织了国内各方面专家反复咨询、论证解决办法，并建议进行长江水腐蚀试验，根据宝钢长江水氯离子含量变化的规律，提出了“避咸潮取水，蓄淡水保质”的筑库引水方案。

我所（中科院上海冶金所，后更名为中科院上海微系统与信息技术研究所）宝钢顾问委员会委员石声泰先生前期组织我们开展有针对性地模拟水的腐蚀试验工作，并于 1982 年 8 月与宝钢正式签订了宝钢长江引水水质试验协议书。

我们从 1982 年 8 月至 1983 年 8 月连续一年内每月大潮、小潮各一次从宝钢电厂取水样，分析其中的氯离子含量。同时按协议书要求，对各类钢材进行腐蚀试验，所用材料主要是 20 号碳钢，日本的 SUS304 和国产 18-8 不锈钢。腐蚀试验方法主要有静态全浸试验、旋转试片试验、电化学极化测试和应力腐蚀试验等。

试验结果表明，碳钢在中性水中的腐蚀主要受溶解氧控制。自然充气条件下，在相当宽的氯离子浓度范围内碳钢的腐蚀没有什么变化。在充分供氧的特殊条件下，碳钢可能进入钝态，这时氯离子会引起局部腐蚀，氯离子浓度即使低至 10ppm 还有点蚀，说明这一情况下局部腐蚀的关键因素仍然是溶解氧，单纯降低氯离子浓度并不解决根本问题。对于 304 和 18-8 不锈钢的腐蚀，升高氯离子浓度虽然增大点蚀倾向，然而在我们的浸泡试验中，经氯离子浓度 3000ppm，250 天的试验，并没有观察到显著的点蚀，也没有出现应力腐蚀破裂。

从宝钢长江水氯离子升高通常达到的数值和持续时间来考虑，腐蚀问题并不如担心者所说的那么严重，过分强调水中氯离子浓度对腐蚀的有害作用似乎过虑了。宝钢里有人提出直接冷却水含氯离子浓度超过 200ppm 可能要影响热轧钢板的质量，还会影响软水和纯水的制备，这些问题有了水库便迎刃而解了。

通过宝钢水中氯离子含量对金属腐蚀影响的实验论证，日方要求氯离子含量年平均必

注：张承典，79 岁，中科院上海微系统与信息技术研究所副研究员。

须在50ppm以下，最高不得超过200ppm的指标是可以放宽的，利用长江水是完全可行的，为决策宝钢使用长江水提供了科学依据。

大型的成果鉴定会于1983年底在宝钢举行，鉴定会开了三天。宝钢顾问委员会首席顾问、鉴定委员会主任委员李国豪先生的评价是："宝钢这样大的工程应开展科学研究，即使花点钱也是值得的，既出工程成果，又出科研成果。水质试验这项研究在学术上有意义，对宝钢有价值。"

最终国务院决定宝钢就由长江引水，在吸收全国科研、勘察、设计和施工单位意见的基础上发展完善成为"长江筑库引水方案"，水库容量1087万立方米，由陈云亲笔书写的"宝山湖"碑耸立在水库边。

作为本项目的科研成果，"宝钢长江引水水质试验"荣获1986年度上海市科技进步奖二等奖；"宝钢长江（筑库）引水工程可行性咨询论证报告"荣获1985年度上海市科技进步奖一等奖，并荣获1987年度国家科技进步奖二等奖。项目参与人员有石声泰、徐乃欣、张承典等。

受宝钢长江引水成功的启发，上海开始注意利用长江淡水资源解决生活用水问题。引起国内外广泛关注的青草沙筑库引水工程建成通水，上海市民饮用水源由原来的以黄浦江为主变为长江为主，供应格局发生了根本性转变。

在科技创新与科学普及中成长

⊙ 高登义

习近平主席在2016年的“科技三会”上指出：“科技创新、科学普及是实现创新发展的两翼，要把科学普及放在与科技创新同等重要的位置。没有全民科学素质普遍提高，就难以建立起宏大的高素质创新大军，难以实现科技成果快速转化。”这一重要讲话，不仅对于在新的历史起点上推动我国科学普及事业的发展意义十分重大，而且，也明确指出了科学普及对于科技创新的重要性。

为了庆祝中国科学院建院70周年，我愿意就我一生从事科学考察研究与科学普及的过程来谈谈科技创新与科学普及的密切关系。

1963年，我毕业于中国科学技术大学地球物理系大气动力学专业。毕业后，除了1964年到1965年为我国国防事业研究东南亚高空风以外，一直从事科学考察研究工作：先后8次赴珠穆朗玛峰、5次赴雅鲁藏布大峡谷、19次赴北极、3次赴南极、4次赴西太平洋、4次赴天山山脉和横断山脉、1次赴亚马孙、1次赴东非大裂谷，撰写出版了《中国山地环境气象学》等三本科学专著和《探秘大香格里拉》等20余部科普著作，获得了1987年度国家自然科学奖一等奖和2017年度国家科学技术进步奖二等奖（科普类）。这应该是对于我作为一位应用科学工作者的最高奖赏了。

我所走过的科研道路

根据自己从事大气科学考察研究的过程，我认为对于应用科学而言，应该具有“四重性”：即科学研究的过程性、科学结论的暂时性、科学结论的实践性和科学研究的社会性。然而，对于大气科学而言，科学研究的过程性更为重要。

科学研究的过程性是指科学家认识、适应自然界和人类社会等客观世界的过程。一般说来，这个过程至少包括实践—认识—再实践—再认识……的过程。这个过程循环往复，永无止境。显而易见，科学研究仅仅是一个过程，而且是一个永无止境的过程。

这里，以我们观测研究珠穆朗玛峰背风波过程和攀登珠峰的“早出发早宿营”规则认识过程为例来说明。

珠峰背风波观测研究过程

1966年春天，我受命参加珠穆朗玛峰科学考察，研究室领导为我制定的考察题目是

注：高登义，79岁，中科院大气物理研究所研究员，中国科学探险协会主席。

“珠穆朗玛峰天气气候考察研究”。

刚刚到达珠峰大本营不久，中国登山队气象组通过中国登山队与中国科学院科学考察队联系，再通过大气物理所陶诗言先生，让我在完成科学考察任务的同时，兼任中国登山队气象组副组长，参加攀登珠峰的登山天气预报工作，专门负责珠峰 7 千米到 9 千米高度的高空风预报。

这为我在考察研究山地气象学上开辟了一条“理论与实践结合”的正确道路。

1966 年 2 月，我随中国科学院珠峰科学考察队“冰川气象组”来到了珠峰大本营。一天，中国登山队气象组组长彭光汉邀请我和兰州大气物理所的沈志宝同志参加他们的登山天气会商。我和沈志宝都发表了预报意见。结果，我被彭光汉组长选上了，并任命我为登山气象组副组长。

现在回想起来，这要感恩于大气物理所前辈重视天气预报实践以及对我的培育。当年，凡本专业大学毕业生，必须在所里的“天气室”（在中关村地球所 401 办公室）实习三年，从分析天气图到天气预报当班，完全按照正规气象台天气预报员的要求实习。记得当时我们每周当班预报时，首先检查上周预报结果，寻找成功经验与失败的教训，再做出下周的天气预报。其间，我所前辈陶诗言、叶笃正、顾震潮、杨鉴初、朱抱真和潘菊芳等总会及时对我们的预报指出优缺点，并即兴讲解相关的天气系统特点。我对此印象深刻，受益匪浅。

也许，正是所里前辈潜移默化地教诲为我敲开了参加中国登山天气预报的大门，并一直坚持了几十年，让我走上“实践—认识—再实践—再认识”的大气科学研究道路。

在 1966 年参加攀登珠峰登山天气预报中，一些老登山运动员向我反映，他们在海拔 7 千米以上攀登时，往往会遇到风速的剧烈变化，时而大风难以前进，时而小风好走，间隔只有几个小时。

1975 年，我带领 3 名南京气象学院的大学生来到珠峰大本营进行科学考察，又兼任了中国登山队气象组副组长。登山队政委王副洲把登山气象组的高空风观测安排交给我负责。在 5 月，我安排登山队气象组每天释放 6 到 8 个无线电探空气球，一方面给预报珠峰高空风提供依据，一方面想观测证实是否有高空风的剧烈变化。结果证实这一情况的确存在。

1975 年 5 月 7 日 1 点到 15 点，在珠峰海拔 7 千米到 9 千米，高空风速出现 3 次巨变：1 点，9 千米高度的风速超过 30 米 / 秒，即远远大于 8 级，不宜攀登；5 点，9 千米风速减小到 12 米 / 秒，非常宜于攀登；然而，到了 15 点，9 千米风速又增加到 30 米 / 秒以上，完全不能够攀登。

1980 年春，我组在珠峰大本营观测研究背风波动，认识了高空风巨变的原因。原来，在珠峰背风波的下沉气流区域存在中小尺度高压，与大风伴随，不宜攀登；在背风波的上升气流区域存在中小尺度低压，伴随小风，宜于攀登。

1990 年春，中国科学探险协会与日本热气球协会合作，进行热气球飘越珠峰的科学探险。我是中方考察队队长。根据合作协议，选点与驾驭热气球由日方负责，气象和后勤保障由中方负责。结果，日方坚持选点在海拔 8000 米以上的希夏邦马峰东南侧 10 千米附近，这正好是西北风时的背风波下沉气流区域，下沉气流不宜于热气球升起。尽管我好意相劝，希望改变热气球释放点，但日方不相信背风波动的规律，否决了我的好心建议。结果，在盛行西北风的条件下，释放热气球，被强烈的下沉气流阻挡，本来只需要 10 多分钟热气球就可以升到海拔 9 千米高度，但却用了 50 分钟。最后导致热气球坠毁，两位日本驾驶员身受重伤，一位身受轻伤，热气球飘越珠峰的科学探险以失败告终。

从科学实践来看，此次热气球飘越珠峰探险检验了珠峰背风波的存在。

攀登珠峰的“早出发早宿营”规则

在 1966 年春季制作珠峰登山天气预报过程中，我常常接触中国登山队队员。在相互交流中，登山队员往往会提到，在海拔 7 千米以上活动时，下午的风速比上午的风速大得多。有时，行走都非常困难。

登山队员为什么在海拔 7 千米以上才感觉到下午的风速远远比上午的风速大呢？其实，在珠峰北坡大本营，我们也经常感觉到“下午比上午风速大”。

回到北京后，我尝试研究青藏高原上不同海拔高度的风速日变化情况。

选择青藏高原上海拔 1 千米到珠峰大本营海拔 5 千米之间地面风速的日变化情况进行分析。结果很有趣：青藏高原上，在海拔高度 3 千米到 5 千米之间，在春季，地面风速的日较差（即当地时间 18 时与 06 时地面风速之差）变化很大，即随着海拔高度升高，地面风速日较差迅速增大。例如，在海拔高度 3.6 千米处，地面风速日较差月平均值仅为 1.2 米 / 秒，在海拔高度 4.3 千米的月平均值为 4.6 米 / 秒，在海拔高度 5 千米的月平均值已达 5.8 米 / 秒了。即，海拔高度每升高 1 千米，地面风速日较差的月平均值会增加大约 3.3 米 / 秒。若照此推论，则在珠峰海拔高度 8 千米以上，地面风速日较差的月平均值可达 14.5 米 / 秒左右。这与登山队员的实践非常一致。

1966 年下半年，我在上述统计分析结果的基础上，进一步发现，尤其在宜于攀登珠峰的好天气时段，这种现象更为显著。在宜于攀登珠峰的好天气时段中，每升高 1 千米带来的风速日较差可增加 3～4 米 / 秒。由此推论，在海拔高度 8 千米附近，地面风速日较差可达 15～18 米 / 秒。

攀登珠峰的实践表明，宜于登顶的好天气时段当然要用在海拔高度 8 千米以上。

根据上面分析资料的结果，我在 1966 年底和 1975 年 1 月，曾两次书面向中国登山队建议：“……在登山季节（4 月中旬至 6 月上旬），在珠峰北坡高山地区从事登山和考察活动时，一定要遵循近地面风速日变化特点，把‘早出发，早宿营’的登山战术作为登山规则。尤其在宜于登顶的好天气时段，在海拔高度 8 千米以上活动时，更应严格执行‘早出发，早宿营’的登山规则，以凌晨 4 时至下午 4 时为宜。”

中国登山队采纳了我的建议，规定攀登海拔高度 7 千米以上高峰必须在早晨 4 点以前出发，16 点以前宿营。在 2003 年中国登山队攀登珠峰的活动中，一些国家的登山队已经采用早晨 1 点从 8300 米营地出发，在 12 点以前登上顶峰。

1966 年以后的登山实践证明“早出发，早宿营”的攀登珠峰规律是符合实际的。

我的科学普及道路

1975 年 5 月 27 日，中国登山队 9 名队员于当天 14 时登上了珠峰，拍摄了电影和照片，在珠峰顶部架设了测量珠峰高程的三角觇标，精确测量了珠峰高程为 8848.13 米；登山英雄潘多躺在顶峰近一小时，为我国高山生理学家测量了人体在世界最高峰的生理指标；登山队员采集了从峰顶到大本营不同高度的冰雪、岩石和生物样品，为中国科学家研究珠峰环境本底值以及监测珠峰环境变化奠定了基础。

此次中国登山队与中国科学家紧密合作的科学成果和科学精神深深感动了我国一代人。我国新闻媒体为此进行了广泛地、深入地宣传报道和科学普及。

在此大背景下，我也走上了科学普及的道路。

在我还不知何为科普时作了科学普及报告

1975 年，正值“文革”期间，学校正常教学受到影响。如何处理每天学生来校的时间，成了学校老师的“心病”。

一个偶然的机会，当时我所党办主任、中国科大校友邢国仁陪同我去了北京十九中给同学们讲珠峰登山英雄故事和珠峰科学考察。

1000 多位同学来到学校的大操场，听我的报告。当时，没有多媒体设备，完全凭借扩音器口讲。我与中国登山英雄多次接触，感性知识非常丰富，心里装着很多可歌可泣的故事。我从“为什么要再次攀登珠峰”“攀登珠峰与科学考察的紧密关系”“攀登珠峰中的登山英雄故事”“珠峰科学考察的重要科学成果”以及“攀登珠峰中天气预报的重要性”……一讲就是两三个小时，同学们静静地坐在大操场上聆听，还不时为登山英雄的可歌可泣事迹热烈鼓掌。

当时，做完报告虽然没有报酬，没有鲜花，我却因为向同学们传播了英雄主义而感到做了一件好事。同学们在听了我的报告后，也对我国登山英雄更加崇敬，对我国科学家取得的成果表示出由衷地敬佩。

就这样，口口相传，不少学校纷纷通过大气所业务处王遵级处长邀请我做报告。其时，还不知道这就是“科普报告”。在二三十场报告中，留下照片的只有北京市少年宫。那时，我被孩子们叫“高登义叔叔”，心里不知有多美。

1999 年上半年，在完成徒步穿越雅鲁藏布大峡谷后，中国科协组织了“全国百场科普报告”，我和徒步穿越雅鲁藏布大峡谷的队友杨益畴、关志华、李渤生等在全国多处宣讲徒步穿越大峡谷的考察成果以及穿越中的感人故事，深受欢迎。记得在北京大学和清华大学报告时，偌大的礼堂挤满了听众，过道上、讲台上都挤满了人。

当时的报告题目有“徒步穿越大峡谷中的风风雨雨和酸甜苦乐”“首次徒步穿越雅鲁藏布大峡谷”“与天知己　其乐无穷”“再探峡谷之最”等。

2006 年，我加入了“中国科学院老科学家科普演讲团”，曾经担任第二届副团长。科普报告足迹遍及全国（除了台湾省外），科普报告场数逾千场。

其间，与青少年科普交流过程的收益和享受让我获得了科学的第二个春天。

撰写科普著作

我应邀参加科普书的写作大约是从 20 世纪 80 年代开始。记得第一本是《大气物理学简介》，由大气物理所科学家撰写，科学出版社出版。我在其中撰写了一章，"青藏高原气象学"。由我单独撰写的第一本科普书是《极地探险》，由河南科学技术出版社 1997 年出版，是《中国科学探险丛书》中的一本。也是我的第一本获奖科普书。这套丛书于 2001 年 5 月经由中国科协、中国新闻出版总署、国家自然科学基金委员会和中国作家协会组成的"第四届全国优秀科普作品奖"委员会评审为科普著作一等奖。

科学普及与科技创新相得益彰

胡锦涛同志在 2008 年 12 月 15 日的讲话中指出："科技工作包括创新科学技术和普及科学技术这两个相辅相成的重要方面。普及科学技术，提高全民科学素质，既是激励科技创新、建设创新型国家的内在要求，也是营造创新环境、培育创新人才的基础工程。"

通过科学普及，把最新科学理论和结果普及公众，很可能再重新提出新的科学问题研究，从而促进科学研究发展。

下面，列举两例说明。

第一例：雅鲁藏布江下游水汽通道作用观测研究，观测实践发现青藏高原四周向高原腹地输送水汽的最大通道作用

1983 年，我们观测计算了沿青藏高原四周向高原腹地输送水汽的分布，发现沿着布拉马普特拉河－雅鲁藏布江河谷逆江而上的水汽输送是沿青藏高原向腹地输送水汽的最大通道。其输送水汽强度相当于夏季从长江南岸向北岸输送的水汽。而且与地学家、生物学家和社会学家合作，发现了这条水汽通道不仅改变了青藏高原东南部的自然环境，而且改变了藏民族的历史发展。

在 1998 年徒步穿越雅鲁藏布大峡谷过程中，新闻媒体广泛地宣传、普及了有关雅鲁藏布大峡谷水汽通道作用对我国自然环境和人类活动的影响，引起了我国两位科学泰斗钱学森先生和钱伟长先生的关注。他们联名致函国家领导人，大胆建议，可否扩大雅鲁藏布大峡谷通道，增加向青藏高原腹地的水汽输送量，以缓解我国西北干旱状况。

两位科学泰斗其中一位专门给叶笃正老师打电话，阐述这个观点，并希望他支持。由于提出"雅鲁藏布江下游水汽通道作用及其对于自然环境和人类活动影响"是我和杨逸畴、李渤生教授在 1987 年《中国科学》B 辑第 8 期上发表论文《雅鲁藏布江水汽通道初探》中提出的观点，叶笃正老师当面向我交代，要求我根据两位科学家的提议，认真按照两位科学家提议的思维，进行数值诊断分析研究。

为此，我与我的研究生蹇咏霄一起，花了两年时间，于 2001 年完成了"雅鲁藏布大峡谷地形变化与水汽通道作用研究"论文，这篇论文主要部分在我的专著《中国山地环境气象学》第三章中刊出。

结论是，即使把雅鲁藏布大峡谷扩大到100千米宽，并从大峡谷口到我国三江源地区改变地形为斜坡，选取历史上最强盛的西南季风年，这样的水汽输送也不能到达青海三江源地区。沿途水汽会凝结为水降落，当然不能够到达长江和黄河源头，更无法达到缓解我国西北干旱状况之目的。从气象条件和地形条件来看，这种设想不符合客观实际。

当叶笃正老师把我们的论文结论转告两位科学泰斗后，从此再也没有人提出类似的设想了。

第二例：科学普及促进我国北极科技创新

2001～2003年，挂靠在大气物理所的中国科学探险协会，在中科院和中国科协的领导下，依循《斯瓦尔巴条约》，邀请人民日报社、新华社、中央电视台和北京青年报等新闻媒体随队参加民间北极建站报道。

在这三年中，尤其是2002年夏天，中央电视台在“新闻联播”节目中、《人民日报》在重要版面上多次报道了民间北极建站的过程和科学成就，引起了国务院的重视。国务院于2003年7月批准了国家海洋局于1997年的北极建站申请报告，终于在2004年夏天，建立了中国首个北极科考站——黄河站。

中国科学家依循《斯瓦尔巴条约》，借助我国主要新闻媒体的科学普及，促进我国政府加快了建立北极站的步伐，进而为中国北极科技创新奠定了基础。

回顾中国科学院大气物理所90年来走过的科技创新道路，无不蕴含着“实践—认识—再实践—再认识”的“实践论”真理，这是我们必须坚持的道路。与此同时，我们更应该按照习近平主席关于“科技创新、科学普及是实现创新发展的两翼，要把科学普及放在与科技创新同等重要的位置”的指示，加强科学普及力度，一方面培养更多的青少年热爱科学、参与科技创新活动，另一方面通过科学普及来促进科技创造，使它们相得益彰。

VLBI 技术在我国的发展及在航天工程中的应用

⊙ 钱志瀚

VLBI 技术的诞生

VLBI 是甚长基线干涉测量或甚长基线干涉仪的英文缩写，它是射电天文的一项高新观测技术，诞生于 1967 年春。

射电干涉仪诞生在 20 世纪 40 年代后期，20 世纪 50～60 年代，众多国家建设了射电干涉仪，大大提高了射电天文观测分辨率，取得了很多新成果。但是，那个时代建设的射电干涉仪的基线距离一般限于几千米，使用的是公共频率源，频标信号的传送大多使用电缆或波导，个别使用微波传送，称为“连线射电干涉仪”（或“连接单元射电干涉仪”）。后来随着信号传输技术的改进和提高，20 世纪 70 年代以来建设的连线射电干涉仪的基线距离有了增长，例如：美国由 25 台天线组成的甚大阵（VLA）综合孔径射电望远镜的最长基线为 36 千米，英国的 7 台天线组成的微波连接射电干涉仪（MERLIN）的最长基线为 217 千米。但是，频标信号的传送过程会产生噪声，使得信号变坏，这就限制了射电干涉仪各个观测单元之间的基线距离进一步的增长，所以连线射电干涉仪的分辨率的提高就受到了限制。

为了克服连线射电干涉仪频标信号传输距离的限制问题，在 20 世纪 60 年代中期，苏联等国的射电天文学家提出了“相干独立本振 – 磁带记录干涉仪”的新概念，即采用高稳定度的原子频标作为各个观测站的频率基准；观测数据用高速磁记录技术记录下来，可以事后进行互相关处理。这样，射电干涉仪的各个观测单元就可以不使用公共的频率源，而使用各自的高稳定原子频标（早期使用铷钟，现代均使用氢钟）。因此，射电干涉仪的各观测站之间的距离原则上就不受限制，它们可以建设在地球上任何地方，甚至在太空，只要它们能够同时观测同一个目标并且观测数据可以送到相关处理中心。由于它的基线长度大大增长了，所以后来把这类射电干涉仪称为“甚长基线干涉仪（VLBI）”。1967 年 3 月，美国和加拿大射电天文学家分别在 18 厘米和 49 厘米波段，采用铷原子钟作为频率源，成功地进行了 VLBI 观测。1969 年 10 月，美国与苏联成功地在 2.8 厘米和 6 厘米波段，进

注：钱志瀚，84 岁，中科院上海天文台研究员。

行了跨洲的 VLBI 观测，最高分辨率达到了 0.4 毫角秒，比当时的连线射电干涉仪的分辨率提高了上千倍。自此，射电天文开创了超高分辨率、超高定位精度的 VLBI 时代。

自从 VLBI 技术诞生以后，经过半个世纪以来的不断改进和提高，它的灵敏度、分辨率及定位精度均得到大幅度的提高，现在 VLBI 的最高分辨率和定位精度已经达到 10 微角秒量级，相当于在地球上可以观测到月球上厘米尺度的物体。VLBI 是所有天文观测技术中分辨率最高的技术，它比哈勃空间望远镜的分辨率高数百倍。VLBI 技术在天文学、地球动力学及航天工程等领域的广泛应用中，取得了众多的新发现和创新性成果。例如：获得了活动星系核和类星体的亚毫角秒尺度的精细结构和发现了相对论性喷流和视超光速现象；毫米波全球 VLBI 网在 1.3 毫米波段的观测，首次为大质量黑洞 M87 拍了“照片”；建立了亚毫角秒精度的准惯性射电天球参考系；测量了美国阿波罗登月的月球车在月面的行进路线等。

引领 VLBI 技术在我国的发展

20 世纪 70 年代初，虽然我国还处于“文革”，但中科院上海天文台的天文学家仍关注着国际上天文学的新发展，看到国际上有 VLBI 和 SLR（人造卫星激光测距）等新技术的出现，使天体测量产生了革命性的变革，新技术比较以往的经典测量技术，测量精度提高了 1~2 个数量级，如果我国不及时发展新技术，则在天体测量领域，将大大落后于国际发展水平。因此，上海天文台确定 VLBI、SLR（人造卫星激光测距）及氢原子钟等新技术为主要的新开拓领域。在国内，上海天文台是首先提议建设中国 VLBI 测量系统的单位。1973 年，上海天文台组建了射电天文研究小组，1978 年扩建为射电天文研究室，其主要任务是 VLBI 技术的发展和应用的研究。我是 1976 年到上海天文台工作的，一直从事 VLBI 方面的工作，在这四十多年时间里，亲历了 VLBI 技术在我国从无到有、逐步赶上国际先进水平的全过程。

1975 年 12 月，上海天文台向中科院提呈了“有关在我国开展长基线射电干涉工作的论证和有关建议”报告。自此“长基线射电干涉仪”项目列入了中科院天文八年规划，并列为 1978~1985 年全国科技规划 108 项重点项目之一。1978 年 12 月在上海，由中科院和四机部联合召开了“甚长基线射电干涉测量总体方案”论证会，会上提出了建设“沪 – 昆 – 乌”VLBI 测量网的总体技术方案，论证会通过了该项总体技术方案。1979 年 3 月，中科院二局发文批复了论证会的“会议纪要”，同意中国 VLBI 测量系统立项建设。根据当时经费情况，确定 VLBI 测量系统的建设分期实施，首先建设上海天文台 VLBI 系统。自 1981 年起，开始了我国 VLBI 测量系统第一期工程的建设，它包括：上海佘山 25 米天线 VLBI 观测站和 VLBI MK-2 型数据处理中心。

当时，对于我国来说，VLBI 技术完全是空白，国内没有经验可以借鉴；另外，国际上个别国家对于某些关键技术和设备还对我国实施限制和禁运，所以研制工作困难很大。上海天文台科研人员不怕困难，刻苦学习，采取“理论与实践相结合”和“引进来和走出去”等办法来克服没有经验的困难。在 20 世纪 70 年代后期，建设了“实验 VLBI 系统”，作为 VLBI 技术和原理的实验平台；同时，于 1981 年 11 月，利用实验 VLBI 系统的 6 米射电望远镜，与德国的 100 米射电望远镜成功地进行了国际上首次跨欧亚大陆的 VLBI 观测，受到国际 VLBI 界的极大关注。

1987 年 10 月，上海天文台 25 米天线 VLBI 测量系统建成揭幕，这是我国首个达到国际先进水平的 VLBI 系统。从 1988 年起，就开始参加多种学科的国际 VLBI 网的联合观测，例如：欧洲 VLBI 网和美国 NASA 地壳动力学计划 VLBI 观测网，还进行中－德、中－日及中－俄等双边合作 VLBI 联测。1989 年“上海天文台 VLBI 系统”通过院级鉴定验收，被评为 1991 年度中科院十大科技成果之一，并获得 1993 年国家科技进步奖二等奖。上海天文台的 25 米天线 VLBI 观测站位于上海松江东佘山东麓。

1986 年 1 月，上海天文台完成了《关于发展中国 VLBI 网的建议书》，提出的 VLBI 网二期工程的主要建设内容为：新建乌鲁木齐 VLBI 观测站、改造昆明 10 米天线太阳观测站为 VLBI 观测站、建设上海 VLBI 宽带数据处理中心。该建议书获得中科院的批准，确定为天文口“七五”期间重大项目。后来由于经费等问题，昆明 VLBI 站建设不列入 VLBI 二期工程，以后根据条件再建设。上海天文台与乌鲁木齐天文站（现为国家天文台新疆天文台）合作建设乌鲁木齐南山 25 米天线 VLBI 站，于 1994 年建成并开始参加国内外的 VLBI 联测，1999 年通过院级鉴定验收。中国 VLBI 系统二期工程于 2000 年完成结题验收。上海佘山和乌鲁木齐南山 VLBI 站均为国际天测 / 测地 VLBI 网、欧洲 VLBI 网和东亚 VLBI 网的重要成员，在天体物理、天体测量和地球动力学的 VLBI 观测研究方面，取得多项重要成果。

近十年，上海天文台还与中科院授时中心和国家天文台及有关院外单位合作，发展 VLBI 技术，并应用于天文学、大地测量学及航天器测轨。

VLBI 技术在我国探月和深空探测工程中的应用

上海天文台一直十分重视 VLBI 技术在航天工程方面的应用。1994 年，中国航天一院主持召开关于我国首次探月工程技术方案研讨会。上海天文台参加了会议，并且承担了“VLBI 测轨”和“探月卫星轨道设计”两项预研课题，首次提出了利用国内 VLBI 测量系统，承担我国首次探月工程 VLBI 测轨的概念方案。1997 年，上海佘山 VLBI 观测站还参加了美国 NASA 火星环球勘测号的 VLBI 测轨观测，取得了 VLBI 观测深空探测器的实际经验。20 世纪 90 年代后期，中科院多次召开会议，讨论关于我国首次探月工程的方案和中科院的任务，上海天文台也是参会单位之一。会议明确了中科院在我国首次探月工程中承担的主要任务为：科学目标的提出、有效载荷研制、科学数据接收和处理分析及 VLBI 测轨。上海天文台提出了“3 观测站 +1 数据处理中心”的 VLBI 测轨的技术方案，即利用已经建成的上海和乌鲁木齐 VLBI 观测站、改造昆明 10 米天线太阳观测站为 VLBI 观测站，以及改造上海 VLBI 数据处理中心，组成探月工程的 VLBI 测轨系统。

21 世纪初，在国防科工委（现国家航天局）的主持下，召集中国航天和中科院及其有关下属单位，多次讨论中国首次探月工程的总体技术方案。当时我国现有的航天测控系统主要用于地球轨道航天器的测控，性能上不能满足探月卫星的测控要求，所以测控是我国首期探月任务的主要瓶颈之一。国内现有测控系统测轨的基本工作模式为视向的测距和测速，而 VLBI 测量为高精度测角，所以将 VLBI 测轨数据与测控系统的测距测速数据结合起来进行卫星定轨，可以大大提高测定轨的精度和可靠性，特别是可以实现卫星的几十分钟短弧定轨，这对于卫星变轨后及时进行轨道测定十分重要。由于测控系统进行了适应性改造和 VLBI 测轨技术的应用，解决了首次探月工程的一个瓶颈问题。在总体技术方案的讨论会上，上海天文台郑重承诺：VLBI 测轨系统向航天指控中心提供 VLBI 测轨数据的滞后时间不超过 10 分钟，从而消除了对于 VLBI 系统是否能及时提供测轨数据的疑虑。最终，上海天文台提出的 VLBI 应用于探月卫星测轨的建议，列入了我国首次探月工程的总体技术方案，确定中科院的天文 VLBI 测量系统经过适应性改造后，作为探月工程测控系统的一个分系统，称为“VLBI 测轨分系统”，上海天文台为负责单位。这对于我国的航天测控来说，是首次引入了 VLBI 技术。使用 VLBI 技术进行探月卫星的全程实时工程测轨，这在国际上是首创。后来，由于接收探月科学数据的需要，确定建设北京密云 50 米天线和昆明 40 米天线的地面接收站，同时确定该两地面站也承担 VLBI 测轨任务，所以最后的VLBI测轨的方案为“4观测站+1数据处理中心”，4个观测站为：上海、乌鲁木齐、北京、昆明。

2004 年，我国首次探月工程项目——“绕月探测工程”批准立项实施，2007 年 10 月 24 日，探月卫星（嫦娥一号）在西昌卫星发射中心成功发射。当卫星高度达到 2 万千米时，VLBI 测轨分系统即开始对卫星进行全程跟踪测量（包括：转移轨道段、奔月轨道段、卫星制动和入月轨道段及环月段），VLBI 测轨数据实际上在 6 分钟内即发送至航天指控中心。VLBI 测轨观测的数据量大、运算复杂，数据处理中心接收 4 个观测站实时发送来的数据总量达到 64 兆比特 / 秒，要进行 6 条基线多通道的互相关处理，再要提取各条基线的 VLBI 时延和时延率观测量，然后再进行各种误差修正和卫星角位置计算，用数分钟时间完成上述数据处理过程，在 VLBI 数据处理的实时性方面，达到了国际顶级水平。VLBI 测轨分系统超指标完成了嫦娥一号星的测轨任务，为我国首次探月工程的圆满完成做出了重要贡献。“绕月探测工程”获得 2008 年度国家科技进步奖特等奖，上海天文台为主要参加单位之一。

为了更好地完成今后的探月和深空探测 VLBI 测轨任务，在中科院、上海市和探月工程总体部的支持下，2009 年开始建设上海天马 65 米天线射电望远镜，于 2012 年末建成，坐落在上海市松江区，近天马山。它参加了嫦娥二号后期和嫦娥三、四号的 VLBI 测轨观测。它的建成大大提高了我国 VLBI 测量网的灵敏度和测量精度。从嫦娥一号至嫦娥四号，VLBI 时延测量精度提高了 5 倍以上，这是多方面的改进和提高的综合结果，65 米射电望远镜参加测轨观测，是其中一个重要因素。同时，VLBI 网测轨的实时性也大大提高，虽然 VLBI 数据处理中心接收 4 个测站的观测数据总速率已经达到了五百兆比特 / 秒，但向北京指控中心提供 VLBI 观测量数据的滞后时间，从 6 分钟缩短到了 1 分钟，这是目前国际上的最高水平。另外，在嫦娥三号工程中，还测量了月球车与着陆器的相对位置，精度为 1 米级，也达到国际最高水平。

VLBI 测轨分系统参加了探月工程嫦娥一号至嫦娥四号星的全部测轨工作，均圆满地完成任务，为探月任务的完成做出了重要贡献，共获得两项国家科技进步奖特等奖（主要参加单位）、两项国防科技进步奖特等奖（主要参加单位）及两项上海市科技进步奖一等奖（排名第一）。现在，VLBI 测轨分系统的全体科研人员正在满怀信心积极准备今年年末的嫦娥五号和明年的我国首次火星探测的 VLBI 测轨任务。根据嫦娥五号任务的多目标测轨需要，上海天文台研制了“动态双目标实时 VLBI 测轨系统”，这是国际首创。另外，为了完成我国首次火星探测工程的VLBI测定轨任务，自主研制了火星探测器的定轨软件，并利用国外现有的火星探测器，进行 VLBI 测轨的试观测，验证了自主研制软件的正确性和可靠性。

结 束 语

经过了四十多年几代科研人员的努力，中国的 VLBI 技术研发能力和应用研究水平已经进入国际先进行列，个别方面达到了国际领先水平。但是，仍有不少方面与国际顶级水平还有差距，所以还需百倍努力，使我国的 VLBI 技术研发和应用研究，全面达到国际最高水平，为我国的天文学、地球动力学及空间科学研究和航天工程，做出更多的国际先进水平的原创成果。对我个人来说，虽然已到古稀之年，但仍愿继续为我国的 VLBI 技术发展和应用，贡献微薄之力。

走了一辈子“风云”路

⊙ 张玉林

从我 1977 年进上海技术物理研究所工作，已经过去 40 多年了，一辈子参加风云气象卫星辐射制冷器（简称辐冷器）研制，参加了我国太阳同步轨道第一颗实时传输型红外遥感卫星风云一号扫描辐射计的研制，发射成功我国第一台航天制冷器并负责第一台低温高精度测温温控仪；参加了我国地球同步轨道风云二号气象卫星扫描辐射计辐冷器研制；还参加了风云三号、风云四号辐冷器研制工作。回忆这漫长研制道路，真是一言难尽，有成功的喜悦，有曲折的苦恼，所经历的一件件事情一幕幕情景，时常在我脑海里浮现。总之，来之不易的成功背后有很多甜酸苦辣。

坎坷“风云”路

我在 1979 年参加风云一号扫描辐射计辐冷器研制工作，负责辐射制冷器电子学研制工作。辐射制冷器二级温度要求达到 −180℃以下，需要高精度的测温和温控功能，要求温控稳定度达到 0.2K。当时，国内没有低功耗高稳定小尺寸的传感器和现成的测温温控电路，我提出了研制能适合制冷器用高阻测温传感器。辐冷器高精度测温和温控电路在轨可靠，多颗卫星使用 10 年以上，为后续卫星遥感仪器测温和温控打好良好基础。

1988 年 9 月 7 日，是一个令人难忘的日子，我国第一颗红外遥感卫星——风云一号气象卫星发射成功，收到清晰的首幅可见光云图。我国第一台航天制冷器——辐冷器经过加热去污、抛罩和降温等流程，9 月 20 日辐冷器二级温度到达 105K，具备开通红外通道条件。我当年有幸和翁垂俊老师参加辐射计红外开通工作。9 月 20 日午夜过后，我们 2 点钟就到达国家气象局卫星气象中心大楼卫星云图接收大厅。2 点 54 分当地面测控天线接收到卫星信号，西安卫星测控中心发出 K1 接通红外探测器电源指令 2 分钟后，屏幕看到一行行清晰的红外图像。在场测试人员都非常激动，这是我国第一次从卫星上传回红外云图，这是我永生难忘的时刻。虽然由于卫星平台问题，风云一号 A 星在轨工作只有 39 天，红外通道还有污染现象。但是，红外探测器、辐冷器和辐射计红外遥感仪器等首次飞行为后续遥感卫星奠定了良好的基础，为我国航天遥感领域做出了重大贡献，具有里程碑意义。

天有不测风云，研制风云二号 01 星时出现了事故。1988 年开始风云二号扫描辐射计辐冷器研制工作。1994 年 4 月 2 日风云二号 01 星在西昌卫星发射中心，在技术厂房测试

注：张玉林，66 岁，中科院上海技术物理研究所研究员。

时，因故发生燃烧爆炸，造成了人员伤亡、卫星和厂房烧毁的严重事故。多少科研人员职工奋斗十多年研制的卫星毁于一旦。我们所十多人受伤，我是其中之一。回所后，各级领导非常重视，安排我们体检休养，要求我们团队尽快研制出 02 星产品，早日发射上天。

我们没有灰心和放弃，在 01 星基础上，进行合理改进，继续加班加点，在不到 3 年时间研制出 02 星产品。02 星于 1997 年 6 月 10 日发射成功，卫星定点东经 105 度 35800 公里上空。经过一系列程序操作，7 月 13 日在国家气象局卫星气象中心卫星接收地面站开通红外通道工作，9 点 49 分辐冷器最低温度达到 96.6K，接通红外通道电源。10 点 18 分见证了我国静止轨道上获取第一幅红外圆盘云图，图像清晰。辐冷器进行的有效防污染设计，解决了遥感卫星低温污染难题，经过有效控制红外通道没有污染现象，后续卫星工作达 10 年以上。

在“风云”路上持续创新

随着风云二号 02 批业务卫星稳定运行与数据的广泛共享，气象卫星的稳定运行，在应用领域也有了快速发展，逐步从定性应用向定量应用发展。风云二号卫星在台风、洪涝、干旱等多种灾害监测中发挥了重要作用。风云二号 03 批卫星研制列入国家计划，2008 年开始后续三颗卫星研制。在第二批风云二号卫星用辐射制冷器研制成果的基础上，开始了风云二号卫星 03 批用辐冷器的研制工作，它承担 4 个红外波段共 8 只探测器件的制冷任务，制冷温度同第二批。要求 4 年寿命期辐冷器二级温度长年在 93K 工作。

但是，风云二号辐冷器每年有半年受太阳光照射，02 批卫星辐冷器二级温度夏季有三个月在 100K 工作，其他季节在 93K 工作。国际上使用辐冷器气象卫星不采取卫星每年春分和秋分调头，只能每年有 3 个月在 100K 左右工作。国家气象局卫星气象中心考虑到我国汛期探测重要性，提出夏季汛期辐冷器能否在 93K 工作，以提高探测灵敏度，计划要求 03 批发射卫星调头，辐冷开口对着南极（原来对着北极）。但是，采用卫星调头方案，星上产品和地面设备改动很大，卫星姿态系统要设计掉头功能，辐射计要设计可变扫描方向，地面图像处理等状态更改。这些都会带来研制经费、时间的大量增加和方案的风险。

如果在辐冷器照到太阳光条件下，把制冷温度从 100K 降到 93K，这是最好办法。下降 7K 温度，同时要求辐冷器尺寸一点不能增大，谈何容易。用户需求，就是我们的研究目标。课题组通过分析计算、多项设计和工艺改进，不增加辐冷器尺寸，理论计算可以达到要求，夏季可以达到 93K 以下。可实际产品能否达到要求，要通过验证。

要达到以上高水平要求，就要解决辐射制冷器几个关键技术。辐冷器太阳屏是要照到太阳光的，我们对电铸玻璃模具材料进行分析，找到既能适应光学加工，又能适应高低温电铸的玻璃材料。我们去了多个省份，分析、化验、试验多种玻璃材料适应性能。提高玻璃模具的光学加工镜面要求，所里光学加工中心同志精益求精，尽量提高玻璃模具的光学特性。

在玻璃上进行电铸高反射金属，这在国内外很少有报道。上海市尊尚模具公司通过分析，对电铸工艺进行改进，多次试验验证，提高了电铸件的表面光学特性。

有了辐冷器太阳屏电铸件，它表面光学特性达不到要求，需要镀制反射膜和保护膜。我与所里八室一起反复试验分析镀膜材料和镀膜工艺，控制膜层厚度和镀膜工艺参数，使太阳屏全波段的吸收率降低，反射率提高。该镀膜工艺也用于风云四号 A 星两台辐冷器太阳屏镀膜工艺中，取得良好效果。

合理控制通光口径，使光学负载降到最低。在辐冷器内部通光口径太大，经计算分析，光斑边缘余量偏大将增加辐冷器二级负载，影响制冷温度。设法提高对光路位置口径的测量精度，减少光斑边缘余量。光学透镜与固定件安装面积过大，也影响二级和一级的热辐射，通过合理设计，减少固定件安装面积，可以降低对二级热辐射。

辐冷器支撑控制，直接影响辐冷器制冷性能和发射时力学振动能力。因此支撑材料需要选择抗拉强度高的产品，控制合理的纤维和胶材料。六根像橡皮筋一样的支撑件撑起一个部件，能承受力学、低温等考验，为后续同类型部件提供了示范作用。

辐冷器内部降低热交换面积，提高零件的反射率，尽量采用多层绝热措施，合理实施工艺。

通过关键部件有效控制以及优化设计，研制的辐冷器，在夏季太阳光照射下，3 个月不需要切换到 100K 工作，最低温度达到 85K 以下，制冷量比 02 批提高了近一倍。风云二号 F 星于 2012 年 1 月 13 日发射成功。辐冷器二级温度连续 6 年多稳定工作在 93.5K 一条直线。这在国际辐冷器上是一大突破。欧联气象卫星 1 米多特大辐冷器也只能在 95K 工作，我们迈上一个新的台阶。达到国家气象局卫星气象中心提出夏季汛期辐冷器在 93K 工作，以提高探测灵敏度的要求。

随后，风云二号 G 星 2014 年 12 月 31 日发射成功，至今辐冷器二级也稳定工作在 93.5K。风云二号 H 星 2018 年 6 月 5 日发射成功，已获取清晰的红外图像，将为一带一路有关国家服务。

国家卫星气象中心 F 星总结应用报告中介绍：F 星在应用上取得两项重要的进步，使我国对台风预报准确率达到国际先进水平。鉴于 F 星扫描辐射计具有更加机动灵活的区域观测功能，实现了对台风、强对流天气的区域加密观测，起到了很大的作用。我国 2013 年对台风路径预报误差已小于 90 公里，超过日本，达到美国的先进水平。风云二号气象卫星数据和资料已为国内 280 多个气象台站以及东南亚、日本、韩国、美国、澳大利亚等多个国家和地区接收应用，在台风、暴雨等灾害性天气的监测预报中发挥了重大作用，取得了显著的经济和社会效益。

辐冷器污染控制

污染控制是红外遥感仪器重要课题，许多航天仪器都是失败在红外通道污染上，国内外都有发生。

风云二号辐冷器从设计、试验、发射和在轨都需要进行全过程污染控制。设计中对材料有严格控制要求，尽量选用含水量少和挥发少的材料，在辐冷器上设计防污染罩，对水汽污染对光路采用物理隔离的办法；正确设置辐冷器内部水汽等的出口通路；在测试厂房和发射基地都通高纯氮气加以保护；辐冷器各级设置有在轨加热功能，持续加热达 20 天以上。采用以上措施后，发射了 8 颗卫星在轨都没有发生污染现象。

走了一辈子“风云”路，要走好这条路，只能脚踏实地，学习多学科知识，要有持续创新的理念，对航天事业高度的责任心、荣誉感，精益求精地不断改进与提高产品质量，在严、细、实上下功夫，做好产品设计和生产，才能研制出一流的航天产品。

航天工作四十年有感

⊙ 裴云天

我是 1978 年通过研究生考试进入上海技术物理研究所的，师从匡定波院士。研究生课题就是为天文卫星配套星敏感器，这就算是我搞航天工作的开始。仔细算来，搞航天工作已有四十年了。仔细想想这四十年走过的路，酸甜苦辣、五味俱全。为了攻克难关度过无数不眠之夜；白天没想明白的问题，有时晚上突然想明白了，会马上起床记在一个专用记事本上；为了工作，甚至有几个春节是在航天八院 509 所度过的；曾经历了卫星爆炸的事故……另一方面，也目睹了自己亲手参与研制的风云二号气象卫星一颗一颗成功上天。成功的喜悦是发自内心的，是金钱买不来的。尤其这几年，我国高水平的卫星捷报频传，通过几代人的努力，我们在航天遥感仪器上与美国的差距迅速缩小，有的卫星，如量子卫星、风云四号已经超越美国的水平。

看到这一切，我觉得这辈子值了，我赶上了这个超越的时代，尽力了。这四十年有很多感悟，写出来与各位同仁分享。

失败乃成功之母

“失败乃成功之母”这句话在我们读小学时就学过了，可是今天回过头读这句话才觉得非常准确。由于我们要赶超国际先进水平，要走前人没有走过的路，在研制过程中出现失败是免不了的。问题是要总结经验，纠正错误。在此，我举两个例子与大家分享。

风云二号气象卫星工作在 36 000 千米高度的地球同步轨道，减轻重量是仪器的首要目标。风云二号扫描辐射计主镜口径 Φ410 mm 是当时国内光学遥感卫星上口径最大的，因此为了减重，设定了减轻 50% 重量的目标，这在国内是一个没有先例的工作。在当时的条件下，光学材料只有用石英玻璃一条路。通过计算，其背部需要打 108 个孔。我曾经在国外文献上看到过用超声波机器可以在玻璃上打孔。于是我走访了上海玉石雕刻厂，实地观看了超声波机器在玉石上打孔。我看明白了一个道理，超声波打孔的工具必须在声波的波峰位置。在接下来的日子，我每天与冷加工的工人，一起试验各种工具、磨料及打孔的速度等工艺。历时一年，我们完成了轻量化 50% 的镜坯。但接下来抛加工遇到了很大的困难。当时没有小磨头机床，没有干涉仪，有的只是 20 世纪 60 年代的抛光机、刀

注：裴云天，73 岁，中科院上海技术物理研究所研究员。

口仪及读数显微镜。加工工人先后换了三个，其间还请了南京天仪厂的李德培老师来指导，他曾参与我国第一代大口径天文望远镜的加工。但像散问题始终得不到解决。时间已到 1991 年，我们的抛加工已反反复复过去了六年，始终得不到满意的像质。我记得在一个周五下班时，我与工厂的张德华、王宪民同志在一起商量此事。我提出，以前加工实心镜子，这个矛盾不突出，现在消像散时要压上一个大的抛光盘。如果镜子背部（打了 108 个孔）平面度不好，镜子就会在变形的条件下加工，你们能否测量目前镜子背部平面度？能否将平面度控制在几个微米以内？张德华同志测量了镜子背部平面度果然很差，王宪民通过进一步修磨，使镜子背部平面度达到了要求。这个问题解决后，使得抛修工作非常顺利，二周后就达到了使用要求。今天回过头来想，怎么会花费六年的时间？确实是我们没有经验，当时设备又差，但我们有的是一股精气神，不怕失败、不放弃。现在我们加工更大的镜子，在加工、装配时也会遇到很多困难。但有了这六年失败的经历，现在找问题、想办法可是快多了。

再说一个例子。2001 年我负责一个更大口径的红外相机研制。这又是一个赶超国际水平的项目。我们没有资料可借鉴，参加课题的大多是二三十岁的青年科技人员。在原理样机、背景型号研制阶段，差不多在光机、电子学、控制、探测器、杜瓦、制冷机各方面都出现过问题，大的如探测器从杜瓦上掉下来，小的如分色片标识错误，在光路中放反了位置。我统计了一下，截至 2009 年圆满完成背景型号，其间共归零 80 次。失败似乎是多了些，但这一次次的失败，使我们提高了认识，锻炼了一支队伍，使我们在正样阶段比较顺利，目前设备在天上已工作很长时间，表现优异。

世界上怕就怕认真二字

航天工作是一个庞大的系统工程，任何一个细节失误都有可能导致整颗卫星失败。虽然我们制定了很严格的规定，但我觉得关键是工作人员的责任心，每一个人都要让认真二字深深扎根于心中。

我记得在风云二号 A 星主镜背部贴了一个测温电阻，当 509 所来我所出厂验收时，发现该电阻不通电。他们走后，我们自己量又通电了。由于当时温控层都已包扎了，再换电阻十分麻烦。所以我们初步判断是 509 所测量时有问题。当卫星转到西昌卫星发射中心测量时，测温电阻仍然正常，大家就更放心了。但卫星入轨后，一开机该电阻又断开了。这样主镜温度无法测量，一定程度上影响了定量化应用。后来判断，该测温电阻上一定有虚焊的地方，所以有时通电，有时断电。如果我们在发现问题时，就把测温电阻拿下来检查，是一定会发现问题而解决的。所以怕麻烦、主观上麻痹，这在航天工作中是千万要不得的。航天上出事故，一部分是客观上没认识到位，更多的是主观问题，是不认真引起的。

用系统工程方法指导我们的工作

航天工程是一个庞大的系统工程，有时间节点、有技术流程，如何按时保质完成自己的任务需要用系统工程方法来指导我们的工作。

作为主任设计师，应兼顾到工程的各个方面。对上要面对卫星部门的要求及接口关系、时间节点等；要将任务分解到下面各主管设计师手上，还要兼顾到各种横向协调。

具体到每个研制人员也要兼顾到各个方面，首先要接受主任设计师下达的任务指标，要面对具体工艺和加工问题，还要照顾到上下工序方方面面的限制。

协调非常重要，协调实际上是双方或多方的协商。只获得某一单项指标的优质不是目的，获得整台仪器指标的优质才是目的。我在 2001 年承接某型号任务时，由于已有了多年搞风云二号的经验，就努力用系统工程的方法来指导自己的工作。尽管无国内外资料可借鉴，大家群策群力做了一个符合我国国情，并有望实现高性能的方案。在整个研制工作中没有发生大的情况变化，各方面的研制进度比较平衡，提前圆满完成了各阶段的任务。我们这个课题组被中科院及航天八院项目办评为先进集体，我被评为优秀个人。

当前任务愈来愈多，难度愈来愈大，靠一个人甚至一个课题组已很难完成任务。虽然加班在航天行业已是常态，但我们仍力求向管理要效益。前人成功或者失败的经验及教训我们要借鉴。所以，我们除了做好自己的工作，还要了解所内、国内、国外的各种动态，要发挥所有科研人员的积极性。我们希望有一天，搞航天工作就是一份光荣的事业，一份快乐的事业，一份能充分发挥个人潜力的事业。

玉柱冲天出碧海　千里跟踪保成功

——我亲历的我国首次水下发射运载火箭试验任务

⊙ 姚长庆

1982年的九、十月份，所里派我们一行十几个人，去某基地参加我国首次水下发射运载火箭的试验任务。我们的具体工作任务是使用地面跟踪测量设备，为某基地使用的我所研制生产的三台光电经纬仪提供技术保障，以确保任务的圆满完成。临行前，所领导再三强调了这次任务的重要性，要求我们一定要做到“精益求精、万无一失”，圆满完成这次试验任务。对此，我和大家一样，充满了信心，同时也充满了期待。

到了基地，顾不上休整，我们立即投入了工作。基地参试的三台光电经纬仪，分设在三个不同的观测点，一台设在海岸边的一处小山坡上，一台设在一座海拔近百米高的山上，另一台设在距离我们驻地较远的一座海岛上。我们要逐个检查每一台经纬仪的工作运行情况，确保以最优状态投入工作，并保证任务的完成。一台光电经纬仪中有成百上千个接插件和焊点，有数百个信号需要传递，每一处每一点都容不得一丝的疏忽大意，是不允许“万一”存在的。

去海岸边检查设备，路途不太远，道路也好走一些，困难不大。但是去山上、去海岛检查设备，情形就大不一样啦。

记得第一次去山上工作，基地的同志派吉普车送我们上山。车到了山脚下，要沿着狭窄的盘山道往山上行驶，路况很不好，行驶中吉普车不停地颠簸，还左右摇晃。从车里向外看，路边就是悬崖峭壁，大海就在悬崖峭壁之下，根本看不到岸边，初次走这样的路心里不停地打鼓是必然的。到了山上，我们立即开始工作。打开经纬仪，检查发现设备有故障！大家心里都非常着急！李师傅是我们的班长，带着我们仔细查找问题。由于一时找不到问题原因所在，我看到李师傅已经急得额头上都冒汗了。直到傍晚故障也没有被排除，只好暂时先下山。山路虽然还是那么崎岖不平，但此刻的我们却都不把安全与否放在心上了，大家都在思考经纬仪为什么会时好时坏？问题到底出在哪里？车上的每个人都不说话，心情却是一样的，除了心急还是心急。

回到驻地，大家一边吃着晚饭，一边讨论着下一步该怎么办。忽然，李师傅站起身，对大家说：“时间挺紧的，我看咱们晚上加个班吧，上山再去看一下。”可是，近百米高的

注：姚长庆，74岁，中科院长春光学精密机械与物理研究所实验师。

山，山路又那么崎岖陡峭，怎么去啊？李师傅好像看出了我们的心思，说，咱们就不坐车啦，步行上去行不行？又安全又能抢时间。

大家一致同意连夜上山。

基地的同志知道了我们要连夜上山，给我们每个人找了一支手电筒，借助手电筒微弱的光和当夜的月光，在基地同志的引领下，我们一步步地向山顶行去。山坡上没有石阶，只有前人趟出来的羊肠小道。小道很窄，只够一个人通行。路的两边长满了灌木丛，杂草荆棘，稍不注意，不是绊个趔趄，就是让荆棘扎一下。但我们已顾不上这些了，只是想尽快爬到山顶，尽快开展工作。我们互相手拉着手，互相帮衬着，终于登上了山顶。大家顾不上休息，即刻投入到了紧张的工作之中。

由于大家爬山时出了一身的汗，身上感到湿漉漉的，虽然当晚的海风不怎么大，但在山顶上，海风袭来，还是感觉到凉意十足。基地的同志关心地问我们，冷不冷？行不行？大家一致认为，上山那么难，大家好不容易都爬上来了，这点冷又算得了什么呢？就这样，我们几个人分头查问题，排故障。大家仔细地检查每一个分系统，小到每一个焊点，大到整个机箱，一个点一个点地测试，开机、测试、关机；再开机、再测试、再关机，记不清反复了多少次。在检查监测一个分系统的电路时，发现有一路信号时有时无，仔细一查，原因是电路板插件上的压板有些松动，处于似压非压的状态，造成了电路板接插不良。于是我们把它拆下来，重新插好电路板，再把压板固定好。再开机工作监测这路信号，就再没有出现信号时有时无的现象了。大家分析，经纬仪在转移上山过程中，由于山路颠簸，造成一个螺丝松动而产生的问题。问题解决了，大家早已忘记了上山的劳累和天气的寒冷。为了确保设备不再发生问题，大家又把各分系统，各个接插部件统统仔细地检查了一遍，又通电开机观察了一段时间，直到经纬仪再没有出现新问题，大家这才下山。回到驻地，已经是凌晨四、五点钟啦。

去海岛，我们需乘坐快艇前往，才能检查另一台经纬仪的情况。快艇在行驶中，海上突然刮起了四、五级的大风，不时掀起巨大的海浪。浪花打在快艇上，拍打到我们的身上、脸上，力量很大。我们身上全都被打湿了，脸上被拍打得疼痛难忍，有点像针刺的感觉。海水还顺着我们的脸颊往下淌到嘴里，又苦又涩。快艇随着波浪，不规则地颠簸摇晃，从未经历过这种阵仗的我们，都感到浑身无力支撑，头晕得非常厉害。同事小高实在受不了巨浪的折腾，索性趴在快艇的甲板上，一动不动地任凭巨浪的拍打和快艇的摇晃，不断地呕吐。等到了岸上，大家都已经不成样了，各个浑身透湿、有的脸色苍白，有的根本就站不起来，一直蜷缩在岸边。

在岛上的几天几夜，我们食宿都在守岛驻军的驻地里，每天都吃岛上储存几年的面，吃起来有一股发霉的味道；所住的营房里，房间阴冷阴冷的，没有一点热乎气，特别是到了晚上，被子又潮又凉，叫人难以入睡；更困难的是喝水，岛上的淡水比较紧缺，为了节约用水，实行配给制，因为我们是“客人”，所以每天都得到特殊的照顾，还可以多打一壶水。庆幸的是，海岛上这台经纬仪工作运行得很好。我们每天都重新复检几次，打开经纬仪，观察它的运行情况，力图及早发现问题，好做预先的处置。经过几天的检验，已经具备了执行任务的条件。

为了应对实战状态，我们分成三个小组，分别承担三个观测点的技术保障任务。每天都要多次地进行全场合练，对准模拟的飞行目标，紧张地调试，跟踪校飞，考验着每一台经纬仪的运行情况，也考验着每一个参加试验任务的同志。经过参试人员的共同努力，合练进行得很顺利，我们的任务已经准备就绪。

10 月 16 日，是正式执行水下发射运载火箭试验任务的重要日子。这一天，天高云淡，秋风送爽，海边的空气异常的清新。海面上微风习习，阳光灿烂。阳光之下，海水不时泛起银色的浪花，白色的海鸥在海岸边飞来飞去，畅快地翱翔。这一切的美好，好像在预示着我们今天的成功。

当天，安排在山上的我们这一组成员，早早地就和基地的同志一起上山进入观测点了。我们先是把经纬仪一遍一遍地开机检查了多次，确认正常后，又把应急预案中想到的问题和解决的办法，重新在脑子里过了一遍，再把示波器、万用表、备份的电路板插件、小工具都一一准备好，以备应急之用。接下来，扬声器每隔一段时间就会传来指挥中心的命令：五小时准备！三十分钟准备！二十分钟准备！十分钟准备！五分钟准备！时间一分一秒地过去了，虽然我们的设备一切正常，但我们却越来越紧张。

此刻，我们的经纬仪已经瞄准了火箭预定出水的位置。“10、9、8、7、6、5、4、3、2、1、发射！”最后一声沉着而坚定的口令下达了，在那碧海蓝天之间，一个乳白色的擎天柱披着水帘，呼啸着从大海深处破浪而出，顿时海面上热气升腾，滚滚波浪出现在运载火箭的出水点周围，“××号报告，发现目标！”“××号报告，跟踪正常！”我们的三台经纬仪所在的三个观测点，相继向指挥部报告着“正常”的消息。经纬仪就这样千里眼般地牢牢地盯住火箭，在瞬息间跟踪着目标，目送着运载火箭飞向了远方，飞向了太平洋……我们圆满地完成了任务！

不一会儿，扬声器里传来了指挥中心的声音：“各号注意，现在我宣布：今天，我国首次水下向太平洋发射运载火箭的试验任务，达到了预期目标，取得了圆满的成功！我们向各参试单位、向参试的解放军指战员、科研院所的科技人员表示热烈的祝贺！”听到这个喜讯，大家欣喜若狂，互相握手、互相拥抱，眼眶里充满了泪花，共同庆祝这一喜悦的时刻！我们不禁回想起在研制经纬仪的过程中，那一次次的攻关克难，那一个个的不眠之夜……我们怎能不激动得热泪盈眶，又怎能不让我们感慨万千！这一天，这一刻，终于到来了！我们感到我们的工作是多么的有意义！我们的辛苦和劳累、我们的努力和奋斗，真的没有白费！我们为祖国交上了一份满意的答卷。

就在当天，我写下了一首抒发心情的小诗：潜艇水下发火箭，玉柱冲天披水帘，呼啸飞向太平洋，震撼世界惊宇环。科技强国出重器，壮我国威壮我胆，碧海蓝天为我证，一腔热血做贡献。

任务结束后，基地举行了盛大的庆祝活动，中共中央、国务院、中央军委发来了贺电，热烈祝贺水下发射运载火箭试验取得圆满成功，亲切慰问参试的解放军指战员和广大科技人员。时任国务院副总理、中央军委副秘书长张爱萍上将和中国人民解放军海军司令员刘华清同志以及当地党、政、军负责同志亲切接见了中科院所属有关单位参加试验任务的全体科技人员，并在港口码头上，以执行发射运载火箭任务的潜艇为背景，同大家一起合影留念。

一次难忘的科学试验任务就这样结束了。当我们凯旋回到长春的时候，所领导和有关处室的负责同志，还有我们的家属都到车站去迎接我们，大家互相祝贺、互相问候，场面十分热烈，再一次让我们激动得热泪盈眶，感到特别温暖。

在参加工作的三十多年里，我多次参加过国家重大科学试验任务，就像这次水下发射任务一样，出差一次少则十几天，多则三四个月，工作累一点，出差苦一点，舍小家、顾大家，任务完成了，做了自己该做的事情，觉得很值得！

“微波遥感”课题的奋斗历程

⊙ 郑斌强

1984 年，中国科学院空间科学技术中心承担的天文卫星、资源卫星研制任务调整后，我们研究室迎来了一段最艰难的日子。

改革开放后，经中央和国务院批准，“两星一站”（天文卫星、资源卫星、资源卫星地面站）由中科院空间科学技术中心（下文简称为空间中心）负责研制。从 1980 年起，我们研究室的主要任务就是研制“天文卫星”的遥测、遥控及记录设备，研究经费从“天文卫星”项目下拨。全室科研人员经几年奋战，至 1983 年底，遥测、遥控初样机已完成。在此期间，我们研究室还有另一项“微波遥感”的预研任务。这项任务是在改革开放初期，由原中科院“581 组”成员、时任七机部第五研究院副院长兼卫星总体设计部主任钱骥先生（1999 年 9 月 18 日由党中央、国务院、中央军委追授“两弹一星功勋奖章”）对我们研究室倡议立项的，由研究室主任姜景山负责组织运作。这项预研课题的研制经费，也由“天文卫星”经费支持。

两星任务的调整，使空间中心一时陷入困境：大部分科研人员课题没了，科研经费也没了。承担两星任务的科研人员必须转岗，我们研究室就在其中。从“581 组”时期起，我们研究室就是从事箭载遥测设备、火箭的轨道测量（雷达定位）研制任务的，在七机部五院 505 所那十年，更是从事多项卫星电子设备预研和实践 2 号科学卫星的星载遥控设备研制。这些都是卫星基本系统的高端技术，研究室的科研能力在当时国内同领域具有一定优势。

在没有课题、没有科研经费的情况下，陈祖源同志带领原遥控设备组的同志们，很快与总参气象局科研处取得联系，承接了多项科研任务。第一项是为“702 气象雷达”研发的天线放大器，该项成果改善了总参气象局下属的数十部 702 雷达接收机的灵敏度，成倍地提高了雷达的作用距离。研究室此后又承担测风气球等多项设备研制任务长达二十年。研究室的另一部分科研人员参加到“探空火箭”课题方面的工作。

“微波遥感”课题经历了最不寻常的十年里程。科研经费没有了，是否终止课题研究？我们记起钱骥先生重病时对我们的嘱托和期盼：“无论环境如何困难，一定要坚持下去！”“坚持就一定会有好的前景。”课题必须继续！若一旦中断，“微波遥感”在空间中心就再无发展的希望。我们必须争取别的科研项目的经费来养活“微波遥感”课题，这是

注：郑斌强，83 岁，中科院国家空间科学中心研究员。

坚持的唯一出路。

因为两星任务的调整，科研人员比较“富余”了。“微波遥感”预研从一两个人一下子发展为七八个人的课题组。为了生存、为了发展，我们必须同时进行多个课题的研发工作，一天工作三个单元（上午、下午和晚上）十多个小时已成为常态。由姜景山同志负责组织和对外协调，在20世纪80年代的中、后期，我们先后承担并出色地完成了如下课题：

武汉物理所原子钟课题频率源的主要部件“微波高次倍频器”；长春地理所东北三江平原沼泽地地理数据采集系统的“数据传输系统”；水利部遥感所的“黄河水位测量系统”；湖南省遥感所的“洞庭湖区域水位采集及实时传输系统”；中科院海洋所（青岛）承担的某海洋浮标中的“数据测量和传输系统”；航空部520厂的“航空降落伞模拟人数据测量及传输系统”……

在这些横向项目的经费支持下，1985年，我们终于研制出“S波段陆基雷达散射计”样机，免费提供给多个兄弟科研单位试用，征集应用意见。在此成果的基础上，1986年姜景山同志带领课题组进入国家“七五计划”重点攻关项目“75-73”项“高空机载遥感实用系统”，承担项目中的一个子项目的课题“S波段机载雷达散射计”的研制任务。

“高空遥感实用系统”是装载在从美国引进的两架奖状-2飞机上，飞机适航高度1.2千米，巡航速度720公里/小时。装载在机上的遥感器载荷，都应按该飞机性能设计，课题难度很大。除硬件系统设计、研制外，有许多关键性的理论问题需在前期或同时研究，如散射信息的提取方法、计算散射系数的数学模型、数据处理方程和内校准方程的建立，以及外校准方法等。设计中，我们还有一个大胆的跨越，就是在测量中实现了数据实时处理，而不是把数据记录下来返航后再在计算机上处理。因为奖状-2飞行高度高，巡航速度快，测量的数据量很大，散射系数实时处理的关键技术是在散射计上设计高速计算组件和相应的软件程序。20世纪80年代中叶，PC机还刚问世，价格很高，而且体积、重量、可靠性等都不能满足机载要求。在查阅了不少技术文献后，我们决定用“320C25”自己设计。“320C25”是美国当时最新的信号处理芯片，并且还列在对华禁运物资之内。

20世纪80年代后期，“微波遥感”课题又开启了另一遥感器“雷达高度计”的研制里程。

1991年12月，“75-73”项“高空遥感实用系统”子项目课题——“S波段机载雷达散射计”通过中科院的鉴定和验收。在1992年9月神舟飞船立项时，使我们有能力承担神舟四号飞船的主载荷“多模态微波遥感器”研制任务。我们最终登上从太空对地观测的遥感平台。

今日，中科院国家空间科学中心“微波遥感部”已是一支拥有一百多科研人员的团队！

情系长江三峡、葛洲坝工程

⊙ 傅冰骏

1958 年，为适应长江三峡水利枢纽建设的需要，在国家科委领导下，成立了三峡岩基专题研究组（简称三峡岩基组）。以长江流域规划办公室和中科院为主体，在国际著名岩土力学专家、中科院地球物理研究所副所长陈宗基先生（1922～1991）指导下，集中了全国水利、水电、建筑、矿冶等 18 个单位、100 多名科技人员，下设坝基、地下结构、岩质边坡、动力特性、灌浆等 5 个专业组，在室内、室外开展了大量试验研究，如岩体流变试验、隧洞水压试验、地应力试验、振动爆破试验等。此外，还研制成功一批仪器设备：如岩石三轴仪、大型电磁振动台、岩石扭转流变仪等。

随着“万里长江第一坝”——葛洲坝工程上马，三峡岩基组即挥师东移。葛洲坝是我国于 20 世纪 70 年代初在长江干流自行设计、自行施工的第一座巨型水利枢纽，总装机容量 271.5 万千瓦。坝基中广泛分布有原生或构造软弱夹层，总计 80 余层。为全面探索夹层的矿物、物理、化学、力学情况，除进行一系列宏观、微观分析外，着重进行了室内和野外抗剪蠕变、松弛、振动爆破及抗力体试验。野外抗剪蠕变试验采用的试体平面尺寸为 50cm × 60cm，持续时间长达 3 个月，在试验中考虑到浸水、振动、长期渗透、反复荷载等因素对强度参数的影响。抗力体试验尺寸分别为 11.65m × 1.70m × 2.30m 和 9.54m × 1.70m × 230m（长 × 宽 × 高）规模之大，在国内外均属罕见。根据试验研究结果，解决了软弱夹层及非连续、层状岩体结构力学问题，并提出了有关数学、力学模型及计算方法，为大坝设计、施工提供了重要依据。

在工程地质领域，原中科院地质研究所工程地质研究室主任谷德振先生（1914～1982）根据李四光先生倡导的地质力学学说，率先创建了岩体工程地质力学分支学科，提出了岩体结构特性工程地质力学研究的原理和方法，并成功地应用于葛洲坝工程。在葛洲坝工地现场，谷先生和助手们冒着酷暑、严寒参加野外地质工作，同当地勘测、设计和施工人员密切结合的往事传为佳话。1971 年 9 月 10 日在葛洲坝初步设计审查会议地质组讨论总结报告中，谷先生分三个部分：地震烈度、工程地质、基础处理进行了系统、详细的论证。其中，占篇幅最多的是工程地质部分，内容涉及泥化夹层、沉陷、抗滑稳定、力学试验、摩擦系数的选择、水文地质条件、冲刷等七个方面。

1987 年，“葛洲坝二、三江工程及其水电机组”获国家科技进步奖特等奖。

注：傅冰骏，89 岁，中科院地质与地球物理研究所研究员。

在谈到我们研究所如何服务于三峡这个世界上最大的水电站（总装机容量2240万千瓦）和再生能源基地时，首先应该提到国际岩石力学学会中国国家小组（NG China ISRM）成立这一重要事件。

1978年12月26日，中科院、外交部联合向国务院提出“关于拟申请参加国际岩石力学学会和出席该学会第四届大会的请示”。时任国务院副总理的方毅同志于12月31日批示“拟同意，请登奎、秋里、耿飚、王震同志批示”。接着其他四位副总理即圈阅同意。遵照方毅等五位副总理的批示精神，我国迅速成立了国际岩石力学学会中国国家小组，出席了国际岩石力学学会第四届大会。在1979年9月4日召开的第四届大会全体会议上，作为大会执行副主席的陈宗基先生发表讲话，简要介绍了我国科技人员在葛洲坝工程建设中取得的重要成果，引起了国际同行的高度重视和普遍赞赏。

回国后，陈先生、谷先生嘱我及时向时任水电部规划设计总院总工程师的潘家铮先生做了汇报。提起潘家铮院士（1927～2012），他历任中国工程院副院长、水电部总工程师、长江三峡总公司技术委员会主任、国务院三峡工程质量检查专家组组长、中国岩石力学与工程学会理事长等职。潘先生的光辉业绩在中国工程界广为传诵，但对他在中国岩石力学与工程领域所做的杰出贡献却鲜为人知。实际上，20世纪80年代伊始，潘先生与陈宗基先生就共同组织国内知名专家倡议成立全国性一级学会——中国岩石力学与工程学会。此后，在陈先生、谷先生、潘先生三位著名科学家的悉心指导下，大家群策群力，中国岩石力学与工程学会经中国科协批准，于1985年6月宣告成立。学会成立以后，在历届理事长的领导和依托单位（两所整合前为地球物理所，整合后为地质地球物理所）的大力支持下，充分发挥跨学科、跨行业、人才荟萃、知识密集的优势，为解决国家基础建设中的诸多难题做出重要贡献。

具体到三峡工程而言，以岩石力学与工程学会为主体，分别于1993年、1996年在宜昌召开了两次国际学术会议：三峡工程岩石力学与工程国际科学技术讨论会、三峡库区地质环境暨中国地层环境力学国际学术讨论会。其中，第一个国际会议特别值得关注。该会议由中国岩石力学与工程学会与长江三峡工程开发总公司共同主办。国际岩石力学学会主席C. Fairhurst、中国岩石力学与工程学会理事长潘家铮院士、中国长江三峡开发总公司总经理陆佑楣先生任荣誉委员，国际岩石力学学会中国国家小组主席、中国长江三峡开发总公司总工程师哈秋舲教授任组委会主席。会上，哈秋舲总工做了主题为“三峡工程中的岩石工程与力学问题”总报告，然后，C. Fairhurst教授等国内外专家就三峡库区环境、水工枢纽、大坝地基、船闸高边坡稳定等突出的岩石力学问题进行了广泛、深入的研讨。会后组织大部分代表到三峡坝址和库区进行了为期四天的实地考察。

这次会议在国内外影响巨大。会后，C. Fairhurst教授在国际岩石力学学会信息学报（*News Journal ISRM*）第一卷第4期封面上刊登了三峡工程的效果图，并以大量篇幅进行了报道。在卷首语中，他指出：“在这个世界上迅速发展的国家——中国，岩石力学面临数不清的机遇和挑战。中国科学家和工程师的首创、献身精神令人敬佩。除了国际著名的三峡工程外，中国还有其他一些在建或拟建的大工程。通过对这些重大工程的建设，中国会对岩石力学的发展做出重要贡献。”

在国内，中国岩石力学与工程学会从1991年开始先后组织国内知名专家对三峡工程，尤其是永久船闸高边坡工程进行了6次咨询活动，其中规模较大的两次，第一次是于1996年春在潘家铮先生的指导下，组成了以孙钧院士为核心的专家组对三峡永久船闸高边坡关键技术问题进行了咨询，工作历时近3个月，经过认真调查研究提出了高质量的咨询报告。第二次是1999年4月7～10日在潘家铮院士的倡导下，学会组织了以王思敬院士为核心的专家组对正在施工的三峡永久船闸重点分三个专题进行了咨询。三个专题为：高边坡稳定性问题、中隔墩岩体裂缝问题和工程技术措施。在短短四天内，专家组在王院士的领导下，会同三峡总公司张超然总工程师等，不怕疲劳，连续作战，顺利地完成了咨询任务，受到中国三峡工程开发总公司的好评。

此外，中国岩石力学与工程学会的专家还积极参加了“六五”“七五”“八五”国家科技攻关项目及国家自然科学基金重大项目中的有关三峡工程岩石力学的各项科研活动，提出了高水平的研究报告。

值得特别关注的重要事件还有：1999年6月24～26日，国家自然科学基金委员会、中国长江三峡开发总公司在宜昌三峡坝区召开了“三峡水利枢纽几个关键问题的应用基础研究”重大项目验收会。出席会议的有来自相关单位的领导、专家150余位。会上，项目负责人哈秋舲教授、林秉南院士做了工作报告，项目学术领导小组组长潘家铮院士对研究成果进行了总结。开幕式后，各课题负责人分别就以下课题的研究成果做了介绍：三峡工程泥沙问题研究、通航建筑物应用基础研究、三峡船闸高边坡若干基础理论研究、三峡工程原材料研究和三峡水工建筑物安全监测与反馈设计。

中国岩石力学与工程学会主要从事第三课题即“三峡船闸高边坡若干基础理论研究”。课题负责人为张有天、周维垣教授。参加该课题研究的有王思敬院士、孙钧院士、陈祖煜院士等百余位专家、教授。学会参加验收会的专家有钱七虎院士、傅冰骏研究员及验收专家组成员。

经过三天夜以继日地不懈努力，与会领导、专家一致通过了验收会专家组提出的验收报告。至此，会议顺利收官。

至于依托于我所的工程地质力学开放研究实验室对三峡工程做出的诸多贡献同样可圈可点，令人赞叹。该实验室建于1985年，是在谷德镇先生所倡导的工程地质研究室的基础上，对国内、外开放的工程地质研究机构。自成立以来，就积极参加了长江三峡工程的论证和攻关研究，包括坝区地壳稳定性和断层活动性研究，枢纽岩石质量研究，库区顺层边坡稳定性及库区高速滑坡研究，以及三峡船闸高边坡岩体结构及开挖松弛带的国家科技攻关和国家自然科学基金研究等。上述一系列研究一方面为三峡工程设计施工提供了科学依据，同时也有助于对长远安全问题的认识，如对水库地区的地震活动性，库岸滑坡加剧的可能性等，为采取必要的防范措施打下基础。

在国家科技攻关项目中提出了以下成果：

国家“七五”攻关项目：三峡水库奉节段顺层高边坡演化机制物理、数值模拟研究，三斗坪坝址船闸边坡开挖位移量测及反分析，三斗坪坝址岩体结构及其质量评价，三峡坝区及外围区域断裂活动性研究，新滩滑坡和链子崖危岩体稳定性分析和防治方案的研究和黄蜡石、宝塔滑坡的滑动速度及危害性研究等。在国家基金项目中承担了“三峡船闸高陡边坡卸荷岩体力学特性研究”。在横向科研任务中，承担了“长江西陵峡链子崖1号洞位移监测系统的研究”的7项任务。

1987年，“长江三峡水利枢纽科学技术综合研究”获水电部科技进步奖特等奖。

值得提出的是：在上述两个国家级重点工程建设过程中，依托于我所的中国岩石力学与工程学会和工程地质力学开放实验室两个系统自始至终，携手并进，并驾齐驱，大家像一家人一样融为一体，齐心协力，攻坚克难。在人员组成方面，也是你中有我，我中有你，如王思敬院士兼任过中国岩石力学与工程学会理事长，杨志法教授兼任过学会秘书长，笔者兼任过开放实验室学术委员会委员等。

在本文即将结束的时候，我们情不自禁地回忆起已经仙逝的陈宗基先生、谷德振先生和潘家铮先生三位泰斗为三峡、葛洲坝工程做出的杰出贡献。恭祝三位先行者的在天之灵永远安息。与此同时，我们寄希望于年轻一代朋友们，一定会在前人的基础上，高举习近平新时代中国特色社会主义伟大旗帜，自始至终秉承生态优先、绿色发展理念，谱写出更加绚丽的篇章，创造出更加灿烂的辉煌！

梵净山科考记

⊙ 杜占池

1964 年，综考会领导分配我到中科院西南地区科考队贵州分队工作。这是我大学毕业后第一次参加科学考察，也是我平生第一次来到南方亚热带山区。看到绵延不断的叠嶂山峦，见到四季碧绿的常绿阔叶森林，目睹服饰各异的苗、侗、布依、土家、瑶、羌、壮、畲等如此多的少数民族，事事觉得新鲜，物物感到可亲，意气风发，对即将到来的综考工作充满了信心。

当年 4 月下旬我来到贵阳，5 月中旬开始野外工作，第一阶段考察了黔东南苗族侗族自治州的 10 多个县。8 月下旬，进入第二阶段，考察铜仁专区，其中，梵净山地区是考察重点。全队 10 个专业组，植被草场组是其中之一，组长是贵阳师范学院黄威廉，组员有中科院西南生物所贵阳生物站刘民生和我。黄先生是台湾新竹县人，曾在台湾大学和西南联大就读，1950 年毕业于贵州大学，长期在贵州从事植被研究，是有名的“贵州通”。他专业功底深厚，知识面广，为人正直，平易近人，长我 16 岁，是我尊敬的老师。他安排刘民生和我，负责植被和草场这两个专业，参加梵净山考察。

梵净山位于印江土家族苗族自治县、松桃苗族自治县和江口县三县交界处，在历史上曾有三山谷、九龙山、月镜山等多种称谓，明代以后始称梵净山。远眺高峰金顶，极像农家蒸饭用的炊器——甑子，所以黔东一带以谐音称之为“饭甑山”。梵净山是武陵山脉的主峰，是乌江水系和沅江水系的分水岭，其最高峰凤凰山海拔 2570 米，次高峰金顶海拔 2493 米，比其东坡山麓的盘溪口高出 2000 多米。

梵净山集佛教圣地、人间胜景、生物宝库于一身。梵净山地层古老，形成于元古代震旦纪，距今大约十四亿至十亿年；亚热带原生性植被 – 常绿阔叶林和常绿落叶阔叶混交林保存完好，八条河流发源于此，九十九条溪，放射分流，处处如画，奇景遍地，具黄山之奇、峨眉之秀，有“天下众名岳之宗”的美称。雨后初晴之际会出现佛光幻影。梵净山生物资源丰富，有被誉为“世界独生子”的黔金丝猴，有号称“中国鸽子树”的第三纪孑遗树种珙桐，有俗名娃娃鱼的大鲵等许多珍稀动植物。这就是我们即将前去的考察地区，令人心生盼望。

9 月 3 日，我们来到印江土家族苗族自治县（以下简称印江县）。分队选派 10 余人组成梵净山考察组，中科院综考会的韩裕丰任组长；成员当中除我和刘民生外，还有中科院

注：杜占池，78 岁，中科院地理科学与资源研究所研究员。

综考会的林钧枢、孔庆征、李明森、汤火顺，中科院南京土壤所的邹国础、杨云，南京大学的李明华，南京林学院的赵奇僧。考察组成员涵盖了自然地理、地貌、土壤、植被、草地、林业、牧业、水文等多种专业，平均年龄不到 28 岁。

9 月 4 日，主要工作是做登山前的各项准备。为了保障考察工作顺利进行，我们从当地雇请了荷枪实弹的民兵和挑运被褥、食品的民工，有 10 人之多。我们计划轻装上阵，除了考察队员必备之物：相机、罗盘、海拔表之外，背包之内只装有地形图、记录本、调查表、铅笔、测绳、卷尺之类的工作用品，还有必备的军用水壶。

9 月 5 日，考察组一行 20 多人，从海拔大约 400 米的印江县城（峨岭镇）出发，向东徒步缓行，溯乌江支流印江而上，经土地堂，过郎溪镇，中午到达海拔 750 米的昔土坝。我们用毕午餐，稍事休息，继续前进，一路走来，脚下流水潺潺，清澈见底，两岸高山峡谷，悬崖绝壁，大都为石灰岩山地，亦有砾岩和砂岩出现。裸露地段，石牙发达，以蔷薇、悬钩子为主的藤刺灌丛比比皆是，草本植物以黄茅、菅草为主，局部可见稀疏的马尾松林和杉木林。林缘有水牛系留放牧；斜度有 30 多度的山坡上，有数条黄牛自由采食。村寨民居四周，常见以毛竹和方竹组成的竹林环绕，给人以“世外桃源”之感。此日我们步行行程 65 里，夜宿海拔约 800 米的张家坝。印江支流从该坝流过，虽为支流，但水大流急，浪花滚滚，飞舞四溅；河漫滩上可见稻田、棉地，林木稀疏，杂灌丛生，以真蕨和芒草为主。

9 月 6 日，清晨我们找到一位老农，访问水稻、油茶、油桐分布与家畜饲养方式。早饭后，立即出发，循肖家河岸边的羊肠小道匆匆前进，没走多久，看到一株挺拔大树，枝繁叶茂，生机盎然，高达 30 多米，树干粗壮，胸径约 2.8 米，3 人方能合抱，被当地奉为“神树”。此树学名为贵州紫薇，属千屈菜科，在北京公园所见的紫薇，通常为灌木或小乔木，与前者同属不同种。大家七嘴八舌议论一番，有的仔细察看，有的摄影留念。行至 1080 米的苏家坡，自然景观与头天大不相同，多为板岩，常绿阔叶林和常绿落叶阔叶混交林，处处可见，主要树种为红栲、桢楠、润楠、甜槠、多穗石栎、水青冈等。林中的青冈栎、水青冈、木荷、玉兰、花楸等植物果实，均是黔金丝猴经常采食的食品。山顶分布有森林破坏后的次生植被——灌丛或草丛，主要种类有芒草、金茅、蕨类等。傍晚，我们抵达 1300 米的护国寺，住在当地一位采药老农陈国钧家里。陈大爷时年 65 岁，体魄健壮，性格豪爽，年轻时就经常陪同国内外学者进山考察。我们说明来意，他欣然同意充当向导。

9 月 7 日，夜雨未停，山陡路滑，为安全起见，我们决定在护国寺一带工作一天，考察分成南北两路，分头行动。工作中，不同专业各施其能，有的勾图，有的做样方，有的挖剖面，有的敲打岩石，有的远观近察，有的进行访问。雨时停时落，远观，乌云翻滚，森林时隐时现；近看，浓雾阵阵袭来，犹如雾水沐浴。下午归来后，在一层“大厅”燃起柴火，烘烤被雨水淋湿的衣服，大家有说有笑，交流所见趣事。一天忙碌，大家虽感到劳累，但每天晚间的交流考察所得会是必须开的，然后才各自休息。

9月8日，阴转多云，由陈大爷在前带路，从西坡向山顶进发。本日行程不远，但高度落差较大，约1000米。我们快速攀登，不一会儿便气喘吁吁，好在盛夏已过，海拔又高，并不炎热。四下观望，附近山头缓坡处，森林荡然无存，均为草地。行至1400米，近旁始为密林。至1700米，见一座破旧的庙——钟零寺，周围皆箭竹灌丛或草丛。至1900米，转为山脊，路宽不足一米，此地叫作“鱼脊梁”，两侧陡峻异常，谷深可达250米。我们低头缓行，小心翼翼，无暇左顾右盼。沿途人迹罕见，偶尔可见肩背竹篓的当地农民。山涧朵朵白云，在圆帽状发亮的常绿阔叶林冠之上飘动翻舞，变幻莫测；不时薄云随微风从脚下飘过，似履云飞天。至2000米时，山脊两侧遍布杜鹃、青冈栎等组成的苔藓矮林，松萝满枝，长短不一的丝状体，颜色或绿或黄，随风肆意荡漾。松萝属于松萝科，地衣类植物，为环境未受污染的标志，可入药，有清热解毒、止咳化痰之功效。一路考察，我们来到犹如利剑劈成的“剪刀峡”，这是登顶的必经之路，仅有一肩之宽，我们鱼贯而过。到达山顶，举目四望，无房无舍，昔日庙宇已成残垣断壁，夜间只好栖身“叫花洞”。其实根本不能称其为洞，只是一块巨石遮盖下的凹穴而已。我们搜集了大量杜鹃枯枝落叶，堆在洞外，燃起篝火，可防兽侵袭、熏驱虫蚊、驱寒取暖。同时采摘了不少竹叶，铺在地上，再盖上油布，隔潮防水，然后和衣而卧。由于洞穴太小，容纳不下20多人，于是将人分成二班，轮流睡觉和值班。

9月9日，来到梵净山顶峰，有一千枚岩构成的孤峰绝壁——金顶，突兀而立，挺拔峻峭，犹如擎天柱，高约50米。此地原有一座庙宇——无双寺，现已颓圮。在此，每个专业依照各自的工作规范，考察一番。然后，大家兵分两路，一路向北沿山脊考察，我随另一路顺东南坡而下，进入沅江水系。山路两旁，林海茫茫，谷溪纵横，风光旖旎。一路考察，做样方、挖剖面，来到了1775米的迥香坪。继续下坡，在1600米处做样方调查，为常绿落叶阔叶混交林。下至坐落在黑湾河畔的鱼坳后，未再东行，稍事休息，爬坡登山，原路复返“叫花洞”。两路人马见面，交流日间所获，谈论野外趣闻。有个考察队员运气还算好，竟与剧毒无比的棋盘蛇意外相逢，虽受惊吓，但未遭伤害。因为人不犯蛇，蛇也不会犯人，尽管蛇是“冷血”动物。

9月10日，原路下山，沿途补做植被样方、土壤剖面，采集标本，深入了解植物群落结构和土壤理化性质，访问森林植被保护和草地利用现状。晚上住宿护国寺。

9月11日一早，与陈大爷依依惜别。沿途走走停停，边赶路边工作，手、脚、眼、耳、口、脑并用，尽量多获取一些第一手资料。夜间，再次住宿昔土坝。我们将近日考察结果进行汇总，初步整理垂直分布规律。从山麓到山顶，原生性植被依次为：地带性植被常绿阔叶林（1400米以下）、常绿落叶阔叶混交林（1400～1900米）、中山针叶林（1900～2200米）、矮林灌丛草甸（2200米以上）；次生的灌丛草本植被依次为黄茅、菅草草丛（900米以下）、芒草、金茅草丛（900～1400米）、箭竹、芒草灌草丛（1500～1700米）、箭竹灌丛（1700～2200米）、杂类草草甸（2200米以上）。上述，分布高度因坡向不同有所差异；树种因母岩不同有所差别。此外，局部分布有次生的木本植物群落，主要有以杉木、马尾松、红豆杉为主的低山针叶林和以枫杨、赤杨、枫香等为主的落叶阔叶林。与植被分布相适应，土壤为由低到高，依次出现红黄壤、黄壤、黄棕壤和灌丛草甸土。

9 月 12 日，回到印江县城天色已晚，吃过晚饭，整理记录和样方资料，翻动植物标本。经过近 10 天的奔波，放松下来，有点劳累和困倦，但亲临梵净山，探索自然垂直分布规律，采集珍贵标本，饱览胜景的喜悦，久久萦绕在心，兴奋不已。遗憾的是，无缘见到黔金丝猴，未遇鸽子树，也没有看到佛光显现。

沧桑岁月五十年，闲暇网游梵净山，方知这块梵天净土，今非昔比，更加灿烂。

中国冰川编目及其主要成果

⊙ 刘潮海　蒲健辰

1978 年 9 月，国际雪冰委员会在瑞士召开了有 19 个国家参加的国际冰川编目工作会议。中国科学院和外交部联合报请国务院批准，时任中国科学院兰州冰川冻土研究所所长施雅风教授率团与会，并代表中国政府正式承担中国境内的冰川编目任务。回国后，随即成立了以施雅风、王宗太和刘潮海为组长的 50 多名科技人员参加的“中国冰川编目”中科院重点课题，开始按照国际冰川编目规范编制《中国冰川目录》。

冰川是冰冻圈的重要组成部分，覆盖着全球陆地面积的 11%，是自然界中最宝贵的淡水资源。4/5 冰水储存于冰川之中。随着工农业生产的发展和人口的增长，用水量不断扩大，对清洁淡水需求越来越多，就产生了彻底查明冰川资源数量及性质的要求，比较好的办法就是编制全球冰川目录。中国是全球中低纬度山地冰川最发育的国家，广大的内陆干旱地区又有着充分利用冰川水资源的迫切需求。因而，编制中国冰川目录是更为迫切的任务。

中国有世界上最高大的山脉和最广阔的高原，在其上发育的数量众多和规模巨大的冰川，使中国成为世界上山地冰川发育最多的国家之一。因此，中国冰川目录的编制完成，无疑是对世界冰川目录的重大贡献；中国具有几乎所有的山地冰川形态类型和成因类型，特别是在青藏高原上发育的大量平顶冰川和冰帽，是冰芯钻取和重建古气候环境的理想场地；中国冰川南北分布跨度大，冰面形态多样，景色神奇而美丽，是登山和旅游的胜地，而《中国冰川目录》可以为人们提供基础资料；中国是世界上中低纬度冰川最多的国家，同时也是冰川洪水、冰湖溃决洪水和冰川泥石流爆发最严重的国家之一，而《中国冰川目录》可以为研究和预防这些灾害提供基础资料。

中国冰川编目是一项巨大的系统工程。编制《中国冰川目录》，建立冰川信息系统，并将其成果应用于水资源评估、冰川变化监测、冰雪灾害防治和冰川旅游开发等方面，取得了一系列集成创新成果。

1. 中国是编制详细冰川目录的国家

在 1981 年世界冰川编目工作会议上，中国代表认为，简易的冰川目录虽然能加快冰川目录的完成，但对冰川目录需求非常迫切的大国来说，简易冰川目录不能完全满足科学研究和经济发展的需要。因此，我国仍然坚持按国际冰川编目规范进行详细冰川目录的

注：刘潮海，79 岁，蒲健辰，65 岁，二人均系中科院西北生态环境资源研究院研究员，曾为中国冰川编目团队主要参与者。

编制。

在大比例尺地形图上逐条量测和登记冰川各形态参数，包括冰川地理位置（经纬度）、面积、朝向、类型、上下界高度、雪线高度，以及冰川平均厚度和冰储量等 34 项。为了准确反映冰川数量及其形态，利用航空相片 342 000 张、卫星相片 200 余幅校对地形图（2000 幅）上的冰川轮廓，正确区分冰川与季节积雪的界线，圈定冰川表碛覆盖部分与冰碛物的界线，从而获得了每条冰川较准确的面积及各形态参数的量值。按河流水系汇总为《中国冰川目录》12 卷 22 册。为直观反映冰川形态和便于查找冰川，绘制了流域或山区冰川编码索引图、各河流域的冰川分布图和典型冰川图，共计 115 幅、195 张。依据统计，首次获得了中国及其各河流、山脉和省区的冰川准确数量。中国共发育冰川 46 377 条，面积 59 425 平方千米，冰川面积分别占世界和亚洲山地冰川总面积的 14.5% 和 47.6%，是全球中低纬度山地冰川最发育的国家。

2. 查明了中国各山脉的冰川数量分布

中国西部自北向南依次分布有阿尔泰山、天山、帕米尔、喀喇昆仑山、昆仑山、喜马拉雅山等 14 座山系。其中天山、喀喇昆仑山、昆仑山、念青唐古拉山和喜马拉雅山五座山系的冰川面积和储量分别占中国相应冰川总量的 79% 和 84%，而在这些山系的高大山峰四周，放射状地分布着面积大于 100 平方公里的巨大冰川，形成了诸如天山的汗腾格里 – 托木尔峰山汇（6 条）、帕米尔的慕士塔格 – 公格尔山结（2 条）、喀喇昆仑山的乔戈里峰（5 条）、西昆仑山的昆仑峰（10 条）、念青唐古拉山东段诸高峰（4 条）和喜马拉雅山的珠穆朗玛峰等冰川作用中心。其中，完全在中国境内最大的山谷冰川是喀喇昆仑山的音苏盖提冰川，面积为 392.48 平方千米，最大的冰原是羌塘高原的普若岗日冰川，面积为 423 平方千米，最大的冰帽是西昆仑山的崇测冰川，面积为 392.84 平方千米。

3. 统计获得各河流水系的冰川数量

按国际冰川编目规范所赋予的 10 个一级流域的统计表明，东亚内流区的冰川数量最多，其面积和冰储量分别占中国相应冰川总量的 43% 和 47%；其次是中国境内的包括雅鲁藏布江在内的恒河支流，其冰川面积和储量分别占中国相应冰川总量的 30% 和 29%；冰川分布数量最少和冰川规模最小的一级流域是黄河，其面积和冰储量仅分别占中国相应冰川总量的 0.3% 和 0.2%。在这 4 个一级流域中，黄河区、长江区和西南诸河区均为外流区，除发源于阿尔泰山的额尔齐斯河外，其余皆为内流区，其冰川条数、面积和冰储量分别占全国相应冰川总量的 58%、59.7% 和 63.85%，冰川平均面积达 1.32 平方千米。在内流区中，被高大的天山、帕米尔高原、喀喇昆仑山和昆仑山所环绕的塔里木内陆水系的冰川数量最多，其面积和冰储量分别占内流区相应冰川总量的 56% 和 64.7%，冰川平均面积高达 1.70 平方千米。

4. 冰川编目与野外考察相结合

为了获得冰川形态的准确参数、测量冰川厚度、了解冰川的近期变化等，组织或参加了阿尔泰山、祁连山和天山等近 30 余次科学考察，从而提高了冰川目录的质量和精度，同时也促进了区域冰川研究的深入发展，填补了诸如阿尔泰山等山区冰川考察研究的空白。

5. 冰川厚度测量与冰储量的估算

中国科学院原兰州冰川冻土研究所研制成一套 B-1 型冰川测厚雷达和暖性冰川低频单周冲击雷达，并将其分别应用于天山、祁连山、西昆仑山等 23 条冰川和横断山脉的贡嘎山地区的 4 条冰川的厚度测量，累计获得了相应流域或山脉冰川的总储量。

6. 建立了冰川目录数据库

在量测和登记每条冰川形态参数的基础上，按河流流域、冰川类型、朝向、山脉和分级（长度和面积）等进行统计，并将这些量算和统计资料按自编的数据格式输入计算机，利用信息系统技术，建立了中国大型、统一的冰川目录数据库，将属性数据与空间数据有机结合，提高了冰川目录资料的实用性和展示性，为充分利用冰川目录提供了极大的方便，并将其作为资料检索、分析和交换的依据。

7.《中国冰川目录》为水资源评价提供了基础数据

以《中国冰川目录》为基础资料，利用冰川系统方法估算中国冰川年径流总量约为全国河川径流总量的 2.2% 左右，多于黄河入海的多年平均径流量，相当于我国西部甘肃、青海、新疆和西藏四省区河川径流总量的 10.5%。冰川是中国西部诸多河流的主要补给来源。

8.《中国冰川目录》为冰川变化监测搭建了基础数据平台

“小冰期”盛期的冰川规模与《中国冰川目录》中对应冰川参数相比较表明，“小冰期”以来，中国西部山区冰川面积减少 16 013 平方千米，约为“小冰期”盛时冰川面积的 21.2%，储量减少了 1373.1 立方千米（19.7%），但各地区冰川变化的幅度差异较大，冰川面积和储量减少比例较大的地区有阿尔泰山区、伊犁河流域、中国天山西段、澜沧江、怒江和长江流域的横断山脉、雅鲁藏布江下游等流域，表现出退缩幅度由青藏高原的周边山地向其腹地逐步减小的分布格局，这与冰川类型分布以及不同冰川类型对气候变化响应的敏感程度密切相关。以《中国冰川目录》为其背景值，获得 1700 多条冰川的近期变化资料表明，80.8% 的冰川处于退缩中，仅 19.2% 的冰川处于稳定及前进状态，其退缩幅度与“小冰期”以来的变化相类似，即也呈现出由青藏高原的周边山地向其腹地逐步减小的趋势。

在施雅风先生带领下，课题组全体科技人员克服经费筹措不易、思想认识和人事变更以及收集航空相片和地形图等困难，协力创新，团结拼搏，22 年坚持不懈努力，最终完成中国境内的冰川编目任务，也是四个冰川发育大国中唯一按国际冰川编目规范首先完成详细冰川目录编制的国家。《中国冰川目录》及其应用所取得的具有重要理论意义和实用价值的系列成果，是中国区域冰川研究与冰川变化监测的重要里程碑，被评为 1999 年中国基础科学研究十大新闻之一，并获得 2005 年甘肃省科技进步奖一等奖和 2006 年国家科技进步奖二等奖。

为了表彰施雅风先生带领的中国冰川编目团队对《世界冰川目录》编制所做的突出贡献，国际冰川学会于 2008 年 9 月在兰州召开国际冰川编目工作会议，科技部也同时启动了“中国冰川变化监测”重大项目。

罗布泊研究中的中国声音

⊙ 夏训诚

我是1957年南京大学毕业的，在新疆工作了50个春秋。其中1991～1996年，院党组调任我担任中科院兰州沙漠所所长、书记，之后我又回到了新疆。我在新疆主要做了两件事：

一是开展新疆沙漠和沙漠化的研究和治理。研究沙漠的形成、演变和治理，在不同类型的沙漠边缘，建立了沙漠研究站。

二是和彭加木同志组建罗布泊综合科学考察队。开展罗布泊地区的环境变迁、历史文化和钾盐等矿产资源的研究。

当时流传“罗布泊、楼兰在中国，而研究在国外”的说法

罗布泊及其邻近地区，是新疆历史、地理、地质环境演变的一个典型干旱区域，历来受到科学界密切关注。虽然我们还没有确切的证据表明人类文明的起源与干旱环境的直接关系，及其成因机理和发展演变过程，但是从这种分布关系上，我们可以认为“如果不是干旱环境孕育了古代文明，那么一定是古代文明的形成和发展选择了干旱区，同时又在生产的延续和发展过程中促使干旱环境劣变”。特别是历史时期的急剧变化，作为干旱地区环境变化的一个缩影，自19世纪中叶以来，成为科学界探险和考察的一个热点，整个延续了一个世纪。仅1876～1980年间，到达中国西部地区的外国探险队就有42个之多，其中主要的代表人物有：普尔热瓦尔斯基、斯文·赫定、亨丁顿、斯坦因、大谷光瑞和桔瑞超等。

普尔热瓦尔斯基曾两次进入罗布泊地区，绘制了1/443万罗布泊地图。他的地图发表，立即引起了争论，认为普尔热瓦尔斯基并没有到达真正的罗布泊。斯文·赫丁曾三次进入罗布泊地区，1900年3月，他与维吾尔向导奥尔得克发现了楼兰古城，找到了佉罗文和汉文木简，引起了国际学术界关注。同时，他还提出罗布泊是游移湖的理论，1500年南北游移一次。亨廷顿，他从气候变化对环境影响出发，提出了罗布泊是盈亏湖的理论，认为干旱区的湖泊是经常变化的。现在的罗布泊是经过二次干湿变化保留下的。斯坦因曾两次进入罗布泊，完成了1/253万的地图，认为历史时期塔里木盆地气候变化不大，昔日的亢燥与今日无异，湖泊的位置随河流的迁徙而经常变化。大谷光端和桔瑞超1910年前往罗布泊考察楼兰古城遗址，发现了前凉西域长史李柏给焉耆王的书信木简，证明东晋时期

注：夏训诚，85岁，中科院新疆生态与地理研究所研究员，原所长、党委书记。

楼兰古城在西域居于重要地位。他们的观点和成果，在国际刊物上发表，引起了学术界的关注。当时在社会上流传“罗布泊、楼兰在中国，而研究在国外”的说法。

组建罗布泊综合科学考察队和彭加木同志遇难

罗布泊，是从青年时代就萦绕在我心中的一个梦。然而，我到新疆工作二十多年，已近知天命之年，却始终未能接近罗布泊，梦何时能圆？

机会终于来了。1979 年秋，经国务院批准，由中国和日本的有关电视台联合组成的《丝绸之路》摄制组，将到罗布泊实地拍摄，并聘请我担任顾问，先期在罗布泊考察。当我得到这一喜讯后，也约彭加木同志一道同行。1979 年 10 月中旬，考察组起程。罗布泊，终于向我们伸出了欢迎的手。这一支由中科院新疆分院和新疆社会科学院的地理、化学、气象、生物、土壤、考古等专业的科研人员组成的《丝绸之路》摄制组先遣队，向罗布泊出发了。

我们以马兰基地为中心，向四面八方穿插考察，也到了楼兰古城。二十多天来，面对着这些天考察所取得的累累硕果，谈论着被自然、历史和古今中外许多探险家蒙上了一层神秘帷幕的罗布泊，大家都很兴奋。

在离开马兰基地的前一天，彭加木同志对我说：“一个多世纪以来，俄国人、瑞典人、英国人、美国人、日本人一次又一次地来到罗布泊考察探险，写了许多关于罗布泊的文章，至今国外还有研究罗布泊的专门机构。特别是瑞典学者斯文·赫丁，写的专著更多，直到现在，他的学生还在继续写……，他们撰写的有关罗布泊的论著加在一起，已有一米多高。我不希望在罗布泊，全是外国人留下的足迹。我想，由我们两个牵头，上报中国科学院新疆分院，建议正式组建考察队，对罗布泊进行全面、综合科学考察。”彭加木同志的建议，正合我的心意。之后，我们商定了组队方案，并由我执笔编写申请报告。两个月后，通过各方面联系，中国科学院新疆分院正式下达了文件。并决定由彭加木同志为队长，我为副队长。

1980 年 5 月，彭加木同志带领罗布泊科学考察队，由北向南纵穿干涸的罗布泊湖盆。6 月 17 日在库木库都克找水失踪遇难。当时，根据党和国家领导人的指示，曾组织了四次大规模寻找活动，没有发现彭加木同志的下落。1981 年秋分别在上海和乌鲁木齐举行追悼会，悼念彭加木同志。1981 年冬，我们在彭加木同志失踪遇难处，竖立了纪念碑，这一纪念碑如今已成为前往罗布泊地区人们必去之处。1982 年追认彭加木同志为革命烈士。2009 年国庆 60 周年彭佳木被评为“100 位新中国成立以来感动中国人物”。

多次综合科考，换来了丰硕的成果

我继任罗布泊综合科学考察队长后，彭加木同志的精神一直激励着我，使我与考察队员们精诚团结，圆满完成了预定的考察计划，1979 年至 2016 年，我曾 38 次去罗布泊考察调研。

1980～1981年间，在寻找彭加木同志的过程中，我们同时进行了多学科的综合考察：在湖盆中心钻探打井采集水样、土样，收集数百种动物的标本，撰写了33篇论文。在1982年夏季召开的罗布泊科学讨论会上，与会专家们认为，论文和报告是很有水平的，有着继承性、综合性、科学性和生产性四个特点。我们还出版了《罗布泊科学考察与研究》论文集和《神秘的罗布泊》图片集。该项成果获得了国家自然科学奖。在罗布泊地区的学术问题，我们中国人有了发言权。日本沙漠学会会长、东京大学教授小崛严看了《神秘的罗布泊》图片集后，在日本《地理》杂志1986年第四期发表文章称："这本书可以说是考察队的第一个报告，不久详细的报告就会出版吧！西北科学考察团庞大的报告书是对学术界的重大的贡献。以前一直都是英美俄的科学工作者研究这个区域，这次中国考察队的发声是一个很大的突破。"

2001年，由于我在新疆沙漠治理和罗布泊地区研究成果，新疆维吾尔自治区人民政府首次授予我科技进步奖特等奖，奖金50万元，用于开展罗布泊地区近万年的环境变迁研究。2003～2004年我再次组织罗布泊科学考察，聘请了中国科学院刘东生院士为学术顾问，并随队考察和指导。对罗布泊科考的重要性，刘东生院士用了一句话概括："罗布泊是一个地质学的实验室，第四纪地质的许多问题，都可以在这里得到满意的答案。"2008年东方道迩罗布泊大型综合考察队组建，共有53人组成，天上卫星配合地面考察，11月25日由新疆库尔勒出发，12月18日到达敦煌，行程4000公里。2010年是彭加木同志遇难30周年，广州市白云区和中国科学院新疆分院联合举办彭加木纪念碑奠基仪式暨重走彭加木科考探险之路——罗布泊科学考察活动，先后参加考察活动的有75人。遥感、卫星、雷达等技术手段，在考察中广泛应用。通过以上一系列考察，进一步揭开了罗布泊真正面目。

（1）卫星影像图"大耳朵"解释：罗布泊干涸的湖盆反映在卫星相片成"大耳朵"图像。对"大耳朵""耳轮""耳孔"和"耳垂"进行了深入研究。

（2）罗布泊近万年环境变化：通过湖心钻孔剖面研究，罗布泊近万年来环境变化，可以划分八个阶段。罗布泊在历史上也曾干涸过。最近的一次干涸，是在1962年。

（3）红柳沙包年层及其环境信息意义：红柳沙包的沙层和枯枝落叶层，就像树木年轮一样，是测年的好手段。沙层和枯枝落叶层的组成结构，也可以反映当时的环境信息。

（4）雅丹地貌成因有风成、水成，此外还有风成和水成相结合的。被侵蚀的物质，最终成为我国主要沙尘暴源之一。

（5）羽毛状沙垄的分布、形态与形成：羽毛状沙垄的发展，可以归纳成下列简式：新月形沙丘→新月形沙垄→沙垄→羽毛状沙垄→复合纵向沙垄→金字塔沙丘。

（6）关于罗布泊是否游移湖问题：我们从高程、湖河关系、沉积和吹蚀、湖底沉积速率等方面考察研究，罗布泊不是游移湖。但是它的形状、大小、位置会发生变化。

（7）利用遥感技术揭示罗布泊地区环境考古：在楼兰古城发现了大片耕地，在小河墓地西北6.3公里发现了一个200米×200米古城。

（8）罗布泊地区的古代文明及其兴衰原因：罗布泊是古代文明地区之一，那里分布着众多历史遗迹。它们的兴衰是自然和经济的综合反映，楼兰古城的消失，是“路断城空”或“水断城空”。

（9）塔里木河下游和罗布泊地区生态保护与重建：2002 年专门做了这方面的考察研究，可通过塔里木河综合整治二期工程解决。

（10）加快开发罗布泊钾盐资源：考察队组建任务之一，就是要查清罗布泊地区钾盐分布、储量、开发条件。目前，罗布泊钾盐年产 120 万吨，是我国最大的硫酸钾生产基地。

难忘的青藏地质踏勘

⊙王　哲

我原来在X衍射实验室工作，兼任党支部书记。1983年6月的一天，突然接到党委副书记、副所长沈力打来的电话，叫我去一下。我当即放下手头的工作去了他的办公室。沈力对我说："最近院里要求我所牵头组织国际合作青藏高原地质考察，所里决定派你负责这项任务的组织工作。你有什么考虑？"作为一个共产党员，随时听从党的召唤，我当时就愉快地接受了所里的安排。实际上，对去最艰苦的西藏工作，我已心向往之久矣，在大学学习期间曾几次讨论过青藏高原的话题，毕业后分配到中国科学院地质研究所，希望有机会去西藏科考。没想到这个愿望今天真的实现了。

这次国际青藏高原地质科学考察是由英国皇家学会向中国科学院多次提出建议，希望中英合作进行。我院研究同意，并与国家科委和外交部联合向国务院请示，批准后指定中国科学院地质研究所为中方负责单位。

很快，地质研究所成立了以常承法、尹集祥为正、副队长，我为行政队长，孙亦因为业务秘书的领导班子，开始遴选科考人员，制定考察计划。我们首先要做的是选派一个小分队先行进藏，去做好地质踏勘，为之后的大部队考察做好各方面准备。踏勘小分队由尹集祥负责，成员中有我、孙亦因和贵阳地球化学所的张瑚。

我当即独自飞往西宁，向青海省政府汇报。省政府很支持，向我们介绍了青藏公路沿线的各方面情况，并由省办公厅租给我们两辆越野车，由他们的司机驾驶，用于我们的地质踏勘。我回京后向小分队做了汇报，决定通知张瑚，我们四人马上到西宁集合。

在西宁，我们做了野外用品、食品、燃油等物质准备，然后分乘两辆越野吉普车离开西宁，爬上青藏高原，开始了地质踏勘。

我们沿青藏公路一线向两侧各20公里范围内进行踏勘，终点是西藏首府拉萨。我们沿途需要借宿兵站，兵站的间距有50～200公里的距离，我们一路都是早起晚归，顶多因天气原因不能去外面工作而留下来整理资料，也就算是休息了。

一天我们要去考察西大滩，路线很远。汽车行驶在缓丘戈壁上，摸索前进，上午十点多汽车再也不能前进了，只好停下车来，让两位司机就地等候。在那里汽车是不能单独行走的，很多时候是相互救援，共同前进的。人也不能一个人留在那里，虽然是无人区，没有其他人，但有野生动物，更可怕的还有狼，所以要防备万一。我们四个人，只能离开汽

注：王哲，70岁，中科院地质与地球物理研究所工程师。

车徒步前进，由于空气中含氧量低，爬山很费力气，走几步就要坐下来歇息一下。走到下午三点多钟才到达我们所要去看的地质剖面露头，又渴又饿，只能把所带有限的午餐食品留在这个时间吃，有限的水也不能提前喝，我们快速吃了午餐食品赶紧开始进行地质观察，否则天黑了，不能工作也不能下山了。那里昼夜温差很大，晚上到零下十几度的，白天有太阳的时候还比较晒，紫外线也很强，皮肤晒黑了会破皮。那里还有好多蚊子干扰我们工作，当我们坐在山头上休息时，蚊子落在你的腿上，用手拍打一下，能打死三五十只，不戴防蚊帽是不能工作的。我们工作到下午五点就必须收工返回，上午来时走了近五个小时，返回去，走到汽车那里还要三个小时，是摸黑找到汽车的，回到驻地已经是晚上十点多了。

7 月 1 日是党的生日，我们以实际行动庆祝党的生日，就是继续踏勘。那天我们已经住到了五道梁兵站，五道渠兵站号称“鬼门关”，这里海拔 4500 米，空气含氧量更低，人们经过这里高原反应很强烈，呼吸困难，头痛吃不下饭，睡不着觉，气候也感到格外寒冷，稍有不注意患了感冒是很危险的，严重的甚至会丧命。我们在这里休息，自己烧炉子取暖，但煤的质量不好，屋子烧不热，晚上睡觉感觉很冷。第二天早上起来，在兵站吃了早点就上路开始了一天的工作。离开五道梁兵站沿公路向西南方向行驶二三十公里，离开公路向北驶入缓丘地带。下午下起了鹅毛大雪，一会工夫地面全部被雪覆盖，一片白雪茫茫的景色，我们不能继续工作了，凭我们地质人员的本能，沿来时的路线摸索着返回，用了三个小时回到了公路上。公路上也是被雪覆盖，但有车辆行走压出了车印。公路因年久失修，坑坑洼洼的，再加上冰雪“助纣为虐”，很不好行走，我们只能慢慢行驶。走着走着，看到路上有绿色的辣椒，我们明白，这是生活车从兰州拉的蔬菜送往唐古拉山修建公路工程队的。我们走走停停，边走边捡，到五道梁兵站已捡拾有一公斤多辣椒。晚上，我们就用罐头肉炒捡来的辣椒，算是改善伙食了。

过了几天，我们从二道沟兵站前往下一个沱沱河兵站。当翻过几道山梁后看到前方一片浅滩戈壁，远处有一片汽车横七竖八地停在那里。走近了才知道，是戈壁沼泽地，地面开始泛水一片泥泞，看不清哪个地方是正路，有的车停在那里不敢动，有的在实施自救。我们是前进，还是返回后退呢？考虑到时间有限，为不影响下面的行程，我们只好硬着头皮选择往前走。于是我们几个就给司机鼓气，研究行走方案。两位司机理解我们，加之他们有高原行车的丰富经验，于是汽车加足马力，沿着被陷汽车的空隙选择略好的路面一段段冲刺前进。我们的车子在行驶的过程中也被陷过，大家就找石头用千斤顶支起实施自救，两车互相救援，继续前进。经过了四个多小时的艰难跋涉，终于冲出这片沼泽区，直奔沱沱河兵站了。

我们历经了千辛万苦，用了一个半月时间到达了拉萨，其间对沿途地质地理交通气候、河流冰川食宿、生活条件等进行了全面考察，还有当地政府居民分布情况，哪里有可雇佣民工、可雇佣牦牛或毛驴等运载牲畜也进行了考察，以做到心中有数，为联合考察做好周全的准备。到达拉萨后经过短暂休息，他们三位就飞回北京和贵阳了，我则留下来陪同两位司机空车返回。有了来时的经验，返回路上虽还有风险和困难，但我们平安地回到了西宁，退还了考察汽车，结算完账务顺利飞回北京，完成了我的首次地质踏勘工作任务。

之后，根据我们的踏勘情况，制定了完美的考察路线和生活安排方案，使这次国际合作考察进行得很顺利，取得了双方满意的成果。

从此，我彻底走出了实验室，多次组织西藏、新疆的地质考察，从踏勘到细测，悉心尽力，忍艰历险，取得了不少令人瞩目的成果。但最令我难忘的还是这首次进行的青藏踏勘，它锻炼我、激励我，使我不忘初心，继续前行，努力完成所领导交给我的一个又一个的组织地质考察的任务。

藏北高原探索普若岗日冰原

⊙ 蒲健辰

青藏高原黑（河）阿（里）公路以北的广阔高原区域，通常被人们称为藏北高原无人区。在地质历史上，藏北高原经历了多次构造运动，特别是进入第四纪以来，强烈的断块运动，造就了藏北高原断块山地和断陷湖盆的地貌格局。在辽阔的高原面上，高峰耸立，峰巅冰雪四溢，湖盆密集，水系纵横，河谷宽阔，地表寒冻、风蚀、风碛和岩溶景观比比皆是。这些构成了藏北高原壮丽而原始的自然风貌。那里海拔 5000 米以上，地势高、空气稀薄、气候严寒多变、植被稀疏单调、自然环境恶劣、人迹罕至，“藏北无人区”的称谓名副其实。

据考古发现，早在新石器时代，藏北就有人类活动的痕迹。只是由于特殊的自然环境，使藏北的发展受到限制，长期以来一直成为一个和外界差距很大的闭塞区域。直到 20 世纪 70 年代后期，才有开拓者的足迹踏入这块神奇而圣洁的土地。经过开拓的藏北，现在并非是绝对的无人区，在北纬 33° 30′ 以南的区域，已有藏族牧民常年游牧。为开发“藏北无人区”于 1978 年新建的“双湖特别区”就在这里。双湖，经开拓者们的奋斗努力，已初具规模，2012 年 11 月 12 日经国务院批复设立“双湖县”，成为藏北牧区的一颗明珠。一排排崭新的建筑，整齐有序地排列在西亚尔岗雪山脚下，特别是高大的银灰色卫星接收系统，老远就给来访者指出了双湖县政府所在的位置。但是双湖以北的广大区域，至今仍为无人区。这里的环境宁静、原始而粗犷，没有人为的破坏，更没有满地的废弃之物，是一方唯一未受到人类污染的圣洁净土，至今依然保持着原始的自然风貌。

1999 年八、九月，中国科学院兰州冰川冻土研究所（后为中国科学院寒区旱区环境与工程研究所，现在为中国科学院西北生态环境资源研究院）在国家重点基础研究“青藏高原形成演化及其资源效应”项目经费的资助下，由姚檀栋研究员担任队长的冰川科学考察队伍，一行 18 人开进了藏北高原考察研究普若岗日峰区的冰川。长期以来，由于这里处于多年冻土区域，交通困难，难以深入实地考察，所以这里一直是我国冰川考察研究的空白区域。通过这次及后续的深入考察，才揭开了覆盖藏北普若岗日的规模巨大的冰川群体和以平顶冰川为代表的冰川组合特征的神秘面纱。

我们是 9 月 1 日离开双湖北进无人区的。当时正值多年冻土融化深度最大季节，前进时困难重重。仅高寒缺氧带来的高山反应——头痛、疲软、无力，吃不下、睡不着，就够

注：蒲健辰，65 岁，中科院西北生态环境资源研究院研究员。

折磨考察队员的了。可是还有使人更头痛的事，那就是找路和冻土带造成的陷车挖车问题。即使体力健壮的人，也是难以承受和克服的。我们在晨曦的清风中出双湖北上，几经涉水、闯滩和陷车的周折，上午 11 时到阿木错和达沃尔错温之间。两侧湖面是那样的宽阔、湖水是那样的碧蓝；湖泊曾经的足迹，湖岸线是那样的清晰；湖面泛着微微的鳞波，从湖心轻轻地涌向湖岸，一波接一波有序地迎接着远道的来客。向北远望，高原面上起伏的断块山地，保存了当时的古夷平面，多 6000 米以上高峰，峰顶平缓，形成了以高峰为中心、特殊的星形分布的冰川群体。普若岗日高耸于起伏的群山之中，这是藏北冰川作用面积最大的区域，冰川覆盖面积达 423 平方千米，冰川分布范围介于 33° 44′～34° 04′N，89°～89° 20′E 之间，最高峰海拔 5468 米，以峰区为中心，呈放射状（星状）向四周微弱切割的谷地伸出 50 多条冰舌，银光闪烁，雄伟壮观。湖西不远处，沙山起伏，沙丘连绵。

我们一行四辆考察车，就在这群山、沙漠和湖泊之间周旋。这儿海拔 5000 米，高峻的地势和寒冷的气候，形成多年冻土的连续分布。由于冻土层中的地下冰阻隔了地表层融化水的下渗，表层（土、沙、砾）形成了水饱和的泥土层。从表面看似一马平川，表层有盐分聚集，似一层硬壳，有的地段还有稀疏的草甸。车行其上，不知不觉就突然整体往下陷。若往外倒，则越陷越深。车轮一压就泛出糊状很稀的稀泥浆。如果企图把地表挖掉一层将车开出，那是难上加难的事。而且由于表层融水的融蚀，使融化层越来越深，车轮也就越挖越深，最后深陷于泥浆中不能自拔。好在我们同行的车辆多（两大两小），野外跑得多了，挖车的经验也多。同时我们还带了许多木板，在这儿也派上了大用场。当感到有陷车危险时，能退则快速后退，当车已陷入时，就不能再动了，需用千斤顶将陷得最浅的车轮先打起，垫上石块和木板，接着把陷的最深的轮胎依次从两侧轻微挖平，再用千斤顶将轮胎打起悬空，底部软泥中塞进石块，石上垫以木板，增大支撑面积，然后挂上钢丝绳，借用其他车的牵拉力，一鼓作气开出泥窝。有时陷入其他车难以接近处，那就更费劲了。只好从周围找石块，不仅要把车轮垫起垫硬，而且要垫出一条易于退出泥窝的石头路，然后接上几根钢丝绳，边拉边开，再加上人在后边推，费上很大力气才能开出。有时陷车处连一块大石头都没有，需要漫山遍野地找石头，路和车垫了一次又一次，人也累坏了，有时只挪上一车轮的距离，就又搁浅了。再挖再陷，反反复复不知多少次才能拖拽出来。

二三十分钟能救出的很寻常，并不算什么。陷车最厉害的地段，需几个小时甚至半天时间才能救出的也不计其数。这里山高水也高，即使一个浑圆的山包顶上，也是软绵绵的。这就是高含水率多年冻土区的地表特征，表土水分严重饱和形成泥浆。据说有时连野生动物陷入都不能自拔，何况如此庞大的汽车。

至此，距普若岗日还有 100 多公里路程。如此艰难的行进，很难想象何时才能“蹭”到目的地。前天由于陷车无法行进，已将东风卡车搁在了半道河谷中，留下三人看待。看来四轮驱动的三桥卡车也难施展它的本领了，也得搁这儿了，需以轻装和最精的队伍前进了。

长话短说，后面的两天我们仍然是在探路、陷车、挖车的过程中度过的，甚至连千斤顶都用坏了一台。

9 月 5 日一早，大伙挖出了昨夜陷落的车，计划今天探路的人并排摆开，仔细踩、用镐和竹竿扎，地毯式前进。经过努力，果然绕过了湖西，又向普若岗日靠近了一程。从营地算起也有 20 多公里了，这儿距冰川区估计还有近 60 公里。却没能估计到，一台丰田车在泥窝中又抛锚了，离合器烧了，只好再次止步。

现在只有一台车能动了，大伙都很焦急。队长姚檀栋谨慎权衡之后，决定组织突击队，带精干人员单车前往，带最少最必要的装备器材，车能开到冰川区最好，万一到不了，由突击队员背上装备器材步行至冰川考察。所有的装备食品精减了再精减，汽油计算了再计算，科考器材不能减。最后连丰田车的后座都拆掉了。

9 月 6 日，由姚檀栋研究员带领的突击队出发时，包括驾驶员共 6 人，还是满满一车，队员脚下踩的、怀里抱的，就连车后和顶上也绑上了汽油、帐篷和测竿。我们计划用 6～7 天时间完成任务，预计 9 月 12 日左右返营。有前两天探路的经验，加之一路小心谨慎，我们绕过令戈错东行，费尽周折，数次陷车后，总算幸运地于当晚到了冰川前沿，在海拔 5400 米扎下了简易的考察营地。

9 月 7 日，我们沿冰川末端勘测了上冰川的路线，同时发现了冰川、沙漠、湖泊三者共存的极为奇特的自然景观。

冰川边缘悬崖飞瀑，冰帘倒挂，冰洞幽深，冰洁似玉。冰崖之下，崩塌的大冰体经差异消融塑造出奇异的冰塔，有如巧夺天工的楼台亭阁、栩栩如生的飞禽走兽，亦有独特彪悍的勇士骠骑……形成了一系列千姿百态的微型冰景，使观者赏心悦目。这些都是研究冰川微型景观形成过程和机理的重要题材。消融再冻结的光滑冰壁，透射着显著的明暗相间的层理结构，这就是冰川的年层，是研究冰川纯积累量的基础年层，是冰芯研究定年的极好介质层。冰川前端的道道冰碛垄，显示了冰川曾经到达的足迹，给我们以研究判断不同时代冰川进退变化的历史和其所反映的气候环境变化特征。冰川外围的冰川地貌景观和寒冻风化景观以及各种堆积景观比比皆是，是研究寒区各种地质营力和地貌过程的重要区域。

冰川前缘，沙滩、沙丘和流沙连绵不断。沙丘的形态也很多：有新月形的、有条带状的、有复合成链状的，亦有流沙满布。沙漠边缘与冰川边缘只有几十米，有些部位两者紧密接触，巨大的新月形沙丘和沙丘链就分布在冰川前端。这种在干旱环境中存在的沙漠景观，却意外地出现在冰川寒冷地区是极为少见的。这是在冷生环境下，融冻荒漠化过程的独特产物。

在盆地中部，硕大的令戈错，东西宽约 10 公里，南北长约 14 公里，为一椭圆形，水域面积 96 平方公里。水色碧蓝，四周许多支小溪流或来自远山冰川区较大的河流汇入湖中，成为湖泊的生命之源。虽有大河小溪补给，但该湖属内流湖，没有外泄，且经年累月的蒸发，湖水中盐分富集，成为高含盐度的咸水湖。普若岗日周围分布着众多的高原湖泊，是高原湖泊最密集的区域之一，这些湖泊大至上百平方公里，小至不到 1 平方公里。它们多分布于构造盆地中心低洼处或冰川前端冰碛间或冰碛阻塞的山谷间，属高山冰雪融水补给型湖泊，有盐湖、有咸水湖，近冰川区多淡水湖。

在这里也有生机勃勃的生命活力。在成片的流沙荒漠和河滩上，各种高山植物、高寒草甸、荒漠植物多姿多样，对高寒区域生物演化过程和适应机理以及生物多样性研究具有重要意义，或许还会有新物种的发现。在高寒草甸中，有时会窜出几条土色或土黄色的四脚蛇，怪吓人的；在行进中冷不丁会慢悠悠的蹦出一只或几只野兔子，有时会老远的发现成群奔跑的藏羚羊、藏原羚，有体格庞大的野牦牛，有三五成群而肥硕的大灰狼，也有瘦弱的孤狼，还有叼着猎物狂跑抚育幼仔的野狐，也有高山雪鸡、斑鸠，众多的雀类、鹰鹫等等。

9 月 8 日攀登上普若岗日，这是与山的交流、与冰川的交流，也是科学发现的过程。只有登临实地，才能体会到人与山、人与自然的亲和。这一天从冰川前缘海拔 5400 米的考察营地出发，向海拔 6200 米的冰川深处探索考察。冰川边缘陡峭光滑、冰面裂隙险阻、积雪深厚，都给攀登探索带来了极大的困难。冰川考察是越向冰川深处越艰险。攀冰崖、跨裂隙、穿雪谷，在深陷的积雪中，队员们负重几十斤，一步一陷，加之高寒缺氧，真是举步维艰。从早晨 9 时出发到下午 6 时方才到达，用了 9 个小时；返回时用了近 8 个小时，回到营地已经是第二天凌晨 1 时多。经过这一天多的冒险苦旅和探索考察，我们揭开了遮盖普若岗日的面纱，看清了它的“庐山真面目”。茫茫雪原，平缓坦荡，纵横辽阔，雄伟壮观。发现这是覆盖在古夷平面上的一个大冰原，命之为普若岗日冰原。

所谓冰原，是发育在台原上有辽阔粒雪原区规模较大的冰川称为冰原。冰川覆盖规模远小于南极和北极冰盖，而远大于一般的山地冰帽（平顶）冰川。如斯堪的纳维亚型冰川和斯瓦尔巴德型冰川，通称为冰原。

我国的冰川有山谷冰川、冰斗冰川和悬冰川等。在藏北高原也有一定数量的冰帽（平顶）冰川，如各拉丹冬南部的冰帽型冰川和藏色岗日冰帽等，面积也都超过 100 平方千米，但与普若岗日 423 平方千米的冰原相比还是相差甚远。普若岗日冰原规模宏大，由相互连接的巨大的平坦冰帽构成，冰雪补给源区宽阔，表面平坦贯通区域面积超过 150 平方千米。其发育的地形基础是切割微弱的高原夷平面，最高峰 6482 米，整体山地都在 5300 米以上。整个冰源区雪线海拔 5600～5860 米，向四周辐射的冰舌，伸出山麓，最低到海拔 5380 米，东侧有的冰舌还形成宽尾状。冰原周围分布着许多冰碛湖和冰流阻塞河谷形成的冰川阻塞湖，水色随湖区周边岩石色彩而变换。据冰碛物的分布断定，普若岗日冰原比较稳定，次小冰期以来冰川末端和冰川规模变化都很小。

利用探地雷达实地测量时发现，冰体厚度接近 400 米。在如此巨厚的冰层中，保存着长时间序列、高分辨率的气候环境信息资源，通过钻取冰芯研究，必将揭示藏北高原气候环境演化历史。

9 月 10 日按计划完成考察任务回撤，在回程中，并非一帆风顺，也是坎坷重重，一路遇到了很多的麻烦，汽油紧张、食品危机、寒冷饥饿，车子一陷再陷，体力消耗过度，80 公里的路程，竟花了三天的时间才到令戈错边和大本营来接应的人员相会。

在回程中，一次陷入到一块沙砾地中，这块沙砾地很大，根本找不到石块，不得已就将车上的篷布、麻袋等全垫上了，勉强才将车开出泥窝。真是走了一路陷了一路，到处留下了陷车的痕迹。

这里的意境迷人，这里的境界也启迪人。冰川、湖泊伴生是常见的，而冰川、沙漠、湖泊共存则是奇特的自然景观，必将吸引更多的科学家和更多的好奇者来藏北高原考察研究、旅游探奇。

在这次藏北考察探索的基础上，我们又于 2000 年 9 月，组织了近 50 人的大规模综合考察队伍，在普若岗日冰原钻取了数根透底冰芯，为深入研究和揭示普若岗日冰原、沙漠、湖泊的发育及其演化，冰川与冷生沙漠之间的关系以及冰原沙漠湖泊共存之谜提供了丰富的研究载体。

我所知道的杂交高粱

⊙ 潘湘民

20 世纪 50 年代，中国农业科学院原子能农业应用研究室的徐冠仁先生引进了高粱雄性不育三系实验材料和技术，1958 年开始在中国科学院遗传研究所繁殖种子，1959 年项文美、张孔湉选配组合，1963 年开始试种，1964 年种植九百多亩，亩产一千多斤。而普通高粱平均亩产为 135 斤，杂交高粱一般增产 45%～50%，表现出了强大的增产潜力。1965 年列入农业部种子推广计划，杂交高粱以惊人的速度向全国推广普及：1964 年 900 亩，1965 年 1700 亩，1966 年 50 万亩，1967 年 300 万亩，1968 年 400 万亩，1969 年 900 万亩，1970 年 1000 万亩，1972 年 2600 万亩，1973 年 4500 万亩，已约占全国高粱种植面积的 50%。杂交高粱适应性极强，在全国都可种植，在各种土地，包括一些盐碱土壤条件下，在不增加投入的情况下均可种植且大幅度提高产量。

在短短十年间，其推广发展速度之快、面积之大、地域之广、影响之深远，不能不令人为之折服。遗传研究所在全国普及推广了农作物杂种优势利用的技术和理论基础知识，培养了大批的技术人才。

“三系”技术利用杂种优势，当时在我国还是一片空白。就是有些大学也是在 1963 年才给学生们讲此类的专题课程。农业技术领域也无人知晓。难怪我们在推广这一技术时，山东就有一位老农说：“老汉今年七十八，从小一直种庄稼，只见牛羊有公母，不见高粱分爹妈。”在这种情况下，遗传所的科技人员下到农村，从种到收，与当地的技术人员和农民在一起，手把手地教他们什么叫“三系”，怎样分期播种，怎样授粉，怎样收获保存，耐心细致地讲解，直到弄懂弄通为止。每年在不同的关键时期召开现场交流会，让各地的科技人员聚在一起交流经验、解决种植中存在的问题。每年秋收后召开全国性的总结交流会，总结当年的经验，布置下一年的工作。在所内办培训班，接待来访，查阅试验记录，索取原始材料，有求必应，没有丝毫保留。应所外单位的邀请，同志们也会亲赴外地现场答疑解惑。杂交水稻选育初期就请遗传所杂交高粱选育负责人亲赴湖南指导工作。杂交高粱课题组鼎盛时期，有 20 多名科技人员参加这一工作。记忆中参加这一工作的有：张孔湉、项文美、李兆琚、任治安、周子恕、孔繁瑞、潘湘民、宋海燕、耿玉轩、徐金相、安锡培、赵世民、高经典、江玉忠、王玉元、毛钟荣、荣瑞章、王金霞等。经过十来年的努力，课题组终于在全国普及和推广了农作的杂种优势利用，培养了人才，提高了产量，为

注：潘湘民，80 岁，曾任中科院遗传与发育生物学研究所某处处长。

解决饥饱问题做出了贡献，引导和推动了我国各种农作物杂种优势的利用工作。

随着杂交高粱推广工作的开展及杂种优势利用技术和理论基础知识的普及，各种农作物杂种优势的利用研究工作风起云涌，像雨后春笋般的迅速崛起。从20世纪60年代开始，遗传研究所也先后开展了小麦、水稻、小米和向日葵等作物的杂种优势利用研究，并经常接受来访和受邀答疑。全国很多大学和农业科研单位先后开展了水稻、小麦、向日葵、油菜、小米、大豆、棉花、甘蓝、白菜、番茄、萝卜、甜菜、烟草、红麻、苎麻、苜蓿、芸苔、木豆、拟南芥……的杂种优势利用的研究。三系法、二系法、光敏型、温敏型等杂种优势利用的方法也不断涌现。一些现代技术，如基因功能分析、分子标记、基因编辑等也用于了杂种优势的研究工作。杂种优势的应用与理论研究蓬勃发展。

由于杂交高粱强大的生命力，当时在全国带来了巨大的影响。

1966年，全国打响了黄淮海综合治理的第一枪。国家科委副主任范长江、国家科协副主任沈毅然、中国科学院余彦波带队，李安生、关月兰和潘湘民一起到山东省禹城县开始了黄淮海平原的综合治理工作，遗传所指派杂交高粱项目参加了这一工作，并取得了一定成效。

1968年9月30日下午6时，潘湘民代表杂交高粱课题组、杨太兴代表土豆组到人民大会堂宴会厅，参加了周恩来总理主持的中华人民共和国成立十九周年国庆招待会。

1969年国庆节，杂交高粱的彩车通过天安门，接受了党和国家领导人的检阅。

1970～1971年间，农垦部部长王震到江西省抚州市调查，通过中科院安排遗传所派人参加这一工作，我所派潘湘民等同志参加了这项工作。王震部长对杂交高粱特别青睐，亲自安排在江西和福建的几个地区种植杂交高粱并进行制种工作，1971年1至5月还在福建诏安进行了南繁。

1973年2月18日上午王震来到遗传所视察，胡含副所长（主持工作）进行了接待。

杂交高粱大面积推广应用也引起了中科院领导的重视。1973年，院核心组领导武衡同志指示，对杂交高粱工作要加强，要当作政治任务来抓。

1974年武衡同志在中科院形势和任务的报告中提到遗传所杂交高粱在全国较快推广，并予以肯定。

随着生产条件的改善和生产力的提高，随着人们饥饿问题的解决，人们对农产品的品质提出了新的要求。1975年10月15日，胡耀邦同志考察遗传研究所时，既肯定了杂交高粱的高产量，同时也讲道："杂交高粱不好吃。"实际上是向我们提出了改善杂交作物品质的要求。遗传所及各地的科技人员加强了对优质杂交高粱的选育工作，并产生了一定的效果。

1978年3月，科学的春天到来。在全国科学大会上，杂交高粱项目获得了一等奖。

杂交高粱还被郭沫若院长称为"碱地之花"。

由于杂交高粱在全国推广种植，籽粒成熟时又是一片红色，因此，当时也被大家誉为"全国一片红"。

一次特殊的大熊猫野外科学考察

⊙ 刘炳谦

1968 年，为调查王朗自然保护区大熊猫自然死亡状况，动物所组建了一支由 13 人组成的“王朗保护区大熊猫考察队”，于 4 月中旬从北京出发，经成都、绵阳、平武、王霸楚、胡家磨，行程六天抵达王霸楚森林经营所。考察队一行在赶往牧羊场时，途径藏族居住点——高坑村，又邀请了根深娃、小才林珠、格格他等几位当地猎民带了五条猎狗加入了考察队。17 人、5 条猎狗浩浩荡荡进驻了牧羊场。

经过充分讨论，确定先在这里工作 5～6 天，待进一步完善调查方法后，逐渐深入腹地开展全面调查。

大熊猫的第一张“美照”

开展工作的第 4 天，天上下着淅淅沥沥的小雨，大家穿着雨衣雨靴在湿漉漉的林间穿行了约半小时。跑在最前面的萨嘎（一条猎狗的名字）突然叫了起来，接着其他的狗也在狂叫。猎人们急忙赶上去。当大家赶到时，只见五条猎狗围着一棵高大的阔叶树边叫边窜。根深娃指着树上对我们说，撵上去了一只熊猫。大家顿时兴奋而紧张起来。

大熊猫从未见过这种阵势，由于害怕拼命往高处爬，躲在叶子浓密的树杈上。大家忙碌起来，有的做观察记录，有的寻找熊猫在地面的脚印、啃食箭竹的痕迹、粪便的新鲜程度等活动情况。按现场所收集到的资料初步分析，它栖息在这里已有一段时间了。

为了抓住这难得的机会，队长派身高腿长的江志华和格格他火速回驻地去取长焦镜头。我们从望远镜中看到，大熊猫受到惊吓一直躲在高处，很不利于观察。大家希望把猎狗牵得远一点，等待熊猫下到低一点时以便仔细观察。猎人选择了一旦熊猫逃跑，猎狗能及时追击围阻的距离隐蔽起来，并命令猎狗停止叫声。很奏效，十多分钟后熊猫开始试探着往下移动。大家怕它跑掉，心急如焚。突然熊猫又一次快速向下移动，大家正要冲上去阻止熊猫逃跑。只听根深娃用藏语发了一个口令，瞬间五条狗已在树下狂吠乱窜，吓得熊猫又重新回到高处。根深娃说，决不能让熊猫从树杈转移到树干。熊猫一旦爬到树干，会冒险下地逃跑。此时它若与猎狗狭路相逢便是一场拼命地厮杀，其结果是两败俱伤。

江志华和格格他已经走了四十多分钟，按正常情况下应该回来了。正在焦急时刻，萨嘎把头转向远处发出低沉的呼呼声。根深娃说他们回来了，很快两个满头大汗气喘吁吁的

注：刘炳谦，80 岁，中科院动物研究所五级职员。

大个子从茂密的灌丛钻出来。大家又兴奋起来，引得熊猫也骚动起来。

现场安静了，熊猫突然下移到树干处掉头，刹那间头朝上臀朝下迅速地往下倒退，大约退到距地面两米处，熊猫像一个重重的大绒球砰的一声落在地上，飞快地朝远处逃得无影无踪。这一突如其来的变化大家都没有反应过来，更遗憾的是陆长坤也没抓拍到熊猫倒退下树的奇妙镜头。真是个极大的遗憾！然而就在熊猫逃跑的瞬间，萨嘎像离弦之箭冲了上去，其他四条狗也紧跟其后蜂拥而上。根深娃怕大家着急，便大声地说，跑不掉！跟我来！朝着狗叫的方向追了不到两百米，看到五条狗围着一棵高大的云杉树狂叫乱窜。我们抬头一看熊猫已经爬到二十米处。

熊猫在短时间里两次受惊，一直不敢下来，直等到太阳西斜突然听到熊猫爪子抓树皮的声音。熊猫从十多米的树干上臀部朝下迅速地往下倒退。相机咔嚓地响了几声，熊猫砰的一声落到了地上，瞬间跑进灌木丛不见踪影。

这只大熊猫受到这么多人的惊吓大概是第一次，我们和它共处了不平凡的一天。我们有了中国人在野外拍摄的第一张大熊猫“美照”！

转移大窝宕安营扎寨

王朗自然保护区属无人区，离开牧羊场再也没有马帮为考察队运送物资了，自此所有物品全靠自己背运。科研人员每人背一顶单人帐篷、睡袋、猎枪、砍刀等，大约负重15～20 公斤。

大窝宕位于保护区腹地，海拔在 1500～2000 米。这里自从成立保护区禁猎以后几乎没有人来过。大家背着几十公斤重的物品，在狭窄的羊肠小路上吃力地行走着，时而还会遇到灌丛或倒木的阻碍。小的抡起板斧砍断，粗的就只能动用大锯，大家轮流拉锯清除。为此，队员们体力消耗很大，加之海拔越来越高，只好走走停停。

好不容易到了宿营地，天空乌云密布山雨欲来。大家齐动手，赶快先把大帐篷支撑起来。还没来得及加固，突然狂风暴雨大作，为了抢行李和加固帐篷大家还是淋成了落汤鸡。我们刚刚躲进帐篷一阵冰雹就接踵而至，打的帐篷嘣嘣乱响。十多分钟后风雨戛然而止，大家钻出帐篷一看，满地冰雹，小的像黄豆，大的如蚕豆，最大的就像乒乓球。队长指挥大家快速地完成安营扎寨。

虽然劳累了一天，但大家依然很兴奋，便聊起了进山以来的感受。一致认为忍受不了四川的辣椒，因为十多天没吃过青菜更没见过肉，每顿都是辣椒面炒豆豉，几乎每个人都便秘，一半人犯了痔疮。大家是多么希望吃上一顿肉和青菜呀！当然，这只是开心的幻想。越说越兴奋，于是大家各自说着自己家乡的名菜比拼起来。有人突发奇想，要是能打只野猪每人炒一个菜比赛一下多好呀！话音刚落周福章和钟兆敏异口同声地说，这里是保护区绝对不可以！这是原则的底线，谁也不能碰，咱们搞科研的更要以身作则，大家只能就着“空想大餐”解馋了。

豺口夺牛

在大窝宕工作的第三天，计划要去海拔 2000 米的羊洞做调查。这里以云杉和冷杉林为主，林下多为矮小的杜鹃，行走十分困难，连猎人也走得很慢，只有几条猎狗一如往日奋力地跑在前面。

突然前面传来狗的激烈叫声，猎人一听便知道猎狗遇到了野兽，迅速把子弹推上膛，招呼大家跟上来。狗的叫声越来越近，大约三十米处猎狗被二十多只豺狗追的拼命往回跑。根深娃迅速举枪射击，豺狗听到枪声便掉头落荒而逃。此时猎狗看到主人又听到枪声，仗着人势掉头更凶猛地反扑上去。追了一阵不见主人则纷纷返回。再往前走了大约一百多米，突然看到五条狗在小河边围着一个黑色的庞然大物边闻边动。根深娃飞快地跑过去并喊：一头羚牛！大家赶到河边只见一头很大的羚牛一半在水里一半在岸边死在那里。周围布满了豺狗的脚印，还有一些棕熊和其他野兽的脚印。

见此情景，大家分析这是一头被豺狗围攻后咬死的老年雄性羚牛。它的眼、耳、鼻、嘴、颈部、肛门、下腹及内脏已被野兽啃食了大部分。推测在豺狗把羚牛咬死后，棕熊闻风而至大餐一顿后扬长而去才轮到众豺狗分享。但豺狗却万万没料到它们还没来得及彻底享用，便又遇到了我们。

这真是一次难得的意外收获，周福章指挥大家把这场豺、牛、熊及其他野兽争斗的惨烈现场遗迹进行了拍照。

马勇等人忙碌着给羚牛估重，测量各个部位、取样（头和牙齿是鉴定年龄的重要依据）。猎人说有六百多斤，科研人员认为在八百斤以上。大家一齐努力费了好大力气才把这庞大的死牛拖到岸上，经过两个小时的紧张工作后才坐下来休息。大家推测，这是一只老年羚牛，活动范围很小，被豺狗发现后围攻咬死。可惜这只羚牛被野兽啃食的残缺不全了，不然可以做一个很好的标本。

为挽救饥饿的大熊猫出谋献策

经过两个月的艰苦工作，我们于 6 月中旬完成了野外考察，决定在牧羊场进行三天总结。

此次考察面积约占保护区总面积的二分之一，共观察到大熊猫 8 只。按面积推算目前应有大约 15 只。然而猎人们根据以往打猎的经验判断应在 20 只以上。通过总结，大家分析是因为本地区箭竹开花引起的箭竹死亡，继而造成熊猫食物短缺导致了大熊猫的大量死亡。

从调查数据分析，一年来保护区内的大熊猫数量锐减了三分之一。这个下降比例从动物种群数量变动振幅分析，无疑是十分剧烈的。对大熊猫这样的濒危物种在一个区域性的种群来说是一次毁灭性的灾难。如果不能及时解决熊猫的食物短缺问题，它们会继续受到健康和死亡的威胁。预计在两三年内保护区内的熊猫数量将降到 10 只以下。到那时即使环境得到恢复，大熊猫数量的恢复也需要一个漫长的过程。综上所述，从当前和长远需要形成以下几点建议。

第一，设法尽快扼制住箭竹开花引起的死亡。此次箭竹死亡的主要原因是种群密度过大。因此，人工干预减低箭竹种群密度是扼制箭竹继续死亡的有效方法。这样可以为现有熊猫创造基本的生存条件。

第二，在熊猫的主要取食点，适当播种熊猫可以吃的作物。如把玉米、高粱等作为箭竹数量恢复前熊猫的补充食物。

第三，如果以上人为方法依然不能奏效，应考虑活捕大熊猫，采取人工围栏圈养或异地放养，有效保存现有大熊猫的数量。

在充分讨论后由队长和部分人员执笔完成调查报告。后来又与植物组的调查报告汇总后报送四川省林业厅、平武县林业局。作为拯救平武县王朗自然保护区大熊猫的指导依据。

这是一次特别的考察、一次难忘的历险。岁月虽早已远离，但曾经的过往将永远记录在经历者的心中。

风雨如磐岁月　柔情似水年华

——中关村的地震人

⊙ 白彤霞

中科院地球物理研究所创建于1950年，1978年更名为中国地震局地球物理研究所。20世纪70年代，我们这些刚刚走上地震工作岗位的第二代地震人，大多集中住在中关村96、97、98号楼里。

当雷声滚过、大地撕裂的时候，地震人的身影就在这山颤抖、河改道的现场一步一步摸索。废墟堆中移废墟，断裂带上查断裂。老一辈的第一代地震人走在前面，后面紧紧跟随着第二代、第三代……

邢台惊魂，拉开地震预报的序幕

邢台地震，是我们这一代地震人经受的第一次严峻考验和挑战。

1966年3月初，邢台地区小震频繁，至3月6日已有破坏性地震发生。研究所立即组成了12人考察队，成员基本都是刚毕业的大学生和研究生。他们连夜准备仪器和器材，赶往邢台。考察队顶风冒雪，忍饥挨饿，连续40多小时赶路。石家庄可住，无心住，宁晋让歇，不能歇，硬是在8日凌晨赶到耿庄桥。卸车，安装仪器，分工调试，一切就绪，已是凌晨2点多。还未及喘息，记录笔发出响动，脚下开始晃动。若是一般小震，晃三五下就过去了。可这次不然，晃动越来越大，到后来人已站立不稳。先是上下颠，接着左右摇、前后晃，再后来“轰隆”声四起，大人喊、孩子哭、狗吠混成一片，此时是凌晨5点29分。仪器室东山墙倒塌，值守观测人员手部受伤，流着血，三位同志冒着生命危险抢出仪器，在院子里重新架设，恢复记录，此时大约是凌晨6点。

震动过去，入眼惨烈，房倒屋塌，地面开裂，冒水喷砂，哀声遍野。而我们的地震研究却不能救民于水火，群众更没有任何躲灾避祸的常识。面对此情此景，除了愧疚我们还能做什么？劫后余生的老农声泪俱下地呼喊：要是能事前给我们打个招呼该多好哇！这一声呼喊，如醍醐灌顶，让年轻的地震人顿时感悟：什么是地震工作者的责任和使命！地震预测预报就在这里拉开了序幕。

主震的震级是6.8级，之后强余震不断。地震指挥部就设在耿庄桥，那里已经没有完

注：白彤霞，75岁，曾为中科院地球物理所职工，后被调至国家地震局工作，高级工程师。

整的房屋。考察队一整天没有进食了，头顶寒星，饥肠辘辘，但没有人畏难退缩。9日中午，研究所几乎全体出动到达现场，带来微震仪、单帐篷、煤油灯和食物。人员立即分成三个组：宏观组、分析组、仪器组。

此后的20几天内，又经历了一次7.2级和三次6级以上强余震。震后，须要尽快定出震中位置，给出地震参数，以便安排救灾。大震速报在有数字化传输技术的今天不是什么难事，可在1966年，那可不是件容易事。为了取得单台资料，分析人员要乘车往返各地震台。吉普车要绕过地面裂缝，躲过喷砂冒水，随着余震跳动颠簸，车内的人紧拉扶手，还不时头撞车篷。尤其夜间，到处漆黑一片，开车的难度和勇气可想而知。

仪器组的人员必须保证4个以上台站正常运行，才能测定震中。由于余震不断，仪器讯号时有中断，仪器组要随时随刻查线、接线、修复仪器，没有日夜之分。

为了提供每日地震活动趋势意见，这段时间内，大家极少睡眠时间，实在太困了，就轮流趴在桌子上休息片刻，洗脸刷牙，换洗衣服等就都免了。大家在煤油灯底下，看图纸，分析震情，几乎夜以继日。

通过考察、观测和分析，发现3月6日小震频繁，7日到8日凌晨很平静，遂即清晨五点半突然发生Ms=6.8大地震。3月20日又出现小震密集，21～22日复又平静，22日下午发生了更加强烈的Ms=7.2大地震。四天后，25日小震活动又出现了密集，26日又平静了。我们感到“密集—平静—大震”或许是邢台地震的特点。宏观组的同志通过水位观测，发现滏阳河水显著上涨，同时观察到公路上老鼠异常增多。综合起来，经地震会商会反复核实、讨论，提出26日震区内有发生强震的危险。当晚23时许，由分析组组长向指挥部和中国科学院发出正式预报。还未及向外公布，24时即发生了6.2级强余震。虽然预报只提前了有限的时间，没起什么大作用，但毕竟是我国地震科学史上首次在现场做出的“地震预报”尝试，成为后来1975年海城7.3级大地震的预报依据。这大大地鼓舞了年轻的地震工作者，增强了我们探索地震预报的决心和信心。

宏观组在顾功叙先生和傅承义先生的指导下，深入2万多平方千米的灾区，收集到1370多个城镇村庄的灾情资料。在宏观调查的沿途，须要拍照留档。那天正遇上3月22日7.2级强震。突然间天旋地转，沉雷四起，大地毫无方向地颠簸震荡，把调查组连人带车抛翻在地。三五分钟后，抬头看时，路旁几十米长的干沟来回开合着，张开时宽达半米至一米，合拢时连水带砂喷射高达两三米。我们的同志何曾有半分畏惧，他们爬起来，找回照相机，继续工作。

这期间，有一个同志的儿子在北京出生了，他顾不上回京照看妻儿，仍然战斗在地震现场。

地震现场总结出的预测方法，仅是邢台地区经验性的预报，不具普适性。为了继续监测，总结经验，4月初，研究所在红山建邢台地震台网中心台，部分分析组成员留在这里坚守了三年之久。半个多世纪以来，作为我国地震监测预报工作发展的摇篮，从红山走出来一名院士、16名研究员，他们为地震分析预报和防震减灾事业做出了积极贡献。

噩梦过去了，但灾区人民那一双双期盼的眼神，那一声声血泪的呼唤，时时炙烤着我们的心灵。年轻的第二代地震人，发誓要用火红的青春去给地球把脉。

为了研究全国地震活动性，20 世纪 70 年代后陆续建立起具有较高灵敏度的全国地震基本台网。经过不断发展和充实，这些基准台不仅装备了先进的地震仪，有些还增加了倾斜仪、地应力仪、形变仪、地磁仪、地电仪等各类观测手段，使之成为地球物理和地震预报综合观测台。在地震前兆领域，无论是观测仪器还是观测方法、分析能力都有了长足的进展。但由于地震成因的复杂性，发震机制的多元性，要解决地震预报，依然是个任重道远漫长的话题。

唐山之殇，永不消失的烙印

1966～1976 年“文化大革命”10 年，也是我国地震活跃的 10 年。期间，全国共发生了 14 次 7 级以上地震。由于地震频发，“地震就是命令”已成为地震人的信条，立即背包出发已形成习惯。

弹指间十年过去了，时间定格在 1976 年 7 月 28 日，大自然又狠狠地抽了我们一鞭子。24 万条鲜活的生命，在 23 秒的瞬间消失，肆虐的大地震给华北平原留下了一道永不消失的伤痕。

1976 年 7 月 28 日凌晨 3 时 42 分，猛烈的震荡把熟睡的人们从梦中惊醒。我们的同志披上衣服，就往当时还在中关村的中国科学院地球物理研究所跑，没有人先去顾及自家的安危。地震太强烈了，致使地震仪都超幅出格，通信中断，无法利用常规方法确定地震发生的确切位置。于是，立即派出人员去寻找震中。一路取道北京—天津，一路取道北京—唐山。天津房屋倒塌破坏不算严重，看来不是震中，继而向唐山方向前进。途中，滦河大桥全塌，公路受阻，只好绕道而行，晨曦微露时赶到唐山。面前景况惨不忍睹，整个唐山市变成了一片废墟。幸存者呆呆地坐在废墟堆边，没有声音也没有眼泪，唐山成了“死城”。

不久前的海城地震预报成功所产生的盲目乐观，使唐山人对地震工作者极为不满，有的人甚至愤怒、怨恨。因此，考察队不敢说是国家地震局、地球物理所的工作人员，而说是党中央、国务院派下来救灾的……面对灾民那幽怨的目光，作为地震工作者，心灵再次感受到强烈震撼，以致过了许多年，还总是有一种负罪感，仿佛背着一个沉重的十字架。

但是人们不知道，1976 年六七月，京津唐以及外围地区陆续出现了一些突发性异常，已引起了地震局的关注。各单位频繁会商，还多次派人调查核实，对 1976 年下半年的地震趋势都在不同程度上作了有震的估计。但要做出有意义的预报，须要三要素：时间、地点、大小。当时对于震级大小，以及具体何时何地发生地震，看法不一，预报的地震很分散，尤其时间则更不确定。人们或许更不知道，前一天，河北省地震局派往唐山的 6 人地震地质考察小组也不幸全部遇难。

震后的中关村和城里一样，家家搭起抗震棚，夜晚楼群里已无灯光闪烁。可地震人的家里谁来关照？地震局、地球所领导全部出动去了现场，地震人的家里灯影斑驳，是留下的人员在日夜分析资料。而去现场的人员正在冒着生命危险考察。

考察人员在瓦砾堆里查看破坏情况，在呛鼻的臭气中，倾听幸存者诉说地震发生时的情景。哭诉中，他们最痛恨“棺材板”——盖房子用的预制水泥板。地震来时，这种砖混结构的房子，左右一晃，上下一颠，“棺材板”掉下来，就把人压成了肉酱。而从市中心往南的宁河县虽然破坏很严重，房屋倒塌不计其数，但是死亡人数却略少。原因一是有村委会组织，大家自救和互救意识强，二是多为平房，土木结构，救助起来比较容易。

唐山地震破坏最严重的区域是在唐山市半径 20km 左右范围内。考察人员从东南西北各个方向了解地震破坏情况。天黑了，没有灯光照明，一辆吉普车连人带车翻进地裂缝里。此时，唐山地震最大的 6.9 级余震发生了。地裂缝像巨大的鳄鱼嘴一张一合，合上时两侧抵着人的肩膀，一张一合的速度很快，一次持续约 1、2 秒钟。几个来回后，大地“倏”地一下静止了，仿佛一切都没有发生过。把人和车拽出裂缝后，仍然余悸难消，着实后怕。幸好是夏天，土层相对松软，若是冬天，土层冻得很硬，当地裂缝合上时，后果就不堪设想了。

地震预报——入地难

傅承义先生说：上天容易，入地难。其实二者都不容易，入地则更难。

唐山市所处的位置，地质断层很少，在之前唐山的历史中并没有发生地震的记录，故当时唐山的地震预判和设防标准是 6 度（北京和天津都是 8 度）。但历史上没有，并不意味着永远不会发生，这次它真的震了，震前安静得没有一丝征兆。而唐山周围断层密集的地方却没有发生地震。

在唐山大地震面前，许多经验性规律都变得不可靠，事实上存在着许多“想不到”，没有一个地震的经验可以复制。要从经验变成科学，需要大量的进一步观测和科学研究来证明。尤其我们无法预测地震发生的准确时间，这使我们更加深刻地认识了地震的极端复杂性。

20 世纪 70 年代，我在山西大同，亲历当地出现井水犯浑，老鼠迁移，鸡狗躁动不安……民间流传的地震前兆现象十分明显。经观测分析，断定山西有可能发生大地震。研究所组织了山西流动队到山西加强观测，监视地震动态。流动队在山西坚守了好几年，丝毫动静都没有，流动队解散。直到 1989 年，10 月 18 日大同、阳高地区，发生先是 5.7 级、次后 6.1 级，再次 5.6 级的强烈地震，国家地震局命名为“大同－阳高地震”。截至 11 月 15 日，共发生 5～6 级地震 7 次，形成一个地震群。从发现异常到发生地震，间隔了十余年时间。

后来的汶川大地震，就发生在龙门山断裂带上。这个断裂带早在 20 世纪 30 年代就被地质学家发现了，但它多少年来带给人们一种几乎是静止不动的“安全感”。这个区域的设防标准从之前的 8 度降到了 7 度。可是它突然就动了，即使按照 8 度设防，仍无法抵御能量相当于 5600 颗广岛原子弹爆炸的汶川大地震。

地震预报路在何方？

“唐山大地震的灾难，除了未能做出短临预报之外，城市没有进行抗震设防，人们对地震灾难缺乏心理、组织准备，缺乏基本的知识和自救互救常识等等，也是蒙受巨大损失的重要原因。减轻地震灾害不是单纯的科学行为，也不是仅靠地震部门就能完成和实现，而是一项需要社会各个方面和有关部门密切配合、共同参与的复杂系统工程。”（引自《中国大地震》）

在唐山抗震救灾实践中，中国诞生了“地震社会学”，为解决全球城市化进程中面临的日益严峻的灾害问题，奠定了理论基础。

虽然准确预报大地震难度极大，但地震工作者探索未曾止步，危难勇担使命，信念从未懈怠。

唐山地震后，至 20 世纪 80 年代，国家地震局组织了 2000 多位科技人员参加地震预报方法清理攻关研究，随后又组织了由 800 多位科技人员参加的地震预报实用化攻关研究。攻关路上研制仪器，开拓观测手段，解剖地学断面，深究大地构造，研究发震机理，探索预报途径。

地震预报是一门交叉科学，这个认识过程肯定是漫长的，但相比四十多年前，我们对地震的了解和认识无疑还是有进步的。目前我们工作的侧重点已经不是预测地震，而是回到物理规律上去，按照抵御地震的思路去规划城市、建造房屋，要把抗震变成一种生活方式。最简单的，你买房子的时候，问过它是否符合抗震标准吗？

我们现在安全了吗？

唐山地震 43 年了，有研究称：余震发生年限，可能达到大地震孕育期能量积累年限的 10% 左右。引发唐山大地震的能量积累，据研究推测至少已有上千年，其缓慢释放能量的余震将持续上百年。所以未来几十年，唐山周边都可能是余震活跃区。当然，并不是说马上、明天就有一场大地震要发生。中国东部地区，在唐山大地震后的四十多年里，几乎没再发生过强烈地震。但如果我们没有做好足够的准备，也许将来就会是一场巨大的灾难。

2015 年 5 月 15 日批准发布，并于 2016 年 6 月 1 日实施的国家强制性标准《中国地震动参数区划图》（GB 18306—2015），用图件的方式，对各地的地震危险性程度予以展示，作为规划和建筑设计安全性的基本依据。新的区划结果适当提高了我国的整体抗震设防要求，符合我国地震构造环境和地震活动特征。

我国地震事业的先驱，第一代地震人顾功叙、傅承义、李善邦等是拓荒者和指路人；我们算是第二代地震人，是披荆斩棘的探索者；而我们的学生辈是第三代地震人了，他们是发展者和创新者；如今他们也带学生了，第四代，第五代……，我们有一支队伍，有一批人仍然在给地球放哨把脉。至少现在我们对未来地震可能发生的地点，不再一无所知，可能的震级，也能有所判断。但是，什么时间发生——仍然无法知道。

我们不希望看到因虚报和谣言而造成社会恐慌，给国民经济带来难以预计的损失。但希望人们要把防震意识时刻牢记于心，学习掌握防震减灾知识和技能，一旦地震来时，能够避免或减少不必要的伤亡和损失。

台站春秋，一路芳华

烈日酷暑，寒夜松涛，在人烟稀少的深山，断层切割的坳地，分布着地震人的岗哨，他们用坚强的信念坚守着，接力传承，跨越世纪。

邢台地震后，全国迅速建起了200多个地震观测台。几乎所有地震台都地处偏僻，远离喧闹干扰，或高山或潮湿的山洞中。在台站工作，不仅生活艰苦，还要耐得住寂寞，更需要胆量。20世纪80年代以前，从事地震研究的大学生、研究生，都要从台站工作开始。举个例子，始建于20世纪70年代的易县地震台，地处太行山山前大断裂和西部紫荆关大断裂之间。当年13位大学生，是一个车拉到这个村子里来的。没有房子，没有电话，就住在农民家里，边建台边报地震。

为了资料的连续性，台站需要一年365天、每天24小时不间断地采集数据。没有节假日，自己轮流做饭，还要自己种菜，能吃一次鸡蛋炒西红柿就是很大的满足了。条件艰苦，经费紧张，台站工作基本如此。有些人几年后，回到研究所做课题研究，有些人却坚守了几十年。唐山地震台的台长孙兰惠就坚守了32年，直到退休。台站的年轻人找对象很困难，即使成了家，子女入学、就业都是难题。

即便是这样，他们依然对工作兢兢业业，不敢有丝毫松懈。这里没有什么轰轰烈烈的壮举，但正是他们采集第一手资料，给地震预报和科学研究提供了准确可靠的数据。青春与台站共成长，在平凡中实现人生价值。

人人关心有无地震，希望震前能有预报。可是，有谁会想到从事地震研究人员的艰辛呢？

住在中关村97楼的我的一位同事，10年前的一天出差回来，在家里忙着整理资料。当天他爱人感觉身体不适，他也未及关照。第二天早晨8点左右，发现爱人尚未起床，跑到卧室一看，爱人已永远地离开了，给他留下了无法弥补的愧疚和遗憾。

半个世纪，岁月摧老了中关村那几座楼，当年勇士，今已暮年。一辈子作为地震人，我们尽力了。

赤胆红心苍天可鉴，春秋几代地驻韶光！

小麦花药培养育株记

⊙ 景建康

20 世纪 70 年代初，欧阳俊闻、胡含等一批中国科学院遗传研究所（以下简称遗传所）的科学家在小麦花药离体培养方面取得重大突破，在国际上率先培育出小麦花粉单倍体再生植株，并于 1973 年在刚刚复刊的《中国科学》季刊第一期上发表了题为“小麦花粉植株的诱导及其后代的观察”的科研论文。这是在那个年代由中国科学家自主完成的少有的原创性的重大科研成果之一。该论文一经发表就引起了国内外学术界的广泛关注和高度评价。

当时的 *Scientia Sinica* 刚刚复刊，国门也初开，在国外还谈不上有发行量。但该论文发表的消息在国外不胫而走，前来索取论文抽印本的明信片如雪片似的纷至沓来。包括植物组织培养的祖师爷之一，法国的 R.J.Gautheret 也寄来了索取函。《中国科学》编辑部早料到该论文会受到特别关注，主动破例加印了 340 份英文抽印本，但依然很快被索取殆尽。

人们不禁会问，当时是如何取得这项成果，为什么能在国际上引起细胞生物学界科学家的高度关注？其意义何在？现在的发展应用状态如何？特做此文。

连队一次不寻常的生产计划勤务会议

20 世纪 60 年代我国经历了三年自然灾害，造成全国性的粮食短缺、生活物品匮乏。遗传所的广大科技人员克服困难、排除干扰，在良种培育、粮食生产上都做出了很大贡献。例如，杂交高粱的普及推广，一定程度上缓解了有饭吃的问题。国庆二十周年，当展示遗传所取得成果的彩车通过天安门检阅时就让全所的人兴奋不已。那时遗传所引以为傲的三大成果是“高粱、土豆、打猪草（打猪草为一类糖化饲料）”。

1970 年 3 月 17 日，遗传所召开了全所科研生产会议，强调科技推广工作不能放松，商讨基础理论如何突破等问题。当时有关宣传队进驻遗传所，将五个科研专业队改为连队编制，实行准军事化管理。所属的第三连队为落实所 1970 年的科研生产计划，于 4 月 23 日召开了连队勤务会议，商议开展哪些项目的科研业务工作。

会上李良才与欧阳俊闻提出，可以尝试开展一种“花药培养”的新育种方法，这引起了大家的极大兴趣。年前李良才出访日本时从一篇由日本科学家新关宏夫撰写的综述文章中看到了有关从曼陀罗、烟草、水稻等高等植物经花药培养成功再生植株的报道而获得启发，找欧阳俊闻共同商议，觉得这一技术很有前途，能加速培育新品种，虽然缺少详细技

注：景建康，67 岁，中科院遗传与发育生物学研究所研究员。

术资料，但认为国外能做到我们也一定能做成功。随后李良才介绍了所了解的国际上花药组织培养发展动态，谈到这一工作的意义：在育种上可以缩短获得纯系的时间；在理论研究上，有助于在高等植物上进行同微生物上一样的遗传操作和分析。欧阳俊闻曾经有从事植物组织培养研究的经历，为此着重介绍了组织培养的操作程序和所需要的基础实验条件。认为花粉培养也不是高不可攀，只要大家齐心协力，攻克花药培养难关也不是没有可能性。

会上，部分人员质疑花药培养的可行性，认为这是天方夜谭，没有详细技术资料参考佐证，遗传所的组织培养的基础薄弱，培养条件几乎没有。特别是连队有关负责人就表示质疑：极力主张连队开展化学诱变或辐射育种研究，因为取得成果的把握概率更高些。庄家骏先生则表态联系实际工作本组问题不大，化学诱变已经在小麦方面开展了，提议争取在小麦夏播时，立即开展小麦花药培养的预备实验。胡含发言表示同意，支持开展花药培养研究，建议将化学诱变与组织培养工作可以结合起来，材料要分期播种，可以随时进行实验，保证能在“十一”献礼。颜秋生也表示应集中精力搞小麦、水稻花药组织培养工作，如果到年底花药培养工作无结果，再抓水稻诱变工作亦不晚。胡含在会上再次强调应该开展具有国际水平的研究项目，表示我们应该在水稻、小麦等主要农作物上开展花药培养技术研究，争取获得突破，在国际上展示祖国科学事业的发展和进步。他还对花药培养的原理进行了一番分析，阐述了选题对科学研究的重要性。由于视野独到，目标都是向国际水平的高度看齐，具有远见卓识的眼光，一些与会者至今都对胡含的讲话有深刻印象。经过大家认真讨论协商，大多数同志都表态赞同开展花药培养育种的新方案。在这种情形下，起初持不同意见的同志也同意了，表示“在花粉培养的同时，可以同时进行种子化学诱变处理。”意见统一了，颜秋生表示由他来负责撰写科研生产计划报告书，并向所革委会（当时的所领导机构）提交开展新育种方法的申请报告。即使这样，还有同志当晚从中关村大老远赶往北郊，试图阻止颜秋生提交花药培养育种方案，再次要求更改为化学诱变和辐射诱变育种方案。幸好被颜秋生直接回拒了，答复说，“既然大家都在会议上通过了该方案，就让先试试做上一年，诱变育种也可以做，相互之间并不产生矛盾。连队人员多，可以让一些人开展诱变育种试验。”假使花药培养育种方案没有实施，就没有后来的一切。欧阳俊闻说起此事还很感谢颜秋生能顶住压力不妥协，使花药培养育种技术在祖国开花结果。虽然有同志曾激烈反对开展花药培养研究，但花药培养工作正式展开后，他们还是全身心投入了试验工作，并在该领域取得很多成果。

由于这一次连勤务会议契机，遗传研究所开展了探索花药培养与单倍体育种新方法的研究，从而在小麦花药离体培养研究领域取得了举世瞩目的成就。

世界上第一个小麦花粉单倍体植株诞生

时间要追溯到20世纪60年代，花药培养首先在曼陀罗上取得了突破。1964年，印度的科学家通过花药培养获得了毛叶曼陀罗的单倍性胚状体和小植株，并证明小植株来源于花粉。此项研究成果的论文并没有引起中国科学家的关注，甚至没有人读过这篇论文。也许与当时我国政治形势和所处的国际环境有关。连里打出的旗号是要建立一个育种新方法，加速育种进程，这符合当时中科院制定的科研大方向，计划顺利得到遗传所革委会的批准与支持。

1970 年开始了花药培养实验，全连的二十多人一齐上阵，参加了花药培养的前期筹备工作。花药培养一开始就以小麦、水稻这两个重要农作物为实验材料，主要从那些为育种而配置的杂交组合 F_1 代取材，因为当时科研工作必须和育种实际紧密结合，而恰巧这也正是三连的优势所在。当年 5 月就以大田小麦为材料开始做花药培养，采用了大兵团作战方式，接种量很大。但当时小麦花药培养在国际上还是难题，初次尝试虽没成功，还是积累了一些经验。

其中最辛苦的工作当数接种花药，这不是人人都能做的，身体不好、眼神不佳、手指不灵活的都无法胜任。组织培养、花药培养需要在无菌条件下操作，那时还没有空调和空气过滤设施，而接种间是在一个密闭空间，不能通风透气，设立的隔离间、缓冲间也是密不通风。接种前用福尔马林熏蒸消毒，再喷洒 70% 的乙醇，紫外线灯始终照射灭菌，仅在接种操作时临时关闭。在那种条件下工作，气味能使人窒息，而且进入接种间要换已灭菌的白大褂、戴口罩和帽子，加上操作台上为消毒接种工具而燃烧的酒精灯，室内氧气严重不足，工作一阵子就头晕眼花，必须出来深呼吸、透透气以缓解疲劳与压抑情绪。这种接种工作，只有经过亲身体验，才知道从小麦幼穗中挑拣出小小花药实在不易，离远了看不清，近了就可能导致污染。

经过大家共同努力，当年（1970 年）水稻花药培养就获得了再生植株，1971 年又在国际上率先培育出了小麦花粉植株。相关研究结果于 1972 年 1 月在《遗传学通讯》第一期上发表，题目为“从水稻、小麦花粉培养诱导植株研究初报”。这篇文章严格地说只能算是一份研究简报，但依然引起了国内许多科研人员的关注。

小麦花药离体培养成功获得再生植株消息传出后，中央新闻电影制片厂闻讯来遗传所跟踪拍摄了 301 组科研人员进行小麦花药诱导培养并获得再生植株的全过程，剪辑编排成“花粉育珠”的短纪录片。当年国庆节前在全国播映了“伟大祖国欣欣向荣”的 6 集系列纪录片，其中第三集反映科技战线成就中就特别加入了“花粉育株”短片，扩大了这项成果在国内的知名度和影响力，全国各地纷纷来人学习取经，很快花药培养技术就在全国推广普及了。

1973 年《中国科学》正式复刊，在复刊后的第一期英文版上发表了以欧阳俊闻、胡含、庄家骏、曾君祉署名的“小麦花粉植株的诱导及其后代的观察”论文。发表时间虽晚了点，但内容却更系统、更有深度。这篇论文不仅仅报道获得小麦单倍体植株，内容还包括多种培养基试验，不同花粉发育时期的影响以及培养初期花粉发育的细胞学变化等；此外，还有对愈伤组织质量的组织学描述；更值得注意的是还观察到了来源于杂种 F_1 花粉植株后代不分离的现象。因为工作非常系统，实验数据翔实，同时介绍了详细的培养条件，实验方法、步骤和结论，起点水平很高，自然引起了国内外学术界的高度关注。

小麦花药培养研究取得的成就与延续至今的应用

小麦花药植株培养成功后，经过几年选育，培育出第一个优良花粉小麦新品种‘花培一号’，在昆明郊区获得大面积推广种植。为此在国内举办了多期花药培养技术培训班，在全国掀起花药培养热潮，几年后全国就有20多种植物花粉培养获得成功。后来所里还应邀举办了国际植物组织培养培训班和学术讨论会，极大地提高了中国在国际科技界的声望和地位。这项成果使301组在1978年3月举办的“全国科学大会”上获得表彰，评为先进集体。

为了改善科研基础条件，进一步提高花药培养技术和加强遗传学机理研究，小麦花药培养课题组扩增了人员，并拆分为2个科研小组，相互独立又相互关联。由庄家骏、欧阳俊闻领导的小组主要开展花药（粉）培养技术的研究，通过对诱导、分化培养基的激素、碳源、无机与有机元素的配比组合调整，以及温度前处理等培养条件的优化，研发出适合小麦花药、花粉培养的新型土豆培养基，极大地提高了诱导再生频率。小麦花药培养取得的一系列成绩，在2001年获得了中科院自然科学一等奖。胡含领导的小组侧重细胞遗传学机理的研究探索，通过对小麦花粉愈伤组织的染色体变异、花粉植株体细胞、花粉母细胞的变异现象持续观察研究，揭示了小麦花粉植株的变异普遍性及其规律与机制；发现和论证了在花粉植株水平上配子类型充分表达的遗传规律，提出了小麦花药培养遗传机理和单倍体育种体系，不仅有遗传学理论研究意义，也有育种应用价值，对小麦品种改良有重要意义。这项研究获得了1997年国家颁发的自然科学奖二等奖。

随着时代发展，生命科技的突飞猛进，组织培养、花药培养热潮早已消退。但时至今日，小麦花药培养、单倍体育种技术作为常规实用的方法依然被国内外许多科研院所采用，继续开展相关研究。从国内外学术刊物上时常能读到相关的科研论文，国内也始终未终止花药培养的研究。例如，石家庄市农科院在2000年后才组建了花药培养实验室，至今依然大规模利用花药培养技术开展小麦花粉植株培育工作，选育出许多新品系和优良新品种，取得了很多成果和效益。

科技创新使盐碱荒滩变为国家粮食基地

——松嫩平原古河道试验研究30年的足迹

⊙ 孙广友

1987年，中科院提出“把主要力量动员和组织到国民经济建设的主战场，同时保持一支精干力量从事基础研究和高技术跟踪”的办院方针。也正是这一年的秋天，吉林省科委朱主任来长春地理所发表了令人感慨的演讲：中科院长春地理所是国家队，成就辉煌，但研究内容多是国家层面的，我恳请能为省里的发展多做些贡献。

当时我刚从青藏高原下来，他的讲话使我心中起了波澜：我身在斯土，可至今寸功未立。吉林省是国家重要商品粮基地，可是省的西部地区有千万亩的盐碱荒地在沉睡着，正在变为碱质荒漠，无法治理的悲观气氛悄悄蔓延。可是我看到，20世纪40年代的前郭灌区，就在这盐碱地包围之中。原来这灌区恰位于第二松花江的古河道中。于是我想，如果再找到古河道，不就可以建成新灌区吗？我找到朱主任，请缨调查西部古河道。我后来申请到“应用遥感技术调查吉林省西部古河道及农业开发对策”的课题，开始了对这片世界三大盐碱地之一的松嫩盐碱荒原的研究。

区域地貌科学的重大发现

1989年，我拿到了宝贵的3万元课题费，但必须以3年为限，完成松嫩平原西部古河道的遥感详查，编制古河道分布图和研究报告，难度超出预想。好在我有一个过硬的课题组，首席专家是本所遥感应用研究室主任赵华昌，课题骨干有遥感技术专家华仁葵等。

经费虽紧，但该花的一定要花。我用8000元购置了一套当时最先进的TM卫片，用以判译古河道。一年下来，足迹遍布松嫩平原西部。查明该地区分布着24条全新世古河道，16条为首次发现，其中大安古河道有建设大型灌区的良好前景。正规图件之外，兴致所致，袭古典技法绘制了《松嫩平原西部古河道分布图（1 ：400万）》。

课题鉴定会上，以著名地貌学家罗来兴为首的专家组给出了这样的评语：应用遥感技术圈定出的24条古河道，是70年来区域地貌的重大发现。大安古河道开发面积可达6.9万公顷，盐碱荒滩将出现江南水乡的景象。当成果简报呈送时任省长王忠禹时，他立即批

注：孙广友，80岁，中科院东北地理与农业生态研究所研究员。

示：“宜准备条件，建设大安古河道灌区。”

种稻治碱技术获重要创新

基于大型苏打盐碱地灌区在国内外尚无先例，风险难以防控。省里同课题组商定，先搞万亩开发试验，成功后灌区适时上马。

松嫩盐碱地综合开发万亩试验区，定位在大安古河道北段的叉古敖村。我们的目标是，在20世纪60年代陈恩凤先生完成中轻度苏打盐碱地洗碱种稻小区试验的基础上，研创苏打盐碱土大规模种稻洗碱的新技术。我们采取小区试验与群众试验相结合的路线。但村民都说这碱地连草都不长，种稻还不是白搭工。挨门动员也无效，于是我想出了一个冒险的激励办法，由课题组准备好稻种、化肥，为试验户无偿发放，并宣布如果种稻试验失败了，课题组包赔到低产田的收益。这时，村里的陈队长出来说话了：孙教授，乡亲们怕空口无凭啊，能立字据吗？我说行啊。于是我代表课题组，同村民签订试验损失赔偿合同，并按上了红手印。

1994年夏，试验田水稻一片碧绿。10月底开镰，一捆捆水稻整齐地立在原来白茫茫的盐碱地里，轻度苏打盐碱地种稻大面积试验初战告捷，试验户喜笑颜开，没参加的村民后悔莫及。

1996年，试验列入了中科院“九五”农业重大项目，中轻度苏打盐碱地5000亩种稻洗碱试验获得全面成功，并荣获两项国家发明专利，水稻达到每亩533公斤，创下松嫩平原苏打盐碱地水稻高产纪录。

眼见中轻度苏打盐碱地大规模种稻洗碱取得成功，课题组做出大胆决策，在开展试验的同时，对大安古河道综合开发初步可行性进行研究。

1997年，“大安古河道综合开发万亩试验研究”与“大安古河道综合开发初步可行性研究”课题同步进行鉴定和验收。以石玉林、李玉院士为首的专家组，对万亩试验给出了“技术路线合理，综合效益显著，试验取得成功”的结论，并做出了方案可行的定论。

同年秋，大安古河道综合整治列入国务院21世纪优先工程（编号7-6B）。

重度苏打盐碱土又称白盖碱土，pH大于10，已属于碱漠，最难改造。原以为它所占比例不大，无碍大面积开发。但搞完规划后察觉到，不能在稻田地中留下一块块盐碱秃斑。于是，1997年将“重度苏打盐碱地脱碱种稻试验”列为专项计划。第一年试验，水稻绝产，直到第四年亩产达到283.3公斤，超过盈亏线，盐碱地含盐量降到0.15%，种稻取得成功。《中国科学报》在报道中自豪地宣布：中国科学家打破了苏打盐碱地种稻的最后禁区。

研创苏打盐碱地综合开发生态规划

进入20世纪90年代，生态环境问题日益凸显。我们又以生态经济学和建设生态学的观点，对原规划进一步调整。2002年，新版《吉林大安古河道区综合整治开发生态工程规划》完成。体现了水、旱、草、湿、林的综合开发，构建了尾水人工湿地处理系统。吉林省副省长杨庆才主持了鉴定会。由两院院士林学钰、孙鸿烈、郑度为首的专家组给出的评语是：规划具有可靠的理论基础，具有科学性、合理性、可行性和创新性，建议国家及省立项开发。《中国科学报》在头版头条以“专家绘就松嫩平原发展蓝图 盐碱荒漠地将现江南风光”为题进行了报道。课题组对自己的成果获得如是评语，备感欣慰。

驱动苏打盐碱地开发的世纪之战

2004 年，国务院批准吉林省大安古河道灌区上马。建成后，将成为东北第一大灌区，也是世界上最大的苏打盐碱地灌区。次年，由吉林省水利水电设计院主持并与中科院东北地理所合作，完成《吉林省大安灌区工程初设报告》。

2006 年 10 月，副省长杨庆才站在古河道盐碱地上，郑重宣布大安灌区开工。

在大安灌区规划开展不久，吉林省就将另两大灌区项目启动。我再次被兼聘为科技顾问。三大工程的规划总面积达到 600 万亩。

2006 年，我向中央提出了《关于建设东北西部水稻基地带动区域综合开发的建议》，可开发水田 620 万亩，增产粮食 50 亿公斤。加上草原和湿地恢复，盐碱荒漠变成塞北江南已不是梦想。温家宝总理于 12 月 27 日做出重要批示，为盐碱地整体开发带来巨大动力。

2007 年夏，古稀之年的钱正英院士，带领院士考察团对古河道万亩试验区进行了考察。做出“古河道盐碱地可以大规模开发”的判断，终结了关于苏打盐碱地建设大型灌区的争论。黑龙江省也加快了 8 个盐碱地灌区的布局。

至此，国家全面开展了苏打盐碱地开发的工作，总规模达 1500 万亩，具有治碱造地，发展水稻，建设草原和恢复湿地的综合效益，涉及脱贫人口百万之多。这一世界最大的盐碱地生态工程将使世界级的苏打盐碱地变为塞北江南，也是中国对世界环境的杰出贡献。

科技创新驱动战略性脱贫

试验前的 1994 年，叉古敖村有 1447 口人，6480 亩低产田。住房破旧，赤贫户没有骡马，用人拉犁，劳力年收入仅 390 元，儿童普遍辍学，没出过大学生，“光棍”30 多个，灾年讨饭成了传统。

初来乍到的我们尝到了这个村赤贫的滋味。课题组七男二女，只能借宿在村委会年久失修的办公室。二位女士受到“照顾”，安排在计划生育诊察室里，医疗床小到不敢翻身。七位男士挤在办公室摇摇晃晃的桌子上，铺个草席就是床了。一遇夜雨，大家就都得起来拿盆子接水。因为穷，村委会没有食灶，我们只能吃百家饭，家家都是玉米饼子、高粱米。早春更加艰难，菜只有前一年的长了长芽的土豆。

然而到 2005 年，全村有万亩水田，住房全面砖瓦化，主劳力年收入超过万元，家家有大中型农具，每年都出大学生。目前，全村已经进入了小康，成为远近闻名的富裕村。为此，群众自发向课题组赠送了锦旗。

今天的叉古敖村就是盐碱地上百万贫困群众的明天。借助古河道盐碱地的总体开发，脱贫加快了步伐。而且这是依托科技的区域性、战略性脱贫。

院地合作显示巨大威力

为搭建院省合作平台，路甬祥院长于1996年3月初来到长春。在听取了我的汇报后指示说：我们同省里签订了合作协议。面向国民经济主战场首先要为农业发展、高技术产业多做贡献。古河道将学科与开发相结合，有特色。吉林省对课题也很重视，副省长杨庆才亲自做“服务员”。由于经费紧缺，生态规划的鉴定费就由他特批。省计委主任刘润璞知道我们试验条件十分艰苦，特为课题组修建了一座试验站楼。

大安、松原两大灌区的最终规划设计，由省水利水电勘测设计院和中科院东北地理所协作完成，更是优势互补、省院合作的典范。以资源环境软科学见长的东北地理所，直接参加国家级水土工程设计，并列为灌区规划设计单位，充分彰显了院地合作的巨大威力。

首创弱碱粳米带动新兴产业

创新的接力是没有终点的。近年来弱碱食品兴起，而我们改良的弱碱土应是生产弱碱大米的理想土类。于是，从2011至2012年，经过两年攻关，弱碱大米的研发取得成功，成为国内外的新米种。这一原始创新立即引起强烈反响，吉林省将其作为名牌产品推向全国，产销弱碱大米的新型产业加星科技有限公司及吉林洮宝有限公司相继成立，并且越做越强。将来，中国独有的弱碱大米必能走向世界。

往事如烟，古河道研究走过了30年，历经8个接力课题，践行了从科学发现到技术创新，再到成果转化，直至新产业创建的全过程。我所感悟的是，只有关键创新才有领域上的超越，从而领先世界，为国家发展做出战略性贡献。而这需要坚持，坚持，再坚持。

科学暮年　壮心不已

——记《中华大典·生物学典·动物分典》编纂团队

⊙ 庞奎玉

现在有谁知道在几千年前，中国古代大地上有多少动物物种曾与我们祖先同在？我们的祖先是如何去认知这些千奇百怪的动物，然后给它们命名，又给它们分成不同类群？

在中国最早的文字——甲骨文中就记载了许多动物，如虎、猴、狼、鼠、犬、牛、马、羊等。在先秦时期，《诗经》《夏小正》《尔雅》等古籍中已有大量动物的记述。自两汉至明清已有无数的典籍对古代动物的种类、习性、分布、为害、利用等作了详尽的记载，还涌现出一批优秀的动物学家。但长期以来，我国缺乏对古代动物学知识的系统整理，尤其是缺乏按照现代科学分类系统将中国古代动物学进行梳理，将我们祖先在动物学领域中充满智慧的重大发现和发明等闪光点，从尘封千百年的古籍堆中挖掘出来，使之重放光彩。此外，中国传统哲学思想如何影响动物学的发展，乃至中国古代是否有科学等争议性问题，无不牵动着一批退休老科学家的心，激励着他们通过《中华大典·生物学典·动物分典》编纂工作的展开，揭开其谜底。

2007年，一个以中科院动物研究所退休科研人员为主，另有来自中国社科院历史研究所、中科院文献情报中心、北京自然博物馆、重庆自然博物馆、黑龙江科学院自然资源研究所、吉林省环境保护研究院以及浙江台州气象局等七个单位的20余位退休老科技工作者组成了《中华大典·生物学典·动物分典》编纂委员会，他们平均年龄72岁。他们为何放弃清闲、安逸的退休生活，毅然承担如此繁重的编纂任务？是什么精神鼓舞他们克服古代语言文字理解的种种困难，在浩如烟海的古籍中去发掘、去整理，积极作为呢？因为他们都有一颗热爱祖国优秀文化，愿意为发扬中华优秀文化而奉献的初心。为此，他们勇敢地承担起国家重大文化出版工程，被国家新闻出版总署列为“十一五”国家重大出版工程规划之首的《中华大典》的编纂任务。从2007年至2016年，历时九年，老先生们艰苦奋斗，前赴后继，终于完成了这部“功在当代、利在千秋”的文化巨著。与此同时，他们还与故宫博物院合作完成了“康乾盛世”的标志性著作——《清宫海错图》《清宫鸟谱》《清宫兽谱》的全部物种考证。

《中华大典》是继唐代《艺文类聚》、宋代《太平御览》、明代《永乐大典》和清代

注：庞奎玉，70岁，中科院动物研究所五级职员。

《古今图书集成》之后的一部大型类书，即“中国古代典籍的百科全书”，是新中国成立以来全面反映我国自先秦时期至 1911 年辛亥革命时期政治、经济、军事、科技、文化、艺术等方面的一部巨著。而《动物分典》则汇集了自先秦至 1911 年以来，我国优秀文化典籍中涵纳的诸子百家、佛道诸教以及历朝、历代对动物记载的优秀文献资料。在编纂过程中，他们查阅了数万篇古籍，将涉及动物的文献，条分缕析，考证再三，按照现代动物分类方法，将其归纳到动物界 16 门 50 纲 206 目 622 科 1500 多属和种，编纂了古代动物命名和分类体系、动物形态、动物解剖、动物生殖、动物生态、动物遗传、动物进化、动物物候、动物地理、动物狩猎与保护、动物为害与防治以及古代动物学人物传记。共完成逾 900 万字的编纂任务。

《动物分典》编纂委员会主编王祖望先生慧眼识人，聘请了有深厚国学功底，对中国古代动物史有深入研究的老科学家郭郛先生为顾问，带领着这批老专家团队，克服了年老体衰、耳聋眼花、疾病缠身和拗口难懂的文言文等重重困难，在浩如烟海的古代文献中，认真研读、仔细梳理。为了符合《中华大典》的编纂原则，专家们不厌其烦地一次次接受审定，一次次返工修改，不断总结经验教训，在实践中获得提高。在如此繁重的编纂过程中先后有 8 位专家因病离世，但健在的科学家们克服了工作和心理的双重压力，终于在 2016 年正式出版了这部逾 900 万字的巨著。

王祖望先生在《动物分典》编委会的总结会上说，我们之所以能够完成此项艰巨的编纂任务，靠的是团队力量，如果没有团队精神，就没有今天的《动物分典》的成功出版。他举例说：鸟类专家童墉昌先生十分关注如何不断丰富《动物分典》的编纂内容，真正落实《中华大典》总主编任继愈先生在收集文献方面要做到“竭泽而渔”的要求。童先生在台北故宫参观时，偶然看到了《清宫鸟谱》(1～4 册)，他从该书的序言中得知，《清宫鸟谱》还有 8 册（5～12 册）存于北京故宫博物院，他又从其他文献中得知北京故宫博物院还存有成书于康熙年间的《清宫海错图》(4 册）和与《清宫鸟谱》同时代的《清宫兽谱》(6册)。于是他竭力主张尽可能将上述封尘于故宫博物院书库中的三部巨著“挖掘”出来，以丰富《动物分典》的编纂内容。在有关领导和部门的沟通与协调下，《动物分典》编纂委员会和故宫博物院出版社达成互利双赢的合作协议，前者为《清宫海错图》(1～3 册)、《清宫鸟谱》(5～12 册）和《清宫兽谱》(1～6 册）全部 560 多种物种进行仔细考证，写出考证纪要及有关物种的古名、今名、英文名及拉丁学名；后者同意向《动物分典》提供全部文献及彩图，使这些尘封深宫达三百多年的珍贵动物图谱得以展示于世人，不仅为广大读者了解 17～18 世纪中国古人对动物的认知水平，同时也为《动物分典》的编纂提供了珍贵的历史文献。

王祖望先生在工作中善于用人，聘请了博学多识，时年近 80 岁的昆虫分类学家黄复生先生为《动物分典》副主编并兼任《昆虫纲总部》主编，负责无脊椎动物的编纂工作。黄先生不仅出色完成了上述分工的任务，还受主编委托，主持了《中国古代动物名称考》一书的编撰，他在全体编委们的支持下，从万余篇古籍中，收集了近 4000 册涉及古代动物记述的文献，再从中收集 11 000 多个古代动物名称，经各类群相关专家的考证，内含动物界 16 门、50 纲、206 目、622 科、1500 多属和种。经编委分别考证后汇集成书，于 2017 年由科学出版社正式出版。

此外，王祖望先生还聘请了动物研究所《中国动物志》常务副主编，著名兽类学家冯祚建先生担任《动物分典》编纂委员会副主编并兼任《兽纲总部》主编，分工负责脊椎动物部分的编纂工作。冯先生时年已逾 70 岁，在所里还承担了《中国动物志》繁重的组织领导工作，他在数年前因突发心脏病安了心脏支架，以病患之身，双肩挑起《动物分典》和《中国动物志》两副担子，令众人感动。冯先生才思敏捷，不仅出色完成了分工的编纂任务，还在《中国古代动物学研究》一书中，主动贡献了多篇涉及古代兽类学研究的力作，并为一些离世编委修改并完成他们未竟的文稿。

王祖望先生在担任《动物分典》主编期间不但注意发挥两位副主编的作用，更注意发挥全体编委的作用，调动大家的积极性。昆虫分类学家刘举鹏先生应聘参加《动物分典》编委会工作，担任《动物为害总部》主编，并兼任《昆虫纲总部》副主编，他不但出色完成了他分工的全部编纂任务，还以惊人的毅力，克服了帕金森综合征和丧子之痛的双重打击，争分夺秒，在全体编委的支持下，出色完成了 80 万字的《中国蝗虫学史》的编撰，该书已于 2017 年由云南教育出版社出版，并被评为国家优秀科技图书。

王祖望先生近期仍然笔耕不辍，他从中国动物学长远发展着眼，希望借此机会，将我国目前还没有形成体系的古代动物学研究领域建立起来，让中华民族自己的动物科学在传承中升华和发扬光大，让几千年的民族文化结晶古为今用。于是他再度组织编辑部中各位老专家，将在编纂《动物分典》中发现的有科研价值的论题，分成若干专题。例如，以《中国古代哲学思想对动物学的影响》《中国古人对动物学的认识与利用》《中国古代动物的命名与物种考证》《中国古代对灾异的认知及其成因的分析》《中国古代野生动物保护思想的萌芽》《对中国古代某些有争议议题的思考和讨论》《中国古代的动物图腾与祥瑞动物》等九个专题作为篇名，在每一专题（篇名）下，收集了共计 70 篇论文，并附有“中国古代动物学史大事年表”、“中国古代动物学主要参考文献一览”和“后记”。《中国古代动物学研究》其内容涉猎很广，从无脊椎动物到脊椎动物；从广为先民利用、造福于人类的动物到造成巨大危害的动物；从古代野生动物保护思想的萌芽到一些濒危物种形成历史原因的分析；从野蚕的进化到古代“丝绸之路”形成；从古代蝗灾的发生看中国封建朝代的更替；从中国鼠灾与大疫发生概况，探讨鼠灾与大疫之间是否存在某些内在联系；此外，对于“天人合一”“中国古代是否有科学”等争议性问题，敢于亮出自己的观点。总之，王祖望带领的《动物分典》编纂委员会这个团队，描述的是一幅中国古代动物千姿百态的画卷，展现的是中华民族充满智慧闪光点的动物学史，传承的是古代和现代动物学知识巧妙的链接。

可以说，没有王祖望先生本人的博才多学、德高望重、组织能力和人格魅力，这个编辑部就没有这么团结的氛围，这么有序的工作，这么努力的行动和这么重大的成果。以王祖望先生为首的这批老科学家用自己羸弱的双肩担起了传承的重任，用自己的壮心不已浇筑了一部又一部青史留名的古代动物学著作，用自己璀璨的“晚霞”为中国动物科学的后来研究者照亮了前行之路。

第四章　再不说或许会被遗忘的过往

【题记】人间事皆有过往，但时光并不负责记忆，随着时光的流逝，许多人间过往也就随之消失了。好在世间有司马迁、孟德斯鸠等一大批专职记录历史的史学家们。但他们只是记录大事，小事归谁来记录呢？靠许许多多的名不见经传的小人物。中国科学院虽只有短短70年的历史，但一些尘封的往事正在从人们的视线中渐行渐远，几近消失……好在中国科学院有着许许多多的有心人，他们或多或少地记录了一部分中国科学院的过往，有大事亦有小事。其中的一些过往再不说或许将被后人遗忘掉了。

中科院首任院长郭沫若

⊙ 栾中新

郭沫若（1892年11月16日～1978年6月12日），原名郭开贞，字鼎堂，号尚武，笔名沫若（因为他的家乡有两条河叫“沫水”和“若水”），四川乐山人。郭沫若是历史学家、考古学家、古文字学家，又是诗人、作家、剧作家、书法家，还是国家领导人和社会活动家。自中华人民共和国成立到他去世，他担任过许许多多的行政职务，但一直没有变动过的一个职务是中国科学院院长。他为中国科学院的建立与发展做出了重要的贡献。

中国科学院建立初期，接收了旧中国的北平研究院和中央研究院的研究机构。这些机构在工作上既有重复，又很分散，很难适应新中国建设的需要。在中国科学院建立还不满半个月的时候，郭沫若就邀请北平研究院和中央研究院的科研人员进行座谈，向他们介绍筹建中国科学院的情况和将来的工作轮廓，希望他们多发表意见，共同做好中国科学院的组建工作。在院机关各级干部选定之后，郭沫若立即率领有关人员陆续到接收的各研究所调查了解情况，听取科学家的意见，提出调整机构的设想，在院长办公会议上进行研究，确定改组方案。他身兼多个领导职务，在政务十分繁忙的情况下，每个星期都抽出时间，亲自主持院务汇报会议，确定研究所的调整方案和所长人选，从全国学术界中聘请著名科学家担任中国科学院的专门委员，部署建立各种规章制度。

中国科学院建立之后，确立工作方针任务是十分重要的事情。1950年6月中旬，郭沫若以政务院副总理兼文化教育委员会主任的身份，发布了《中央人民政府政务院文化教育委员会郭沫若主任关于中国科学院基本任务的指示》，指出“确定科学研究方向、培养与合理的分配科学研究人才、调整与充实科学研究机构为中国科学院的基本任务”。6月下旬，又以院长的身份主持召开了中国科学院第一次扩大院务会议，郭沫若在最后的总结报告中，把这次会议、也是建院初期的中心工作概括为三条：一是确定方针，根据《共同纲领》文教政策的规定，担起推进科学研究和培养人才的任务；二是建立制度，制定了《中国科学院暂行组织条例》、《专门委员聘任暂行规程》、《研究所暂行组织规程》、《研究人员任用暂行细则》和《技术人员暂行细则》等；三是要加强与全国科研机构的联系。有了这三条，他认为“本院大厦的骨骼已经建立起来”。郭沫若为这个大厦的奠基倾注了许多心血。

中国科学院的工作需要很多人才，特别是学科带头人，集聚人才是十分重要的工作。

注：栾中新，已故，曾任郭沫若院长秘书、中国科学院办公厅主任。

一些海外学子，在新中国的感召下，表示愿意回来报效祖国，中国科学院千方百计地开展了争取他们回国的工作。1950 年 5 月，地质学家李四光从英国回国，到达北京是在早晨。郭沫若来不及吃早饭，就到前门火车站去迎接，并陪送李四光到下榻的外交部招待所（六国饭店）。

1950 年 4 月，当得到在美国的核物理学家赵忠尧想回国的消息，郭沫若立即致电表示欢迎。赵忠尧要把在美国购置的物理学研究用的仪器带回国，郭沫若立即表示支持，并为其出具中国科学院的证明。赵忠尧在回国途中，被驻日美军无理扣押，郭沫若立即与外交部协同进行营救，并以中国保卫世界和平委员会主席的名义，致电保卫世界和平大会主席约里奥·居里，呼吁全世界科学家予以谴责。当得知赵忠尧在南京的家属生活困难后，立即提前核定赵忠尧的月薪，发给家属，以解决燃眉之急。

新中国建立初期，反复批判理论脱离实际的旧作风，但却滋生了另一种倾向，使得一些科学家不敢从事基础理论研究。身为院长的郭沫若，以高度的责任感出来讲话了。他在 1951 年第 1 期的《科学通报》上发表一篇题为“光荣属于科学研究者”的文章，其中说道：

“我们应该尊重科学，尊重科学研究，尊重科学研究家。

科学研究自然是应该和实际配合的，但在这儿也有种种不同的历程。有的研究和实用的历程很短，研究的成果立即可以见诸实用。但有的却有相当长远的历程，一时是看不出成效来的。

对于科学研究，无论内外行，怀着急躁的心情期待，是不妥当的。眼光要看得远一点，算计要打得长一点。

中国的科学家们，应该说都是优秀的爱国主义者。正因为爱国，所以才从事科学研究，应用科学来实际建国。

但无可讳言，我们对于科学和科学研究，无论内外行，都还不够十分重视。我们的眼光有时太短，而算计有时打得太紧。因此我提出这点暗示来请大家注意。我是在为科学界呼吁，也是在向科学界呼吁。”

随着科学事业的迅速发展，旧有的研究条件，已远不能适应新的要求，郭沫若数次主持院务会议，讨论研究基地的建设问题。在北京城里寻找发展基地已很困难，只有向城外发展。初选的三贝子花园和北郊黄寺等方案，因为遇到困难而被否定，之后又提出中关村方案。郭沫若偕同几位院领导前往中关村查看，经过比较，选定了中关村为中国科学院的发展基地。1954 年在中关村农田里建起了中国科学院第一栋科研用楼房，供近代物理研究所使用，成为新中国发展原子能科学事业的基地。后来又陆续在中关村建起有关研究所的科研用楼，为新中国的科学城打下了初步基础。

1958 年 5 月，根据社会主义建设的需要，加速培养国防建设和尖端科学技术方面急需的专门人才，当时任中国科学院院长的郭沫若联合部分著名科学家，向党中央提出由中国科学院创办一所新型大学的建议。建议得到党和国家领导人刘少奇、周恩来、邓小平、聂荣臻等的支持，以及中央书记处会议的批准。同年9月，中国科学技术大学在北京正式成立，国务院任命郭沫若兼任校长。从筹建到开学，只有半年时间，生源、校舍、师资、教学计划等都要尽快解决。郭沫若亲自出面联系校舍，得到各方面的支持；又主持校务委员会的工作，聘请了一批科学家担任教学工作。他还为学校作了校歌歌词，请来音乐家吕骥谱了曲。经过多方的努力，一所新型的大学很快诞生了。

此后，郭沫若担任中国科学技术大学校长长达20年，显示出其渊博的知识和深邃的教育思想。在他的领导下，中国科学院贯彻"全院办校，所系结合"的办校方针，实施科研与教育一体化政策，充分发挥中国科学院各研究所师资力量雄厚、科研设备优良的优势，全力支持科大建设；确立了教学与科研、科学与技术、理论与实践相结合的办学原则，倡导了"勤奋学习，红专并进，理实交融"的优良校风，建立了培养新兴、边缘、尖端科技人才的新型教育体制，形成了开明开放、兼容不同学派的民主学术氛围，这些都在中国科学技术大学以后的办学实践中显示出强大的生命力，为学校的长远发展奠定了坚实的基础。

1976年10月，祖国大地传遍令人振奋的消息，"四人帮"垮台了。郭沫若抱病写出了《水调歌头·粉碎"四人帮"》，从内心里爆发出自己的欢乐，以痛快淋漓的笔触写道：

"大快人心事，揪出'四人帮'。政治流氓、文痞，狗头军师张，还有精生白骨，自比则天武后，铁帚扫而光。篡党夺权者，一枕梦黄粱。"

他把这首词首先送给中国科学院，院机关人员立即用大红纸抄出来，贴在院内大字报棚的显眼位置。很多人前来抄录，立即在社会上传诵开来。《解放军报》得到消息，首先公开发表了，后来许多报纸都转载了。一些文艺界人士为词谱了曲，到处传唱，成了表达人民心声的一种形式。

1978年3月18日，"全国科学大会"在人民大会堂开幕。当时郭沫若正在住院，病情很严重，行动很困难，医生不同意他出席大会。他说这样的大会，我不能不参加。医生只得为他做好一切准备，同意他赴会，但时间不能长。他是坐在轮椅上被推上主席台的，会开了不到一半，就被几个人连人带轮椅一起抬下主席台，送回医院。

大会闭幕时，他有一个题为《科学的春天》的发言，然而他已无力出席闭幕式了，只得请人在大会上代读："春分刚刚过去，清明即将到来。'日出江花红胜火，春来江水绿如蓝'。这是革命的春天，这是人民的春天，这是科学的春天！让我们张开双臂，热烈地拥抱这个春天吧！"

虽然在重病之中，他又一次以诗人的气质，歌颂春天，歌颂科学，歌颂未来。当我们听到这些朗朗之声的时候，谁会想到，这竟是他献给自己所热爱的科学事业的绝唱！

1978年6月12日，郭沫若的心脏停止了跳动。

他留有遗言，把遗体献给医学事业。医院对遗体进行了解剖，看到他的肺已大部分纤维化了，已经失去肺的功能。这是他对科学事业的最后奉献。

1978 年 6 月 18 日，在人民大会堂举行了隆重的追悼会，邓小平同志致了悼词。两天之后，遵照郭沫若的遗愿，把他的骨灰撒到大寨的土地上，化作肥田的养料。

一代诗人、作家、戏剧家、历史学家、考古学家、古文字学家静静地走了。他一生涉猎之广、成就之大、著述之丰，是中国历史上少有的。

他太累了，此刻可以安心地休息了。留下自己的业绩，任凭后人评说。

文津街二三事

⊙ 滕秀雯

建院初期，中科院院部旧址在西城区文津街三号。每每忆起那段工作岁月，总是感慨万端。

一

我是1959年调到中科院办公厅秘书处工作的。当时院部门口是一扇大红门，没有警卫，只有两位老人在传达室值班。一进院内就能看到一片草坪，四周有松树环绕，草坪内有夹竹桃、蔷薇花和月季花，非常美观、漂亮。为了护理草坪还专门调来一个花匠，一年四季维护修理。院内前后有两座办公楼，前面红色的楼是郭沫若院长，竺可桢、吴有训、陶孟和、张劲夫、裴丽生副院长，杜润生秘书长，以及秦力生、谢鑫鹤、郁文副秘书长办公的地方。红楼虽然是办公重地，也没有设警卫，只是在楼门口有一个小房间，安排两个年轻人负责会议室和院领导办公室的清洁卫生工作。另外，办公厅、计划局也在前楼办公。后面灰色的楼是干部局、保卫局、联络局（外事局）等单位办公的地方。两座办公楼挨得很近，我们上下班时常能见到院领导，都互相打招呼，与这些大领导相处没有高不可攀的感觉。院职能部门的领导和所领导，经常要通过秘书找院领导请示汇报工作。秘书一般不推不挡，只要找到秘书就能找到院领导，很方便。一般工作人员不论找哪位院领导秘书请示工作，他们的态度都非常谦和，干群关系、人际关系很和谐。大家工作虽然很紧张，但是很愉快。

当时的文津街三号虽然院子不大，工作人员不多，但是很多大事都是在郭老、张劲夫同志领导下决策制定的。例如，1958年左右创建了很多研究所，如计算技术所、半导体所、自动化所、电子所等；又如，制订了《1956～1967年科学技术发展远景规划纲要（草案）》、《关于自然科学研究机构当前工作的十四条意见（草案）》（简称科学十四条）、《中国科学院自然科学研究所暂行条例》（简称《七十二条》）；等等。这一系列的方针政策的出台，为后来中科院的发展打下了坚实的基础。

二

建院初期在中科院工作过的同志都认为，1956～1966年是中科院的辉煌的十年。当

注：滕秀雯，81岁，中国科学院办公厅副研究馆员。

时的中科院人气足，在中央的威信很高。原因之一就是我们有位德高望重的好领导——张劲夫同志。他不仅是党组的好班长，而且还是中科院的好“后勤部长”。张劲夫同志是1956年调任中科院任党组书记、副院长的。作为郭老的助手，他主持全院日常工作。他经常是第一个上班，最后一个下班。人们称他是“党组的好班长”，他能团结党组一班人，并发挥党组成员的集体领导作用。他知人善任，提拔郁文同志为副秘书长，后又提拔杜润生同志为秘书长。后来张劲夫同志发现杜润生同志非常有才干，征得周总理和聂老总同意，提拔他为中科院秘书长，原秘书长裴丽生同志任副院长。当时因为我是院务会议速记员，任命书是我起草的。因此，对这段历史记忆深刻。

张劲夫同志对郭沫若院长以及党外的几位副院长都非常敬重。党组重大事情亲自向郭老汇报，再召开院务会议。

1960年左右，中央为加强中科院工作，从部队调来一批干部，个别是军级，多数是师、团级。张劲夫同志将他们安排得各得其所，上下关系很融洽。这批新转业来的干部也非常敬佩张劲夫同志。

大家称张劲夫是好“后勤部长”，他用每周“二、五常会”的办法，处理和解决中科院的日常工作问题。当时张劲夫同志不仅主持全院工作，还兼任国务院科学技术规划委员会秘书长，工作繁忙程度可想而知。但是，他还要深入基层，调查研究，解决问题，并提出每周二、五半天或全天在中关村福利楼召开会议，要求各所党委书记兼副所长和各职能局领导参加，用集体办公的方式当场解决问题。后因行成惯例，被称为“二、五常会”。张劲夫同志非常辛苦，时常看到他早晨在专车上边吃饼干边看文件。有时，上午的会开完了，又接着同所里的领导谈话。赶不上去食堂吃午饭，他自己就在福利楼会议室吃饼干。他这种忘我的工作精神，同志们都看在眼里，记在心上。

张劲夫同志经常深入各研究所、实验室，首先查看重点课题进展情况，听取意见。当他听说实验室经常停电，就在“二、五常会”上责成院西郊办公室（后来的行管局）与供电局联系，很快在中关村建立了大功率电网，及时保证了24小时科研工作用电。他还深入到科研人员集体宿舍，看望科研人员，听取大家的意见和反映。那时的中关村地区脏乱差，南北小区商贩的叫卖影响科研人员的工作和休息。他就在“二、五常会”上发动各所领导，大抓环境卫生检查，很短时间内就建起了铁栏杆围墙，院内周边栽种了花草树木，南区还盖起了操场，北区修建了游泳池。这就给大家创造了一个安全、宁静、优美的环境。最近听到一位退休的女科研人员深情地说：“张劲夫同志真是我们的好领导，当时他对我们在科研第一线的人，从工作上到生活上都非常关心。后勤工作他都亲自抓。那时中关村环境乱，卫生差，经他一抓，中关村大街变得非常干净。我记得很清楚，夏天傍晚在地上铺个凉席，我儿子就躺在那儿乘凉。”

张劲夫同志还特别关心科研人员孩子上幼儿园和上小学的问题。为了保证孩子入托和上学，当时中科院建立了五个幼儿园和一所中关村小学（现在的中关村一小）。为了保证教学质量，20世纪60年代，中科院从北师大教育系选调一批毕业生，充实到小学和幼儿园。张劲夫同志还特批给中关村小学房子和经费，对调进的老师他亲自与他们谈话。那时，这批老师十分敬业，创立了良好的校风。至今，这所学校已经成为北京乃至全国的名校。

张劲夫同志从到基层调查研究，到召开“二、五常会”，他所做的这一切都是为了给科研人员创造良好的工作条件和解除后顾之忧，让科研人员更专心致志地搞科研，多出成果，多出人才。在当时，大家都看到中关村灯火通明，科研人员意气风发，加班加点搞科研。同时，张劲夫同志也赢得了大家的尊重和拥戴。

三

我院（包括研究所在内）20世纪五六十年代的这些人，大多数都聆听过张劲夫同志的报告。他的报告观点明确、条理清楚、语言生动，非常鼓舞人心，听了很受教育。如国家三年困难时期，他用三句话概括国家形势：成绩伟大、问题不少、前途光明。至今让我记忆犹新。再如在他的报告里，多次强调中科院的行政管理人员一定要树立前线观点，为一线的科研人员服好务。他对人事部门的领导多次强调，对广大科技人员，特别是科学家，政治上要信任，生活上要照顾，制定一切政策条令，都要有利于科技人员的成长和发展。还有一次是五四青年节，他在中关村“四不要礼堂”作国内外形势报告，鼓励我院青年科技工作者要树立为人民服务的观念。要安下心来，钻进去，迷住，做出成果。他还表示：我愿意为大家做好后勤保障工作。在他的这个报告里，让我记忆深刻的一件事就是，他说：“我院男青年较多，各单位领导要多关心这些单身青年，创造条件，举办舞会等等。”

一天晚上，张劲夫同志到力学所集体宿舍，看望该所六室团小组青年。至今，当时的六室一位同志还深有感触地说：“那时我们的宿舍很简陋，连个像样的凳子都没有，他能和大家面对面在这儿促膝谈心，没架子，平易近人，太感动了。”这位六室的同志还回忆说，那天张劲夫同志与我们谈心时还引用了一副对联启发大家：万恶淫为首，看事不看心。百善孝为先，看心不看事。张劲夫同志解释说：“看心则天下无完人，看事则天下无孝子。”意思是发展积极分子入团要看本质，不要只看表面现象。那次见到张劲夫同志，得到他的教诲，受益匪浅，终生难忘。

那个时代的年轻人如今都已白发苍苍。但是回忆起当年，张劲夫同志的教导和他在中科院的工作以及他的思想作风和工作作风，人们都是有目共睹的。大家都发自内心地称颂他，爱戴他。

从1956～1966年，张劲夫同志率领院党组一班人，调动起全院科技工作者和广大干部群众的积极性，团结奋斗，发奋图强，发挥了全国科技事业的火车头作用，创造了中科院的辉煌业绩，没有辜负党和人民的期望。

新中国第一台电子显微镜运输纪实

⊙ 胡 欣

1950 年 12 月，政务院决定将中国唯一的一台电子显微镜（下文简称电镜）交给刚刚组建的中国科学院。这是一台英国 Metropolitan-Vickers 生产的电镜，国民政府时期引进，属于重庆电波研究所。至国民政府撤离大陆时，这台设备尚未安装使用，连同包装完整地存放在西南财经委员会。中科院一经得知政务院的决定，立即开始安排各项接收事宜。1950 年 12 月 20 日，先与重庆大学物理系郑衍芬主任联系，委托他代为接收保管。

1951 年 1 月 16 日，中科院向郑衍芬了解该电镜的具体信息：何厂产品、何年模型、材料是否齐全可用、有无缺件、搬运及装置有无困难等。很快，郑衍芬就致函严济慈，告知电波研究所孙文海曾赴英国专门学习过该仪器，目前孙文海在北京，可就近联系。郑衍芬还提出建议，待长江水上涨后搬运，由重庆经水路到汉口转车至北京，可以减少装卸损失。1951 年 2 月初，中科院派工学馆周行健到重庆落实电镜的具体情况。经过周密准备并由政务院机关事务局同意，1951 年 3 月 21 日，中科院院长办公会决定将这台电镜运到北京，交给近代物理所、应用物理所管理。

当时还没有从重庆到北京的火车，也缺乏运输这类设备的经验，所以运输这台电镜是件很复杂的事。中科院决定派应用物理所许少鸿承担正式接收、起运这台贵重设备的任务。许少鸿于 1950 年 10 月响应新中国政府的号召从美国归来，进入中科院应用物理所工作，当时是应用物理所助理研究员。1951 年 3 月 26 日，许少鸿接到任务，于 31 日动身离开北京，途经武汉，于 4 月 4 日到达重庆。他到后立即开始接洽，经过与多方协商并请示中科院，确定了起运方案。先是拟用军用飞机运输，协调中得知空军总司令部暂时没有专机。经中科院再次协调，4 月 26 日决定包用一架民航专机。同时确定由西南财经委员会负责搬运，西南公安部二处负责全程保卫。重庆当时有珊瑚坝和白云峄两个机场，其中珊瑚坝机场跑道短，大飞机不能起飞而白云峄机场又没有符合条件的称重设施。为此，4 月 28 日由公安部二处派两名武装人员押运，先将全部包装箱送珊瑚坝机场过磅然后运至白云峄机场。至机场后立即由比较有装卸经验的西南邮电局仓库工人负责装入飞机，保证设备无损伤。这台电镜所有部件共装入 18 只木箱，另有一箱是装箱清单，总重量 2060 公斤。

1951 年 4 月 30 日，经过周密准备，载有珍贵电镜的专机终于起飞。当天到达北京时，

注：胡欣，68 岁，中科院物理研究所干部。

中科院派出的运输车已在机场等候，将所有箱子运到位于东黄城根物理所的前楼内存放。

在钱临照的指导下，何寿安等于 1952 年 7 月 16 日完成了电镜安装工作。这是新中国成立后第一架由中国人自己装配起来的电镜，在 10 个月内，共有 340 人次到物理所来参观。

何寿安用复型研究铝单晶形变后在表面上遗留的台阶痕迹，论文在 1955 年《物理学报》发表。这是在中国发表的第一篇电子显微学方面的论文，并于 1956 年在日本东京召开的第一届亚太电镜会议上，由钱临照宣读该论文。

植物生理生态研究所
6次更名的故事

⊙ 汤章城

在中科院的研究所中，70年来，历经6次更名，数度易主的研究所估计不会多，地处上海的植物生理生态研究所即是其中之一。如此之多的变化，既有政权更替的原因，又有学科交融和体制改革的因素。

研究所名称的演变

研究所名称	起止年月	园区所在地
中央研究院植物研究所植物生理学研究室	1944年5月～1950年6月	重庆北碚 / 上海岳阳路园区
中国科学院实验生物研究所植物生理研究室	1950年6月～1953年1月	上海岳阳路园区
中国科学院植物生理研究所	1953年1月～1970年7月	上海岳阳路园区
上海植物生理研究所	1970年7月～1977年11月	上海枫林路园区
中国科学院上海植物生理研究所	1977年11月～1999年7月	上海枫林路园区
中国科学院上海生命科学研究院植物生理生态研究所	1999年8月～2016年12月	上海枫林路园区
中国科学院分子植物科学卓越创新中心 / 植物生理生态研究所	2016年12月～	上海枫林路园区

1949年5月，中国最大的城市上海被人民政府接管。此时，在抗战胜利后，已从四川重庆北碚搬到上海岳阳路320号大院的“中央研究院植物研究所植物生理研究室”迎来了解放和新生。随着政权的更迭和中国科学院的成立，1950年6月，第一次更名为“中国科学院实验生物研究所植物研究室”。短短的两年多以后，由于学科发展的需要，经过老一代科学家的争取和努力，植物生理研究室独立成研究所，1953年1月，第二次更名为“中国科学院植物生理研究所”。“文革”中，正常的科学研究活动被迫停滞，秩序被严重打乱，许多京外的研究所划归地方政府管理，第三次更名为“上海植物生理研究所”。“文革”结束，国家经济迫切要发展，科学差距急切需缩小，科学的春天到来，科学研究和科学家的作用受到重视，中国科学院又收回了多数下放的研究所，第四次更名为“中国科学院上海植物生理研究所”。国家改革开放政策的实施，中国科学院迎来了新的发展机遇。在国家支持下，中国科学院知识创新工程启动，为了打造大体量、有影响的研究机构，上海地区整合原来8个生物类研究机构，成立了“中国科学院上海生命科学研究院”，

注：汤章城，78岁，曾任中科院上海植物生理研究所所长、中共上海生命科学研究院党委书记、上海分院院长。

成为中国生命科学研究的旗舰。1999 年 8 月，上海植物生理研究所与上海昆虫研究所整合，第五次更名为“中国科学院上海生命科学研究院植物生理生态研究所”。当下，在习近平新时代中国特色社会主义思想引导下，中国科学院开启了新一轮的发展阶段，以“三个面向”和“四个率先”为目标，根据需要、基础和可能，上海建立了“中国科学院分子植物科学卓越创新中心”，第六次更名为“中国科学院分子植物科学卓越创新中心 / 植物生理生态研究所”。后三次更名是国家的需求和学科发展的突出体现。

研究所的体量变化

研究所名称	人员规模（人）	经费数额（万元）
中央研究院植物研究所植物生理学研究室	两位数	
中国科学院实验生物研究所植物生理研究室	两位数	10 万级
中国科学院植物生理研究所	三位数	10 万级
上海植物生理研究所	三位数	100 万级
中国科学院上海植物生理研究所	三位数	100 万级
中国科学院上海生命科学研究院植物生理生态研究所	三位数	1000 万级
中国科学院分子植物科学卓越创新中心 / 植物生理生态研究所	四位数	10000 万级（亿级）

名称的更换只是一种表象，重要的是内在因素和环境条件发生了深刻的变化。就科技人员体量而言，独立建所前，研究室只有 35 人左右。建所当年虽有明显增加，但不超过 100 人。如今的中国科学院分子植物科学卓越创新中心 / 植物生理生态研究所，包括研究生在内，已经达到 1000 人左右的规模，接近或者突破了四位数。科学研究的经费从 1953 年全年的 15.96 万元，巨增至今日的 3.2 亿元，发生了三个数量级的增长。园区也发生了翻天覆地的变化。20 世纪 60 年代，四个研究所，即生物化学研究所、实验生物研究所、生理研究所和植物生理研究所，蜗居在岳阳路 320 号园区内一幢日式大楼内。70 年代初，植物生理研究所搬出岳阳路 320 号园区，进驻枫林路 300 号园区，开启了研究所新园区的建设。时至今日，枫林路 300 号园区内 20 世纪 70 年代的老建筑物已经不在，出现在人们眼前的是三幢高层建筑和一座现代化的人工气候室。

规模扩大、经费上涨、人员增多和硬件更新带动了学科的发展，从单一的植物生理学的专门研究所，逐渐吸纳了微生物学科、昆虫学科、分子遗传学科等，成为一所多学科交融的研究所。当前，植物、昆虫、微生物的基因组学研究引领着研究所各学科的发展。研究所在历史上和当今都取得了符合国家需求和体现学科发展前沿的突出成果。

新中国刚成立之时，国家百废待兴，由于国际反华势力的阻挠，我国重要战略物资——天然橡胶的进口困难重重。受陈云同志和林业部的派遣，在罗宗洛所长领导下，植物生理研究所参加了海南三叶橡胶的开拓性工作。科技人员几乎跑遍了海南每一角落，了解并指导橡胶的育苗和栽培，开创性地使橡胶扦插获得成功，有成效地扩大了我国橡胶树的种植地域范围，减轻了我国橡胶进口的压力。在我国设立科学技术奖励制度后的 1982 年，大合作项目“橡胶树在北纬 18～24 度大面积种植技术”获得了国家技术发明奖一等奖，植物生理研究所是重要的参与研究机构之一。

同一时期，国家面对军事、医疗、经济等领域的迫切需求，必须发展抗生素研究，并使其产业化。中国科学院把抗生素的研发列为第一个五年计划中 10 项重点研究之一。殷宏章和沈善炯是植物生理所参加国家抗生素研究的主要科学家。经他们倡议，1953 年在上海成立抗生素研究工作委员会，并从这一年起，科学院与轻工业部、卫生部所属的一些研究所，组织了 1953～1955 年的合作，进行抗生素的研究与试生产。植物生理研究所具体负责研究金霉素、链霉素的生产，包括菌种的选育和发酵等。经过两年多的努力，解决了金霉素生产的关键问题。1954 年，由上海工业试验所、上海第三制药厂承担的金霉素扩大生产试验工作启动。1955 年 12 月，《人民日报》发表社论，总结了中国当时的抗生素工作，其中有不少篇幅论及金霉素研究。1957 年金霉素在上海第三制药厂正式投产，我国成为世界上第四个能够生产金霉素的国家。

以上两项研究成果是植物生理研究所创立初期为国家需求做出的标志性贡献，在当时具有重要的实际意义和社会影响。

今天，中国科学院分子植物科学卓越创新中心 / 植物生理生态研究所更是在满足国家战略需求和发展基础科学前沿中做出了有世界性影响的工作。

通过系统解析水稻杂种优势产量性状的遗传基础和分子模块，韩斌研究团队发现，对杂种优势有贡献的遗传位点在杂合状态时大多表现出不完全显性，通过杂交育种产生了全新的基因型组合，高效地实现了对水稻产量各要素的理想搭配，显现杂种优势，进而建立了“杂种优势的多模块耦合理论”。该理论破解了水稻杂种优势之谜。由此，科研人员有望能有预见和精准地进一步优化水稻品种的杂交改良，选育出更加高产、稳产、优质和高效的水稻新品种。该理论在 *Nature* 及其子系列刊物发表后，被看作为“是植物基础前沿科学研究的重大理论突破，对实现高效的分子设计杂交育种有重要的指导意义”，并入选“2016 年中国科学十大进展”。

覃重军为代表的研究团队以天然含有 16 条染色体的真核生物酿酒酵母为研究材料，经过多年的不懈探索和努力，采用合成生物学“工程化”方法和高效使能技术，在国际上首次人工创建了自然界不存在的简约生命——仅含单条染色体的真核细胞。该研究表明天然复杂生命体系可以通过人工干预变简约，甚至可以人工创造全新的自然界不存在的生命。该研究结果发表后，被国际学术界评论认为这可能是迄今为止动作最大的基因组重构。成为“2018 年度中国科学十大进展”之一，排行第二位。

70 年来，研究所的演变和发展过程风风雨雨，其中有进步也有停滞，有希望也有惆怅，有机遇也有挑战，有经验也有教训。相信未来会更加美好。

中国科学院在云南的“天文足迹”

——记昆明凤凰山天文站1950～1962年艰辛创业的日子

⊙ 吴铭蟾口述　严丽红整理

凤凰山——天文种子

1937年，卢沟桥事变爆发后，当时设在南京的中央研究院天文研究所（以下简称“天文所”）内迁昆明。天文所在昆明东郊的凤凰山顶新建了三座砖瓦建筑，并用“凤凰山天文台”的名称对外办公。1945年，抗战胜利后，天文所回迁南京。天文所在凤凰山上留下的这三座建筑和望远镜（变星照相仪和太阳单色光分光仪）请云南大学代为看管。

1949年11月，中国科学院在北京成立后，接管了在南京的天文所，并将其更名为“中国科学院紫金山天文台”，首任台长是张钰哲。张钰哲曾在昆明担任过天文所所长。昆明解放后，经张钰哲与云南大学沟通，并报请中科院和云南大学批准后，凤凰山天文台由紫金山天文台（以下简称“紫台”）和云南大学共管，并被命名为“中国科学院·云南大学昆明天文工作站”（以下简称“昆站”）。

昆站聘请曾在天文所工作过且仍留在昆明的陈展云到站里恢复天文观测工作。陈展云并非天文观测员，但凭借曾协助天文观测的经历再加上自己的努力，他开始对太阳黑子开展观测。但由于变星照相仪不适合观测太阳，所以对太阳黑子的观测效果并不理想。

1956年，紫台给昆站配备了一架由德国蔡司光学工厂生产的5英寸（1英寸=2.54厘米）望远镜，昆站的科研工作从此发生了改变。望远镜的圆顶和观测室由云南大学负责建设，也由其完成望远镜的安装和实现正常运转。此架望远镜大大提高了太阳黑子观测质量，又得益于昆明晴天多，太阳黑子观测资料的质和量在全国联测三台站中独占鳌头，优势凸显。

两项太阳观测向昆明拓展

由于昆站对太阳黑子观测的成绩突出，紫台计划在昆站开拓两项新的太阳观测。一项是太阳色球耀斑照相巡视观测，这将对日地关系研究有重要价值；另一项是太阳光谱观测，它将对太阳物理研究和恒星物理研究提供基础性资料。这两项观测都需配备专用太阳望远镜，即太阳色球望远镜和太阳光谱仪。

注：吴铭蟾，83岁，中科院云南天文台研究员；严丽红，在职，中科院云南天文台六级职员。

紫台指派吴铭蟾（1958 年毕业于南京大学数学天文系）和黄璧崑（1957 年毕业于南京大学数学天文系）赴昆明开拓这两项观测。

1959 年元旦刚过，他们二人便随身携带着两架望远镜的核心部件 H-alpha 单色滤光器和分光光栅，乘火车从南京途经上海、湖南衡阳到广西壮族自治区的首府南宁，继而转乘长途汽车经百色和赤亨进入云南师宗，接着到了宜良，再从宜良乘窄轨火车抵达昆明，历时 7 天。这两架太阳观测仪器的光学镜面和其他机械部件则由火车托运，从我国南京途经广西出境，绕道越南，再由我国云南河口入境，由窄轨火车运抵昆明，历时 1 个月。

"四无一缺"一言难尽

到昆明后，他们先到昆明城内的中科院云南分院报到，随后在分院招待所住下。就在他俩都以为会有汽车来接他们到昆站时，得知要自己扛着铺盖卷到火车站乘窄轨火车自行前往。他们在一个很小的叫"羊方凹"的车站下车，沿着弯弯曲曲的田埂转上大路，穿过一个没有围墙的工厂，才开始爬山。

到达山顶后，他们看到在松树林间的三座灰砖墙建筑和一个红砖砌成的圆顶观测室。这便是当时的昆站全貌。当时全站职工仅 6 人，他们是第 7 人和第 8 人。

吴铭蟾、黄璧崑发现，昆站基本属于"四无"：无围墙、无行车的大路、无水和无电。当时的昆站还没有围墙，任何陌生人都可以随便进出，甚至可以直入办公室和宿舍。山上只有一条窄窄的牛车路和一条林间小径，站上所需的仪器、粮食和燃煤等物资，都是靠人力或小板车一点点的从半山腰运上山。而生活用水，要到山下村前的一个水塘打。每次下山打满两木桶，由一匹马驮上山，除保证伙房煮饭洗菜用水外，每人每天只有一瓶五磅水瓶的开水和一脸盆冷水。虽然这不是硬性分配，但大家都自觉地遵守着。由于用水有限，山上严禁洗衣物，所以大家只能下山到水塘洗。没有电，晚上照明是靠点煤油灯。

更困难的是缺少住房。1959 年时，除吴铭蟾、黄璧崑外，分院还增派了领导、行政和业务人员共 6 人。加上他们的家属，到国庆节时昆站有近 20 人，而当时的宿舍仅 8 间。不得已，站领导和行政秘书带着家属就挤在一间约 10 平方米的宿舍内。

厕所，是在离宿舍约 50 米远处。夜晚上厕所要自带手电筒照明。

吴铭蟾、黄璧崑听站上老同事说，因为山上生活条件实在艰苦难忍，之前已有数位职工离职。后来，先后也有两任行政秘书宁肯退职回北方农村老家种地，也不愿当中科院的干部。炊事员也不例外，有的干不到几天便不辞而别，做饭的事，只好由职工轮流下伙房了。

除了业务工作，还有每周五半天全站职工的政治学习，每周六半天的劳动，如修路、种阳芋等。每周日的生活稍丰富一些，可以在山上休息，也可以下山洗衣服；甚至可以乘小火车或是骑自行车或是步行到昆明城里（约 6 公里）找个浴室洗个澡，下馆子吃一顿，看一场电影。

四载努力付之流水

太阳色球望远镜和太阳光谱仪都需电力驱动马达跟踪太阳。在当时，电力局要见批准的基建项目才能给架线供电。但昆站根本没有基建项目。所幸的是，邮电局有报废的木电杆和瓷瓶电线等可卖给昆站。通过从山下的工厂作为内线引电上山，才解决了昆站无电的大难题。

太阳色球望远镜安装在 5 英寸望远镜观测室的底层，太阳光谱仪安装在原来天文所留下的太阳单色光分光仪室内。这两架太阳观测仪器的各部件并没有经过严格设计，可谓是拼凑成的。望远镜的精准调试，需要相当的光学理论和实践经验。而吴铭蟾、黄璧崑既没有这方面的训练，也没人指导。在这种软硬件都先天不足的情况下，纵使大家长时间地努力调试，也总是聚焦不准，或图像不均匀。总之，一直处于实验调试状态，始终得不到可用于科研的合格的照相资料。在这期间，还增加了太阳台选址任务。到最后，虽经全站职工的不断苦干拼搏，最终未得到什么有价值的回报。

在国家实施“调整、巩固、充实、提高”的恢复与发展国民经济政策后，1962 年，驻昆明的中科院机构：昆明植物所、昆明动物所和天文工作站都下放给了地方，由云南省科委领导，同时撤销了云南分院。

就在云南分院撤并之前，已先行精简了昆明天文工作站：取消太阳色球观测、太阳光谱观测和太阳台选址任务，只保留太阳黑子观测这一个项目和部分观测及行政人员 6 人。再后来，准备将余下的 6 人全部下放到地方。幸运的是，经陈展云将此消息报告紫台，通过紫台与云南分院紧密磋商后，才保留了包括吴铭蟾在内的 3 位从紫台调来昆明开拓太阳工作的天文专业人员。其他 3 位同志则被调到云南省财贸干校去了。

在凤凰山创业开拓科研的起步阶段困难重重，最后以失败告终，之前的四年努力付之流水。

后记：凤凰展翅

通过这段创业失败的经历，紫台领导认识到，要发挥昆明的天气优势巩固和发展昆站的天文事业，必须得有坚实的基础。于是，紫台便召回吴铭蟾和黄璧崑到南京，与天文仪器厂共同研制正规的太阳色球望远镜和太阳光谱仪。同时，紫台也制订了昆站基建计划，包括建三个天文观测室、修路、引水上山、架供电线路、盖宿舍和食堂等。计划经中科院批准后，于 1965～1967 年建设完成。自此，昆站的面貌大为改观。

昆站的太阳黑子观测、太阳色球观测、太阳光谱观测和人造卫星观测在保障我国“东方红”卫星及后续的卫星上天方面，提供了太阳预报和卫星定位定轨数据，做出过不小的贡献。

1972 年，中科院发文成立中科院云南天文台。云南天文台在昆站基础上，向东和东北方向进行了扩展，建成台本部，而凤凰山天文所原址成为云南天文台的太阳物理科研区。

今天的云南天文台，在先后经历了 1978 年“科学的春天”，20 世纪 90 年代中科院的知识创新工程，2006 年嫦娥工程的 40 米射电望远镜落户云南天文台本部，2007 年 2.4 米望远镜在丽江天文观测站落成，2010 年抚仙湖太阳物理研究基地建成、1 米口径的新真空太阳望远镜投入科研工作等之后，犹如凤凰展翅，飞翔在“彩云之南”的蓝天之下。

建国初期留苏生派遣的一些回忆

⊙ 刘承祚

2019 年 10 月 1 日和 11 月 1 日分别是建国 70 周年和我院建院 70 周年的纪念日。在这两个重大节日即将来临之际，有很多重要事情值得我们回忆和思考，其中关于留苏生派遣一事就很值得回忆。

一、中苏全面合作，苏联为新中国培养了一批经济建设人才

新中国建立后百废待兴，急需进行建设。早在新中国成立前夕，党中央和毛主席就提出了“一边倒”的方针并付诸实施，1950 年 2 月签订了“中苏友好同盟互助条约”，中苏开始全面合作，在经济方面苏联开始援助我们，同时也考虑帮助我们培养经济建设人才。1954～1956 年形成了派遣留苏生的高潮，我国高等院校大批优秀毕业生和大、中城市重点中学大批优秀毕业生被选拔去苏联学习，成为当时我国教育界的一件大事。

二、人数众多，涉及专业面广泛，几乎向苏联的每一所名校都派有学生

20 世纪五六十年代留学苏联的大学生、研究生、进修生、实习生共计 10 760 人，人数众多；所涉及的专业面非常广泛，所涉及的专业主要有：物理学（含核物理，声学等），数学，空气动力学，石油，冶金（含黑色冶金，有色金属冶金等），地质，矿业，测绘，林业，海洋，水文气象，植物学，遗传学，航空，化工，机械（含精密机械），建筑，水利，电信，动力工程，汽车工程，铁路和公路运输工程，纺织，食品，戏剧，音乐，电影，体育，法律，外贸，图书馆学，党政管理（中央团校）等。

在苏联的高等院校中，有一些历史悠久，特色突出，学风严谨，教学认真的名校，在每一所这样的名校中，都有中国留学生派入，例如：莫斯科大学，列宁格勒大学，莫斯科包曼高等工业学院，莫斯科水利工程学院，莫斯科动力学院，莫斯科航空学院，莫斯科地质勘探学院，列宁格勒加里宁工学院，莫斯科国际关系学院，柴可夫斯基音乐学院，列宾美术学院。在军事院校方面，例如：茹可夫斯基空军工程学院，伏罗希洛夫高等军事学院，红旗空军学院，海军军事指挥学院等。在一些重点名牌大学派入的留学生人数会比较多，例如：在莫斯科大学中，当时有中国留学大学生 436 人，研究生 294 人，留学人员总数达到 848 人。

注：刘承祚，84 岁，中科院地质与地球物理研究所研究员。

三、留苏生在我院建院和发展过程中所起的作用

我院建院和建院以后的发展主要依靠自力更生，依靠我国高等院校和科研机关培养的优秀科技人才，但有三股力量也不容忽视。第一股力量是欧美等西方国家培养的科学家、知识分子。他们大多是新中国建立前出国留学的，学成后受到爱国心和报效祖国愿望的驱动，回国参加国家建设，成为我院建院与发展的主要力量。第二股力量是新中国建立初期派遣的留苏生，毕业后分配到科学院。第三股力量是 1978 年改革开放以后大量出国的留学生，学成后回国并来我院。

当时在苏联科学院的 27 个研究所中的中国留学生，其中研究生 183 名，进修生 111 名，主要分布在下列各所：苏联科学院物理研究所，数学所，声学所，海洋所，遗传所，地质所，大气物理所，空气流体动力学所，地球化学和分析化学所，晶体学所，精密机械和计算技术所等。在苏联科学院各研究所学习的研究生毕业时都获得副博士学位，苏联的副博士学位水平较高，获得的难度较大，大体上相当于美国的博士学位。这些研究生和进修生学成回国后，其中一部分人分配在中科院对口单位，发挥了业务骨干作用。

留苏生在我院建院和发展过程中的作用也体现在院及各所业务领导的人员组成上。例如：我院前院长周光召院士曾在苏联杜布纳联合原子核研究所工作，参加合作研究。我院前副院长胡启恒院士，毕业于莫斯科化工机械学院自动化专业，后又在该校做研究生，1963 年获副博士学位，1988～1996 年任我院副院长。在我国“两弹一星功勋奖章”获得者中，也有在苏联学习过的专家。例如：“两弹一星功勋奖章”获得者，中科院院士孙家栋毕业于茹科夫斯基空军工程学院，在我国火箭和卫星工程研究方面做出了突出贡献。

中科院农业工作的使命与实践

⊙袁　萍

建院七十年来，中科院几代涉农工作者励精图治、不懈努力，在为国家农业发展服务的历史征程中留下闪光足迹。正如白春礼院长 2011 年 5 月 17 日在“渤海粮仓与资源节约型高效农业发展”高峰论坛主旨发言所说：“20 世纪建院之初，我院就提出研究任务首先要全力支援国家建设。建院以来，我们一直秉持这一原则，始终将关系到国民经济和社会发展全局的农业研究列为院里工作的重点之一，并抓住我国农业不同发展阶段的战略性、前瞻性问题，组织全院最强有力的研究阵容，开展攻关研究，取得一系列突破，为我国农业的发展做出了重大贡献。”至 2018 年，全院涉农领域已取得 98 项国家成果奖、261 项中科院成果奖。这些成果和成就诠释和反映了中科院涉农科研和管理工作的使命与实践。

一、协同产业部门，开展农业科研和生产的组织指导工作

1949 年 11 月至 1954 年 9 月，中科院作为国家科学事业的政府职能部门，协同产业部门，做了大量组织和指导工作：确定科学领域发展方向、研究亟待解决的科学技术问题，如面向全国召开土壤学、肥料技术、粮食储藏、棉蚜防治等会议，成立全国植物病理工作委员会等相关协调机构，邀请农业部会商或以派出考察团会商并提出农业生产发展、防旱抗旱的建议等；开展自然条件和资源调查，尤其是区域性的土壤、淡水生物、海洋生物、蝗虫、湖泊等调查，编写《黔南经济植物的地理分布及其与自然的关系》《河北省植物志》，绘制中国百万分之一地图等，为农业生产和发展积累重要的基础性资料；直接配合农业生产，如气象预报，推广除草防蚜、防治鱼病的方法等；提出筹设中国农业科学院的建议。

二、瞄准国家需求，全面开展自然资源综合考察工作

新中国成立后，迫切需要充分掌握自然条件、自然资源分布等资料。中科院牵头组织了若干大规模自然资源综合考察和专业调查，例如 1951 年西藏考察，1952 年海南岛、雷州半岛和广西南部考察，1953 年黄河中游水土保持综合考察，1955 年云南紫胶考察，1956 年黑龙江综合考察、新疆综合考察，黄河和长江灌区土壤调查和定位试验，1957 年华南热带生物资源综合考察及热带和亚热带生物资源综合开发和利用研究，盐湖科学调查等。竺可桢副院长归纳这几项工作的特点——均偏重于农林牧等资源。此后，中科院还组织了青甘

注：袁萍，61 岁，中科院自然科学史研究所原党委书记。

地区、蒙宁地区、青藏高原的综合考察以及西北地区治沙等。上述工作共出版100多册区域性科学考察著作，其中关于自然资源和区域发展的建议受到地方欢迎。新疆维吾尔自治区领导多次说：20世纪50年代的综合考察工作一直是新疆这些年来发展农业的重要参考依据。

中科院于20世纪七八十年代将自然资源科学考察的重点，从查明资源及条件推进到提出合理开发利用方案的阶段，参与组织实施全国农业区划工作就是典型例子。该系列工作在三个层面展开：国家农委、国家科委、农业部、中科院于1979年4月共同拟定《1979～1985年农业自然资源和农业区划研究计划要点（草案）》，提出合理开发利用和保护方案，制订因地制宜地发展社会主义的农业区划；1978年5月恢复重建后的自然资源综合考察委员会组织协调全国土地资源、水资源、农业气候资源及主要生物资源的综合评价与生产潜力途径的考察；中科院的研究所在中国综合农业区划等工作中起到骨干作用。中科院在这一时期的自然资源考察工作为查清中国农业资源家底、促进自然资源优化配置和合理利用贡献了力量。

三、发挥综合优势，为区域综合治理和农业发展做出贡献

启动第一次大规模农业区域综合治理工作。1964年4月，中科院党组向国务院提出综合治理黄淮海平原地区的建议，选择河南封丘县为“黄淮海平原旱涝盐综合治理”重点项目的试点。1965年4月初步查清了封丘县自然资源和旱涝盐碱等灾害成因，开展以井灌井排措施为主的盐碱地治理。国家科委因此在封丘建立了十万亩井灌井排试验区。至1981年，封丘县粮食增加5.8倍，实现自给有余；禹城县摆脱了吃返销粮困境。

将农业区域综合治理研究推向主战场。20世纪80年代，全面开展农业区域综合治理研究。1988年6月，中科院将黄淮海平原、东北松辽平原、黄土高原以及南方红壤丘陵地区作为今后相当长时期的农业主战场。在黄淮海平原中低产田综合治理与开发项目——“黄淮海战役”中，李振声副院长出任总指挥；成立院农业项目管理办公室，作为“农业综合开发小组”办事机构；组织30多个研究所600多名科技人员，与有关省共同承包部分中低产地区的治理与开发。1988～1993年，黄淮海地区在解决我国粮食从8000亿斤上到9000亿斤台阶方面贡献了504.8亿斤的结果，为扭转1984年后全国粮食连续四年徘徊不前的局面做出重大贡献。1993年，“黄淮海平原中低产地区综合治理的研究与开发”成果获国家科学技术进步奖特等奖。

启动实施渤海粮仓科技示范工程。2013年4月，中科院、科技部联合河北、山东、辽宁、天津四省市，组织中科院多个研究团队参加又一次大规模农业区域治理重大行动。2013～2017年，通过创新关键技术、建立规模化示范区、形成盐碱地和中低产粮田改造与增产综合配套体系，实现增产粮食105亿斤、节水43亿立方米，为解决环渤海低平原区淡水资源匮乏、盐碱荒地制约粮食增产等问题创建了新途径。

四、多层面多途径，为国家农业发展战略和重要决策提供服务

在院的层面，向中央提出多项重要的书面建议。例如，农业合作化科学研究项目

（1959 年）、推广粮食代用品（1960 年）、综合治理黄淮海地区（1965 年）、推广碳酸氢铵造粒深施（1977 年）、发展生态农业（1987 年）与《全国产粮万亿斤的潜力简析》报告（1987 年）等。

在发挥学部高层战略咨询作用层面，向中央呈送咨询报告。例如，《关于解决华北地区缺水问题的建议》（1989 年）、《我国化肥面临的突出问题及建议》（1997 年）、《长江三角洲经济与社会可持续发展若干问题咨询报告》（1998 年）、《新疆农业与生态环境可持续发展》（1999 年）、《建立我国钾肥资源稳定供应体系》（1999 年）、《加快西北地区发展的若干建议》（1999 年）、《黄土高原农业可持续发展》（1999 年）、《对我国转基因作物研究和产业化发展策略的建议》（2004 年）、《关于我国发展四亿亩速生丰产人工林的咨询报告》（2005 年）和《关于我国天然草地全面保育与建立六亿亩高产优质人工饲草基地的咨询报告》（2005 年）等。

在科学家建言献策方面，提出具有引导作用的思想和观点。例如：1962 年熊毅等发现土壤盐渍化主因，提出“因地制宜、综合治理、水利工程和农业生物措施相结合”的治理原则；1987 年马世骏主编的《中国的农业生态工程》为引导生态工程在我国农业中的应用打开了思路；1981 年侯学煜针对“怎样解决 10 亿人口的吃饭问题”，提出“大粮食”观点；1995 年李振声向中央农村工作会议报告《我国农业生产的问题、潜力与对策》，提出打破我国粮食生产四年徘徊局面、实现粮食增产 1000 亿斤的对策。

运用新技术、新方法，为国家粮食产量预测和遥感作物估产提供科技支撑。系统科学研究所陈锡康研究团队利用系统科学方法和数学模型预测作物产量。1980～2014 年，在预测时间和预测精度上，保证了中央政府和有关部门有充足时间安排粮食收购、运输、储存、消费和进出口等；预测产量与国家统计局抽样实测数据平均误差仅为 1.9%。遥感应用研究所等在 20 世纪 80 年代就开始并成功利用遥感估产技术预测农作物产量；此后不断取得新进展，2013 年首次发布全球农情遥感速报，为加强国际粮食安全与合作等方面的国家决策提供重要支撑。

五、创新单项技术，促进农业增产，为农业科技进步贡献力量

长期以来，中科院在遗传育种、土壤改良、施肥技术、水（海）产和畜禽养殖、病虫害防治、新农药、气象水文与水利、果蔬保鲜、农村能源及农副产品加工利用等方面进行广泛深入的研究，大量科技成果在农业生产中得以推广。

理论和技术的系统创新。在农作物遗传育种研究中，院里历来十分重视发展育种理论以及新技术和新途径、新种质和新体系的系统创新。

李振声等开创转移偃麦草耐旱、耐干热风、抗多种病害优良基因至小麦的远缘杂交新途径，建立蓝粒单体小麦和染色体工程育种新系统，育成新品种。其中，‘小偃 6 号’是我国小麦育种重要亲本材料，50 余个衍生品种至 2007 年累计种植 3 亿多亩；‘小偃 54 号’累计推广种植 700 多万亩。2007 年，李振声获国家最高科学技术奖。

1958 年，遗传研究所在国内较早开展高粱杂种优势利用研究，将美国的不育系和保持系组配成‘遗杂号’高粱并在生产中种植，为我国水稻等作物杂种优势利用储备了研究和技术基础。此后该所陆续完成“棉属种间杂交育种体系的建立”、培育出烟草、水稻、小麦、玉米、橡胶、果树、蔬菜等花药单倍体新品种（系），在生产中大面积种植。

遗传发育生物学研究所李家洋团队与上海植物生理与生态研究所韩斌团队、中国水稻研究所钱前团队组成的研究集体实现了分子设计现代育种理论和新型品种选育的重大突破。“水稻高产优质性状的分子基础及其应用”研究集体获中科院 2013 年度杰出科技成就奖；“水稻高产优质性状形成的分子机理及品种设计”获 2017 年度国家自然科学奖一等奖。

基础研究为生产实际服务。紫菜生活史研究是诸多实例中的一个范例。1952～1954 年，海洋生物研究所曾呈奎等在甘紫菜生殖和生活史研究中发现并命名了可长成紫菜叶状体的壳孢子，独立地证明了壳斑藻的孢子发育成紫菜，解决了紫菜养殖中关键的孢子来源问题，为我国紫菜年产量在 20 世纪 60 年代后跃居世界第二位做出重大贡献。

多学科融入涉农科研。除生物学和地学学科外，化学、数学、物理、技术科学等多学科的融入，整体上增强了中科院解决农业科技进步和生产实际问题的能力。

化学研究领域，产生了许多重要的成果。其中，大连化学物理研究所开发五种新型催化剂并用全流程化学合成法，研制成功甲氰菊酯新农药，并成为农民信得过的新农药，使用面覆盖全国 80% 以上地区，2002 年进入国际市场。其他诸如病虫害防治、肥料和饲料、农产品加工、节能和环保、新型系列地膜、昆虫脱皮激素、农村动力和农业机械等方面，中国科学院也有显著的贡献。

数学、物理研究领域，在线性规划应用、全国粮食产量预测、水库调度、三江平原和黄淮海平原规划、抽样验收和可靠性研究等运筹学和系统科学的农业应用、定向爆破为农田基本建设服务等方面取得突破。

技术科学研究领域，在快中子和激光育种、苦水淡化、农用胶黏剂、射流喷灌、多波束渔用声呐、电子计算机技术、农业专家系统等方面取得成果，其中的智能技术和网络体系应用尤为突出。中科院合肥智能机械研究所研究成功“智能化施肥专家系统”、物联网研究发展中心联合多家研究所开发完成的智能物流优化调度等四大平台取得重大经济效益和社会效益。

为地方生产和行业发展做贡献。中科院创新单项技术，坚持长期研究和应用推广，形成若干技术群和产品群，为地方生产和行业发展做出贡献。

土壤与肥料方面，南京土壤研究所、沈阳应用生态研究所、西北水土保持研究所、地理研究所、长沙农业现代化研究所、石家庄农业现代化研究所等开展大量的土壤资源调查和开发利用、土壤改良、肥力培育和合理施肥、水土保持、土壤环境保护等研究，取得多项成果。其中仅“新型氮肥——长效碳酸氢铵的研制与应用”一项，就在全国改造 54 家生产厂家，累计推广近 1 亿亩，粮食增产 40 亿千克，农民收入增加 40 亿元。

重要农业虫鼠害防治方面，动物研究所、上海昆虫研究所、昆明动物研究所、武汉病毒研究所等研究害虫发生和害鼠成灾规律，运用生态学原理，创新防治技术，建立综合防治体系，取得显著经济、社会和生态效益。其中，1954 年昆虫研究所马世骏等提出的根治蝗害建议方案被农业部认为是消灭蝗害的根本办法。2005 年，动物研究所张润志等针对毁灭性大害虫马铃薯甲虫（蔬菜花斑虫）入侵疫情，研制、整合、完善并实施了以“捕、诱、毒、饿、治”为方针的封锁与控制技术，10 年内将马铃薯甲虫控制于新疆范围内，保护了全国 8000 万亩马铃薯等作物安全。

淡水渔业发展方面，水生生物研究所几十年来，不仅开展资源与环境调查，还始终不渝地促进我国淡水渔业方向和生产模式的发展。20 世纪 50 年代将湖泊放养发展成为淡水渔业主要措施之一；70 年代提出大水面渔业概念；80 年代中期提出将生态渔业作为湖泊渔业管理主攻方向，实现环境效益和渔业效益同步发展；90 年代后将生物操纵理论用于大水面渔业，开展集约化养殖理论和相关技术研究，推动我国淡水养殖业从粗放式向技术密集的集约式和效益型方向发展。

在海水增养殖技术方面，海洋研究所在海洋经济动植物的良种培育和引种驯化、病害防治、海洋水产增养殖关键技术研究和应用等方面取得创新性成果，为我国形成世界上规模最大、产量最多的海水养殖业发挥了重要技术支撑作用。曾呈奎主持的“甘紫菜生活史研究”“海带生理生态和人工养殖原理的研究”、吴尚懃等在世界上第一次培育出中国对虾幼苗、曹登宫等完成的“对虾工厂化全人工育苗技术”、张福绥等建立完整的贻贝人工育苗理论和技术体系，以及在促进海洋经济动植物增养殖产业发展中开展“耕海”实验以发展海水养殖、海洋水产生产农牧化实验研究、海洋经济动植物集约化养殖、构建海洋生态环境的关键技术、设施与建设标准，促进了海洋增养殖技术的革新、产业的升级以及生态环境的可持续发展。

以上成果和成就来之不易，主要得益于以下几点：①历届院领导集体的重视和关注，竺可桢、李昌、叶笃正、李振声、孙鸿烈等院领导为推动全院在农业领域长期开展工作发挥了领导和组织作用。②建院后各个管理部门特别是 1960 年后设立的多个农业工作管理机构及其管理人员的具体组织和发动；有关专家委员会发挥了颇有成效的学术咨询和评议作用。③拥有一支使命感强、实践能力卓绝的科研队伍。1992 年涉农领域研究队伍约 6000 人，占全院科研人员的 15%。熊毅、黄秉维、侯学煜、马世骏、周立三等著名科学家为中国农业发展倾注了毕生心血，著名的“黄淮海精神”成为全体涉农工作者面向三农、服务人民、科学报国的真实写照。1988 年 5 月，国务院秘书长陈俊生在撰写的考察山东禹城的报告中说：“几十年来，中国科学院、农科院及省内外的科研单位、高等院校的数百名科研人员，一直深入生产第一线，风里来，雨里去，离家别亲，蹲点试验，付出了巨大的劳动，为科学技术转化为生产力做出了重要贡献。大家看到，来自兰州、南京、北京的中科院治理荒沙、涝洼、盐碱地的科研人员，在荒郊野外的沙滩上、鱼池旁、盐碱窝建房安家、辛苦工作，无不令人感叹敬佩。”

从单位名称的变更看空间科学事业的发展

⊙ 范中范

党的十八大以来，国家空间科学中心遵循习近平总书记考察我院时提出的“四个率先”指示精神，抓住机遇，不忘初心，砥砺前行，取得了令人瞩目的成绩。回想起来，这是在党的好政策指引下，一步一步，从当初的一个科研小组，变成了今天在国际上有重要影响的空间科学中心。人们不难从单位名称的五次变迁中，看到空间科学事业的发展。

国家空间科学中心的前身可追溯至开创了中国人造卫星事业的“中国科学院‘581’组”，“581”组成立于1958年7月，由著名的科学家钱学森任组长，赵九章任副组长，挂靠在中国科学院地球物理研究所，任务是制定我国卫星研制规划，代号为“581”。1964年12月，在全国第三届人大会议期间，赵九章致信周恩来总理，提交开展卫星研制工作的正式建议，引起中央重视，1965年3月，中央批准了中国科学院提交的方案。

早在1959年12月，“581”组已更名为中国科学院地球物理研究所二部，主要从事探空火箭探测仪器的研制任务。1960年，中国科学院与上海机电设计院合作，建成我国第一个T_7气象火箭探测系统；在安徽省广德县誓节镇，建立了广德“603”发射基地，这也是我国首个探空火箭发射场。自1960年到1966年在该基地用T_7气象火箭进行多次发射试验。

中国科学院地球物理研究所二部的科研人员，曾经多次赴基地参加发射试验，取得成功，获得重要科研成果。1966年又用T_{7A}S2生物火箭发射，将小狗“小豹”和“珊珊”分别送上70公里高空并平安返回。

1968年单位第二次更名为：国防科委第五研究院空间物理及探测技术研究所（简称505所）。研究所承担了我国第一颗东方红卫星的研制任务，该星于1970年4月27日发射成功，圆满完成任务。

十年后的1978年，单位第三次更名为中国科学院空间物理研究所，当时在比较艰苦的条件下，承担着我国“天文卫星”和“实践二号”科学卫星的研制任务，并按设计要求圆满完成任务。当时单位所处环境比较艰苦，所有办公室和实验室全部都是平房和搭建的木板房，实验室是由当时北京建设地铁时装钢筋材料的老旧库房（俗称钢筋营）改造而成。把当时单位里最好的平房（当时连卫生间都没有），挂牌为“外宾接待室”，接待了多个国家代表团，甚至在接待中因条件过于简陋而出现过比较尴尬的状况，但当外宾听了介

注：范中范，83岁，中科院国家空间科学中心研究员。

绍、看了科研成果后，都给予所里高度评价。

但外宾也有疑惑，对能在这样简陋的地方研制出这样高水平的产品心里还是打个问号。于是就问接待人员，你们是不是还有条件更好、很保密的地方不让我们去看。惹得接待人员啼笑皆非。

进入到1987年，单位再次更名为中国科学院空间科学与应用研究中心（简称空间中心），承担了两项国家重大科研任务，并出色完成。其一是我国成功发射了两颗气象卫星，在2008年5月发射的“风云FY-3A”首发星中，我单位承担研制的三个探测仪器设计指标为寿命三年、两年在轨考核，该卫星实际已在轨有效安全运行了五年，超期完成任务。2016年12月发射的“风云四号”气象卫星，我单位承担研制的探测仪器，探测能力又有了新的提升，综合探测能力达到了国际领先水平。其二是2002年12月我国又成功发射了“神舟”四号无人飞船，空间中心研制的多模态微波遥感器，成功地完成了对地观测的重要任务，也是这艘飞船实验设备的主载荷，实现了首创微波遥感器“三合一”，结束了我国航天没有微波遥感的历史。同时还首次实现了大规模空间环境监测，均获得圆满成功。

第五次更名是在2011年6月，中国科学院批准成立国家空间科学中心，依托在中国科学院空间科学与应用研究中心，并上报中央，2015年6月中央批复同意，正式更名为：中国科学院国家空间科学中心。

这也是中国科学院为支撑战略性先导科技专项成立的第一个A类中心，自此，空间中心进入了一个全新的历史发展阶段，开创了我国空间科学和探测技术研究工作，研制了各类空间探测有效载荷及星上综合电子设备，参与了我国应用卫星、载人航天、探月工程三个里程碑的发展历程，并在其中发挥了重要的作用。

2013年7月，习近平总书记在中国科学院考察时发表的重要讲话引起强烈反响。总书记要求中国科学院要牢记责任，率先实现科学技术跨越发展，率先建成国家创新人才高地，率先建成国家高水平科技智库，率先建设国际一流科研机构。习总书记的重要讲话，高屋建瓴、寓意深刻、催人奋进，为创新驱动发展战略的推进实施，指明了前进方向，对广大科技工作者是巨大的鼓舞和鞭策。

在习总书记考察中国科学院的两年后，国家空间科学中心又连续成功发射了两颗重要卫星，2015年12月成功发射了暗物质粒子探测卫星，这是我国空间科学卫星系列的首发星，对促进我国在空间科学领域中的创新发展具有重要意义。2016年8月世界首颗量子卫星“墨子号”又发射成功，并在轨运行，有助于我们在这个领域整体水平上，保持和扩大国际领先地位，对于推动我国空间科学卫星系列可持续发展具有重大意义。

抚今追昔，历经近六十年，国家空间科学中心五次更名，实现了五大飞跃，从当初的一个科研小组，到现在已经成为我国科学卫星的总体单位，科研成果举世瞩目。广大科技工作者正努力工作，开展更多的空间科学探测实验任务，取得新的高水平的成果。我们将站在新的起点上，向着更加宏大的目标，乘风破浪，助力实现中华民族伟大复兴的“中国梦”！

马识途先生的几个人生片段

⊙ 颜昌轩

我大学毕业分在成都生物所工作。生物所前身叫四川分院农业生物研究所。初建期，所里无住宿用房，暂住分院六楼会议室，吃饭在分院食堂搭伙。我们还与马识途院长一起过组织生活，经常碰面。他开会爱发言，说话和气，还主动开展自我批评。他经常关心群众生活，给科研人员办实事、办好事，群众都很喜欢他。后来才知道，他是老革命家、老专家、老作家。我大学毕业刚工作时年方 22 岁，现在已是 85 岁的老人，但不敢称老，因为马老现在已是 105 岁的高龄老人，与马老比起来我还是小字辈。下面是回忆马老一个多世纪岁月的几个片段，以飨大家。

1938 年经钱瑛介绍，马识途加入了中国共产党。从那时起他把整个身心交给了共产党，党叫干啥就干啥。马识途年轻的时候爬上到上海的火车贴“打倒国民党反动派，活捉蒋介石”等标语口号，差点被抓。他任鄂西特委副书记的时候，有一次正在出差，特委书记及马识途的爱人被捕，最后被枪杀了。他因出差而逃过了一劫。他任川康特委副书记时，伪装商人和知识分子，在成都的茶铺等地搞串联工作，多次被特务跟踪，但都未把他抓住。有一次他到雅安、西昌等地开展工作，计划办完事后，从西昌买飞机票回成都。特务知道了消息，准备活捉马识途，哪知马识途有事未办完而更改了乘机时间，使特务扑了一个空，马识途安全返回了成都。马识途多次在危险关头逃脱的故事被传成了神话，可这都是真事。

新中国成立前夕，马识途到宝鸡去迎接中国人民解放军解放成都。新中国建立后任四川省建设厅厅长、四川分院院长、西南局宣传部副部长、西南分院党组书记兼副院长、全国文联理事、四川省文联主席、四川省作协主席等职。

中科院成都分院是由马院长组建起来的，现在的成都分院已成了成都的“小中关村”。

马识途新中国成立前任川康、鄂西特委副书记、书记。皖南事变后，鄂西特委遭破坏，书记被捕。马识途的爱人刚生女儿一个月也被关进了监狱。后来爱人被枪杀了，女儿被丢进草丛中，被武汉一对工人夫妇捡去养大，20 多年后在北京钢铁学院毕业，在北京工作。1958 年经公安部门寻找才找到了女儿吴翠兰，父女相见自然涕泪滂沱。1958 年 11 月在省政协大礼堂召开的分院成立大会上，宣布找到失散二十多年后的女儿，轰动了全场。掌声经久不息，大家非常高兴。马院长说：女儿不改姓，不改名，跟着养父母一起养

注：颜昌轩，86 岁，中科院成都生物研究所副研究馆员。

老送终，两边都认。女儿继承了父母遗志。

1958 年秋，科学院将样板田高产试验研究交给中科院农业生物研究所（中科院成都生物研究所），在新繁新民公社禾登乡搞研究工作。农业生物所是 1958 年刚成立的新所，既缺人才又缺经验。为此，马院长积极帮助策划，拟计划、订方案。找李仕勋当专家组长，张先婉是副组长（他是侯光炯的得力门生），课题组成员都是刚分来的大学生、中专生（这些人一无经验、二无实践、三未搞过科研）。在这种情况下，咋办？不干又不行，只有下决心硬着头皮干。在马院长、生物所黄国英所长、刘全科书记（老红军）的坚强领导下，拟出了具体实施方案，开展了全面工作。马院长经常组织分院、生物所的有关领导下基层调查研究，出谋划策。最后，在科研人员的共同努力下，实现水稻亩产 600 斤，达到了科学院水稻样板田成果的指标，也得到了科学院的信任，保住了生物所的牌子。

五四青年节马院长给年轻人做报告，讲革命故事，讲“巴山红云”“找红军”“清江壮歌”“夜潭十记”“老三姐”“接关系”“小交通员”等。他讲的故事都是亲身经历，很生动，听众很感兴趣，听 3～4 个小时群众不打瞌睡，越听越有劲，大家很满意，提高了群众觉悟。

马院长办事认真负责且没有官架子。一次，他到基层检查工作，一个新分来的大学生在楼上将一盆洗脚水往下倒，恰好倒在马院长的身上。马院长上楼找到躲藏的大学生，不骂他，不批评他，反而自己作检讨说：“没有给你们修好下水道，不怪你们，我们工作未做好。”弄得小青年怪不好意思。后来下水道很快就修好了。马院长的宽容态度感动了倒水人，也教育了大家。

他在分院任职期间一直关心成都分院各所的发展，在国外考察学习到的先进经验及时传达给各所研究人员，要求结合实情开展创新研究，多出成果，出好成果。经过努力，成都分院结出了丰硕果实。如成都生物所的地奥心血康誉满全国、进入欧美市场；光电所为“两弹一星”等做出了贡献；计算所研究的电子选票系统在全国和一些省（市）选举中应用，准确率高、速度快、效果好；山地所研究的泥石流等成果在防灾减灾中起了关键作用；化学所研究的天然气等成果也做出了重要贡献。

马老爱写革命故事和回忆录，把革命的经过写成小说。1935 年开始发表作品，《夜潭十记》《沧桑十年》《在地下》《清江壮歌》等。2005 年出版《马识途文集》12 卷本。2012 年被授予巴金文艺奖终身成就奖。他的小说被拍成了电影，如《让子弹飞》《没有硝烟的战场》等。

马老身体很好，现在还在电脑上写小说，百岁老人能用电脑写作真是奇迹！他在北京参加书法展时说：“我这次到北京不是跟大家告别的，下次我还要来北京参加文代会。”问他长寿秘诀，他以“达观”二字和“提得起放得下”六字应对。他还说：“再往深处想，恐怕与差不多生活了整整一个世纪有关。我这一百年不知经历了多少沧桑巨变，尝到了多少惊险、危难、痛苦、悲伤和欢乐。经过多少年锻打和历练，养成了处变不惊，乐观看待人生的性格，自然就长寿了。”

2014 年 6 月 28 日，首届马识途文学奖颁奖典礼在四川大学高新学院召开。马老现场受聘为名誉教授，并为获奖者颁了奖。马老参加四川书法展获得 230 万元奖励，他一分钱未留，由川大代管，利息用于奖励热爱文学、追逐梦想、品学兼优的大学生新秀。这无疑是四川文化的公益盛举，充分体现了马老奖掖后人的伯乐精神。

马识途兄弟俩（哥哥马士弘比他大 4 岁）2014 年 8 月 4 日在成都同出“百岁回忆录”，马识途为哥哥的回忆录《百岁追忆》作了序。

2014 年 8 月，中央电视台《艺术人生》栏目组专程到成都指挥街马识途家中，对马氏三兄弟（马识途 100 岁、哥哥马士弘 104 岁、弟弟马子超 93 岁）采访录制节目，忆人生，谈往事，聊文学，讲科技，以及三兄弟深厚情谊等传奇故事。在中央台连续播出多次。

两个时代的人对话——102 岁的马识途与 26 岁的张皓宸作人生对话，引起公众的关注。张皓宸出生于 1990 年，四川成都市新生代作家，作品在网络上具有超高人气，代表作有《你是最好的自己》《我与世界只差一个你》等。

“我之所以叫马识途呢？是我 1938 年加入中国共产党时候，改名为马识途，代表我人生的一个重大转变，我是一个人在走路的人，一直走在自己想走的道路上。”“我的座右铭是：无愧无悔，我行我素。就我个人来说，就是要把这八个字实现。”这是马老在回答张皓宸提出的问题。

事后张皓宸回忆说：“去马爷爷家之前，我的心情是挺紧张的。……马爷爷身体、精神都很棒，谈锋甚健，心态年轻。真有一见如故的感觉！当时节目录制还没开始，我们就已经进入很好的聊天状态。”

马老 103 岁又完成了 30 万字新著，还在继续发挥余热，继续向前走！ 2016 年 12 月 31 日，中国作协副主席李敬泽向马老祝寿。两位作家一见如故，谈文学、谈诗歌，不亦乐乎。李副主席给马老送的条幅是：仁者寿。

马老生于四川忠县，西南联大 4 年，中大 1 年，青年时期从事革命工作。他与巴金、张秀熟、沙丁、艾芜为四川巴蜀五老，名气不小。2018 年 1 月马老被选为天府成都十大文化名人，他是最年长者，104 岁。

以上是马识途一个多世纪岁月的几个片段，写下来，作为向中国科学院建院 70 周年和中科院成都分院、成都生物所 60 周年华诞的礼物。

大气所 3 号楼的身世和变迁

⊙ 王庚辰

只要提到大气所 3 号楼，相信大气所的很多人都有自己难忘的记忆。那我就从大气所 3 号楼的身世和变迁说起。

20 世纪 50 年代，新中国刚建立不久，百废待兴；人们刚刚摆脱了连年战乱的苦难日子，对于新生活的渴望和对未来美好日子的憧憬，激发了人们极大的热情和干劲，“超英赶美”、“苏联的今天就是我们的明天”成了那个年代的时髦口号。

中国科学院也不甘落后，很快就制订了科学院雄心勃勃的“向科学进军”计划。其中一个宏伟目标就是在时任北京市市长彭真的亲自领导下，规划了一个宏大的“科学城”建设方案并开始实施。

规划中的“科学城”的地址就在德胜门外、元大都遗址北面，即当时北京的北郊。在那时，这里是几个村庄和大片的农田。在那个“大干快上”的年代，“科学城”第一批两个建筑群的多座楼房很快就盖好了。一个建筑群位于“科学城”的东北部，以大家熟知的 917 大楼（当时是规划中的中国科学技术大学的主楼）及其周边的数栋楼房为代表（即现在的奥运村科技馆、豹房一带）。另一处建筑群位于“科学城”的西南部，即现在的祁家豁子，其代表建筑就是 1 号楼，即现在地质与地球物理所的主楼，这栋楼是当时北京德胜门外地区的最高建筑。在 1 号楼东侧是 2 号楼和 3 号楼，不久又修建了十多栋宿舍楼，形成了有一定规模的建筑群。

随着三年困难时期来临，“科学城”建设自然也无奈下马。已建成的两处建筑群随后陆续分配给科学院内的一些研究所，北区的 917 大楼分配给了地理所、综考会和遗传所，南区的 1 号楼仍归地质所使用。随后的十多年间，古脊椎动物与古人类研究所、中科院 109 厂（即现在的微电子所）和大气所也陆续搬进了这一建筑群的 7 号楼、2 号楼和 3 号楼。中科院地球物理所的实验工厂也曾在这个区建起来了厂房，航天部门和解放军系统的一些院所也曾在这里办公。

时光流逝，万物更新。为举办 2008 年的北京夏季奥运会，原科学城的东北部建筑群已旧貌换新颜，917 大楼被以“鸟巢”和“水立方”为代表的建筑群代替。而祁家豁子却依稀还能瞥见当年科学城的身影，这就是 1 号楼（现地质与地球物理研究所）和一群比较矮小的宿舍楼，而原建筑群中的 7 号楼、2 号楼和 3 号楼等建筑被一座座高层建筑所代替。

注：王庚辰，79 岁，中科院大气物理研究所研究员。

对于大气所和在大气所工作的职工来讲，值得一说的当属3号楼。3号楼是一栋L形的六层楼房，是原规划中“科学城”招待所的一部分。

3号楼是一座典型的筒子楼，为解决职工的住房困难，3号楼曾被专门隔离了一些楼层做单人宿舍、招待所和家属宿舍使用，其中开设了公共厨房、公共洗澡间和公共卫生间等，同时也为外地过来出差办事人员、外地探亲人员以及随住的老人、亲属等提供了栖身之地。自20世纪60年代以来，3号楼经历了翻天覆地的变化，3号楼作为招待所的单一功能已不复存在。实际上，3号楼逐渐演变成了一个单位混杂的大楼，大气所、地质所、109厂、581厂、古脊椎所、510所、地球物理所、应用地球物理所、地震局、科学院地学部等单位都曾在3号楼有办公区域。3号楼还是一座综合楼，办公室、实验室、图书馆、资料室、观测站、印洗相室（暗室）等等一应俱全，分布在3号楼的各个楼层。3号楼也是一个“大摇篮”，科技工作者、党政干部、外国学者、研究生、大学生、中小学生等，也都曾在这里学习和工作，从这座大楼里，走出了一大批高才生和科学精英。

3号楼曾经承载了很多的功能，是一座名副其实的“多功能”大楼，是一代人走向科学殿堂的启蒙地，也曾是大气科学中一些新学科分支诞生的实验场。没有人统计过，在半个世纪的生涯中，3号楼究竟接纳过多少住户，也没人知道，有多少人至今仍心系3号楼。

大气所从20世纪60年代中期开始使用3号楼的部分房间，后来大气所机关和多数科室从中关村搬到祁家豁子7号楼并随后接管了3号楼的管理。从那时起，大气所的新老职工都被安排在3号楼居住，一些办公室和实验室也陆续搬进了3号楼，大气所逐渐变成了3号楼事实上的管理者。

2014年的某个时候，大气所将本所管辖的3号楼拆除了，并规划在其原址新建办公楼。这一行动勾起了一些曾在3号楼工作和生活过的职工，尤其是退休的老职工对该楼半个多世纪历史的回顾。3号楼消失了，大家怀念它，是因为它见证了大气所近半个世纪以来的发展，见证了几代科技工作者的经历，其中风风雨雨、坎坎坷坷，有成功的喜悦、也有无奈的心酸。多少往事如同过眼烟云，已散失殆尽，但“3号楼”三个字却始终会勾起我们对太多往事的回忆，难以忘却。

中科院的蓬勃发展离不开他们的奉献
——我所了解的院所政工干部

⊙ 王应时

我是1958年考入中科院的研究生，伴随着中科院也走过了不少的年头。我的感觉是，在中科院建立的70个年头里取得了无数令世人瞩目的辉煌成绩，其中除了广大科研人员的聪明才智外，还离不开中科院各级政工干部的辛勤付出。因所熟识的政工干部有限，只把我见到过的几件小事介绍如下。

20世纪60年代末，张劲夫同志亲自带领中关村各所青年科技人员在中关村大道上种了一个月的树，每天他都和大家同吃、同劳动在植树地点。现在每当我走在中关村大道，见到公路两旁高大的林荫树，就让我回想起张副院长当年与我们共同劳动的场景，感觉格外亲切。他为青年人树立了植树育人的好榜样。

杜润生同志当时是中科院秘书长，每星期在中关村礼堂给研究生上政治课，我们很爱听。虽然知道他的背景和有过一些历史问题，但大家觉得他讲的是真话，是实话。他通过讲课的方式很好地解决了知识分子心中的一些疑点。

胡耀邦同志是“文革”末期调入中科院的，科研人员非常欢迎他。当时他提出要解决科研人员的“三子问题”（妻子：即解决夫妻两地分居问题；房子：即解决住房问题；炉子：为每一户家庭向石油部申请液化气罐）。当时中关村的许多科研人员的生活有了变化，大家用上了液化气，一些夫妻也调在了一起，房子也有所改善，科研人员感到很满意。

邵言屏同志是力学所一室党支部书记。她虽是某军区司令员的夫人，但却没有高干夫人的架子，不仅与科研人员关系非常好，而且还能做思想工作。她严格要求自己，以身作则，每天上下班坐公交车。后来因丈夫调任新疆军区司令员而离开了力学所，但每次回京时仍和原一室人员保持联系，亲密无间。

张永逊同志是工程热物理所的党委书记。1984年，我因被诊断患有甲状腺癌需住院动手术。那时我刚升为副研究员，普通得不能再普通。张书记却陪同我夫人一起守候在肿瘤医院手术室外，一直等到我手术完毕。当医生通知说，我的病理解剖为良性时，张书记才放心离开医院。我觉得一名党委书记能这样关心一个年轻的科研人员，真是感人至深！

以上所言都是很普通的小事，但正是这些不起眼的小事，连起了党与群众的心。如果

注：王应时，89岁，中科院工程热物理研究所研究员。

我们的党政领导都能做好每一件惠民的小事，那么就能真正温暖每一位科研人员的心，科研人员工作起来就会更有干劲，会出更多成果。

我国的天文望远镜

⊙ 陈颖为

我国的天文学家很早就希望能用自己的天文望远镜做天文研究。1958 年就提出建造一架2.16米口径的望远镜，提出来后，很快在1958年就获准建造。但是，20世纪50年代，刚刚诞生不久的新中国工业基础薄弱，2.16 米望远镜属大型、精密的光机系统，当时的工业基础要想建造这样的大型望远镜没有可能。为了积累经验，于是提出先建造 60 厘米的小型望远镜做前期试验。由于没有建造过专业的天文望远镜，并不清楚国外天文望远镜的内部结构，天文学家开始研究设计望远镜，于 1964 年开工建造 60 厘米望远镜，1968 年兴隆观测站建站时 60 厘米望远镜就安装在了北京天文台的兴隆观测站。由于我们建造望远镜经验不足，建造的望远镜存在一些问题，再经一系列的改进，60 厘米望远镜于 1972 年正式投入使用。

2.16 米望远镜的建造于 1974 年重新进入日程，加速建设是在 20 世纪 80 年代，于 1989 年建成，从望远镜获准建造到建成，历时 31 年。

2.16 米望远镜建成后，天文学家开始了我国精细的天文光谱观测。说到光谱观测，公众可能会不熟悉。一般说到天文，大家都会想到很多好看的天文图片，其实，拍摄天体图片获得的信息很少。拍摄天体时，望远镜要对准天体，因此，我们可以知道天体在天上的位置，获得了图像，可以知道天体的亮度，还可以知道天体的形状。如果对这个天体反复拍摄，可以知道天体的位置、亮度、形状的变化。我们直接拍摄图像也只能知道天体的位置、亮度、形状的信息，信息量太少。为了获得更多的信息，天文学家更希望获得天体的光谱。说到光谱，我们应该不陌生，大家都看过彩虹吧？那就是太阳的光谱。我们都知道，用三棱镜可以将太阳光色散成七色光，这个七色光也是太阳的光谱。天文学家是用特殊的方法将星光色散成七色光，星光的七色光就是天体的光谱。那么，获得了天体的七色光可以知道哪些信息呢？我们都知道，每种元素具有固定的几种颜色的光，那么，我们就可以根据星的七色光所含有的颜色成分分析出天体到底含有哪些元素物质。如果天体的运动是离我们而去，那么，天体发出来的光的波长会拉长（多普勒效应），如果天体的运动是迎我们而来，那么天体发出来的光的波长会压缩变短（多普勒效应）。也就是说七色光的颜色会整体发生变化。我们可以根据某个颜色光的变化推算出天体离我们而去或迎我们而来的速度。天文学家还可以根据天体的七色光知道天体的温度、重力、旋转、磁场，甚

注：陈颖为，62 岁，中科院国家天文台高级工程师。

至可以知道天体的距离和年龄，显然可以获得更多的信息。因此，天文学家更希望获得天体的七色光（下面简称：光谱）。

但是，拍摄光谱与拍摄图像相比效率要低很多。拍摄图像比较简单，天体在相机的感光面上成像，曝光，即可获得天体的图像，一次可以拍摄很多个天体图像。拍天体光谱需要将天体的光色散成光谱，这么多天体如何将天体选择出来单独拍摄光谱呢？天文学家在成像平面上放置了两块金属板，两块金属板间有狭缝，需拍摄光谱的星光亮点放置在狭缝上，亮点的光就透过了狭缝，其余天体的光被金属板挡住。透过狭缝的光再色散成光谱，就获得这个天体的光谱。可以想象，拍摄图像时星光集中于一点，还比较亮，曝光时间相对短，拍摄光谱时，星点的光被色散成多种颜色的光，能量分散了，光谱的像会很暗，拍摄时曝光时间就会很长，所以说，拍摄天体光谱比拍摄图像效率低很多。2.16 米望远镜建成以后，望远镜口径大，能聚集更多的光能，能获得比较亮的光谱，开始了精细的天体光谱观测。由于拍摄光谱的效率低，尽管 2.16 米望远镜建成，能拍摄到的天体光谱的数量非常有限。拍摄天体光谱效率低不光是我们国家的问题，全世界拍摄光谱的效率全都低，所以就造成了人类记录在案的天体百亿量级，有光谱的很少。

由于这个原因，我国又建造了郭守敬望远镜。这架望远镜一次就可以拍摄四千个天体的光谱。郭守敬望远镜是 2008 年建成，望远镜的整体结构完全由中国人独创，地球上没有第二架，由于该望远镜的创新点很多，调试和理顺工作至 2011 年，2012 年正式大量拍摄天体光谱（光谱巡天），从 2012 年至 2015 年的上半年，该望远镜拍摄的光谱的数量就已经超过世界上其他望远镜之前拍摄光谱数量的总和。所以说，郭守敬望远镜是目前世界上拍摄天体光谱效率最高的望远镜。

图片中，我们可以看到该望远镜与我们平时看到的望远镜有所不同，确实，这架望远镜具有特殊的结构。从图片看到该望远镜由一个斜的建筑和一个半球组成，这个斜的建筑

就是望远镜镜筒。那么，大家会不会认为望远镜镜筒从低端向高端望出去呀？回答是否定的，镜筒的高端自建造时就用钢筋混凝土封住了，从来都不会打开。

圆顶内，24 块镜子拼接的平面镜要变形成波浪形的改正镜技术上是非常难的，就是由于望远镜采用了这个方案，1993 年该望远镜的方案公布后，国外的天文学家就提醒中国人，这个方案太难。方案中用到了镜面拼接的主动光学技术，还用到了镜面变形的主动光学技术，而且不是两个技术的简单相加。简单地说，就是每块六边形的子平面镜都要变形，然后还要拼接在一起，圆滑地拼接成一个波浪形的反射镜。当时，国外做过镜面拼接，也做过镜面变形，我们却没有做过。1997 年，这架望远镜立项了，也就是说，我们中国人要干了。国外的天文学家祝贺我们：一旦做成了，在世界上是奇迹！

2008 年，奇迹出现了！那么大家要问，这个波浪形的镜子是如何实现的呢？是用施加力的方式促使镜面变形成波浪形。具体做法是：在每块六边形的子平面镜后面安装 37 个施加力的装置，整面镜子后面安装 $24 \times 37=888$ 个施加力的装置，在工作时，有的推，有的拉，让整面镜子圆滑地变形成波浪形，想一想，是不是很难实现？圆顶里这面镜子的俯仰高度可以改变，支撑镜子的底盘是精密转台，可以旋转，可以改变镜面朝向的方位，因此可以反射不同天区的光至球面镜，然后汇聚到焦面成像。在反射不同天区光时，光的入射角不同，波浪形镜的变形参数也不同。由于拍摄光谱时需要长时间曝光，地球在自转导致星空运动，望远镜必须跟踪天体，跟踪的过程中，星光的入射角时时刻刻都在发生变化，波浪形镜子的参数时时刻刻也要做调整，所以说，这面镜子是一面动态的波浪形镜子，是目前世界上最复杂的镜子。国外的天文学家看到了这面镜子说的第一句话：中国人能造大型望远镜了！这面镜子建成，将中国的镜面拼接和镜面变形的主动光学技术推向了世界的前沿！这面镜子是一个世界之最！

这架望远镜有多个世界之最。首先，这四千根光纤的数量就是一个世界之最，其他国家也有大量拍光谱的望远镜，光纤数最多只有六百多，我们几乎高了一个数量级。

再有，其他国家六百多光纤是人工插到焦面铝板上，观测前需要按观测天区天体分布在铝板上钻六百多个孔，我们的四千根光纤是全部自动驱动到位的，全世界自动化程度最高。

焦面盘上的像一定是夜空某一天区的像，这个天区的望过去的视角宽度是 5 度，这也是一个世界之最，同口径望远镜其他国家只做到了 2 度多。按照常规，大口径望远镜很难兼得大视场，这架望远镜不仅实现了大口径，与此同时还能获得 5 度大的视场，突破了大口径望远镜很难兼得大视场的瓶颈。

现在提倡科技创新，尤其是从无到有的创新，郭守敬望远镜的结构完全由我们中国人独创，地球上之前没有这种结构的望远镜。也就是科学院提倡的从 0 到 1 的创新！

郭守敬望远镜的结构完全由我国的科学家独创。王绶琯院士和苏定强院士主要构思出世界上独一无二结构的望远镜。崔向群院士带领南京天文仪器光学研究所与多家科研团队合作将其实现。

望远镜有一个很长的中文名：大天区面积多目标光纤光谱天文望远镜，我们了解了这个望远镜的性能之后，再来看这个中文名就很清楚了，大天区面积指的是望远镜 5 度的大视场，多目标指的是四千根光纤，很清楚！这个中文名译成英文：Large Sky Area Multi-Object Fiber Spectroscopy Telescope。英文名主要单词首字母列出来，简称：LAMOST。经常会有人问：这架望远镜是不是 Lamost 这个人创建的？显然不是，完全由中国人独创的望远镜起了外国名，有很多中国人希望给它起个中文名！大家首先想到的是王绶琯院士和苏定强院士，于是提出叫作：王苏望远镜，两位老先生认为大家都做了很多很难的工作，不赞同。人们提出：张衡望远镜、问天等等很多好听且有意义的名字，但最终还是按照国际惯例，用有贡献的天文学家的名字命名望远镜，郭守敬是我国元代的科学家，天文上有很多贡献，建国门古观象台的很多天文仪器就是郭守敬设计制造的，这架望远镜坐落在河北省的兴隆县，郭守敬是河北省邢台人，最终这架望远镜定名为：郭守敬望远镜。

永远难忘的记忆

⊙ 段保娣

1962 年我参加工作，在长达 40 年的工作历程中，让我永远难忘的记忆是 1966 年邢台地震期间，我见到了敬爱的周恩来总理。至今，周总理的亲切关怀我还历历在目，也成为我努力工作的动力。

1966 年 3 月初，邢台地区出现了小震活动。3 月 6 日宁晋县发生了 5.2 级地震，有窑洞倒塌和人员伤亡。中科院地球物理所作为地震工作的尖兵，组织了 12 名科技人员的地震考察队，携带部分仪器、设备赶赴灾区。

当时，我在所里从事地震仪器的研制和架台观测工作，到灾区是我的本职工作。经过争取，我成为 12 人中年龄最小的成员。3 月 7 日晨 7 时我们乘火车先到石家庄，后到宁晋的耿庄桥。我们连夜架设地震仪器。我自己安装了一台微震仪和一台多摆强震仪，到 3 月 8 日凌晨 3 点多钟才安装调试好。经过一天一夜的劳累，我和另一位女同志迷迷糊糊地睡下了。刚睡着，朦胧中觉得房子动，有响声把我们惊醒，正想往外跑，震动和响声停止了，我们又睡下了。这时，房子又动了起来，响声也越来越大。我急忙起来，叫醒了同屋的女同志。由于站不稳，我摔倒在立柜前，那位女同志也从床上摔到地上。顷刻间，立柜倒了，紧接着房屋也倒了，地在上下震动，左右晃动，轰隆隆的声响，这一切都让人十分恐惧。地震平静后，我从瓦砾中爬出来，才知道我们隔壁的老太太地震中被砸死了，我和同事属于万幸，是被立柜和床的缝隙救了一命。我赶紧去看地震仪器，放地震仪器的房子倒了，微震仪坏了，观测记录也出了格，多摆强震仪没有坏，记到了最珍贵的资料。等我忙了一阵子后，才感到右手发凉。一看，发现手被砸伤，右手小拇指被砸断了，只剩下一层皮和手指连着。我赶忙把手指扶正，将断指接在一起，找块布包上，手慢慢肿了起来，这时才感到钻心的疼痛。我们考察队 12 位同志，都有不同的脱险经历，仅我受了伤。我受伤后，考察队的同志们和当地政府十分关心，当天就送我到石家庄部队医院治疗，晚上回到北京。

1966 年 3 月 8 日 5 时 29 分，邢台地区隆尧县发生 6.8 级地震。邢台地区 17 个县、市损失巨大，造成 7528 人死亡、9219 人重伤、26 681 人轻伤、房屋倒塌 762 995 间。而隆尧、宁晋、巨鹿三县 500 个村庄大部分房屋倒塌，20 万人被压在废墟中。巨大的地震毁坏了带去的仪器，为了恢复地震观测，为了扩大地震活动的监测，我们不仅要重新架设地

注：段保娣，75 岁，中科院信息中心高级工程师。

震仪，还要布设地震观测网。这时，我没有留在北京养伤的念头，有的是地震工作者的责任。我和所里的同志立刻准备需增添的仪器设备，连夜投入安装调试工作，于3月9日又随第二批考察队回到了地震灾区，和同志们一起开展地震观测、地震宏观调查和地震分析等工作。

3月22日16时11分邢台地区宁晋县发生6.7级地震，16时19分宁晋又发生7.2级地震，连同3月8日隆尧发生的6.8级地震，造成河北省邢台、邯郸、衡水、石家庄、沧州、保定6个地区，80个县、市受灾。这是新中国成立以来，在人口较稠密区发生的强震，共造成8064人死亡，3 8451人受伤，房屋倒塌5 084 257间。

灾情发生后，党中央和国务院十分重视。3月9日周恩来总理来到隆尧视察灾情，慰问群众，制定了“自力更生、奋发图强、发展生产、重建家园”的抗震救灾方针。4月1日总理第二次来到灾区，在耿庄桥视察时，看望了地震一线的科技工作者。他一下直升机，还没等记者赶到，就首先来到我正在工作的帐篷。总理依次和每个人握手。当和我握手时，总理看到我受伤的手，就说，“你就是段保娣吧，上报的材料我已看过，你为灾区人民受了伤，很光荣。”总理还亲切地问我多大年龄，是哪个学校毕业，家住哪里，并一再嘱咐我要注意保护，尽快把伤养好。总理随后又到了别的帐篷视察，并和科技人员谈地震预报问题。总理离开时，边走边说，再次叮嘱我“天气冷，手一定要注意。”总理上了直升机，直升机发动了，他挥手向大家告别。这时，他的目光远远地注视着我，用手指了指他的手。我明白：总理的意思是要我一定注意保护自己的手。当时，我的眼泪不由自主地流了出来。总理那么亲切、那么细心、那么平易近人，像慈父一样地关怀、体贴，让我终生难忘。

考察队在邢台工作了2个多月，我一直坚持到考察队的任务结束才回到北京。后来，手指愈合了，右手比左手小拇指短一点，由于当时没完全接好，至今是歪的。

2006年，中央电视台拍摄纪念邢台地震40周年电视片《见证－亲历》，编导林云，摄像记者赵南采访了我。我把这段难忘的记忆介绍给了他们。该片于2006年6月在中央电视台播出。2006年3月，河北省地震局受中国地震局和河北省人民政府的委托，邀请我以特别嘉宾的身份（1989年后我离开了地震工作战线）参加中国地震局与河北省人民政府联合举办的“纪念邢台地震40周年学术研讨会”。在相关的活动中，我见到了当年邢台地震时，共同战斗过的许多同志。在召开纪念邢台地震40周年座谈会上，我又一次回忆起周总理对我的关怀，对地震事业的期盼。

在参观邢台地震资料陈列馆时，我看到了一张当时我手裹纱布正在进行地震观测的特写照片，我的眼泪夺眶而出，难以控制。我深深地感到：历史没有忘记我，邢台没有忘记我。正如周总理所说的，这是我的光荣。也是我永远难忘的记忆！

科研管理二十年

⊙ 李满园

我从1970年到1997年，在中国科学院政治部、业务二局、数学物理学部、数理化局、基础科学局工作到退休。曾任数学物理学部物理处处长、基础科学局局级学术秘书、研究员等职。在二十余年的科研管理生涯中，亲身经历了院里在科研管理方面从乱到治的全过程，也亲身感受到了我国科技发展道路的曲折艰辛。

“百家争鸣座谈会”与科技界的右倾翻案风

1974～1984 年是我国科技管理从乱到治的十年。老一辈的科学家都还记得，“文革”期间在中科院搞基础研究是要受到批判的，就是想搞基础研究也得不到多少经费支持，所以在科技界和教育界当时流传一个口号叫作“搞基础（研究）危险，搞应用（研究）保险”，说明当时开展基础研究的困难。1972 年毛主席接见杨振宁、李政道等十二位美籍华裔学者，在科技界和教育界引起了对基础科学研究的广泛重视。周总理针对科技界出现的忽视基础研究的问题，提出要重视基础科学研究，并指示中科院要通过搞大科学工程把基础研究带动起来。周总理指示在中科院建设正负电子对撞机就是其中的一个例子。根据周总理的指示，中科院正准备加强搞基础研究的时候，出现了 1974 年春天刮起来的“批林批孔批周公”之风，在科技界又加了一个批判“理论风”。那时在我国还要不要搞基础研究这个问题上，引起了全国知识界的广泛关注。

1974 年 4 月，时任国家计委主任的余秋里同志指示中科院，联合高校制订我国基础科学研究规划。当时周荣鑫同志（曾任周恩来总理的联络员）主持中科院的工作，指示由中科院牵头联合国务院科教组组织一个全国基础科学调查小组对全国的基础研究状况进行调查。当时钱三强同志任我们的科学顾问，董效抒同志任组长，我任副组长。根据周荣鑫同志的指示，我们对全国基础科学的研究状况进行了一次调查，召开了数十个座谈会。参加这个调查组的成员都是中科院的研究所和高校的中年业务骨干。他们到北京大学调查时北京大学把他们拒之门外不予接待。在吉林大学调查时，唐敖庆教授问：“你们对周恩来总理接见十二名美籍华裔学者的讲话怎么看？”我们无言以对。在中科院的研究所调查时，有些同志对中科院批“理论风”问题直接提出了批评，指出中科院批“理论风”在理论上是错误的，在实践上是有害的，政治上是有所指的。各调查组回到北京以后将调查情况汇

注：李满园，82 岁，原中国科学院基础科学局研究员。

总后向周荣鑫同志做了汇报。由于当时的政治情况比较复杂，加上“四人帮”的干扰，周荣鑫同志听完汇报之后没做指示，调查工作也就不了了之。

1975 年春，胡耀邦同志来到中科院主持工作时再次听了基础科学调查小组的汇报，并传达了当时主管科技工作的华国锋副总理的指示：委托钱三强同志主持并要求在中科院召开一个“百家争鸣”的座谈会，听听科学家们对科技工作的意见。当时我们找了黄昆、何祚庥、张文裕、邹承鲁等十多位国内外知名的科学家进行了座谈。之后我负责整理了六期《简报》，送给胡耀邦同志看过之后向邓小平同志做了请示，经邓小平同志批准将《简报》发至中央各部委，全国各省、市、自治区及各新闻单位。《简报》的标题是：《科学也要向文艺体育那样从小培养人才》《科研院所要建立学术委员会》《科学是生产力，不是上层建筑》等等，这些在当时是科技人员非常关心的问题，也是科技界、教育界非常敏感的话题。我记得比较清楚的有几件事：

1. 邓小平同志看了《简报》中登载的黄昆教授在北京大学不能开展基础研究的报道，明确指示将黄昆教授从北京大学调到中科院半导体所，给他创造科研条件，安排好他的科学研究工作。

2. 根据毛主席关于学习理论问题的指示，何祚庥教授提出马克思说过“科学是生产力，不是上层建筑。”

3. 由于中科院《汇报提纲》写进了科学技术是生产力的问题，1976 年批判科技界右倾翻案风时，华国锋同志指示召开的“百家争鸣座谈会”及下发的《简报》也就成了当时科技界批判右倾翻案风必不可少的组成部分。

钱三强主任的科研布局

1977 年，由中科院牵头联合教育部编制了《1978～1985 年全国科学技术发展规划纲要》，钱三强同志仍然担任科学顾问。1980 年，时任中科院数理学部主任的钱三强同志指示我们召开了一个有 100 名国内外知名的科学家参加的国际学术会议，其中有十七位华裔学者参加了这次会议，与会学者对当时国际上开展的科技前沿问题和科研热点课题进行了广泛的讨论。这次会议之后，薛士莹同志与我根据科学家们的建议将“固体物理学科”改成了“凝聚态物理学科”；加强了对液晶、纳米、超导等功能材料研究的重视；同时，也将物理学和其他学科的交叉如“生物医学工程”、“汉语语言人机对话”和“计算技术中的数字技术”、“核磁共振成像技术”以及“卫星图片判读”等项目列入了中科院的学科规划；在理论物理方面，根据钱三强同志的建议成立了由彭桓武先生领导的“中国科学院理论物理研究所”和葛庭遂先生领导的“中国科学院固体物理研究所”；在数学研究方面加强了对陈景润研究的 1+2 课题和吴文俊先生研究的“机器证明”等研究项目的支持。为 20 世纪 80 年代我国开展超导材料、纳米材料、核磁共振成像技术、声学数字技术、卫星遥感技术的学科发展和新兴学科的建立打下了坚实基础。

周光召与数理学部的工作

1981～1989 年，周光召同志任中科院副院长兼数理学部主任时，决定的几件重大事情也是很值得回忆和称道的。

一是建立了国家级开放实验室。1980 年我们根据国家改革开放的形势需要，由章综、薛士莹和我提议建立国家级、开放性、研究型实验室的意见书，这项建议当时在院党组办公会议上没有通过。当时钱三强同志因病休养，周光召同志代替钱三强主持工作。周光召同志认为这项建议很有创意，决定在数理学部先试点。由于试点的效果在科研单位中反映不错，国家计委和国家科委在对基层研究所调查时科研人员反映很好，经过几年的经费投入和科研试点，国家计委和国家科委把开放实验室的建设列入国家级项目规划，并在全国科研院所、高等学校中进行推广。当时数理学部率先提出的 19 个实验室成为国家第一批对全国开放的实验室。

二是建立了国家超导研究开发中心。高温超导材料的发现，使中科院物理所在全国乃至全世界有了一定的影响。这一事件不单对超导，对全国物理界都是一个震动，也引起了国务院各部委、地方各省市主管科技的决策层领导对基础研究的重视。1987 年我国政府对科学研究的拨款还是很有限的，如何将全国的科研力量组织起来，有效地开展联合攻关，成为当时中央领导同志关心的一大问题。1987 年应新华通讯社的邀请，我撰写了《关于建立国家超导研究开发中心的建议书》，登载在新华社国内动态清样上，并得到了李鹏、胡启立、田纪云、方毅等中央领导的批示。周光召院长根据中央领导的批示，建议在国家科委和国家计委立项。周光召院长倡议在科技界率先为科研人员提供一个宽松的研究环境，此举应该说是走在科技改革开放的前列，有利于把全国的科研力量组织到一起，使建立在中科院物理所的“国家超导联合研究开发中心”成为科技界第一个跨部门的、综合性的、对国内外开放的国家级超导科学研究中心。师昌绪、严东生同志组成的专家评议组和国家科委宋健同志都对国家超导研究中心的研究方式和管理给予了高度肯定。

三是从科研人员中选拔培养一批企业家。1983 年周光召主持中科院工作之后，面临中科院的方向任务要不要调整的问题。周光召院长在给当时主持国务院工作的赵紫阳总理的报告中提出三个主战场，在中科院的研究方向中增加了高技术的研究开发和产业化的内容。作为试点，1984 年周光召院长指示我筹备并成立了中国科学院第一个以高技术研究为宗旨的高科技开发公司，即中国科学院科理高技术公司。在此基础上 1984 年秋他又指示我“从科研人员中培养选拔一批企业家”。根据周光召同志的指示，我向周光召院长建议将侯自强、王震西、柳传志、屠炎、李云言等一批科研业务骨干转向高技术产品的研发和制造。有些人从那时起就成为我院高技术产业化的组织者和项目带头人。

纳米科学，中科院的一个新学科生长点

纳米科学在我国的研究工作已经开展二十多年了，很少有人知道这个项目在我国诞生

及发展的过程。由于这个项目已经成为国家发展的重点，需要对它的诞生过程做一个历史的回顾。

纳米科学研究源于中科院固体物理研究所。该所原来主要的研究方向是固体内耗，作为一个研究所只有这样一个研究方向太窄，从学科发展需要来看也跟不上世界发展的形势，因此增加固体所研究方向和研究内容就成了中科院数理学部研究关心的重大问题。当时我任数理学部物理处处长，任务自然落在我的肩上。1987 年在调研的基础上，我请固体所的研究员张立德同志给院里写过一份调查报告，建议在固体物理所开展纳米材料科学研究。这份报告写好后由我送给了严东生副院长。严副院长看过之后，支持我们的建议，同意在此基础上继续开展调研工作。1988 年由邵立勤、刘佩华、胡善荣、张立德、解思深等同志和我组成了纳米科学研究立项调研小组，在我院物理所、金属物理所、固体所、化学所和部分高校进行了座谈，写出了加强纳米科学研究的调查报告。1990 和 1991 年，在合肥连续召开了两次全国性的纳米科学学术会议。在此基础上，根据严东生副院长和时任政策局局长郭传杰同志的建议，于 1992 年在院部召开了一次纳米科学发展战略研讨会，为纳米材料科学研究列入国家攀登项目创造了条件。严东生、冯端、张立德同志成为我国攀登计划第一批首席科学家和学术带头人。1994 年在北京天文台兴隆观测站确定了将纳米科学上报院长办公会议，申请列入中科院院级科研项目，确定将纳米科学研究上报国家科委建议重点扶植，同时决定把纳米科学研究确定为固体物理所的主要研究方向。之后在北京物理所组建了纳米科学研究中心，负责组织全院科研攻关的组织协调工作。后来的国家纳米科学中心就是在中科院纳米科学研究中心的基础上建立并发展起来的，现已成为一个独立的在国际上有影响的国家科研中心。

“九五”规划与大科学工程

1995 年，钱文藻局长传达布置周光召院长的指示，准备制定“九五”国家科学规划。当时中科院的科研经费不足，钱文藻局长明确要我们到外面去找钱。我当时分管基础科学局物理学科的规划工作，为了落实领导的部署，我联合国家科委基础研究与高技术司林泉和邵立勤两位同志、国家自然科学基金委员会数理学部主任王鼎盛同志，共同组成了“九五”规划调查组，对全国物理学中的基础研究和大科学工程进行了调研。在调研的基础上，我们写出了联合调查报告，上报给宋健、朱丽兰、张存浩和周光召等领导。在 1996 年物理学科发展战略研讨会上，国家科委宋健主任明确指出：“大科学工程还是要搞的”。因此，1997 年国家将大科学工程列入了“九五”规划。十几年过去了，现在陆续完工的高能物理所的“正负电子对撞机二期工程”、兰州近代物理所的“重离子加速器冷却储存环工程”和合肥董铺岛的“全超导托卡马克装置”等都已经开始运行。当然具体工作是后来的同志实施的，我们只不过是开了个头。

从事科研管理工作的体会

从事科研管理工作和搞科研不同，既要领会掌握党和国家的政策，又要贯彻好中科院的办院方针；既要领会科学家的思想，又需要把科学家的语言变成科学管理语言，要积极争取国家机关和上级领导的支持才能实现；科研管理人员既要有独立的思想，又需贯彻好领导的意图。通过实践我有四点体会：

1. 基础研究重在培养人才。几十年来，通过超导和纳米科学研究我国培养了一大批基础科学人才。如超导研究我国原来只有三位院士，1987 年高温超导研究取得重大突破之后的几十年里新涌现的院士有赵忠贤、甘子召、吴培亨、龚长德、杨国桢、张裕恒、朱道本等多位院士。在纳米科学研究方面新涌现的院士有卢柯、都有为、范守善、李述汤、解思深、钱逸泰、侯建国、赵东源等多位院士。仅这两个学科就涌现了十多位院士，可见基础研究是培养国家基础科学人才的摇篮。

2. 基础研究又是新学科的生长点和发展高科技的科研基地。在物理学和技术科学中，基础和应用没有严格的界限。昨天的基础研究很可能就是今天的应用研究。曾经我们只知道纳米科学在学术上有它的广阔空间和应用前景，无法预测纳米能在哪里开花结果。可是今天就不同了，通过科学家的实践和新闻媒体的宣传，纳米科学已经成为家喻户晓、人人皆知的新型材料，如纳米芯片、纳米显示屏、纳米触摸屏、纳米高密度存储技术已成功应用于手机、数码相机、显示屏等重要的高科技产品上，纳米生物芯片和纳米传感器已成功用于疾病的早期诊断和环境监控。在燃料电池、锂电池、太阳能电池的升级换代方面纳米材料和技术也起到了关键作用，纳米材料和技术给新兴工业带来了新的发展机遇，也为国家工业化生产参与国际竞争指出了发展方向。由此可见，国家没有基础研究就不能领先别人，国家没有高科技就会受制于人，科技落后就要挨打。在科技高度发展的今天，国家必须建设自己的基础研究基地。

3. 科研管理专家必须树立甘心为科学家服务的思想。要善于听取科学家的意见，虚心做他们的学生；在科研成果推广和应用方面需要掌握运用积累的知识，将科研院所的科研成果推向应用，实现产业化。管理科学是一门单独的学问，有些单位和部门把有科研成就的科学家调去搞管理，实际是对人才使用的一种浪费。

4. 历史的教训值得注意，开展基础研究要有一个相对宽松和稳定的环境才有利于出成果出人才，不要单以论文多少论科研水平的高低。“文革”期间批“理论风”是对基础研究的无知和摧残。现在需要警惕的是另一种倾向，即行政管理部门的急功近利，不切实际地对基础研究施压，盲目追求论文的数量而不顾论文的质量，再加上功利主义催生出来的浮夸风，又出现了抄袭论文恶劣风气，剽窃别人的成果既害单位也害自己，不能不说是一种悲哀。

科研管理工作几十年的记事内容比较庞杂，我写的都是大事后面的小事，但可以通过这些小事了解许多大事背后的真实场景，了解领导和科学家们当时的所思所想。

廉洁奉公的楷模

——深切缅怀胡克实同志

⊙ 范晓峰

2006 年 6 月 11 日，在中国青年政治学院（中央团校）中国青少年研究中心会议室，举办了《胡克实纪念文集》出版座谈会。王汉斌、李昌、王照华、杨海波、刘冰等共青团老一辈革命家和中科院原副院长胡启恒院士并代表胡启立同志，一起出席了座谈会。我作为《胡克实纪念文集》的作者之一，应邀参加了座谈会。

座谈会上，李昌、王汉斌、王照华、杨海波、刘冰等老同志先后讲了话，刘冰同志还激动地唱了一首延安时期流行的革命歌曲，以缅怀胡克实同志。曾在共青团中央机关工作的李宝光、江文等老同志，回忆了与胡克实同志共同战斗生活的日子。老同志们的发言，使到场的同志们产生很大共鸣。

胡耀邦同志的长子胡德平以一个革命后代的身份，在座谈会上谈了感想。他说：“我父亲和胡克实叔叔，在‘文革’中，始终坚持实事求是的态度，以平和心教育青年一代要有信心，要能坐冷板凳；并要求我们要善于学习、善于思考。他们一直强调共青团是党的后备军和助手作用，这不仅是大革命时期党对共青团的定位，也是我党作为执政党后对共青团的定位，很值得思考。我认为，决不能使共青团岗位成为团干部升官的途径，成为‘官本位’名利思想的场所；而团干部应该把自己定位在成为建设中国特色社会主义国家的有用人才上，成为在经济、科学、教育、文化等各领域的带头人上。这个问题很重要，我们一定要在青年中提倡讲实话、讲真话，努力做到艰苦奋斗一辈子。”

座谈会最后，胡克实同志的夫人于今发言。她对到会的全体同志表示了感谢！

这是我唯一一次与众多的共青团老一辈们一起参加的活动。我当时很兴奋，情不自禁地回忆起了以往的岁月，浮想联翩……

胡克实同志 1952 年调到团中央，先后担任书记处候补书记、书记和常务书记职务。1975 年，他调到中科院工作后，担任党组副书记、副院长；分管政治思想、干部、后勤以及地学口的业务管理工作，为中科院的建设和发展做出了重要贡献。

1977 年 6 月，我在中科院 109 厂工作时，参加了“中科院赴大庆学习团”的活动。在大庆市期间，我初次结识了胡克实同志。

注：范晓峰，74 岁，曾任中科院科技政策与管理科学研究所副所长、全国人大教科文卫委员会科技室副主任。

1977 年底到 1983 年初，我在院共青团岗位上，多次接触了胡克实同志，有幸多次聆听他的教诲。他的每一次满腔热情、中肯的谈话，不仅使我个人在思想和工作上受益匪浅，而且对当时确立中科院青年工作的具体目标、开创青年工作新局面，都起到了重要的作用。

全国科学大会后，胡克实同志在听取院团委班子汇报青年工作时，对我们作了十分精辟、富有激情的讲话。他说："我们科学院要出成果、出人才，而关键是出人才。这是科研发展的当务之急，也是社会主义建设的百年大计。人才问题，首先是发现和选拔，要不拘一格选人才。……我们科学院是有人才的，有不少青年同志是有培养前途的，要注意发现、选拔，不要求全责备。"他还说："要想多出人才，还要抓好科技人员的培养和进修，包括办业余学校、进修班等多种方法，要广开途径，提供条件。我们要重视在工作中和业余的学习，特别要强调自学。……在科研后勤岗位工作的青年，一定要树立为科研第一线服务的思想。干后勤工作很重要，很光荣，也很辛苦，是无名英雄。"我们根据他的意见，组织全院青年开展了学知识、学科学，敬业爱岗竞赛活动。

胡克实同志是我们的长辈和良师。在与他交往的近三十年日子里，我们之间建立了深厚的感情。我从中科院调到全国人大机关工作后，于 1997 年春节前，到团中央宿舍看望了仍担任着第八届全国人大教科文卫委员会顾问的胡克实同志。他见到我十分高兴，兴奋地问起当年中科院团干部的近况。当他听到一些老团干部已成为研究所的党政领导干部，从事科研管理的介绍后，连声说："好啊！大家都不错呀！"我看着他慈祥的面容，默默道出大家的心声："胡老，没有你们老一辈革命家的培养教育，就不会有我们的今天呀！"此后，每年春节前后，我都坚持抽出时间和一些同志到他家中看望他。

胡克实同志在全国人大担任教科文卫委员会领导期间，倡导成立了"中国科学技术法学会"，并长期担任会长职务。1997 年，我参加了中国科技法学会的工作，又一次在他的领导下工作了近 4 年时间。他在国家科技立法工作中，勇于开拓进取、尽心竭力，并孜孜不倦地学习和探索法律精神，使之在科技社团里威信极高。为此，科技法学会吸引和凝聚了一大批有志于科技法学研究的专家、学者及社会力量，促进了科技界与法律界的联盟。

胡克实同志待人宽厚、诚恳热情，尊重每位同志。无论是老科学家、中青年科技人员还是基层的同志，在与他接触中都深深地感受到他的和蔼可亲、平易近人。1998 年 3 月，他离休回到中科院后，还经常挂念在全国人大机关工作的老同志们。2000 年、2002 年，他先后两次到人大机关宿舍看望了我们。江天水、沈家骐、庞伟华、贾大平、徐友刚等同志，都是从中科院调入全国人大机关工作的老同志。有的是在他身边当了多年秘书，有的跟随他在全国人大工作了十多年。大家回忆起在他领导下工作的岁月，都难以忘怀。他在工作上认真负责，严谨细致，一丝不苟；对下属襟怀坦白，谦虚谨慎、和蔼可亲。大家感到他是一位可亲可敬的好领导和好师长，有困难时也愿意找他诉说。他也把我们视为好朋友，与大家结下了深厚的友谊。2000 年 5 月 31 日，他过八十岁生日时，在家里与夫人合影后，特意多洗了几张，送给了我们，并亲自题了字。照片成了我们每个人最珍贵的藏品。由他主持编辑、亲自审定的《科技工作与科技立法》一书，在正式出版后，他亲自题了字赠给我们。这本书汇集了他在中科院和全国人大常委会工作期间的论著，同时也收入了在团中央工作期间的一些论著。全书倡导的“依法治国”，“尊重知识、尊重人才”的思想，是他发自肺腑的呼声。他把自己的毕生精力与心血献给了党和人民，献给了青年工作、科技事业和社会主义民主法制建设。

2000 年 8 月，我陪同胡克实同志赴青岛参加第三届中国科技法学会会议期间，他挂念着 90 岁高龄的老朋友、中科院海洋所名誉所长曾呈奎院士。我专门陪他到曾老家中看望了这位中国著名的海洋学家。当曾院士见到胡克实同志时，激动地留下了热泪。

胡克实同志在生活上艰苦朴素、克勤克俭的优良作风，永远是我们每个共产党员学习的榜样。他于 1956 年搬到富强胡同甲 6 号院团中央宿舍居住后，一住就是 40 多年。胡克实同志住的是平房。由于产权与工作单位不一致，房屋很长时间得不到正常维修，甚至连冬天取暖用煤问题也要反复交涉。直至 1998 年离休前，中组部才帮助他解决了住房问题。

2004 年 1 月 12 日，我和贾大平同志一起到北京医院看望了正在住院的胡克实同志。此时他因肺部感染，说话已经不太清楚了。没想到这次见面竟然是与他的最后一面。之后，我出差到外地调研，6 月 28 日回到北京后，才得知胡老不幸于 27 日病故了。7 月 13 日，中科院在八宝山革命公墓大礼堂为胡克实同志举行了遗体告别活动。李瑞环、丁关根等中央领导同志和全国人大、中科院、中国地震局、团中央的一些老同志、老下属，共 1000 多人参加了告别活动。我站在胡老的遗体前，迟迟不想离去。直到今天，他的音容笑貌仍在我脑海中，他的名字和业绩，将永远为人们所怀念。

环境化学所的诞生与成长

⊙ 汪安璞

1971年3月，中科院化学所二部（位于怀柔）奉命归属国防科委16院中国人民解放军京字138部队，并承担“化学激光器”研制的任务。本人很荣幸地成为一名解放军战士，参加了这项任务，还当了小组长。当时的领导是刘静宜主任。到1975年2月接到指令回归中科院，这项工作也就下马了。从此，我们重找“出路”。

此时，刘静宜主任根据化学所的意见，负责为二部探索新的科研方向、任务。她首先组织大家讨论、酝酿，广泛征求意见，并组织人员广泛收集信息情报。

在20世纪70年代初期，国外环境保护工作已如火如荼地开展起来了。这股热潮迅速传到我们国家，引起周总理及中央领导对环境保护问题的重视。为此国家建委专门设立了“国务院环境保护领导小组办公室”。一些地方、城市，也相继建立了环境保护机构——环境保护研究所和环境保护监测站。

在这一背景下，刘主任根据我们具有一定化学研究基础的状况，认为转向从事“环境保护问题”研究，可能有我们的用武之地。这个主意得到了大家的赞同。可是对于“环境”这方面的基础知识，大家却是一张“白纸”。为此，她就组织了精干的调研小组，分头查阅国内外文献资料，进行深入了解、摸底。这个小组后来成了环化所环境情报室的基础。

1974年，国务院环境保护领导小组办公室（以下简称“国环办”）协同中科院领导商议决定：为加强我国环保工作的开展，增进科研的力度和深度，建议中科院建立环境保护的专业研究所。1975年5月，中科院下文，决定在原化学所二部的基础上，建立“中国科学院环境化学研究所”。

值得一提的是，刘所长选取“环境化学”为研究所之名，其含义是：用化学的原理、技术和方法来了解、研究以解决环境的污染问题。这也是当时环化所建所的宗旨。但那时，“环境化学”一词，在国外还少有使用，在国内更没有听说。

一、建立强大的环保情报队伍和信息网络系统

首先，进行专业队伍和力量的调整、重组。从实际出发，第一步就建立了环境科技情报、环境分析和污染治理三个研究室作为“起步队伍”，主要为解决当时国内急需的污染

注：汪安璞，91岁，中科院生态环境研究中心研究员。

监测和工业污染治理等问题。新所对环境科技情报的调研工作特别重视，投入了大量人力，收集国内外环境科技情报，并进行分析研究，写出了战略性的报告，及时提供给有关领导，为制定方针政策和环保对策做参考，起到了咨询、参谋的作用，深得领导部门的重视。环保情报队伍还为国环办汇编了《国内“三废”治理情况资料汇编》《全国环境科技成果汇编》等资料，为交流和促进环境监测、污染治理技术的推广应用，起到了很好的作用。之后，又进一步建立了全国环保科技情报网，创办了网刊，定期召开情报网工作会议，讨论提高质量等问题，有效地促进了环保信息的交流和环保科技的推广应用，深得国环办的赞赏和表扬。后来，所里又创办了我国最早的一批环境类学术期刊——《环境科学》《环境化学》等，加强了环境科学、环境化学的宣传和交流，也提高了自身队伍的环境知识和专业水平。在刘所长的努力下，环化所建立了联合国环境规划署国际环境信息系统中国联络点，将环保信息的“触角”伸向全世界，随时可了解到国际的环保动向和科技进展。

二、发挥原有化学专长，投入急需任务

原化学所二部的分析化学队伍实力较强，工作经验较多，仪器设备完善。当时国内环境监测单位，急需得到一些适合国内环境污染物的监测分析方法和环境标准参考物。环化所环境分析研究室根据国务院环境保护领导小组提出的要求，研究了一系列的监测分析方法和环境标准参考物，为全国环境污染的监测分析工作，起了指导、带头的作用，解决了大批环境分析方法及缺乏标准物的问题。

当时，国内许多工业污染源急需获得治理的方法。我所污染治理研究室，抓住量大面广的问题，开始进行研究。如对二氧化硫、氮氧化物等排放物，探索了不同治理方法和技术的研究：用催化剂治理汽车尾气污染物，用有机膜治理污水、净化等。

三、组织骨干力量筹建污染化学研究室

从1978年起，在刘所长的领导下，开始筹建大气和水污染化学研究室，两年后开展了实际研究，获得了一系列可喜的成果，建立了污染化学研究的基本团队。

（一）大气污染化学研究室的筹建与开展的工作

那时，大气化学在我国的研究尚属空白。中科院的领导对此十分重视，希望在环化所能实现大气污染化学开创性的研究，培养出一批实干的队伍。本人参加了大气室的工作。1977年6月，研究所从怀柔搬迁到原北京林学院校内，借用了一座小楼作为研究基地，另建了一些简易木板房，作为行政、后勤办公用房。环化所实验室的建设任务十分艰巨，从实验用房的装修，到仪器设备的装备，都要从头开始。面对如此困难的情况，在刘所长的领导下，我们大气室的同志多头并举，一步步开展考虑研究方向、拟定实践课题、订购仪器设备等工作。

1980年，刘所长提出联合中科院大气物理所，协同调查、研究“京津渤区域环境质量”课题。此总课题在大气物理与大气化学的学科基础上，阐明和评价污染的状况、实质

与发展趋势。为京、津、渤地区污染的防治与规划，提出了可行性建议。1981 年后，又连续两次与大气所联合，在该地区布点同步采集各种大气样品，分别从气象条件、物理传输、化学特征等方面总结出若干问题和建议，被国土整治、城市规划等有关方面采纳，并获得了中科院科技进步一等奖、全国科技进步二等奖。这在 20 世纪 80 年代是全国独树一帜的队伍，做出了一批可喜的成果，为我国大气（污染）化学填补了空白。

（二）水污染化学研究室的创建和开展的工作

水污染化学研究室也是在一张白纸的基础上发展起来的，建设初期克服了许多困难，最终建立了一个能进行多种水污染中化学问题研究的队伍。多年来，研究室进行了多项地域性污染问题的研究，为地方解除污染危害和为农民消除病痛做出了贡献：如通过北京蓟运河汞污染的迁移转化和自然净化的研究，阐明了汞在水和底泥中的存在形态；为解决蓟运河的汞污染，提出了防治的方案，受到环保局的表彰，并获中科院的科技进步奖。研究室还与湖南环保单位等联合对湘江考察调研，进行污染影响、综合防治的研究。该研究阐明了污染的状况和存在的关键问题，并提出了明确的建议，受到地方领导的高度重视，该成果已被采用。东北有些农村很多人犯大骨节病，痛苦不堪，经实地调查和深入研究后，发现那里普遍缺少元素硒。后经合理调准当地人群体内的硒，终于解除了困扰他们多年的痛苦。

回顾 1975～1986 年这段时期，环化所的全体人员上下努力，艰苦奋斗，克服一切困难，最终为我国的环境保护事业做出了应有贡献的往事，我总是百感交集。时代在进步，科技在发展，环境科研也要发展。1986 年 5 月，中科院动物所生态学研究中心筹备组与环化所合并，成立了“中国科学院生态环境研究中心”。至此，环化所的历史又掀开了崭新的一页。

国科大，它那鲜明的改革开放印迹

⊙ 颜基义

中国科技大学研究生院（中国科学院大学的前身）不断发展壮大，在短短的四十年里成为带有显著“科教融合”基因的高等教育翘楚。这是历史的大幸，更是历史的必然。作为这段历史的见证人，我将用一些亲历的事情，回过头去看看，研究生院是怎样在艰难中凌空出世，又是怎样以改革者的姿态，挺立在科学教育改革的风口浪尖，与共和国的科技和教育事业一同发展壮大的。

在艰难中，中国科技大学研究生院“破石而生”

中国科学院大学的前身是中国科技大学研究生院（后来改名为“中科院研究生院”）。让我们简要回顾一下那段历史的重要节点。

邓小平同志在 1977 年 8 月 8 日召开的全国科教工作座谈会上的讲话，对于科技和教育改革具有极其重要的历史意义。邓小平在这次座谈会上表示：“我们国家要赶上世界先进水平，从何着手呢？我想，要从科学和教育着手”“科研部门、教育部门都有一个调整问题。”当小平同志讲话的内容传到地处合肥的中国科技大学的校园后，对师生员工的激励是很大的。

在这段重要的历史时刻，有另一个会议与科教座谈会几乎在时间上完全重合，这个会议就是 1977 年 8 月 5 日至 8 月 13 日，中科院在北京召开的中国科学技术大学工作会议。据参加该工作会议的人说，他们深受小平同志讲话的鼓舞，一边学习，一边议论，一边拿出具体行动计划，形成了《关于中国科技大学的几个问题的报告》，并以中科院的名义于 9 月 5 日报送国务院。该报告中的最后一个问题，就是提出在北京设立“中国科学技术大学研究生院”，暂定规模约为一千人。

我在约二十年前，仔细查阅和对照了小平同志等领导同志的批复文件，发现从报送到批复仅仅五天。这是多么快的速度，多么了不起的效率！同时也说明了小平同志是在用自己的行动做表率，带头把改革开放“搞得快一些”，用行动号召人们要加倍努力把“文革”吞噬的时间抢回来。

紧接着，9 月 10 日，中科院向国务院呈交《关于招收研究生的请示报告》，也很快于月底获得批复。此后不久，严济慈先生于 10 月 20 日在《人民日报》发表署名文章《为办

注：颜基义，80 岁，教授，原中科院研究生院党委书记。

好研究生院而竭尽全力》。严老当时年已七十六岁高龄，他在这篇文章的末尾这样写道："我虽已古稀之年，……决心为培养我国年轻一代的科学技术人才而竭尽全力。"好一个"竭尽全力"！一个年逾古稀的著名科学家就这样在全中国人民面前表了态，带头为科教事业复兴而发起"冲刺"。在遭受"文革"严重破坏的科学和教育领域，严老这篇文章犹如一股强劲的春风吹拂大地，给成千上万的青年学子带来极大的鼓舞和力量。用时下的语言来说，严老的这篇文章，不是"招生简章"却远胜"招生简章"。

实际上，当时中科院已决定由严老出任研究生院首任院长。事实证明，他说到做到，将他的晚年无私地奉献给了我国第一所研究生院，奉献给了我国科学教育事业。

我调到研究生院，颇有点"改革开放"的滋味

在合肥中国科技大学的老师和员工，听到成立研究生院的消息，深受鼓舞，尤其是两地分居的人，更希望调回北京，到中国科技大学研究生院工作，我也是属于这个群体中的一分子。

1978 年初春，我回京探亲期间，当时负责组建研究生院的马西林同志找我谈话，说研究生院的筹建工作很急迫，让我立即到研究生院工作。我当然很愿意，但是我说，合肥方面的领导武汝阳还没点头同意呢。他的回答很干脆：这个你就不用担心啦，他的工作我们去做，你立即来研究生院工作。就这样，我于 1978 年 2 月就开始到研究生院工作，好几个月之后，才去合肥办理调动手续。后来了解到，不只是我，还有一些同志也是因为工作急需开展而采取了类似的办法，成了当时研究生院"非常态"的"常态"。这种以"非常态"的办法应对"常态"工作，体现了研究生院的改革开放精神，敢为人先的非凡气魄。当时，研究生院还只在中科院机关大楼五层的教育局里挤出两个房间办公，主要用于开展招收研究生的具体工作。

从此，我的后半生也就与这个学府不离不弃了。

开创研究生院的领导班子颇具改革开放的工作气派

当时，研究生院的领导班子是由国务院批复的（后来改为中组部批复，例如 1979 年吴塘同志出任副院长就是如此），院长是严济慈，副院长是马西林、秦穆伯、钱志道、彭平。而党的机构是"领导小组"，组长是马西林，不设副组长，成员是：秦穆伯、钱志道、彭平、李侠。

这是一个来自五湖四海的团队。马西林来自东北；秦穆伯来自中央财经学院，是一位资深老同志；钱志道是从中国科技大学调来，早年在延安由于发明创造有功，曾得到毛主席的赞誉和题词；彭平从北京外国语学院调来。这批老同志，经历丰富，在经历了"文革"的冲击和灾难之后，更是踌躇满志，要在研究生院大干一番。

那是一个百废待兴的年代。在这样的环境里组建研究生院，比当初组建中国科技大学要困难得多。但是这个领导班子，团结一心，分工明确，敢当敢为，硬是在没有经验可

依，没有条规可循的情况下，凭借着改革的精神，打造出共和国第一个研究生院，改写了共和国的科教历史。

关于研究生的考试、招收，尤其是破格录取，以及关键课程与教员的选定，业务及学术问题等，都是由严老领衔的“招生领导小组”或“学术委员会”拍板决定，行政领导一般不加以干预。例如，招收第一届研究生时，由于报考的人员很多，而且考试的成绩很好，于是严老召开“招生领导小组”会议，当场拍板，决定扩招。又例如，研究生的培养模式和年限等重要问题，也是严老召集“学术委员会”，组织专家研究决定，并付诸实施的。

参加研究讨论的成员都是严老亲自从各个研究所选出的优秀研究人员，他们几乎都是各个领域的顶级权威学者。我们这些各个学科部的主任也列席参加有关会议，并负责协助实施。

作为领导班子的带头人，马西林同志在筹建期间，曾用大量时间一个一个地走访中科院的资深学者，就如何办好研究生院等事宜诚恳地听取学者们的意见和看法。其量之大，其心之诚，令人感动。马西林同志这些做法，不仅增加了他对中科院办研究生院的感性认识，更集成了众多学者的办学智慧，对于整个领导班子协助年事已高的严老办研究生院，起到了良好的作用。

在我国高等人才的培养体制中，极其重要的因素在于党政领导体制的融合与协调。在这方面，研究生院的成功经验，至今仍具有值得借鉴的现实意义。

在研究生的外语能力培养方面，李佩老师大胆地聘用外籍教师，不仅解决了师资问题，还带来了意料不到的结果。当时外籍老师向李佩建议，让优秀的学生向国外申请奖学金，开拓自费留学这条新路。李佩对此极为赞赏，向负责此事的副院长彭平汇报。彭平表示同意，坚决支持，并让李佩放心，出了问题，由他来承担。这种态度，充分体现了领导的高视野和大胆魄。后来，那位外教还提供了许多具体帮助，包括从国外领申请表，帮助把申请信件带到香港去投寄等。现在回想起来，人民共和国改革开放催生的自费留学这条路径，正是从最初设在原北京林学院南门边上那栋四层楼房里开始的。后来，伴随着李政道先生于1980年在研究生院创导的CUSPEA项目，自费留学这条路就延伸到全国范围了。它启动的原点，仍是在研究生院，但方位却移到了玉泉路19号。

鉴于研究生院办学的基础是“科教融合”，因此充分发挥“科”的优势，是办好研究生院关键基础。这在建院初期体现得极其明显，回忆起来，至今仍那样激动人心。因为像李政道，杨振宁等一大批世界一流的学者纷纷出现在研究生院的讲堂上，他们用最前沿的知识滋润着青年学子。更重要的是，在运作过程中，还体现着“共享”理念和国家情怀。也就是说，很多这样的讲课，都同时发函邀请外校和外地的学者或研究生来参加。后来的事实表明，这样做带来了极大的影响。

为了适应这样的办学背景，研究生院特别成立了一个精干的“学术办公室”，专门负责运作这些高水平的学术活动。该办公室直接在严老和马西林的领导下开展工作，确保了该机构很有效地发挥了学术影响和社会影响。

“做正确的事，正确地做事”，这句管理学名言在当年年轻的研究生院已生动地得到体现。在物质条件相对匮乏的年代，研究生院在改革开放初潮中的所作所为，无不惊天动地，令人敬佩。难怪李政道先生在看到设在原北京林学院的研究生院的简陋条件，看到院领导和教员都在大操场上的简陋木板房里办公，却让研究生在较好的房间里住宿和上课，颇有感慨地说，这些景象让他想起了西南联大。

郭沫若塑像与曾竹韶的故事

郭沫若先生是中科院的首任院长，对“科教融合”式的教育贡献巨大。因此，在 20 世纪 80 年代后期，经中科院批准，决定在玉泉路校园内设立郭沫若塑像。此事交由时任办公室主任的江其雄具体承办。

江其雄联系到中央美术学院雕刻系主任曾竹韶先生，随后我和江其雄专程前往他的家里拜访。曾老先生欣然答应为郭老塑像。可是他担心，由于只能按照照片雕塑，这是塑像的大忌，容易走样，影响雕塑水准，让我们要有这样的思想准备。但同时表示，他会尽最大努力做好，因为他对郭沫若先生非常敬佩。为此事，我和江到他家好几次，观看石膏初样等。

通过多次接触，我们感到曾先生是一位令人敬佩的老艺术家。曾先生年纪大了，他做出了雕像样品后，由他的弟子照其样子在花岗岩上雕刻。作品完成后，曾先生只在雕塑的背面轻轻地刻上他自己的名字，字很小，也很薄，经过日晒雨淋，现在已经看不大清楚了。雕像完成后，曾先生坚决不收我们的酬金，说这是为郭沫若先生做了一件事，是不能收钱的。这令我们非常感动，最后学校购置了整套的“郭沫若文集”送他，他欣然收下。

塑像底座背面的文字，是由时任常务副院长的汤拒非先生书写。我们请他注上自己的名字，他坚决拒绝。

在塑像举行揭幕仪式的时候，由我代表研究生院做了大约五分钟的极为简短的致辞。

斯人已去，雕像仍在，传统在存，初心不忘！

最后，我希望国科大发扬传统，继续创新，越办越好，并坚信，一所充分体现科教融合，睿智包容，创新竞争，顶天立地的新型中国式的高等学府必然会挺立在世界的东方。

关于研制天文一号科学卫星的往事

⊙ 武坚平

在友谊宾馆科学会堂的对面，北三环西路北侧一片灰楼群中有一幢大楼，我们将其称之为北馆。1979 年 7 月的一天我走进了作为空间中心办公场地的友谊宾馆北馆展览厅，作为一名基层科技管理人员，在北馆经历和见证了中国科学院重新组织队伍，研制科学卫星的一段艰难历程。

中国科学院是我国最早进行人造卫星研制和空间科学研究的单位，在我国第一颗人造卫星方面做了奠基性、开创性的工作。1958 年初，经中央批准中科院组织有关研究所成立专门的队伍，开始了实验室建设、卫星的设计和研究工作。到 1960 年，由于国家经济困难，空间任务做了调整。1965 年，根据当时的形势和需要，中央再次批准中科院重新组织队伍，开展卫星研制工作，进行了我国第一颗人造卫星的设计、加工、试验，完成了模样星和初样星研制（于 1970 年 4 月 24 日发射成功）。1968 年 2 月，中科院有关卫星研制的研究所、工厂全部移交国防科委。这使得中科院研究体系受到影响。1976 年 10 月以后，中科院得以恢复发展。一些划归地方的研究机构重新进入中科院建制，一些被国防部门接管但被划为"线外"的科研人员回归中科院，经中央批准中科院再次开展空间研究工作。1979年2月正式组建中国科学院空间科学技术中心（简称空间中心），机关编制70人，地点暂设北京友谊宾馆北馆展览厅东厅，下设空间科学研究部、空间技术研究部、遥感技术应用研究部、地面系统部（以后又增加了空间总体研究部），开始了中科院第三次组织研制队伍，开展科学卫星研制、空间科学研究的历程。就此，空间中心在友谊宾馆北馆进行了天文卫星、资源卫星研制工作和引进资源卫星遥感地面站（称为"两星一站"）的任务。

记得我调入空间中心时的中心主任是李德仲，副主任是吕强，总工程师是王传善。办公室设在二层东厅，后来为满足研究需要，我们搬至东厅北侧的房间，要走过一条曲折的过道才能到达。中心领导的办公室也在那里。

我的工作是在业务处参加天文卫星任务的管理工作。业务处由张处长负责，组织了 4 人小组专门进行天文卫星研制项目的科技管理，包括计划进度、技术协调和经费管理等。我们的办公地点就在北馆二楼大厅。我从未见过这样的办公室，房间像个大礼堂，层高很高，空旷开阔，显得办公桌和人都很小。我的办公桌就摆放在大门口处，外来人员进入机

注：武坚平，70 岁，中科院国家空间科学中心原副主任。

关办事都会路过。以后随着人员的增加，研究室调整安排在大厅，打了隔断分成小房间使用。业务处就搬到了西厅，好像是舞台的后台化妆间，打隔断分成两间，层高也很高，上边是开放的，无法隔音。隔着木板的另一侧就是空间科学学会办公室。

在我参加天文卫星工作以后得知，天文卫星作为科学卫星之一，自1973年以来经过了多次论证。早在1977年11月就成立总体组（设在自动化所），负责天文一号科学卫星工程总体设计工作，选定了天文一号卫星探测方案和探测仪器，并于1979年5月召开天文卫星研制工作计划协调会，对总体方案和技术指标进行了讨论和认定，确定了研制程序和任务分工，计划1982年发射。后来成立空间总体研究部搬至北馆一层西大厅，条件简陋，场地不足，总体工作一直在艰苦条件下开展。为创造星体结构研制条件，先改建北馆东大厅为卫星临时总装间，但距总装要求差距很大，后又在中关村将旧厂房改建为总装厂房，创造条件进行卫星总装工作。

我的主要任务是联系协调自动化所承担的天文卫星相关任务。自动化所是20世纪50年代中科院为适应新技术发展需要创建的新型研究所，1968年2月体制调整时移交给国防科委，之后中科院重建自动化所。再次开展卫星研制任务以后，自动化所作为姿态控制分系统总体负责单位，相关研究所包括上海技物所、沈阳金属所、大连化物所等。1980年7月由承担卫星姿态控制任务的有关研究室组建自动化所二部，开展姿控系统分析与设计、姿态控制敏感器的设计和研制、控制执行机构的研制及应用、姿控系统开路闭路试验和地面试验设备的研制、星上计算机和高可靠元器件的验收筛选老化环模试验等研制工作。在天文一号科学卫星任务中主要研制的仪器设备为飞轮、喷气推进器、星敏感器、陀螺、星上计算机。那几年我从北馆骑自行车去自动化所每周都要好几次，联系科技处，进入实验室，了解研制状况、工程进度，有问题及时向上级汇报处理。当时的自动化所是改造中科大一栋学生宿舍建立的，实验室狭小，仪器设备摆放拥挤凌乱、楼道狭窄，外部环境也很差。其间我与科技处和研究室的许多同志有很多工作接触，向他们学习科技知识，学习项目管理，学习做人做事。

天文卫星要求精度高、寿命长、新技术关键多，涉及研制单位多，仅参加天文卫星研制任务的院内单位就有近30个，数百名科技人员参与其中。各单位按照项目研制技术指标、工程进度要求，完成各分系统任务。

1980年底空间中心在北馆二层东厅开辟试验场地，集中所有的分系统的仪器设备参与电系统试验，这是我第一次见到如此大规模且条件如此简陋的试验测试场面。至1981年5月，组织完成了天文卫星电性能桌面联试，方毅、严济慈等领导到场视察。11月，天文卫星温控试验星总装测试完成。标志着除了X成像望远镜外，全面完成了天文一号卫星第一阶段的研制任务。

1980年我曾随张处长去沈阳参加天文卫星“喷气（肼）推进系统”第二次协调会议。我见到了不少沈阳金属所、大连化物所的中年科技人员，特别是时任金属所所长的师昌绪先生给我留下了深刻的印象：感觉他既平易近人，又像一位领军的威武将军。后来我才知道他是我国著名的材料科学家，以后他成为国家最高科学技术奖获得者。

记得 1981 年我曾随刘处长去东北有关研究所了解工程进展情况。在长春光机所一间普通的小办公室，我第一次见到我国的光学专家时任所长的王大珩先生，没有想到的是以后他成为空间中心的第二任主任，成为我们的领导。留给我深刻印象的是他对天文卫星研制任务有不同的看法，我第一次知道 X 成像望远镜研制的难度很大，恐怕难以按计划完成。我当时难以想象、难以理解一个科学项目会有如此大的意见分歧，搞科学卫星项目会如此艰难。以后得知，王大珩先生等 5 位科学家于 1982 年 6 月向中科院提出报告，对如何搞卫星、对天文卫星的科学意义提出了质疑和意见。

1983 年 7 月中科院决定调整天文卫星计划。同年 12 月根据国务院决定，中科院要求空间中心停止天文卫星研制工作，将资料及产品移交。1984 年 9 月，空间中心按要求完成了天文卫星试样星研制计划。我在张处长的指导下完成了业务处负责的与各研制单位签订的项目合同 60 余份（直到十多年后才交档案室存档）的收尾工作，结束了参加天文卫星研制工作的历程。随后空间中心由北馆搬迁至中关村 76 亩地，开启了又一段科研体制改革、科研工作转型的历程。

我在天文卫星研制工作中接触了很多老中青领导干部、管理人员和科研人员，感受到他们的激情和干劲，看到了他们在极其艰苦的条件下为科学卫星研制任务的无私奉献和爱国精神，毕竟那是在结束了“文革”，开启了改革开放的时代。

天文卫星在研制过程中发展了一批新技术，积累了搞科学卫星工程的经验，培养了一批骨干人才，这些在以后中科院继续空间科学研究、科学卫星研制任务方面发挥了重要作用。

2017 年 6 月 15 日中科院国家空间科学中心作为工程总体牵头实施的我国首颗 X 射线天文望远镜“慧眼”科学卫星发射成功，实现了几代科技人员探索太空的一个梦想。回想起将近四十年前在北馆的艰难经历感到格外的欣慰！

回忆在软件所工作的日子

⊙杨　均

2018年春天，我们1968年一起入职计算所的同学们举行50周年纪念会，95名同学中，有12人在软件研究所工作。一个问题很自然地出现在我们面前：中科院已经有了计算所，为什么还要成立软件研究所？软件研究所是怎么成立起来的？我作为软件研究所的第一批老员工，虽然身历其境，但是并没有深究过这段历史。以此为契机翻看了一些资料，特别是读了第一任所长许孔时先生的回忆文章，才明白这里确实有一段重要的历史，在此与大家分享。

如今大家说起“软件”二字再自然不过，软件应用无处不在，各种软件产品琳琅满目。但是，在1972年以前，中国尚无“软件”一词。而早在1968年的5月，正是我们来到计算所的前后，在德国的一个迷人小镇（Garmisch）举行的NATO（北约）科技委员会会议上，“软件工程”就已经作为正式的术语被确定下来，标志着一个新学科的开始。由于“文革”，我们国家在软件的研究开发方面与西方产生了差距。

1972年夏天，由15所黄德金，计算所许孔时、张修组成的三人小组访问了加拿大。这是“文革”开始后中国计算机界首次与外界发生学术联系。一个月的时间内，三人小组从蒙特利尔到温哥华，沿途访问了加拿大多所大学、研究所、计算中心。回国后写访问报告时，他们将“Software”对应着“Hardware”（硬件）一词，首次翻译为“软件”。当时业界曾有不同意见，认为这个译法不妥。大约经过了两年的时间，“软件”这个术语逐渐为计算机界的绝大多数人所接受，现在已经成为一个耳熟能详的专业词语。

随着计算机科学技术的发展，软件的重要性被越来越多地认识到。1980年5月，德意志联邦共和国的数学和数据处理研究中心（简称GMD）主席克吕克贝格，应中科院邀请率代表团来访问，并与中科院签署了双边合作会谈纪要。GMD是联邦德国研究计算机软件理论和技术、计算机应用的一个中心，下设十几个研究所，对联邦德国信息产业有重要的推动和促进作用。时任国务院副总理（兼任中国科学院院长）方毅会见了GMD代表团。谈话时，克吕克贝格建议中国下力量搞软件并可以出口。他认为搞软件研制，不但可以发展软件技术本身，而且对整个经济的发展也将起到强有力的推动作用。由于发展软件是一项耗费大量劳力的工作，又需要数学基础，在西方国家成本较高。而中国拥有大量人才，有数学基础，逻辑思维好，应该大力搞软件，使它成为一项高价值的出口商品。

注：杨均，72岁，中科院软件研究所副高级工程师。

1980 年 11 月，中科院派陆汝钤、罗百昌、许孔时三位前辈访问了德意志联邦共和国 GMD 的总部和下属的多个研究所，回来后写了详细的报告。

克吕克贝格的建议和三人小组的报告显然受到了重视。此后两年多的时间里，国家科委、电子工业部、中科院都分别组织过多次讨论会、座谈会，对发展计算机事业做出了规划、计划，对成立软件研究机构的事也有过多次讨论。

1984 年 5 月，由计算所副所长许孔时为组长，由计算所党委书记范培义以及计算中心、数学所的五位同志组成筹备小组，为建立中科院软件所做筹备工作。1985 年 2 月 15 日，中科院任命许孔时为软件所所长；3 月 1 日，中国科学院软件研究所印章开始正式启用，标志着软件所正式成立。

软件所的科研人员，主要来自原计算所的第 21 研究室（系统软件研究室）、第 22 研究室（软件工程和应用软件研究室）、第 23 研究室（软件理论和技术研究室）以及数理逻辑研究室筹备组。我们 12 人中的 10 人就是在这时来到软件所的。

软件所建立时，办公用房是向计算所租借的南楼 4～5 层 474 平方米办公室，作为计算机科学实验室的办公室。其他研究室零零星星分散在从白石桥到中关村一线，号称“七大庄、八大处”，软件所机关则设在计算所东南角车库的夹层。我曾工作过的软件所 11 室、12 室，都是租用中关村中学的教室作办公室。一直到 1995 年计算中心应用部分并入软件所，2003 年软件园区综合管理服务中心整建制划归软件所管理，最终形成了现在的中科院软件所格局。

软件所建立第一年，全部科研经费仅有 44 万元人民币，固定资产是 2 台 16 位微机。许所长带领全所人员，从实际情况出发，提出了“团结奋斗，艰苦创业”“物尽其用，人尽其才”“各尽所能，各得其所”的口号，希望大家在一个比较宽松、和谐的环境中努力工作，共谋发展，在当时起到了很好的促进作用。

以前中科院建立新所，首先要进行基本建设，然后招聘人员、划拨经费等等。我曾经问过许所长，为什么软件所要在如此艰苦的情况下开办呢？许所长说，如果等什么都建设好了，起码要过好几年的时间才能开展科研工作，现在这样虽然条件艰苦，但是可以节约很多时间。老一辈的科研人员，就是怀着这样的报国之心，不怕艰苦，不计名利，无私奉献，令我们这些后辈敬仰！

根据软件所官网介绍：“2016 年的统计数据，建所三十年来，软件所从五位筹建者，到如今有了千余名师生员工；从租借房屋做研究，到现在拥有了三栋科研楼，同时拥有了无锡、重庆、哈尔滨、广州、青岛、贵阳六处研究所分部研发基地；从最初 44 万元年度经费，到现在每年超过 2 亿元的年度经费；从仅有两台 16 位微型计算机，到有了多个国家重点实验室、国家工程研究中心，形成了基础前沿研究、软件高技术研究和软件应用研究三大科研体系，建立了计算机科学、计算机软件、计算机应用技术等重点学科领域。软件所集中了一批学术造诣深厚、享誉国内外的科学家，拥有一支高素质、高水平的青年科技人才队伍。在学的博士研究生、硕士研究生及博士后达 470 多人。现在软件所已经成为了一所致力于计算机科学理论和软件高新技术的研究与发展的综合性基地型研究所。”

软件所的发展与变迁，是我国软件科学研究与产业发展的缩影。我们为经历了这个全过程感到骄傲与自豪。我们个人的成长，离不开研究所的发展壮大，离不开软件行业的发展与进步，更离不开软件所师长、同事、同学的指引、扶助以及无私的帮助。我们在软件所的 12 名同学，与留在计算所的同学们一样，后来分别走上了不同岗位，一部分人一直从事软件开发、项目管理方面的工作，一部分人走上了业务管理和行政管理的岗位，一部分人从事软件产品开发、销售等方面的工作，还有一部分人作支援保障方面的工作。我们都在各自的岗位上为国家软件事业的发展，尽了自己的绵薄之力。

说到软件所，不能不说一说老所长许孔时先生对我们的帮助与影响。许所长 1957 年留学苏联，1964 年留学英国。他是第一位把编译系统引进国内的计算机专家。1975 年我从南开大学毕业回到计算所老 9 室，分在 757 操作系统组。那时许所长是 9 室的室主任，他深入实际，参加我们小组的政治学习讨论，所以我们与许所长的接触和了解多一些，受到的影响和教育也更深刻。许所长英语好，改革开放初期，经常陪同中科院领导或者参加代表团出访、考察。那时出国会发一些津贴，在当时确实是一笔不多不少的收入。但是许所长的津贴，要么买一些室里需要的书籍杂志，要么留下来作为一笔基金，在室里需要的时候拿出来用，有时就交了党费。“文革”结束初期，许所长为了让室里同志学习英语，自己出钱买了“灵格风”唱片和留声机，记得留声机就要 96 元钱。每天中午和晚上下班前，拿出一段时间，让大家学习英语。室里同事的英语都是从这里起步的。

许所长淡泊名利，刚开始评高级职称，他自己坚持不申报，把机会多留给科研一线的人员。许所长是个领导，但是从来不摆架子，关心所里同志的疾苦，很有人情味。他的言传身教，让我们这些年轻人懂得应该如何做人做事，真是受益终生。但是许所长又是一个坚持原则的人。他用自己的行动教育了我们，任何时候可以讲究策略，但是决不能讲违心的话。正因为有这样的领导，所以软件所的老同志一直很有凝聚力。

在软件所，我接触到很多优秀的师长，他们自己刻苦钻研，同时，热心提携我们这些后辈。课题组经常组织讨论班，大家集体学习、翻译一些英文技术书籍和资料，每人报告自己学习和翻译的内容。老同志为我们翻译的文章做校对，看着自己的译文中满篇的修改标记，非常惭愧。实话说，他们自己翻译根本不用这么费劲，但是为了培养和帮助我们成长，给了我们无私的帮助，在各项科研开发工作中，充满团结协作、互帮互学的氛围。老同志对我们的帮助用手把手来形容一点也不为过。这些师长、同事都是我的良师益友。

软件所给了我们充分发挥自己能力的舞台，每个人找准自己的定位，一分耕耘一分收获。我为曾经在这样一个集体中工作、成长而自豪。

863计划问世探秘

⊙ 岳爱国

863计划的“863”为何意？863计划何以问世？笔者根据自己前些年写过的一些东西，就这两个问题一探究竟。

20世纪80年代初期，美苏之间的军备竞赛呈白热化。

美国人认为，自己在核打击、核防御能力方面已不占优势。为打破这种僵局，1984年1月6日，时任美国总统的里根批准了美国国防部提出的“战略防御倡议”，这个倡议就是当时令全世界瞩目的“星球大战计划”。

一石激起千层浪。世界上有影响的国家都不甘寂寞。纷纷闻风而动。苏联开始悄悄部署起反击来自宇宙空间的攻击的方法。而在欧洲，法国时任总统密特朗首先提出了“技术欧洲”的计划，即著名的“尤里卡计划”，并得到了西欧16个国家的响应，1985年7月，西欧17国在巴黎召开会议，正式宣布“尤里卡计划”的诞生。日本也及时地提出了“今后十年科学技术振兴基本政策”。

面对世界咄咄逼人的高科技发展态势，中国该做些什么？著名光学专家、时任中科院技术科学部主任的王大珩在思考：各国对这个问题都是很严肃地对待，我们国家怎么办？电子学专家、时任国防科委科技委专职委员的陈芳允在思考：有人说“等我们经济发展了以后，再来搞高技术”。当时就有这个说法，我们觉得不对。还有更多的中国专家也在思考。

1986年2月的一个夜晚，王大珩在中关村82号楼自己的家中接待了来访的陈芳允。两位科学老人促膝而坐，对中国的高科技发展做着深入地沟通。他们认为，中国如果不抓住这个机遇，到了下世纪就很难再有立足之地了。说到这里，两位老人都很激动。陈芳允提议道：“我们是不是联名给中央领导人写封信，这样事情更好办一些。”王大珩说：“这个主意好，我看，咱们干脆直接给邓小平同志写信。”陈芳允建议：“这封信就先由你来起草吧？”王大珩痛快地答应了下来。

在这之后一个月的时间里，王大珩始终处于亢奋之中，他知道，这不是一封普通的信，而是关系到中国未来高技术发展方向的一件大事。为此，王大珩将这封信反复修改了不知多少遍，终于形成了《关于跟踪研究外国战略性高技术发展的建议》初稿。王大珩起草的建议初稿陈芳允看过了，核物理专家王淦昌、航天专家杨嘉墀也看过了，他们对此大

注：岳爱国，64岁，中科院科技服务有限公司原党委副书记。

加赞赏。之所以请来这么几位专家，按照王大珩的说法“这四位呢，也可以说在高技术领域里在专业上是有点代表性的。”经过仔细修改，四位专家依次在《关于跟踪研究外国战略性高技术发展的建议》最终稿的结尾处，郑重地签上了自己的名字，并于1986年的3月2日，通过有关方面，向邓小平同志递交了这份建议及一封简短的说明信。说明信的内容是：“我们四位科学院学部委员（王淦昌、陈芳允、王大珩、杨嘉墀）关心到美国‘战略防御倡议’（即‘星球大战’计划）对世界各国引起的反应和采取的对策，认为我国也应采取适当的对策，为此，提出了‘关于跟踪研究外国战略性高技术发展的建议’。现经我们签名呈上。敬恳查阅裁夺。”信后分别签上了各自的名字与现任职务。

四位科学家的建议及短信很快就到了邓小平同志的手里。仅仅隔了两天，也就是3月5日，邓小平同志就在四位科学家的建议上作了批示：“这个建议十分重要，请找专家和有关负责同志，提出意见，以凭决策。此事宜速做出决断，不可拖延。”

后来，王大珩在回忆邓小平同志对他们的建议做出批复时说：“我们送上去的时候是3月2日，小平同志3月5日就批复了，真快！”陈芳允也回忆道：“假如那次小平同志没有这个信，这个事情很可能搞不起来。”

根据邓小平同志“此事宜速做出决断，不可拖延。”的重要指示，1986年4月，全国数百位各专业的科学家齐聚北京，讨论《国家高技术研究发展计划纲要》。又经国务院组织专人反复讨论，共选入了7个领域的15个主题项目，作为国家高技术发展计划的研究方向。

其间，国务院的有关同志约见了王大珩、陈芳允、王淦昌、杨嘉墀四位发展中国高技术的倡议者，其中谈到了经费问题。陈芳允后来回忆说：“国务院找我们四人谈了一次，如果要搞这样一个高技术研究，一年需要多少经费，当时我不敢讲。王淦昌说一年要有一千万总够了吧。”

经过专家充分论证，并经国务院常务会议讨论，《国家高技术研究发展计划纲要》在国务院常务会议上获得了通过。邓小平同志仔细阅读了这份纲要后当即批示道：“我建议，可以这样定下来，立即组织实施。”

1986年10月，中共中央政治局为此专门召开扩大会议，批准了《国家高技术研究发展计划纲要》，并决定，为实施这一计划拨专款100亿元人民币。

由于王大珩等四名科学家提出建议的时间和邓小平同志做出批示的时间都在1986年3月，因此，国家高技术研究发展计划就有了“863计划”这样一个既容易理解，又具有划时代意义的别称。

在《国家高技术研究发展计划（863计划）管理办法》中，明确提出了863计划的战略定位：“是解决事关国家长远发展和国家安全的战略性、前沿性和前瞻性高技术问题，发展具有自主知识产权的高技术，统筹高技术的集成和应用，引领未来新兴产业发展和计划，主要支持《纲要》提出的前沿技术和部分重点领域中的重大任务。”

对于中国来说，863计划有着极其重要的现实意义和战略意义。曾任科技部部长的朱丽兰说过："'863 计划'制定本身这件事就具有历史性意义。因为国际上当时又有'星球大战（计划）'，又有'尤里卡计划'。小平同志说我们在高技术领域必须有一席之地。……从这点看，'863 计划'起了重要作用。"正是因为中国适时地推出了 863 计划，才使我们的国家跟上了世界发展高科技的脚步，才没有被时代高速发展的势头所落下，不仅如此，在某些研究领域，我们国家还走在了世界的前列。

30 多年过去了，863 计划始终根据我国的短板与需求，并瞄准世界尖端的技术发展，恰当补缺，适时跟进，迅猛发展，在事关国家长远发展和国家安全的高技术领域，以提高我国自主创新能力为宗旨，充分发挥了高技术引领未来发展的先导作用。

可以负责任地说，如果没有当初 863 计划的提出及 863 计划的顺利实施，今天就无法将实现中国梦提到中国发展的议事日程上。

科技扶贫路之求索

⊙ 黄发程

20 世纪 80 年代中期，广东正处于经济和社会加速发展的进程中，但区域发展不平衡的局面制约着全省的快速发展。特别是广大粤北、粤东山区，经济社会发展严重滞后，民生仍然处于十分贫困状态。为了改变这种局面，广东省委、省政府把发展山区经济、帮助山区人民尽快脱贫致富列入重要议事日程，要求省直单位对贫困山区实施挂钩扶贫。1987 年，中国科学院广州分院会同广东省科学院接受省的任务到粤北阳山县开展扶贫工作。

是时，笔者在分院机关从事综合性工作，全程见证了“两院”在阳山县扶贫的全过程，印象十分深刻。当前全国扶贫攻坚战已进入决战决胜的关键时刻，回顾这些往事，仍然有着现实的意义。

当年曾被韩愈叹为“天下之穷处也”的阳山县，是广东省最贫困的山区县之一。地处贫瘠的石灰岩山区，自然条件和生产条件恶劣。加之偏僻闭塞、交通不畅、信息不灵，该地区一直处于科学文化落后、经济发展缓慢的半封闭自然经济状态，特别是农村的贫困状况始终没有多大变化。

扶贫需要大量资金投入，这是最为“立竿见影”的办法。但当时的“两院”自身正处在科技体制改革初始阶段，科研单位的改革还处于迷茫和探索之中。事业发展举步维艰，经济状况捉襟见肘。与其他政府部门比起来，缺乏扶贫资金、物资和行政手段，这是我们最大的劣势。许多人认为科学院扶贫是“穷秀才帮助穷山沟”“光棍汉碰到无皮柴——穷对穷”，当地干部群众也对此缺乏信心。面对着地方政府和群众对我们的殷切期望，扶贫工作应该从何入手，也是一个令人难堪的问题。

怎么办？“两院”党组冷静分析了主客观两方面的状况，认为我们不可能走那种一靠拨款、二靠救济的“输血型”老路，而应该独辟蹊径，发挥“两院”人才、技术和信息的优势，走科技和智力扶贫的“造血型”新路，使扶贫扶到根本上。

这一新的理念为我们打开了新的思路。我们不仅把科技扶贫看作是一个任务，更重要的是看作推进科技体制改革，为振兴山区经济做出贡献的极好机会。

在科技扶贫的初始阶段，主要以帮助农民增产增收为目标。扶贫队先选定该县的江英乡寨背村作为试点，从改变传统守旧的生产方式和落后的耕作方法入手，调整农业结构，引进先进的农业科技成果和适用技术，推广良种良法，大幅度提高水稻、玉米等主要农作

注：黄发程，83 岁，曾任中国科学院广州分院、广东省科学院党组副书记。

物产量。帮助农民开展多种经营，发展养鸡养猪等家庭副业。

改变农民祖祖辈辈延续下来的传统耕作习惯并不是一件特别容易的事情。在推广良种良法的过程中有过一个小插曲：有的农民在点种玉米时，一个口袋装着扶贫队免费发给他们的优良新品种，另一个口袋装的则是当地一直沿用的当家品种。只要扶贫队员稍不注意，点种的还是原来的老品种，因为他们对良种良法不放心。扶贫队就把普及科学知识、加强技术培训作为重要环节，结合现场，结合季节，举办了一系列的栽培技术和病虫害防治培训班，提高农民接受新事物的认识和种养技术，树立依靠科学技术脱贫致富的信心。

经过一年的努力，有着农户 99 人、1986 年人均收入只有 184 元的贫穷小山村，出现了一年大变样的良好开端。1987 年的人均收入猛增到 709 元，几乎增长了 3 倍。寨背村一年大变的事实，让江英全乡农民看到了脱贫的希望。“两院”科技扶贫队员成了各村争相欢迎的人。

科技扶贫在短短一年中初显成效，引起了强烈的反响和重视。1988 年 5 月，有关部门在阳山县召开了扶贫工作现场会议，省长叶选平和分管农业的凌伯棠、分管科技的卢钟鹤两位副省长亲自带领 38 个省直厅局单位的领导参加会议。省领导不顾山高路远深入到“两院”扶贫试点的寨背村考察调查。他们为山村几十年的贫穷落后状况感慨万千，心情沉重。但对“两院”扶贫一年所取得的成绩给予充分肯定，似乎从这里看到了贫困山区脱贫致富的希望曙光。

现场会议后，“两院”扶贫队员们的信心更足了。寨背村的做法被称为“寨背模式”在全乡推广，甚至辐射到其他乡镇。1100 多亩采用育苗定向移栽技术的杂交玉米高产示范片，平均亩产 430 千克，最高 550 千克，比当地用当家种和老方法种植增产 1～2 倍，在当地引起轰动。而作为先行试点的寨背村，第二年的人均收入增加到 1055 元，又比上年提高了 50%。

为了探索农村脱贫致富的长效机制，“两院”开始把科技扶贫的重点，逐步转移到因地制宜培育当地有特色的支柱产业上来。为了探索阳山县这种典型的石灰岩“高寒”山区脱贫致富的路子，“两院”扶贫队从“高寒”山区海拔高、垂直温差大、盛夏季节温良的气候条件和市场需求出发，提出把原来一年两造水稻改为上造种水稻、玉米，下造种反季节蔬菜的轮作计划。

扶贫队首先选择在海拔 450 米的江英乡大桥村，手把手带领农民试种“明珠番茄”。对于种植反季节蔬菜，农民也是心存疑虑，开始时并不积极，只能靠村干部和少数示范户试种 40 亩。一季下来竟收获 12 万斤，得到 5 万元收入。有一户农民是扶贫队种植番茄的科技示范户，在科技人员直接指导下试种的一亩番茄竟收获 1 万斤，收入 5000 元。这下轰动全村、全乡，农民纷纷要求扶贫队帮助种植番茄，甚至发生抢苗、偷苗事件。到第二年全村就有 370 多户种了 670 多亩番茄，总产 620 吨，总收入 52 万多元。仅此一项平均每户收入就达 1510 元，八成的农户脱了贫。

在一年多的时间里摘下贫困帽子的农民纷纷修旧屋盖新屋，购置家用电器，改善生活条件。村里在公路旁盖起了小楼房，房顶上高高树起“明珠楼”三个鲜红大字，成为大桥村通过种植明珠番茄迅速走上脱贫致富路的标志性建筑。

“大桥经验”迅速扩大到整个江英乡，种植品种拓展到辣椒、萝卜、西蓝花、荷兰豆等反季节蔬菜。在短短5年中，仅反季节蔬菜一项，全乡收入每年都以100多万的幅度增加，1993年达750万元。全乡3万多农民终于结束了世世代代的贫困状态，迈上了勤劳致富的道路。

江英乡的经验辐射到全县后，反季节蔬菜种植面积迅速发展。从1987年试种明珠番茄时的单一品种40多亩，到1995年已发展到包括引进美国西圆椒等15个蔬菜品种，种植面积6万多亩，年产值达1.2亿元。西洋菜是一种水生蔬菜，鲜嫩可口，更具清热解毒之功效，深受粤港澳地区市民的喜爱。但西洋菜在26℃以下的较低温环境才能适宜生长，只有在广东的冬季才能见到它的踪影。扶贫队员在水口镇发现一处地下水口形成的洼地，泉水清冽，夏天水温只有22℃，利用其试种西洋菜获得成功，遂大面积种植供应出口，一举解决了外贸部门在夏秋季节出口西洋菜的难题。当夏天西洋菜和其他反季节蔬菜出现在香港市场时，菜市场上到处可见“阳山反季节蔬菜”的品牌标识。酒楼饭店的菜谱上也有“阳山西洋菜”的菜式满足顾客尝鲜。大家高兴地说，我们的反季节蔬菜在香港“挂牌上市”了。

引导农民种植反季节蔬菜，是迅速走上脱贫致富的好路子。但农民能否真正得到实惠，关键还在于有畅通的销售渠道。“两院”吸取当地过去曾因产销渠道不畅，造成“种姜成僵局，种麻惹麻烦”，挫伤农民积极性的教训，积极搞好产前—产中—产后的一条龙服务，在广州市粮油食品进出口公司的支持下，定点收购外运，打开反季节蔬菜销售渠道，外销到香港等地区。仅1988年该公司就从阳山出口反季节蔬菜1000余吨，不但使近千户农民增加了100多万元的收入，也为国家创汇40多万美元。

这一新兴产业的迅速形成，使该地多数农民由此走上脱贫致富之路。随后，该扶贫项目继续拓展，在信宜、新丰、化州、廉江四个县（市）建立基地，连同阳山县在内种植面积达65万亩，构成了国内外最大的露天反季节蔬菜出口生产基地，年产值达13亿元，5年间出口创汇3000多万美元。

科技扶贫不仅结出了“富果”，也拔掉了“穷根”。原来对科学院扶贫存在观望态度的基层干部和群众也改变了过去的看法，认为“科学院扶贫是真正扶到点子上了”。

热化学组为大连“5・7”空难调查做贡献

⊙ 谭志诚

2002年5月7日，中国北方航空公司一架麦道MD-82（2138号）飞机在从北京飞往大连途中，因机舱着火燃烧而坠入渤海湾，酿成机毁人亡的重大事故。

这就是当时震惊中外的大连“5・7”空难，它紧紧牵动着国家领导人及全国人民的心。为了尽快查明空难事故原因，公安部在事故发生后，立即组建了由各方面专家参与的大连“5・7”空难事故调查组。

5月11日（星期六）上午，空难调查组两名工作人员专程从北京来到我所，向时任党委书记和副所长的张涛研究员说明来意，请求帮助协助解决此次空难调查有关技术问题，提出检测失事飞机残骸部件燃烧性能指标的测试任务。张涛副所长当即向两位专家明确表态：“我们单位是国家的研究所，‘5・7’空难事故的原因是当前国家急待查明解决的一件大事，协助这一事故调查是我们义不容辞的责任，我们将全力以赴，以最快的速度，最高的质量来完成这一紧急任务，使事故原因早日查明。”因为燃烧性能和热化学专业密切相关，所里将这一紧急任务交给了航天催化与新材料研究室（15室）热化学课题组（1504组）承担。

张涛副所长在百忙中密切关注测试工作的进行，指示课题组一定要用最先进的仪器和最完善的技术为空难调查组提供最可靠的分析检测数据，并责令我负责对有关燃烧性能测试技术问题严格把关。我接到这一紧急任务之后，立即召集全组人员，说明任务背景及要求，并进行各项工作的具体分配，随后热化学组全体成员怀着对国家和人民的重大责任感，全力以赴地投入到了这一紧急检测任务之中。

我们首先根据燃烧性能测试任务要求，拟定了一个最佳分析测试技术方案，即采用热分析仪测定试样的热分解温度和热失重百分数，利用氧指数仪测定试样燃烧时所需空气中的氧浓度。通过这两种分析测试方法来准确测定试样的燃烧性能。

当时我们热化学组还没有氧指数仪，而这是关键设备。经多方了解，得知大连市消防指挥中心可能有此仪器，于是我们立即前往该单位进行咨询了解，确认该中心的氧指数仪性能先进，其精密度和准确度都符合测试需求。但仪器重量大、体积庞大，难以搬到我们热化学实验室来使用，我们决定将样品拿到他们测试中心去，利用他们的设备进行试样燃烧所需氧浓度指标测试。当时组内有一台刚从法国进口的热分析仪，但正在用标准物质进

注：谭志诚，78岁，中科院大连化学物理研究所研究员。

行调试标定，还不能用来直接测试未知空难样品。为了争取时间，我们决定先用组内已有的一台日本热分析仪作预备检测试验，对空难飞机残骸部件试样进行初步分析检测。

当天下午，调查组就送来了从空难海域打捞的第一批飞机残骸物件。我们首先仔细将这些物件表面的泥沙清除，海水烘干，制备成适于分析测试的样品。具有丰富热分析实践经验的高秀英老师用组内原有的日本热分析仪做预备试验，初步测试出一批结果。徐芬副研究员和兰孝征博士等人则利用刚在实验室安装好的法国热分析仪，进行精确调试标定，紧接着就开始对所有经预测的试样进行精密复测，直到每一个试样都获得稳定可靠结果。我则将准备好的试样，分批分次拿到位于老虎滩附近的消防指挥部测试中心实验室，进行氧指数测定。因为这是表征失事飞机结构材料燃烧性能的关键数据，所以对每个样品的测试及数据处理全过程，我都一直亲自动手参加测试操作及实验结果的处理计算。

紧张的分析测试工作在热化学实验室夜以继日地进行着。从 5 月 11 日到 5 月 17 日，随着打捞工作的进行，调查组先后送来四批，共二十多种不同部位的飞机残骸物件。我们组全体成员以极大的工作热情，全力以赴地连续工作了十整天，连周末都在工作，几乎每天都加班加点工作到深夜。经过对试样反复测试，对数据仔细分析，5 月 21 日，终于将送检的麦道 MD-82（2138 号）飞机残骸全部试样准确可靠的燃烧性能测试数据提交给了空难调查组。

中国民航总局公安局于 5 月 22 日特派调查组成员、我国著名消防专家王希庆来所，向包信和所长和张涛副所长转达了中国民航总局对我所在“5・7”空难事故原因调查中所做工作的真挚谢意，同时也对热化学课题组工作人员认真负责、精益求精、为国家排忧解难的忘我工作精神给予高度赞扬。他指出我所提供的分析检测数据对鉴定失事飞机的各种结构材料性能是否达标起了决定性作用，从而为“5・7”空难这一重大事故原因的进一步准确分析提供了坚实可靠的实验依据。

我们热化学组全体成员，在这件大连“5・7”空难事故原因调查中，尽到了我们应尽的责任。

一曲惊心动魄的抗击 SARS 之歌

——记 2003 年中科院武汉病毒研究所“非典”攻关往事

⊙ 李兴革

2003 年，一场突如其来的“非典”席卷了大半个中国，蔓延至 32 个国家和地区，产生了大量的 SARS 病毒感染者。各国死亡人数中国居首位。人类社会经受着一场史无前例的变异生物体侵袭。这引起了中外科学家的高度关注，纷纷快速投入到对 SARS 病毒的研究中。

有 50 多年从事细菌学和病毒学研究历史的中科院武汉病毒研究所，拥有一支基础知识扎实，学术造诣较深的科研队伍。这支队伍中，一批 20 世纪 60 年代出生的博士群格外耀眼。2003 年，他们用学识与大爱谱写了一曲震撼人心、可歌可泣的抗击 SARS 病毒的战歌。作为当年的所党委书记，虽然我已经退休十几年了，但每每忆起当年的往事，至今还历历在目。

勇于担当，国家的需要就是科学家的使命

当年，SARS 病毒刚一出现，就引起了科学家的高度关注。武汉病毒所领导敏锐地抓住这一关系国计民生的重大事件，希望早一天投入到这场特殊的“战斗”中去，能够快速寻找到一条与之对抗的有效途径。中科院领导及时指示武汉病毒所，要积极投入力量进行研究，将病原体搞清楚，早日解决这个关系到人类生命和健康的重大问题。

在中科院紧急启动的 SARS 联合攻关项目组中，武汉病毒研究所在当时是唯一研究活体病毒的单位，承载着巨大的社会责任。面对危险性极高的 SARS 病毒，科学家们怕不怕？所领导决定先逐个征询学科带头人的意见。结果，一个个钢铁般的誓言既让所领导放心，又令所领导动容。

年仅 38 岁、在日本做了 8 年流感病毒研究的陈则博士，因取得引人注目的成果，成为中科院“百人计划”入选者。他出差刚刚回到所里，手里还拎着个旅行包便找到党委书记说：“我不怕死！我们不能怕死！大疫当前，我们不做让谁做？难道坐等外国人给我们做出来？”

研究员王汉中博士深情地说：“我要亲自做实验，绝对不能让学生去做，万一他们被

注：李兴革，73 岁，中科院武汉病毒研究所原党委书记。

感染了怎么办。"

"做科学家就要有一种献身精神，我愿意上！"研究员陈新文博士斩钉截铁地说。

组建攻关团队的消息一经传出，很快就有 30 多位科研人员主动请缨。

经过认真选拔，所里组织了 25 位年轻的科学家，紧急组成了抗"非典"研究攻关组，部署了疫苗的研究、抗病毒药物的筛选、SARS 病毒的起源、SARS 病毒的分子生物学和分子病理学等四个联合攻关方向。我所主动向中科院、湖北省、武汉市请缨，加强与有关科研单位合作，积极主持和参与"非典"病原体的鉴定、分析、测序、疫苗及防治等一系列攻关工作，共同研究和寻找对抗 SARS 的有效途径。

在 P3 实验室档案里，至今还保留着这些科研人员签署的承诺书、知情同意书等。有的承诺书中写道："面对人类新生疾病的威胁，为了人类的身体健康、医学事业的发展，以及科学的进步，我自愿进入病毒所 P3 实验室，主动要求从事相关病毒的研究及其辅助性工作。我深知进入该实验室工作将具有潜在的生物危害，它不仅对我本人及家人的身体健康、生命安全具有极大的威胁，甚至可能导致环境的污染。但我更知自己肩负的责任与义务，熟知 P3 实验室的特殊要求。我决心：牢固地树立安全防范意识，坚持安全第一的观念，自觉遵守 P3 实验室的一切规章制度，严把生物安全关。为保障自我及环境的安全，杜绝一切生物安全隐患而努力奋斗！"

每当读到这一句句铿锵的话语时，我的眼圈总是会不自觉地湿润，感动无比！我比他们大 20 岁上下，这种感情很复杂，不仅仅觉得他们可敬可爱，更是像担心自己的子女一样为他们担心。当时的所领导班子，下了最大的气力，想尽一切办法保障科研人员和环境的安全，决不能让这些鲜活的生命和周围的环境出现任何意外。

那一年的 3 月底，面对"非典"的蔓延，时任所长的胡志红提出："我们要以开展 SARS 病毒研究为契机，将医学病毒学科领域拓展到新生病毒性疾病的研究和预防上。通过开展 SARS、艾滋病、肝炎等传染性病原的致病机理、诊断、疫苗和治疗的研究，为我国烈性病原防治，提供战略性技术储备，力争在保障人类健康，维护国家安全，促进我国经济和社会的持续发展等方面做出基础性、战略性和前瞻性贡献。"

不顾安危，一切为了 SARS 研究的开展

从事烈性病毒研究，必须要有高度安全的 P3 实验室。我所当时尚没有 P3 实验室。所领导班子决定，一定要为科研人员提供最安全的实验条件。时间不等人，按照 P3 实验室的严格要求，所里自筹资金 200 多万元，在龚汉洲副所长的带领下，日夜不停，在两周的时间里，将一个普通的实验室改建装修成了一个 P3 实验室，紧急购买了生物安全柜、高压灭菌器、零下 80 度超低温冰箱、防护服等一系列进行 SARS 研究的设备，并制订了实验室规章制度，确保各种安全保障措施到位。在非常时期，P3 实验室很快通过了国家正式验收，比较早地投入了使用。

要紧急开展工作，首要的是要取得 SARS 样品。在 3 月初，湖北省还没有 SARS 病人，

大家都在千方百计远离疫区，远离“非典”。当时武汉市规定，凡是从北京、广州等疫区归来的人员，必须隔离两周，确认无感染后才能出来活动。也有人提出，我们宁愿不做这项研究，也不能把 SARS 病毒带进武汉市。

我所的科学人员陈则、王汉中等研究人员，顶着巨大的社会压力，不顾个人安危，挺身而出，多次悄悄往返广州、北京 SARS 病人医疗点，采集非典病人的咽拭子、粪便、血清等样品。可以说每一次都是在冒着生命危险去进行样品提取工作的。

每当获得宝贵的样品后，课题组成员来不及休息，马上进入实验室，投入到紧张而有序的实验中：组织切片、提取病毒 RNA、反转录为 cDNA、PCR 扩增、电镜观察……

科研人员一旦进入到实验室开始实验，不能吃、不能喝、不能上厕所，厚实的双层防护服把人裹得严严实实，这段时间需要中断与外界的一切联系。他们以科学家们特有的顽强拼搏、连续作战的精神，在极度危险而又神圣的岗位上，只顾专心致志寻找 SARS 病毒，全然没有了时间概念，经常一干就是四五个小时。每当看到他们从实验室出来，那一个个疲惫的身影、一双双通红的眼睛，凡是见到的人，无不为之动容。

在他们做实验之前，我们设想了许多万一：万一突然停电怎么办？万一有谁突然晕倒怎么办？万一突然发生地震，门打不开怎么办？……我们设想了种种应急措施来应对可能的“万一”，目的就是一定要保证科研人员和 SARS 病毒绝对安全，必须做到零事故。在那段难挨的日子里，我觉得自己经常是如履薄冰般地度过每个漫长的一天。在他们外出采样的时候，我经常在夜里被噩梦笼罩，梦到出了车祸，他们随身携带的活体 SARS 病毒不仅感染了自己，而且还在那个地区蔓延和扩散……惊醒后我已是大汗淋漓，心脏急跳不止。

4 月份，湖北省出现了首例 SARS 病人死亡病例。胡志红博士和她的丈夫周亦武（同济医院法医博士）获得批准，冒着被感染的危险，在深夜到医院停尸房获取了非典死亡者的肺组织、咽拭子等样本。当他们取完样品时，已是凌晨 1 点钟，然后带着样品连夜赶回实验室。这件事情，是在所里任何人都不知情的情况下进行的。当司机悄悄告诉我这一情况之后，我的眼泪夺眶而出。我想到的是：他们将自己的幼女一个人留在家里睡觉，而夫妻俩却冒死去医院太平间获取样本，其精神是何其伟大！

这种以天下为己任的献身精神，深深地激励着我们每一个人！他们深知，世界范围内许多机构都在做 SARS 病毒的研究，不管谁先找到答案，都是对人类的贡献。但疫情在中国最为严重，我们的科学家更有责任探索个究竟。一种强烈的责任感调动着科研人员的情绪，他们夜以继日地开展攻关。

当从网上看到，从果子狸中分离到的冠状病毒与 SARS 病毒的基因有同源性后，王汉中、安学芳、范兆军等博士组成了一支采样小分队，两次到湖北五峰、咸丰、恩施、鹤峰等鄂西大山区。历经 6 天，走过 4000 多公里崎岖的山路，他们采集了当地养殖场果子狸、野生果子狸、猴子、护场犬、饲养人员的咽拭子、血清和粪便等上百份样品，为后面的科学研究奠定了良好的基础。

SARS 的无情肆虐，锤炼着我们的民族精神。在国家面临重大疫情的情况下，我们的科学家以高度的责任感和严谨的科学态度，以为人类、为民族献身的精神，勇挑重担，面临危险冲在最前沿，实践着为科学献身的铮铮誓言。

战略调整，科学探索无止境

武汉病毒所这批年轻科学家的拼搏进取精神，得到了社会媒体的广泛宣传，受到中科院、湖北省的表彰和信赖。中科院领导审时度势，考虑到新生烈性传染疾病对国家经济建设、国民健康的严重威胁，决定以武汉病毒所为依托，建立我国第一个高等级生物安全（P4）实验室，使之建设成为我国新生疾病预防和控制的研究和开发中心、烈性病毒的保藏中心和世界卫生组织的疾病参考实验室。当时，袁志明博士正在美国做合作研究，听到所里的召唤，在访问期限未到的情况下，立即回国。由他牵头 P4 实验室的筹建工作，大家围绕 P4 实验室的调研、筹资、征地、资料编写和技术设备等方面工作，走访厂家、找寻资料，制订详细的建设方案。经过两年的努力，所里与法国有关方面正式签署了核心实验室建设商务合同。1 亿元的建设经费到位，中心实验楼主体结构（3559 平方米）、生活服务楼主体结构及部分外装修（2450 平方米）开始了马不停蹄地精心施工。在施工的同时，所里抓紧了人员培训，有六人在法国里昂 P4 实验室获得工作资质，有多人在澳大利亚、德国、加拿大等 P4 实验室完成短期培训，同时抓紧开展了各项生物安全制度建设，核心实验室 2009 年进行了试运行。

武汉病毒所的科学家们当时承担着繁重的科研任务：先后与中山大学等联合申请了“欧洲 – 中国 – 新加坡共同协作，控制 SARS”的研究项目，该项目纳入欧盟第 6 框架；承担了中科院知识创新工程应急项目中疫苗研制工作；牵头主持了湖北省科技厅“非典型肺炎”防治科技专项；承担了武汉市 SARS 快速诊断试剂的研制和药物体外筛选项目；与瑞典生物医学中心（BMC）联合申请 SARS 病毒溯源研究项目；还申请了 973 的 SARS 项目。

2003 年的研究结果证明，果子狸是 SARS 病毒的中间宿主。从 2004 年 3 月开始，以研究员石正丽博士课题组为主的中外科学家联合研究小组将 SARS 病毒溯源集中在蝙蝠身上。他们相继在广西、广东、湖北和天津 4 个地区采集 3 个科 6 个属 9 个种共 408 只蝙蝠的血清、咽拭子和肛拭子样本，进行了 SARS 病毒抗体和基因的检测。结果在菊头蝠属的 4 个种里发现 SARS 病毒抗体和基因，基因序列分析表明，蝙蝠 SARS 样病毒与人 SARS 病毒基因组序列同源性达 92%，为 SARS 病毒动物溯源提供了新的科学证据。该结果发表在 2005 年国际知名杂志 *Science* 和 2006 年 *Journal of General Virology*，引起了国际同行高度关注。这些成果受到了多方的奖励。

2015 年，石正丽、严兵研究组通力合作，联合开发研制出了具有自主知识产权的埃博拉病毒快速检测试纸条和埃博拉病毒抗体 ELISA 检测试剂盒，并在法国里昂 P4 实验室获得验证，为埃博拉病毒的预警、监测、诊断及防控提供重要的保障。2019 年初，石正丽博士当选美国微生物科学院院士。

病毒，这个吞噬健康的“黑客”，这个令很多人闻之色变的研究领域，却是中科院武汉病毒研究所的科学家们，孜孜以求，勤奋耕拓的沃土。新疆出血热病毒是我国目前发现唯一自然疫源感染的烈性病原。胡志红研究团队几年来在新疆等地采集了五万多只蜱虫样品，目前正在开展新疆出血热病毒的系列研究。他们在和致病病毒拼速度，比耐性，用坚韧信念和执着精神直到将致病病毒一个个成功攻克。

众志成城，取得抗击非典的胜利

2003 年，面对“非典”这一全人类共同的敌人，党中央带领着全国人民众志成城抗击 SARS。武汉病毒所每前进一步，都与各级领导，与社会的大力支持分不开。中科院院长路甬祥院士对 SARS 研究工作高度重视，指示我们：“要抓紧形成我院生物安全实验室的研究重点和技术优势，吸引和集聚重要研究活动，尤其是在武汉逐步形成综合的生物安全实验室团簇平台。”时任副院长的陈竺院士亲自抓这项工作，指导我所应该从哪方面入手，派人从上海送来“引物”和试剂，及时通报国内外实验室的进展情况，带领我所科研人员到国外实验室实地考察等。中科院武汉分院领导经常深入病毒所现场指挥，帮助接待社会和媒体的采访，那一段时间，武汉病毒所收到了 200 多万元的社会捐款。

2003 年，在抗击“非典”的战斗中，武汉病毒所科研人员表现出强烈的责任感和紧迫感，付出了巨大的努力，取得了重要成果。如今，这些可爱的科研工作者们，正继续以国家战略需求和重大科学问题为牵引，依托 P4 平台，着力突破生物安全防控重大科学问题和关键核心技术，为率先建成国际一流的生物安全大科学研究中心辛勤耕耘着，为保障人类健康，维护国家安全，促进我国经济和社会的持续发展等方面贡献着自己的力量。

待到山花烂漫时

——记中科院实施 ARP 项目的难忘岁月

⊙ 丛培民

实施 ARP 项目是现代管理在信息化时代发展的必然结果，是中科院研究机构提高创新能力、创新效率和管理水平的内在要求，也是中科院三大发展战略，科技创新跨越发展战略、创新人才战略和可持续创新发展战略中的重要内容。要解放思想，开拓创新，把实施 ARP 项目作为中科院 21 世纪初的一项基本建设工作，作为科学管理的一个新的起点来对待。

——摘自路甬祥院长在中科院实施 ARP 项目动员会上的讲话

中国科学院资源规划项目（Academia Resource Planning，简称 ARP 项目），是实现中国科学院科学的资源规划的信息系统工程。ARP 项目从中科院院所两级治理结构出发，以科技计划与执行管理为核心，综合运用创新的管理理念和先进的信息技术，对全院人力、资金、科研基础条件等资源配置及相关管理流程进行整合与优化，构建有效的管理服务信息技术平台。通过 ARP 项目的实施，进一步推进中国科学院管理创新，不断提升管理工作水平和效率，促进科技创新和人才培养效益的最大化。ARP 所构建的平台在院所两个层面应用，分别是在院层面使用的院级系统和信息资源中心，以及在研究所层面使用的所级系统。其中，所级系统在全院百余个直属机构部署运行。

一场举全院之力的信息化建设攻坚战役是这样开始的

2006 年 2 月 28 日一大早，712 会议室已是座无虚席。ARP 项目指导小组组长、中科院副院长施尔畏，ARP 项目指导小组成员、秘书长李志刚以及桂文庄、蒋协助、丁二友、阎保平等已在前排就座。各业务总体组负责人、项目办成员、院机关用户代表、所级系统实施核心团队主要队员以及工程建设单位高层领导和项目组代表等也在主会场参会。

会议由院办公厅副主任兼 ARP 项目办主任丁二友主持。

第一个走上报告席的是 ARP 项目所级系统全院推广实施任务承担单位的及俊川，他是这次所级系统实施任务的执行负责人。就在一年前，ARP 项目试点工作取得了阶段性

注：丛培民，62 岁，中科院计算机网络信息中心正高级工程师。

成果，工程建设单位提交的所级系统试点版在高能所、化学所、地理所、大化所、合肥研究院以及院机关等 5+1 家试点单位上线成功。也是在 712 会议室举行的试点版上线启动仪式上，路甬祥院长，江绵恒、施尔畏副院长一起按下了象征所级系统试点版开始运行的按钮。

乘着所级系统试点成功的良好势头，在 2005 年 2 月 23 日召开的 ARP 项目高层例会上，项目办提出在 2005 年启动并完成所级系统全院部署工作的计划获得通过。3 月 20 日晚，项目办即在院工作会会议驻地组织召开了 ARP 项目所级系统推广动员和部署会。江绵恒向各单位领导提出要求，务必全力支持 ARP 项目推广工作，完成院党组安排的这一重要任务。

然而，当工程建设单位提交了所级系统全院推广实施方案和预算后，其额度大大超出了院里的经费预算。为此，施尔畏副院长要求，所级系统实施任务由计算机网络中心牵头承担。

计算机网络信息中心及俊川、丛培民等接受了制定 ARP 项目所级系统实施方案的任务。通过调研、走访、分析，一个由院方主导组建核心团队承担全院实施任务的方案思路逐渐清晰了起来。4 月 28 日，“ARP 项目所级系统全院推广实施方案”修改稿出台了。这个修改稿明确了在原计划的实施周期内完成实施任务，节点目标不变，经费预算比工程建设单位提出的额度减少了差不多一半。在当天召开的 ARP 项目指导小组例会上，调整后的实施方案得到了与会领导们的认可。

5 月 23 日，一支由来自全院 77 个单位的 104 名管理业务工作者、IT 系统管理员和来自 ARP 中心的 25 名技术骨干组成的核心团队在北京集结。

这支团队的组成考虑了两个维度的因素：一个是以分院为单元形成的 12 个完整的地区实施组，经培训后承担各地区实施任务；另一个是以业务模块为单元，串联起各地区实施组的对口队员所形成的业务支持组，在实训和实施阶段承担业务支持。

在即日召开的核心团队成立大会上，丁二友用期盼的心情寄语核心团队：统一思想，不辱使命，认清团队肩负的责任；虚心学习，刻苦努力，加强与工程建设单位的精诚合作；转变观念，实现变革，不断推进管理创新；集中精力，克服困难，保证完成培训和任务。

主攻 ARP 所级系统实施任务的核心团队是这样炼成的

会场内，及俊川的报告还在继续着……

2005 年 5 月 24 日，核心团队的实训工作开始。首先进行的是 ERP 标准培训。

30 几本 ERP 教材要在 3 周半时间内全部学完学会，才能达到合格的 ERP 实施顾问水平。IT 组成员白天听课，晚上在一间大会议室中对着一大堆服务器，研讨着 ERP 克隆技术、数据库复制技术等。功夫不负有心人，经过 24 天的深度学习，队员们克服了种种困难，圆满完成学业。

6 月 22 日，研究生院玉泉路园区大礼堂。项目办在这里组织召开了 ARP 项目所级系统推广实施工作启动会暨上线协议签字仪式。各单位领导依次走上主席台，与院方代表施尔畏签订了 ARP 所级系统上线协议书。

6 月 25 日，核心团队全体队员开始接受工程建设单位实施顾问的 ARP 知识培训。这些知识涉及了 ARP 系统的标准方案、业务流程、数据准备模板、系统测试等各个实施环节。其复杂程度大大超过了以往接触的管理信息系统。经过 90 天的学习，大家基本掌握了所级系统实施所涉及的 11 个步骤和 18 个节点全部内容。

接下来，是顾问团队拿一批上线单位来完成整套实施工作，让核心团队跟着学。从第二批实施工作开始，就要由核心团队自己来操作了，同时也是接受顾问团队检验的过程，合格了，实训任务所要达到的目标也就实现了。

与工程建设单位项目组的工作步骤同步，核心团队也启动了若干项实施技术的攻关工作。第一项，所级系统安装配置攻关。第二项，所级系统数据准备攻关。第三项，所级系统实施方法攻关。第四项，所级外挂系统开发环境及 IRC 关键技术攻关。还有一项更为棘手的工作需要核心团队落实。这就是要从工程建设单位手中接过一套合格的所级系统标准版。这项任务由李新牵头，二十余名队员参与，耗时两个月，全面检验了所级系统标准版的各项功能，最后，终于给出了所级系统标准版合格的结论。

实施计划的推进是严谨的。这边，核心团队的队员们刚刚开始接受 ARP 培训，那边，全院 ARP 所级系统上线数据准备工作就全面启动了。在接下来的 3 个月内，分十个批次完成全院百余家单位的数据准备培训工作。核心团队数据组全程跟随和学习了前两批的培训过程。从第三批开始，讲师和辅导员就全部由团队队员担当，讲义用的是修订版，讲师的讲课过程一气呵成，辅导员的跟进及时到位，培训效果相当出色，学员们评价很高。虽然这项工作看起来并不起眼，但它给了团队成员展现的舞台，增强了团队成员们干成 ARP 的信心。

核心团队实训成功的曙光已经显现。由项目办组织各分院领导参加的所级系统实施协调工作会于 10 月 31 日在京召开。丁二友主持会议并传达了院领导对推进 ARP 项目的有关指示精神，特别强调了委托分院承担所级系统推广实施组织协调工作的必要性。

11 月 20 日是核心团队结束在北京的封闭培训、分赴各地执行各单位实施任务的时刻。为保证核心团队培养的 12 个地区组独立作战能力，项目于 11 月初启动了第三批 11 个单位的上线工作。到 11 月 19 日，各地区组顺利地完成了两个关键小节的实施工作，UAT 测试一次通过。

拿下 ARP 所级系统实施任务的核心团队是这样出征的

2005 年 11 月 20 日，核心团队实训工作圆满结束。上午，全体成员再次来到计算机网络信息中心集结，参加了主题为再接再厉、不辱使命，确保 ARP 所级系统上线成功的誓师大会。

这是一场核心团队实训工作的总结会——会上播放了由团队管理组制作、反映核心团队培养历程的纪录片，一幕幕真实记录团队成员学习、工作、生活的场景再现了实训阶段 180 个日日夜夜的风雨历程，同志们看着看着，不禁流下了激动的热泪。会上，丁二友深情地说，“核心团队在 ARP 理念下表现出的凝聚力、创新力和战斗力使项目办及院机关的同志们深受感动。这样一个肩负特殊使命的特殊团队在封闭培训阶段的突出表现，使我们有理由相信 ARP 上线一定能成功。”会上还传达了施尔畏对核心团队下一步工作提出的要求：精心策划、全力推进、务求成效。会议最后，各地区实施团队队长从所级系统全院实施任务总负责人阎保平手中接过了象征核心团队开赴实施前线的队旗。

ARP 所级系统实施任务的决战胜利了

712 会议室，及俊川的报告进入了尾声：今天我们可以郑重地向院领导报告，116 个实施单位的所级系统都已经具备了上线试运行条件，请各位领导连线检查。

丁二友宣布线上检查开始。

接下来，科研项目、人力资源、综合财务、科研条件等各应用模块的汇报人分别演示了院属各单位在 IRC 中的数据汇总状况，接受检查和质询。

下午，检查议程进入了第二阶段，对各上线单位的所级系统进行连线抽查。因为是视频会议，此时，会场前端大屏幕上已经出现了各分会场的实时图像。此时，共有 116 家上线单位和约 1500 名实施小组成员及其关键用户连线参加会议。

丁二友宣布接受检查的单位由施尔畏抽取，主考官由桂文庄担任。

桂文庄接过施尔畏抽出的纸条，第一个选中被检查的单位是上海硅酸盐所。

桂文庄出题，施尔畏质询，硅酸盐所的同事们当场演示和作答，机上操作准确无误、问题作答应对如流。接下来，按照这样的检查方式完成了对上海生科院、紫金山天文台、新疆理化所等 14 个分院或研究所的检查。

会议最后，施尔畏作总结讲话，他说：我觉得各所领导非常重视，各所做具体工作的同志们非常努力，整体检查情况很好。我已经通过 E-mail 把今天及以前收到的 128 期简报向路院长做了报告。我说：路院长，也许我可以说一句，现在 ARP 项目所级系统的上线任务基本完成。路院长马上就给我回了一个 E-mail，他说好极了！所以，这是对我们所有参加 ARP 工作的同志是一种鼓励，一种支持。我们在院党组的领导下，大家再进一步努力，我想中国科学院这样一个管理信息化的平台——ARP 工程一定会取得成功，一定会不断发展，不断完善。

掌声再一次在主会场以及各个分会场中传出。

至此，核心团队全体队员们紧张的心情全都舒展了。

如果说中国科学院在 ARP 项目上培养的这支核心团队是一朵朵“绚丽玫瑰”的话，

那么在完成实施任务之后，全院“漫山遍野开满迎春花”时，他们在丛中是最灿烂的。

是的，到了山花烂漫时，他们就该享受欢笑，也值得赞美！

这支团队，是中国科学院培养出来的一支不可多得的复合型人才队伍。他们中的不少人在几年之后都走上了研究所的中层领导岗位，为中国科学院实现“一流管理”贡献着力量。

今天，ARP 已在全院运行十几年了，在不断迭代中依然发挥着重要作用。

第五章　支撑体系也精彩纷呈

【题记】大家习惯于将服务于中心、服务于科研的保障性单位称之为支撑体系。“支撑”这一表述非常贴切，正是因为有了这些默默无闻的单位和人员为科学发展做着强有力的支撑，才保证了科研工作的正常进行。在这一章里，登载的都是与中科院支撑机构有关的往事记忆。

让化物所精神引导化物人砥砺前行

⊙ 包翠艳

伴随着2019年春天的脚步，即将迎来中国科学院建院70周年和中科院大连化物所建所70周年。值此喜庆之时，回顾一下自己经历的有关化物所精神讨论的一段往事。

1989年是大连化物所建所40周年。那时，我在所工会工作。为庆祝建所40周年，所工会开展了以弘扬化物所精神为主旋律的“化物所人”系列教育活动，包括“化物所人”演讲比赛、“科学赤子之歌”诗歌创作比赛、“化物所人”征文活动、化物所精神大讨论等。虽然已经过去30年了，如今回忆起来，仍然激情澎湃，所受教育令我终身受益。

“化物所人”演讲比赛，以表现和宣传化物所人的精神风貌和高尚的职业道德为中心内容。有26位职工满怀激情地登上讲坛，通过《蓝天、星海、采珠人》《惜时如金的人》《我们的好带头人》《自豪吧，化物所人》等作品，宣传全国劳动模范林励吾，大连市劳动模范唐学渊，所先进工作者张荣耀、李灿、周光才，所先进集体303组、401组、123组等各类典型人物和集体的先进事迹，展现化物所的优良传统与作风，讴歌化物所精神，人们从中领略、体会着化物所人的价值追求和精神风貌，化物所发展历程中形成和积淀的化物所精神，在传播中弘扬，在弘扬中传播。

“科学赤子之歌”诗歌创作比赛，旨在展现化物所人的精神境界、理想追求和内心世界，有91位化物所人以诗言志，以诗抒怀。这些诗作尽管创作风格各异，采撷的视角不同，但都折射出化物所人的追求与情怀。从携着海风的“珍珠之母”到“追踪着未知王国”的眸子；从受到“大海的诱惑”而来的一颗“寻求归宿的心”到“梦中的我也是化物所人”；从“日日夜夜的勤苦求索”到“即使得到的是哪怕苦涩之果也要品味”……一行行朴实清新的诗句，饱含着化物所人对党、对祖国、对科学事业的赤诚和深情，闪烁着献身科学的赤子之心的光彩，迸发着为祖国科技事业腾飞顽强拼搏的灵魂之火，讴歌着化物所人崇高的职业责任感和荣誉感。那些诗句即使今天读起来，仍然令人怦然心动，产生强烈的心灵感召力，激发出沉淀在化物所人血脉里的文化的力量。

在“化物所人”征文活动中，有40位化物所人拿起笔来，用真情实感讲述着发生在身边的鲜活的化物所人的故事，《生命不息，探索不止》《中年，奔波在这个领域时》《老骥伏枥，志在千里》《夕照》《信任》……这里有德高望重的老科学家，有脱颖而出的科研新锐，有技术支撑的能工巧匠，有兢兢业业的行政人员，有勤勉敬业的后勤师傅……尽管

注：包翠艳，67岁，中科院大连化学物理研究所原党委书记。

他们所处的岗位不同，但他们有着同样的追求，同样的奋进精神，他们用热血和汗水浇灌出光彩夺目的化物所人形象，展现化物所精神的光芒，使大家从一副副熟悉的面孔上找到学习榜样，在感动中感悟，在学习中发扬优良传统。1278 张参加评选“优秀征文”的选票，充分展现了化物所人对征文活动投入的热情。

化物所精神大讨论活动，是对化物所优良传统文化的回顾和总结，也是化物所精神的凝练与升华。化物所人在 40 年的科技创新实践和艰苦奋斗中创造了化物所精神，化物所精神培育了化物所人，化物所精神体现在化物所人身上，植根于化物所人心里。化物所精神究竟该怎样来概括和表达，需要化物所人共同探讨，于是所工会组织了化物所精神大讨论。当时研究室和管理及支撑系统共有 22 个支会，按照活动部署，各支会开展了讨论并上报了讨论结果。为了总结这次讨论情况，我对讨论结果进行了汇总整理，那次讨论对化物所精神的概括和提炼集中在以下几个方面：

“奉献（献身）”（15 个支会提出）：化物所人以国家需求为己任，将满腔爱国热情倾注于祖国的科技事业，勇于承担国家重大项目，不讲条件，不计得失，勤勤恳恳地工作，默默地付出，奉献是化物所人的天职。

“创新（进取）”（18 个支会提出）：追求真理，追求科学，永无止境地攀登、探索，开拓创新，争创一流，不断产出新成果，不断做出新贡献，创新是化物所人的追求。

“求实”（15 个支会提出）：实事求是，严谨治学，脚踏实地，说老实话，办老实事，做老实人，求实是化物所人的品格。

“团结（协作）”（18 个支会提出）：同心同德，协同作战，具有团队精神，善于发挥综合优势，联合攻关，团结是化物所人的基础。

“拼搏（攻坚）”（16 个支会提出）：为了祖国的科技事业勇挑重担，勇攀高峰，有股子拼劲，是一支能打硬仗的队伍，拼搏攻坚是化物所人的传统。

从化物所精神大讨论的结果足以看出，以上这些特点已经成为化物所人的共识，成为一种群体意识，成为化物所人共同的价值观。

十年时光转瞬即逝，1999 年大连化物所建所 50 周年，所里举行了一系列庆祝活动。那时，我在所办公室工作。当时所里正在实施知识创新工程试点工作，创新文化建设是知识创新工程的重要组成部分，也是试点工作的重要内容，为了搞好创新文化建设，在所党委的领导下，所办组织了创新文化建设研讨活动。树立科技创新价值观是创新文化建设的核心，弘扬化物所精神是创新文化建设的主要任务之一。因此，在创新文化建设研讨中，再次开展了化物所精神大讨论。办公室下发了《关于开展“化物所精神”大讨论的安排意见》，各党支部组织了群众性的讨论活动，有的党支部将化物所精神提炼为：“献身科学、开拓创新、协作攻关、勇攀高峰”。有的党支部将化物所精神提炼为：“献身科学、勇于创新、严谨治学、团结协作”。有的党支部将化物所精神提炼为：“献身、求实、创新、攻坚、团结”……化物所精神在实践中丰富着内涵。在党支部组织讨论的基础上，办公室集中讨论意见，对化物所精神进行了归纳：献身科学，锐意创新的坚定意志；协力攻坚，善打硬仗的团队精神；唯实求真，严谨治学的科学作风；追求一流，勇攀高峰的拼搏进取精神。在此基础上，又作了进一步提炼，用简洁的语言表述具有特征的化物所精神。在所第六届思想政治工作暨创新文化建设专题研讨会上，组织与会代表讨论了所创新文化建设的目标与任务、所的使命宣言、化物所精神草案，之后，又在全所范围内征求修改意见。经过广大党员、职工讨论修改，所领导班子、所党委讨论确定了大连化物所创新文化建设的目标与任务、所的使命宣言、化物所精神，并于 1999 年 12 月 6 日发布了奔涌在化物所人心中的化物所精神："锐意创新、协力攻坚、严谨治学、追求一流"。

化物所精神是化物所的宝贵精神财富，更是不断创新、持续发展、建设世界一流研究所的不竭动力。让我们带着 70 周年院庆、所庆激发的豪情壮志踏上新征程，在更高起点、更高目标上推进改革创新发展，把今日创新创业的辉煌献给明天的化物所人，让化物所精神代代相传！

“甘当人梯　敢为人先”的精神是推动科图不断发展的动力

⊙ 徐引篪

1949 年，伴随着新中国的诞生，中国科学院成立。1950 年 4 月中国科学院在原办公厅下设立图书管理处，1951 年图书管理处改名为中国科学院图书馆。因此可以说，中国科学院图书馆（以下简称科图）是应科研的需求而发展，随中国科学院和我国科技事业的繁荣而壮大。目前的科图，业已成为一个数字化、网络化服务为主和以知识化服务为特征的现代化国家科学图书馆，正在成为适应信息时代的情报研究与知识服务的中心，在支撑科技自主创新、服务国家创新体系中日益发挥着重要的作用。

回顾科图近七十年的发展史，看着目前科图所取得的卓越成果，展望科图未来发展的愿景，我由衷地认为：支撑和推动科图发展的动力是科图一直遵循的“甘当人梯，敢为人先”的精神。

1956 年 7 月，科图第一任馆长中国科学院副院长陶孟和题为“图书馆要为科学家服务”一文在《人民日报》发表，开宗明义地提出了中国科学院图书馆工作必须加强为科学工作者服务的指导思想。自此，“一切为了读者”的服务理念深深扎根在每个员工的心中，一代又一代的图书馆员们继承和发扬了前辈留下的光荣传统，潜心耕耘，努力开拓，不断提高服务的质量和层次，成就斐然。

我是 1964 年大学毕业来到科图工作的，未进馆之前，我就对科图有个极好的印象。经过同学们对在京几个大图书馆毕业实习后的比较，得到一个“科图很新”的结论。这个“新”，不是说图书馆的馆舍新，而是说她的各项工作很有新意，很有活力，这对年轻的大学毕业生是极有吸引力的。进入科图以后，在几十年的工作实践中，通过熟悉了解和亲身经历，我对科图的从业者们为图书馆的发展所做出的种种努力有了更深切的理解，也为自己能参与其中共同奋斗而感到荣幸。

图书馆的工作首先从收集文献开始，然后是加工整理，最后是提供读者用户使用。一切为了读者，就要让读者随时随地能方便地得到他所需要的各种文献。在收集图书期刊之外，科图最早地开始注意对标准、专利和科技报告等文献的收集，以至出现读者通宵排队等候查阅专利的情况，后来标准和专利都先后调拨到了新成立的国家标准馆和专利馆。十

注：徐引篪，76 岁，中科院文献情报中心研究员，原中心主任。

年动乱期间，科图坚持外文文献的收集，保证了期刊的连续性和完整性，为拨乱反正后的科研复兴提供了坚强的文献保障。科图 1952 年即开始编印《苏联科学期刊论文索引》，1954 年编印《中国科学院图书馆图书分类法》，此分类法后来成为我国三大图书分类法之一。以后又陆续编制全院西文期刊联合目录和组织全院二次文献数据库的建设等，为读者利用文献提供了更大的方便。在文献服务上，除了阵地典藏阅览推广服务之外，科图开展了为研究所送书上门、为学术会议提供专题书刊陈列、为不能到馆的读者代查代借、组织新书到京外分院巡展，以及编制专题参考目录、开展科技查新联机检索等服务。在图书情报一体化以后，情报研究工作如雨后春笋般迅速崛起，科图又加强了为科技决策和专题研究提供情报调研的服务。进入 21 世纪以来，在新的台阶上，科图普及数字化网络化服务，提出资源到所服务到人的服务目标，发展学科化知识化服务，全面提升整体服务的能力和效益，以全方位地满足读者的需求。很多工作都走在了国内业界的前列，甚至是开创。

贴心的服务得到读者的欢迎和赞扬。何泽慧先生曾深情地说：图书馆在哪儿，我家就在哪儿，我不搬家。汤佩松先生在论文发表后亲送一份给科图阅览室的馆员，并在上面题词说："你和你们图书馆的同志在这篇文章的内容上也有很大功劳。"基因研究获奖的研究人员对图书馆员说，你们提供的文献启发了我们的思路。一些情报研究的成果得到院的高度重视，有的还印发全院各单位或报送中央有关单位。

看似平淡的工作，只是付出，不求回报，科图人的心里永远装着国家，装着科研人员，只要读者满意，只要中国的科研发展，这就是我们的目标，这就是每个科图人的追求。科图刘会洲主任说：随着用户需求的变化，文献中心不断调整业务工作重心，经历了从单纯的图书供应与管理，到图书情报一体化，再到面向科技创新一线和科技管理决策，以数字化网络化服务为主同时提供文献信息服务、情报研究服务、科学传播服务、产业信息服务的发展过程。服务内涵不断深化，服务领域不断拓展，服务形式和服务手段日益丰富优化，但我们"读者至上、服务第一"的服务宗旨、"甘当人梯，敢为人先"的服务精神一直传承发展，已经成为我们不断创新发展的内在精神动力。

是的，甘当人梯，敢为人先，科图人除不断开拓创新图书馆服务之外，还有不少可以永垂史册的第一。

首先是图书情报一体化。

1978 年 12 月，中国科学院在广州召开了具有重大意义的全院第一次图书情报工作会议。会议确定在中国科学院系统内实行图书情报一体化体制，使图书、资料和情报工作在组织上和业务上统一起来，开辟了中国科学院系统独具特色的图书情报一体化模式，这一发展模式的创新和突破，不仅使科图增添了新的活力，也在国内图书情报界引起很大震动，从而推动了全国图书情报事业的发展进程。1985 年，中国科学院图书馆改名为中国科学院文献情报中心。

再譬如科图的研究生教育。

从 1979 年院馆正式招收培养研究生开始到现在，已是图书馆学和情报学两个学科的硕士学位和博士学位授予单位，及图书馆学、情报学博士后流动站，是国内唯一拥有这一资格的非图书情报教学单位。科图的研究生教育注重学术研究与图书情报实际的紧密结合，形成特色，受到海内外学界的关注和赞赏，向社会输送的一批又一批优秀的图书情报专业人才，在文献情报等各个领域都卓有建树，广受业界的认可和肯定。同时，也在国内造就了一批高素质的图书情报教师队伍，取得了出色的科研成果。

当然，发展的道路是不平坦的，在近七十年的发展历程中，科图经历过十年动乱时期的迷茫，经历过探索改革过程中的艰辛和阵痛。但是，科图人紧跟时代，不忘初心，甘当人梯，敢为人先，勇于拼搏，勇于实践，坚持改革，坚持发展，在我国科技创新体系中发挥了重要的支撑作用，终于取得了令人瞩目的辉煌成绩。

我相信，在中国科学院实施“率先行动”计划中，一个为我院乃至我国科研人员提供现代化文献信息服务的中国科学院图书馆，必将在中华民族伟大复兴中继续做出新的贡献！

她们无愧于“大连市‘三八’红旗手（集体）”光荣称号

⊙ 吴钦厚

时间飞逝，一晃几十年过去，图书检索工作也已经由从前的纸质媒介发展为现在的电子检索，这是科技进步的力量，也是时代发展的必然。一路走来，这其中的工作精神却始终没有变。

1987 年“三八妇女节”，中科院大连化物所图书馆被授予“大连市‘三八’红旗手（集体）”的光荣称号。消息传来，在所里曾引起轰动。大家无不为图书馆获得这一殊荣而高兴，更认为这是图书馆全体同志努力奋斗的结果。在我所的发展和取得的科研成果中无不凝结着她们的辛劳和汗水，她们的光荣称号实至名归。

往事如烟，所图书馆获评“大连市‘三八’红旗手（集体）”的称号已过去三十多年，她们默默无闻，敬业奉献的精神仍在发扬光大，在各项工作中所展现出的风采仍被大家称道。

为了传承化物所精神，为了让图书馆的事迹得以传播，在建所七十周年之际，我作为那时图书馆的党支部书记，在责任感的驱动下，再次拿起笔来，把图书馆的事迹进行梳理和介绍。

我所图书馆在全院系统属于较早建馆的，馆藏丰富，而且有一支素质优良的业务骨干队伍。全馆工作人员近三十人，女同志占 70% 左右，是馆里的主力军。在工作中，她们不只是“半边天”，而是起了顶梁柱的作用。

在日常工作中，她们懂业务，会管理，树立了为读者服务和为研究工作服务的思想，每天要接待上百名所内外读者，还要进行大量的书刊采购、编目检索、题录、上架、借还、复印和装订等繁重的管理和信息传递等工作。为了方便科技人员查阅资料，她们还开展了多种形式的服务，如定题服务，函索资料，新到期刊题录和新书介绍，期刊介绍等，这些都深受广大读者和科技人员的欢迎。

为了获取先进技术信息，她们还开展了国际资料交换工作。图书馆国际资料交换组自 1980 年至 1987 年先后与 41 个国家近七百多个单位的 1245 位专家学者进行了资料交换，平均每年收入交换资料 50 多种和近千份的图书文献资料，这些具有最新技术价值的资料，

注：吴钦厚，81 岁，中科院大连化学物理研究所五级职员，原图书馆馆长。

为研究工作提供了可供参考的信息。

在改革开放中，伴随着我所的发展，从20世纪80年代起图书馆的发展也步入了快车道。除日常的管理服务工作外，还要搬迁旧馆和筹建新馆。图书馆增加了超常的工作量和劳动强度，从图书设备订购、搬运、安装直至书刊分类，排序上架，除了所里有关部门的支援外，主要是靠图书馆自己完成。

20世纪八九十年代，图书馆的馆藏与书库的矛盾开始显现。当时所里不可能拿出经费盖新馆。为了解决建新馆的经费，所领导多方寻求解决办法。恰在这时，也就是1993年5月，有公司拟租借一二九街图书馆后增加的原药品库房，所领导当即拍板，并亲自同对方公司谈判，最终同意租用十年。对方公司支付了一定数额资金作为租用金。这样一来终于使兴建新馆的经费有了着落。

租用协议签订后，规定我所十天内必须腾出房间。在所行政部门的支持和协助下，在图书馆全体同志的参与下，仅用了八天就把十几万册书刊，几百个书架，有条不紊地搬到星海二站礼堂存放。

在紧张的八天里，全体同志顾不上休息，忘记了吃饭、喝水，大家只有一个心愿，就是尽快把出租房腾出来，让全所期待已久的新图书馆早日建成。

图书馆的书库条件比较差，窗户又高又小，通风不好。书架排列十分拥挤，书库的通道才五六十厘米宽，书架上积满了灰尘。全馆同志不分男女老弱，争相把厚厚的书刊从高高的书架上，一摞一摞地取下来，经打捆编号后分类放好。干活时扬起的灰尘扑面而来，即使戴着口罩也无济于事，不大一会儿口罩内也吸满了灰尘。尽管如此，同志们干得热火朝天。手碰破了皮，包扎一下继续干，累了捶一捶背接着干。汗水伴着灰尘把同志们白净的脸蛋抹成黑花色。当同志们抬头看见彼此的花脸时，一阵开心的欢笑，便又欢快地干了起来。她们就是以这种不怕苦不怕累的精神提前完成了任务。

出租馆舍交付使用后，从1993年6月至1995年2月下旬，又断断续续用了一年多的时间，把一二九街运往二站礼堂的书刊重新清理排序，以便在新馆建成后，早日陈列上架，满足广大读者和科技人员查阅文献的需要。

我所图书馆重视对工作人员的培养，定期进行工作检查和交流，不定期进行学术活动。每年底结合年终工作总结对各类人员进行业务工作考核。馆里鼓励和支持工作人员参加有助于提高业务能力和服务水平的各种学习深造。

图书馆还提倡加强工作人员与广大读者和科技人员之间的联系和交流，倾听所内外读者和广大科技人员对图书馆工作的意见、建议和要求，以改进图书馆的管理和信息服务工作。

我所图书馆很重视与大连市科研及文教系统图书馆的联系和交流，做到互联互通，信息共享。馆领导和馆里专业人员与市内各相关图书馆，经常有相关业务交流和信息互通。

我所图书馆在中科院系统建馆较早，馆藏较全，与院内各有关图书馆往来频繁，多有交流。1989 年，中科院化学情报网还委托我所图书馆牵头，在大连举办了中国科学院化学情报网加强情报职能研讨会，院化学情报网系统各馆四十多人到会，与会人员会议期间还对我所及图书馆进行了参观交流。

图书馆情报工作者是一群默默无闻，敬业奉献的无名英雄，我所图书馆无愧于“大连市‘三八’红旗手（集体）”的光荣称号。

“博学笃志，格物明德”校训的由来

⊙ 余翔林

2001 年中国科学院研究生院更名组建后，我从中科院人教局长的岗位上退了下来并受聘担任了中科院研究生院建设与发展指导委员会主任，按照邓勇书记的建议，领导一个研究生院的教授、专家小组，讨论研究生院的校训问题。我们经过反复研究、比较，最后提出了“博学笃志，至大尽微”等建议方案送路甬祥院长审定。

路甬祥院长不仅是中国科学院的领导者，也是著名的科学家、教育家。中国科学院研究生院的成立与更名，也是在路院长的倡议指导下，对中科院原有的研究生培养体制大胆改革创新的结果。当得知研究生院关于校训讨论的各种建议时，路院长做了深入思考并做了修改，提笔写下了“博学笃志，格物明德”八个字。后来他见到我时曾说：至大尽微体现了追求科学的无穷尽的精神，这在“格物”中可以体现。“明德”强调了对高尚品德的要求，这也是教育的根本。路院长对“至大尽微”四个字的修改非常深刻，给我留下了难忘的印象。

据我的浅见，“博学”源自《中庸》中“博学之，审问之，慎思之，明辨之，笃行之。”的首句，是希望我们的青年学生通过刻苦学习和实践，获得广博的知识，还要有远大的抱负，广博的胸怀，面向社会，看待人生，走向未来，在生命途中永无止息地学习和充实自己。

“笃志”源自《荀子·修身》中“笃志而体，君子也。”意思是具有坚定意志并能付诸实践的人才是君子。其实路院长重视的“笃志”是有新意的，他曾多次讲过：“在发展我国科学技术，振兴中华的伟大实践中……要努力向钱学森、邓稼先、李四光、钱三强、吴文俊、彭加木、蒋筑英和蒋新松那样的杰出科学家学习。因为在他们身上，体现了对共产主义崇高理想的坚定信仰和对科学事业执着追求的完美统一。他们是中国知识分子的优秀代表，是全中国科技工作者学习的楷模。”所以，以崇高的理想及对科学事业的不懈追求，投身于振兴中华的伟大实践而忘我地工作，就是今天“笃志”的含意。

“格物明德”源自《礼记·大学》。宋代朱熹以后，《大学》已被公认为儒家的主要经典之一，它所提倡的“大学之道，在明明德，在亲民，在止于至善”，以及“格物、致知、诚意、正心、修身、齐家、治国、平天下”是自汉唐以来历代士人毕生追求的理想，对当代青年学生和知识分子同样有深刻的启示。

注：余翔林，79 岁，中科院原人事教育局局长。

“格物”是《大学》中八条目的首目，也是八条目的基础。它是说要想达到“治国、平天下”的最高理想，首先要做的是仔细研究探察天下的万事万物，推究它们存在变化的真实道理，只有懂得其中的“理”，才能获得丰富的知识，这样才有智慧，从而使自己的意念诚实，心志端正，不受外物诱惑而达修身。因而能治理好家庭，进而才有可能步入治国、平天下的境界。所以“格物”也就是对知识和真理的追求，与博学有异曲同工之妙。

“明德”是《大学》中三纲要之首纲，也是三纲要的核心和根本。它是说大学之中最高的为学之道，是要教导学生能够彰显自己的心中美好的德行，时常想到自己的天良，这样才能使人革旧从新，身体力行，处于内心清明的最高的善的境界上。这就是做人的基本道理。这里“明德”与“笃志”亦有从善如流的相似含意。我认为今天讲的“明德”与《大学》中讲的“明德”，在道德人性上虽有共同的一面，但在时代要求上却有很大的不同。今天的“明德”最基本、最普遍的要求则是爱国主义，它应成为每一个中国人心中最虔诚的信念。

路院长题写的“博学笃志，格物明德”这一校训，既体现了中华文化的优秀传统，又表现了新的时代精神，它的核心是引导青年人怎样做学问，怎样做人，很好地概括了中国科学院研究生院的办学理念，显示了研究生院的特殊气质、历史使命，促发了对研究生院的认同感，激励着广大师生无尽探索的科学精神，永不止息的人格追求，为中华民族的伟大复兴贡献力量。

怀柔管理干部学院发展脉络

⊙ 马瑞荣

历史沿革

中国科学院管理干部学院（以下简称“学校”“学院”）曾在院内大名鼎鼎，俗称怀柔管理干部学院。在其存在期间，全院绝大多数的管理人员或在这里就读过，或在这里参加过培训。

学院是中科院创办的一所正规化的、独立设置的成人高等学院，是中科院继续教育中心、现代化的干部培训基地。其前身历经中科院党校（1978 年）、中科院干部学校（1979 年）和中国科学院干部进修学校（1980～1983 年）。1983 年经中科院批准、北京市工农教育办公室验收合格并报国家教委（教育部）备案正式成立。

学院坐落在怀柔区境内的燕山脚下，群山环抱之中，占地 268 公顷，原为我国导弹试验基地之一。北望蜿蜒起伏的古长城，南映碧波荡漾的雁栖湖，风景秀丽，环境优美，堪称理想的办学园地。

1987 年中科院决定将职工科技大学并入我校；1988 年，中科院又决定我校和中国科技大学在北京联合组建中国科技大学管理学院；2000 年中科院再次决定由我校承担中央党校中科院分校教学任务。从此，我校形成一套班子、三块牌子，成为一个名副其实的继续教育和现代化的干部培训基地。直到 2005 年与中科院研究生院整合为一个单位，才正式完成了自己的历史使命。

逐步改善基本教学条件

在办校的过程中，学校通过与七机部五院协商，经过房屋置换，才完整地将怀北导弹试验基地全部土地收归我院。

学校是在化学所、力学所二部、环化所的基础上建立的。由于原实验用房不适宜培训教学和接待各所义务植树人员的吃住等问题，学校提出成龙配套的指导方针，组织全体教职工把实验楼改造成宿舍，把大点的房子和部分车库改建成教室，并添置了课桌椅、床、被褥等用品，使任务顺利进行。随着学院的发展，规模逐渐扩大，在校领导带领和全体教职工努力下，学院又先后改造增建了各种配套设施，如食堂、浴室、变配电室、锅炉房

注：马瑞荣，78 岁，曾任原中科院管理干部学院院长办公室主任。

等，先后增建了计算机房、教学楼、学员宿舍、图书馆、招待所（供客座教授和外国专家临时住宿），起用了生活区，各宿舍楼经加固和装修，增建了教室，重建了礼堂，使全校的总建筑面积达到 59 024 平方米。接待能力由最初的不足百人到最终可同时接待 3500 余人。

学院远离市区，必须具备必要的交通条件。建校初，学院仅有中型客车、卡车和吉普车各一辆。为节约开支，教职工每周只能回市区休假一次。培训学员和义务植树人员接送由各所帮忙，轮流派车接送。

随着学院不断发展，为稳定教师队伍，经中科院同意，我院教职工也获得了在市区内分房的资格。住市区的人越来越多，为减轻各所派车负担，学院下决心用自有资金购买了四辆大轿车，每日班车对开，不仅全部承担了学员的接送任务，同时也方便了教职工。经学院与公交管理部门联系，使公交线路延长至怀北，并在校门外设了站，拉近了学院与市区的距离。

建校初，学院没有一条电话线与市区联通，通信成了大问题。经再三与当地政府交涉后争取到一条长话线，但远不能满足需要。后来又通过市电讯公司架设了微波站，使条件略有改善。随着国家电信事业的发展，学院也得到实惠，不仅办公电话得到了满足，学员宿舍也相继安装了电话，方便了学员与外界的沟通。全校安装电话近千台，校园马路旁也装了 IC 卡，使通信能力覆盖北京，通达全国。

最初学校的电视只能接收一个河北台的信号。随着学校的不断投入，到后来可接收几十个频道，学院的会议室和各学员宿舍均安装了电视，满足了学员和教职工的需求。学院定期播放学院新闻，开展电视讲座，使学员在娱乐的同时受到教育。

20 世纪七八十年代，教职工、学员吃饭要靠学院解决。当时粮、油、副食还是定量供应，学院一下增加很多学员，且我校系成人学院，学员不转户口，学生虽自带粮票，但没有副食额度。学院除争得当地政府的支持外，多方奔走，想方设法到北京各方争取一点，困难可想而知。厨师除了从院部和各所借调外，又到河北各地招聘退休厨师，度过了艰难的前十年。经学院不断努力，由一个食堂变成教工和学员两个食堂，最多时开到五个食堂（其中有两个回民食堂）。为解决学员晚间学习饿肚子问题，食堂还增开了夜宵。学院还采取引进来的办法，在食堂开设了各种花样的窗口，又在校内其他地方引进小吃点多处，同时全天候地开放互相竞争，更方便了学员，得到了教职工和学员的认可。

普及计算机知识，是培训和继续教育的必修课程。学院下大力气于 1985 年建成计算机房并购置了计算机，使学员不仅学习计算机理论，而且可以到机房亲自操作实践，学习效果有了较大提升。随学员人数的增加，学院又分别在生活区和中关村分部建了计算机房，达到了 200 人同时上机的能力。由于计算机技术的飞速发展，学院紧跟发展需要对计算机进行更新换代，由起初的 PC 机“286”逐步更新至“奔腾 4”。学院各部门均配备了计算机，实现了办公自动化，进而建立了宽带网，使计算机教学迈上新台阶，建立了硬、软件实验室。为满足不同专业的需要，还建了物理、化学、无线电技术，计算机接口技术，财务会计模拟等实验室。

图书馆是办校必不可少的设施之一。学院利用原有房舍改造建了图书馆。随着学院规模的扩大，增建了 1000 平方米的新馆，并且分设了培训和教师阅览室，又分别在校区和生活区设立了本专科学员阅览室。藏书从无到有，由少到多。建校初期由所里支援了几千册图书，以后学院有计划地订购教学所需图书。经过 20 多年的努力，我校图书馆现有藏书 20 万册，期刊 500 种，报纸 130 种，不仅能满足本专科学员的需要，也能满足培训学员和教师的需要。

为使教职工、学员有健身场地，学院用了几个月的时间，搬掉了横在校园中间的土岗，挖走了 12 240 立方米的土方，修了篮球、排球、羽毛球、健身等各种运动场。在中科院工会的帮助下，安装了健身器械、乒乓球台若干，为培训学员改装了乒乓球室、棋牌室，并开设了太极拳教学和拓展训练。全校学员根据自己的喜好参加各项体育运动，在课余时间，到处可以看到同学们参加体育锻炼的身影和生龙活虎的比赛场面。

怀柔这块宝地不仅是学院所在地，也是中科院的绿化基地。建校之初，学院一则忙于建校，二则负责接待各所来基地植树人员的吃、住安排和植树区域的划分，工具、树苗的供应、技术指导以及树苗的浇水、防火等一系列的管理任务。1983 年底由于培训任务加大，无暇顾及山区绿化事宜，在中科院相关部门的主持下，将山区绿化任务交由院行政管理局管理。

创造优美的校园环境，是学院持之以恒的努力方向。从建校起，学院就组织师生植树造林，绿化校园。山顶建了蓄水池，满山铺设了供水网，引雁栖湖水上山浇灌山坡和校园的树木花草。学院先后建了中花园和南花园 9520 平方米，后来，又把南花园扩大到通往水库的马路边，并把所有黄土裸露的地方铺设了草皮。经 20 多年的辛勤耕耘，校园内已经是亭台水榭，小桥流水，花团锦簇，藤萝伞盖。校园的绿化工作多次受到中科院和当地政府的表扬和嘉奖。

师资队伍不断加强，教学水平不断提高

办学需有一支稳定的教师队伍。建校初学院只有一名专职教师，所有教学任务由院机关选聘的管理人员和各所的专家学者承担。然而兼职教师都有自己的本职工作，不能“招之即来”，另外学院接送也耗费大量的人力物力，并非长久之计。为尽快建立自己的教师队伍，在中科院领导和中科大的大力支持下，20 世纪 80 年代初学校从中科大调进第一批教师近 20 人，又从其他所和院外单位引进部分所需人才，承担了部分课程。征得院人事局同意，学校每年选录部分应届毕业研究生和本科生充实教师队伍。至 1990 年，学院从建校初的 18 人（被誉为“十八棵青松”）增加到 280 人；其中专职教师 98 人，具有高级职称的 34 人，中级职称 49 人，大多为青年教师。为使新毕业的青年教师尽快走上讲台，学院采取了多项措施，除常规听老教师讲课、为学生辅导、进行试讲培养外，同时鼓励他们上研究生班。为加强干部培训师资队伍建设，选派 35 岁以下的优秀副教授到美国、澳

大利亚、中国香港学习深造，选拔优秀青年教师攻读管理学科的 MBA 和计算机等与培训业务有关专业的在职硕士、博士学位。为鼓励教师参与干部培训工作，逐步登上干部培训讲台，制定向干部培训倾斜的分配政策，并把高质量讲授干部培训课程作为晋升教授的必备条件。学院还采取了走出去引进来的办法，一是请国外专家来校讲课，二是走出去到国外名牌大学参观访问，了解国外继续教育的成果与水平，分期分批送青年教师去国内外名牌大学进修，并把先进教学资料带回来供教师学习提高。在北京市青年教师基本功大赛中，学院有一名教师获三等奖，一名教师获优秀奖。学院最强盛时期有专业技术人员 130 多人，截至 2005 年与研究生院整合前，先后有教授 20 余人，副高职称近 60 人。专业教师形成梯队，主要专业课教师齐备，职称和年龄结构合理。学院另外还请了国家发展研究中心、中央党校、人事部、清华、北大、人大及中科院 10 名专家学者为客座培训教授。总之，学院已初步形成以专职教师为主，兼职教师为辅，专兼职结合的教师队伍。不仅能承担本、专科教学，而且能完成中科院下达“所级领导上岗”党校等培训与继续教育任务。

培训与继续教育是学院工作的重点

从建校起学院就对培训与教育工作倾注了全部力量。为促进培训工作的更好开展，学院先后成立了培训工作领导小组及与培训工作相关的工作机构，组织编写了培训教材，而且从校领导到各职能部门，对培训认真对待，精心组织并提供良好的学习与生活条件与服务。培训条件从建校初期学员上课坐马扎到拥有宽敞明亮的教室，并提供自动黑板、大屏幕、投影仪，计算机、电视网络、语音教室等现代化的教学设施。由培训基层各类科技人才和管理工作者，到培训局、所级领导和战略科学家，接受培训的人员层次越来越高。为适应新形势发展的要求，学院选派业务骨干从事培训管理岗位。从参与制定培训计划、承担培训与继续教育课程，学院从单纯的服务型向全方位承担培训任务型转化，使培训工作走上了制度化、规范化的轨道，为中科院做出了贡献。

适时调整学科设置和专业面向

我校从建校初的一个教研室到 1984 年建立了“政治系”、“科技管理系”、“信息管理系”、“图书情报系”四个系和六个直属教研室；到 1989 年先后成立了“研究生部”、“中关村分部”、“科大教学部”、“基础教学部”；由物理、数学、无线电技术、生物化学、外语、体育六个教研室组成。

根据市场经济和社会发展的需求，大幅调整学科设置和专业面向，经几次变更，将管理工程系、政治系、计算机应用系更名为：工商管理系、公共管理系、计算机科学与技术系，设立了财务会计、电算会计、工商管理、金融、贸易、计算机应用、计算机网络、电子商务、法律、现代文秘、公共关系与市场营销等专业。学校每年召开学术委员会，修订教学计划，加强教材建设；每学期开展教学检查，教师自我总结，学生民主评教；实施学年学分制，重修制，考教分开等教学改革措施；实施双证制教学，使学生毕业时既取得国家颁发的学历文凭，又取得体现能力的各种工作上岗合格证，有效提高了毕业生择业上岗的竞争力。

社会效益显著提高

我校自 1978 年至 1983 年五年时间里，主要根据中科院为适应新形势需要举办各种类型的培训班，如党员干部读书班、图书情报班、人事工作干部班、日语班等 31 期；时间少则几周，多则半年、一年，为中科院近两千名各类干部学政治，学理论，学科学文化知识进行专门培训。1996～1999 年共完成中科院下达的 43 期各种培训任务，包括所级领导上岗培训、知识创新工程试点单位领导干部高级研讨班、国有资产产权管理培训、党校高级研修班等，为中科院培养了大批领导干部。

针对中科院迅速培养青年人，顺利完成新老交替任务，学院从 1983 年开始举办了大专学历教育。据 1991 年统计，在全校举办的 48 个大专班中有 10 个专业、28 个班是专为中科院科技战线上培养科技管理人才而办的，其专业有器材、图书情报、政工、保卫、财会等。全院有近千名管理干部参加学习并毕业。

据不完全统计，我校自 1978 年建校到 2005 年与研究生院整合前共培养各类人才 42 592 人。其中岗位培训与继续教育及各种短训班 19 219 人，社会力量办学 11 155 人，中专以上学历教育 12 218 人，可谓桃李满天下。

除院内任务外，学院还充分调动自己的办学力量，为社会承担了部分人才培养的教学任务，为提高社会劳动者素质做出了应有贡献。

用所掌握的外语为科研工作服务

⊙ 李亚舒

高中毕业后，我考上了北京大学的西方语言文学系法语专业。那时马寅初是北京大学校长、冯至是西语系系主任、齐香教授等名家经常做报告和学术讲演。后来，我又受教育部选派到欧洲留学，在集训期间，改派到越南留学了。1959 年我回国后即分配到中国科学院工作至今。在求学的过程中，我遇到了一个又一个可敬可亲的领导、老师、同学、同事。每当我回忆起走过的成长道路，总是心潮澎湃，伴随着感激之情，眼前浮现出许多亲切的身影。

记得刚分到中科院时，中科院有一个哲学社会科学部，许多刊物都在中科院文献中心做。当时我在中心参考辅导部从事翻译工作，后来又承担了《亚非文献》集刊的法文编辑。我的工作经验不足，但我的身边却有不少外语水平很强的同事，例如，留学归来的学英文的廖渊镇、学俄文的于得胜和学法文翻译的齐勤等同志，有些没把握的法文翻译常常要得到齐勤老师的审改指导。如果当时没有身边这样好的老师、同事的帮助，我肯定是很难完成编辑翻译任务的。

“文革”后期，我从干校回城，被正式调到院外事局（今国际合作局）工作。不久，我个人的外语学习和知识运用也遇到了好的机会。方毅同志来中科院后，安排时间到我们局里看望同志们。因曾经的工作原因，方毅同志认得出我们这些留学生。他把自己签名的《越汉词典》一书送给了我。这件事对我继续学好外语也是一种极大的鼓励。我们都知道，方毅身边虽有越文很好的翻译，但因为当时的援越任务很多，大家工作很忙，于是方毅同志便在工作之余开始自学越文。到回国之前，他已能用越文同越南朋友自如交流了。为此，方毅同志还曾受到过胡志明主席的称赞。我一想到这些，就增添了学习外语的动力。打倒“四人帮”后，我便开始了英语自学。随着国家改革开放事业的大发展，我的工作担子也不断加重了，由译员到项目官员，再到处长工作岗位。在 20 世纪 80 年代，我曾先后负责过外事局办公室、国际组织国际会议、亚非拉美等处的领导工作，访问过 30 多个国家和地区，深感英语在国际交流中的重要地位和作用。

后来，组织上派我到研究生院学习英语。当时除李佩先生亲自授课外，学校还组织了一批优秀的中国和外籍老师来教我们这些“回炉”干部学习，使我们较快地提高了口译、笔译能力，也增多了实践的机会和增强了做好工作的信心。

注：李亚舒，83 岁，中国科学院国际合作局正高级译审。

我要从心底深处好好感谢从教我发蒙识丁到走上工作岗位后所遇到的每一位好老师。我还清楚地记得20世纪80年代初期，李佩老师来院部找崔泰山副局长沟通，推荐我到中国译协参加理事会工作的情景。正是因为李佩老师的推荐，我成为我院到中国译协最早的理事之一，至今我仍担任中国译协第五届理事会的副会长兼科技翻译委员会主任，担任了《中国科技翻译》杂志常务副主编（1988～1998）和主编（1998～2008）。20年来，我学到了一些翻译理论与实践知识，并用来提高自己的工作水平。当1993年,《中国科技翻译》杂志获得“国际译联（FIT）1990～1993年度最佳国家级翻译期刊奖”时，我作为该杂志有“特殊贡献”的成员之一而获得中科院的奖励。当胡启恒常务副院长兼科技翻译协会会长授给我奖牌时，我受到深深激励，同时认识到了这份荣誉应归功于编辑部和科技翻译理事会的全体同志。

我在留学时，曾与北大的沙敬范、安志信等学长受到过胡志明主席的专门接见。后来，我曾为中越双方一些高级代表团互访担任过翻译。

记得1989年前后，我曾随以院教育局长王文涛教授为团长的中科院科学教育代表团访问泰国的亚洲理工学院，作为全团唯一的翻译，我在团长的领导下与对方商谈后签订了三个协议与合作议定书，圆满地完成了那次的出访和翻译任务。

自1986年我第一次担任了中国科技大学硕士研究生评委主任并同崔泰山副局长、蒋桂林译审一道带了该校十系的研究生后，就一直没脱离过同翻译院校的师生往来联系和常年参加学术讲座、研讨会活动。每隔一年召开一次的全国科技翻译研讨会，我有十届是此研讨会上的秘书长、主席或参与服务工作。于2009年8月6日至8日在中科院力学所举行的研讨会，是在德高望重的知名教育家、翻译家、科技译协的创始人、学术带头人李佩先生亲自主持下召开的，有160多名代表和嘉宾出席了开幕式。力学所周进德书记、科技翻译委员会副主任晏勤、翻译服务委员会主任尹承东、中科院译协副会长曹京华副局长和赵文利秘书长分别致辞或作了书面发言。大会收到论文150篇。李佩先生精神矍铄、思维敏捷，主持大会，出席小会，参加发言。会议始终充满生动活泼的学术气氛。学术前辈和老师严谨治学的风范，让我又一次受到了深刻的教育，得到了宝贵的激励。面对着科技翻译界在国庆60周年大典前召开的这样一次盛况空前、收获丰富、特色鲜明的全国学术研讨会，作为组委会成员之一，我也心绪如潮，情感激动。当组委会委托我来致大会闭幕词兼作会议总结时，在热情的代表和慈祥的老师面前，由于激动我竟一时语噎。

就在我于2002年正式办理退休手续后，由中国科协、中国科技馆馆长王渝生教授推荐，经院离退休干部工作局和国际合作局的批准，我参加了由民政部陈宝库副部长率领的中国老龄协会代表团。在随我国政府组团出访西班牙时，我在马德里举行的“第二届世界NGO论坛”上，用英文发表了题为“Seniority and Dilight”（与时俱进，乐在其中）演讲，并当场回答了记者提问。在与时任联合国秘书长安南的夫人见面交谈时，我又主动协助团员做好翻译，受到了与会领导和同志们的赞许。这对我又是一种激励。回忆起来，发生在自己身上的许多往事，都饱含着组织对自己的关爱与培养，同志们对自己的支持与帮助。

回顾科学出版社走过的发展道路

⊙ 谈德颜

科学出版社成立于 1954 年 8 月 1 日，光阴荏苒，瞬逾六十余载。经过半个多世纪的风风雨雨，才有了今天的发展，这是几代科学出版人艰苦奋斗的结果。享受今天，勿忘过去。

盛世十年

科学出版社一开始就建立在高起点之上。它的前身是中国科学院编译局和龙门联合书局，编译局是中国科学院建院之初一厅三局之一（一厅是办公厅，其余两局是计划局和联络局），有很强的领导力量和一批优秀的编辑人员。龙门联合书局创建于 1930 年，有丰富的经营管理经验和一批事业有成的出版工作者。两者结合起来形成了一支强有力的科技出版力量。科学出版社刚一组建就受到科技界和社会各方面的重视，成为科技出版界的领头羊。当时科技界的人士都以能在科学出版社出书而自豪。科学出版社建立的各种规章制度、出版物的规格、体例等均被科技出版界视为样板，纷纷仿效。一些兄弟出版社在出版问题上有争议时，常以科学出版社的出版物为标准，予以衡量。科学出版社领导的中国科学院印刷厂，在铸字、制版和排印质量上也在全国首屈一指，为全国印刷业的标兵，多次被评为红旗单位。这也为科学出版社出版高质量的图书奠定了坚实的基础。

科学出版社的领导在社会上也有较高的声望和影响。首任社长兼总编辑周太玄是我国腔肠动物研究的开创者，腔肠动物专家，一级教授，曾任香港《大公报》顾问，四川大学校务委员会主任委员，还曾与李大钊共同发起组织过“少年中国学会”，为全国政协第二、三、四届委员。副社长兼副总编辑赵仲池是 1933 年的老党员，九级干部，新中国成立前曾在刘少奇同志直接领导下工作过，新中国成立后曾任中苏友好协会总会副总干事、党组副书记（中苏友好协会总会会长为刘少奇，副会长为宋庆龄、吴玉章、郭沫若）。副社长朱务善是 1920 年参加共产主义小组的老党员（入党介绍人是李大钊、邓中夏），曾与邓小平同志一起在莫斯科中山大学学习过。党和国家如此安排科学出版社的领导班子，充分表明对科学出版社的重视，并寄予厚望。

科学出版社的全体职工也确实没有辜负党和国家的期望，在社领导的带领下，以“三严”（严肃、严密、严格）的工作作风，创造出出版物的“三高”（高层次、高水平、高质

注：谈德颜，85 岁，科学出版社原总编辑。

量）特色。到 1964 年建社十周年时，全社总计出版新书 3248 种，1400 余万册，66 284 万字；重版书 1355 种。出版期刊 4373 期，50 979 万字，品种有学报、通报、译报和文摘等，其中《中国科学》《科学通报》等学术刊物已在 76 个国家和地区进行交流与发行。我国著名科学家几乎都是科学出版社的作者，他们的代表作也大都在科学出版社出版。诸如：华罗庚的《数论导引》《多复变数函数论中的典型域的调和分析》《堆垒素数论》，苏步青的《一般空间的微分几何》，钱学森的《物理力学讲义》《工程控制论》，钱伟长的《弹性力学》，冯端等的《金属物理》，黄昆、谢希德的《半导体物理》等。姚林等的《电子数字计算机原理》是我国第一本介绍电子计算机的书。大型图书《郭沫若全集 考古编（10 卷）》《中国植物志（80 卷 126 分册）》等至今才最后完成（前者获第 6 届国家图书奖荣誉奖，后者获首届中国出版政府奖）。科学出版社出版的各文种的科技名词和其他工具书也独具权威。直到 1989 年有关部门统计，新中国成立后全国自然科学和技术科学著作，绝大多数是由科学出版社出版的。在科学出版社举办十周年社庆时，中国科学院郭沫若院长亲莅祝贺，并当场题词："在四个现代化的伟大斗争中，科学技术现代化是其中的关键。要促进科学技术现代化，必须加强科学技术的出版工作，在这一工作中必须充分发挥严肃、严密、严格的精神。"

当时，这种"三严"精神是贯穿在社里各个方面的，除编辑出版部门外，其他部门也十分敬业。如一位女书库管理员以手工操作方式严格做到了单本书核算，在年终盘库时，不差一本书，不错一分钱。这在今天计算机管理时代，也是不易做到的。再如，行政办公用品保管员，也是一位女同志，一个人负责全社 300 多人办公用品的保管与分发工作，不但及时准确地保证办公用品的供应，而且还送货上门，将各科室所需的办公用品按时送到每个科室。此外，还负责全社公交车月票的贴换工作。各项工作都做得井井有条，从无差错。出色的后勤工作使每位员工都感到生活在温暖的大家庭之中。

领导的社会声望也有力地提升了科学出版社的社会影响，得到社会各界的重视和支持。1958 年为了满足广大读者的需求，科学出版社率先突破依靠新华书店单一发行方式，先后在北京、上海、南京等地建立 19 个专营本社书刊的门市部，成为全国第一家自办发行的出版社。这些门市部的建立得到了中国科学院各分院、省科委和有关方面的大力支持。如北京门市部的建立，最理想的地点是王府井，可是要在这寸金之地找到建立门市部的地方谈何容易。为此，当时主持工作的副社长赵仲池同志写信给郭沫若院长，郭老又写信给时任《人民日报》社社长的邓拓同志，希望能支持科学出版社在王府井建门市部。邓拓同志接信后当即决定将《人民日报》社在王府井的营业部三间铺面房全部腾出给科学出版社做门市部（当时《人民日报》社址在王府井新华书店的斜对面）。于是科学出版社便在王府井有了与新华书店隔路相望的十分气派的门市部。上海等地的门市部也都在较好的商业街区。这些门市部的经营效果都很好，不但满足了读者的需要，而且全部是盈利的。到 1963 年各地门市部书刊销售量已占全年总发行量的 41%。社里其他方面的业务也开展得很有成效，在此期间全社的经济效益亦相当可观。

1956 年，为配合国家科学发展规划，社里制定了《科学出版社 12 年远景规划纲要（1956～1967 年）》，并提出了“精而准、系统化”的选题和出版原则。在全社同志的共同努力下，科学出版社在各方面都取得了很好的成绩，为配合和促进我国科技事业的发展做出了突出贡献。科学出版社初创时期的十年，真可谓是科学出版社的“康乾盛世”。

正当大家雄心勃勃地要把科学出版社建成亚洲最大的出版社时，一场突如其来的“文革”打破了一切美好的愿望，宏伟的蓝图顿时化为泡影。科学出版社被宣布撤销，全体人员“一锅端”到“五七”干校下放劳动，京外办事处和京内外门市部也一律撤销。留下的只是空落落杂草丛生的九爷府大院（科学出版社旧址，现称孚王府）。

重整旗鼓

1972 年，当下放到“五七”干校的人员陆续返京归队，科学出版社恢复重建时，已元气大伤。一大批骨干力量流失，调往别的单位。原有的工作秩序被打乱，特别是发行，又回到了单靠新华书店和邮局发行的老路。虽经与科学普及出版社合并，从科普和科协等单位补充一部分力量，但还远未恢复原有的实力。当时全社人员的平均年龄为 45 岁，亟待补充新生力量。久别工作岗位的同志回社后虽如饥似渴地忘我工作，但也难以冲破“四人帮”的干扰。

随着“四人帮”被粉碎，特别是 1978 年全国科学大会召开，这犹如一股强劲的春风，又给科学出版社带来了发展的生机，使科学出版社步入了一个新的发展阶段。人员得到了补充，各项工作得以顺利开展。依据国家科技发展规划，重新制定了选题规划，共组织了近 60 套丛书，囊括了我国各学科的优秀著作。丛书的主编和编委都是我国知名学者。其中有：华罗庚主编的《纯粹数学与应用数学专著丛书》，程民德主编的《现代数学基础丛书》，冯康主编的《计算方法丛书》，张维主编的《力学丛书》，王竹溪、周光召主编的《现代物理学丛书》、孙鸿烈主编的《青藏高原科学考察丛书》等。此后在历届图书评奖中，很多获奖书都出自这些丛书。

这个时期正是百废待兴时期，经过十年“文革”的书荒，群众购书热情极高，很多书一出版就抢购一空，甚至出现排队购书热潮。在此期间各种书刊印数都高得惊人，科学版的书刊也不例外，印数一般都在几万、十几万、几十万，甚至上百万。如，科普图书《从一到无穷大》印数 55 万册，陈景润著的《初等数论 1》印数竟达 125 万册（当时正值陈景润热）。科普期刊《科学实验》和《农村科学》每期印数均在 50 万册以上。当时虽有定价限制，而书刊的经济收益还是相当丰厚的。20 世纪 70 年代末至 80 年代初，至少有 4 年的时间，在书刊税收高达 33% 的情况下，科学出版社每年向国家上缴的利润均不低于 300 万元。当时全社职工月工资总额只有 2 万多元，年工资总额还不足 30 万元。在这个时期，科学出版社在经济方面对国家的贡献也是值得称道的。

此时，科学出版社外文版图书的出版和对外合作也十分活跃，到 1983 年底，已签订对外合作协议 67 个，每年的外汇收入均有几十万美元。经上级批准，社里的外汇收入可以不上缴，并可自主支配。这样累积起来的外汇有上百万美元。此后，科学出版社在香港购房建香港科华出版有限公司，在纽约购房建科学出版社纽约分公司，其资金都是这些年来的外汇积累。通过全社同志的共同奋斗，科学出版社又开始了新的崛起。

新时期的新问题

20 世纪 80 年代初，正当科学出版社的出版事业蓬勃发展时，却遭到了印刷技术落后，印力不足的困扰。

全国科学大会之后，我国的科技事业有了长足的发展，国际影响力明显提高，在我国召开的国际学术会议日益增多，国内外一些著名科学家愿将他们的重要学术著作交由科学出版社出版外文版（以英文为主）图书在国际发行，特别是在我国召开的各种国际学术会议，都要出版英文版的会议文集，其中不少要在会前出版，开会时需人手一册，而交稿的时间最多不足三个月，这就要求出版，不但要质量高（具国际水准），而且要速度快。在当时完成这样的任务确有很大难度，我国的印刷业尚不能达到此种要求。一些外国出版商认为中国的出版社无力承担此项业务，只能由他们包办。为了争这口气，及时优质地出版具国际水准的英文版图书和国际学术会议文集，科学出版社利用存有外汇的优势，从香港等地先后引进了电动打字机、电脑磁卡打字排版机、翻拍制版机、照排机和小型快速胶印机等时为先进的设备，运用这些设备部分地解决了排版问题，但内地的印刷和装帧质量均达不到要求。无奈之下，只好拿到香港去印刷，有幸得到中华商务联合印刷（香港）有限公司大力支持，合作的十分融洽。内地与香港往来虽有诸多不便，往回运书时还得报关，但还是较好地解决了问题。使一些外文版图书和国际学术会议文集，能保质保量地及时出版，获各方好评。尤其是各种国际学术会议文集的按时出版，有力地保证了国际学术会议在我国成功召开，备受与会者青睐。有的会议组织者说，一本好的会议文集及时出版，就使会议成功了一半。除文集外，在此期间还先后出版了外文版图书 70 余种。尽管如此，印刷力量还远不能满足出版的需求。美籍华人数学菲尔兹奖（相当诺贝尔奖）获得者丘成桐等数学家曾想把《东南亚数学学报》交由科学出版社出版，试了几次，终因出版周期难达要求而作罢。

为更好地适应科技事业的发展，中国科学院各研究所和各学会主办由科学出版社出版的一百多种期刊，对出版也提出了新的更高的要求。缩短出版周期、增加印张的呼声与日俱增，同印刷力量不足的矛盾日益加剧。科学出版社常为满足不了期刊编辑部的要求而大伤脑筋。

为了解决这个矛盾，中国科学院于 20 世纪 80 年代初拨款 1000 万元人民币，300 万美元，对中国科学院印刷厂进行技术改造和扩建厂房。引进英国蒙诺激光照排机等先进排印设备，并接收和改造了河南开封印刷厂。一切硬件都准备得很好，可惜技术力量未能跟上，这些设备尚未发挥应有的效益，就已经“老化”了。这是一个十分沉痛的教训，交了一大笔不该交的“学费”。此事告诉我们，在引进先进设备之前，必须做好技术力量的准备，否则设备再先进，也难以发挥其应有的作用。随着现代排印技术的不断改进和完善，技术力量的不断充实和提高，这一问题才逐步得到解决。迅猛发展的印刷业为出版业开辟了更为广阔的天地，使我们出版工作者有了更好的用武之地，这真是一大幸事。

业务的发展，人员的增加，社里的办公用房和宿舍用房日趋紧张，由于“七五”期间中国科学院未给科学出版社宿舍用房的指标，原办公地九爷府（孚王府）为文物保护单位不准扩建，一时造成办公用房和宿舍用房的困难。在中国科学院领导的关怀下，将中国科学院半导体所在城内的用房全部划给科学出版社，并拨 300 余万元人民币的修缮和购买办公用具的经费。这样科学出版社就从朝内九爷府迁至现址东黄城根北街，办公用房从 8000 平方米增至 20 000 平方米，得到了很大的扩展。此后又与中国科学院一些研究所联合在北郊等地兴建了宿舍楼，这样科学出版社的办公用房和宿舍用房基本上得到解决，为其进一步发展创造了有利的条件。

迎接挑战，开拓前进

20 世纪 80 年代初，社里为了与院里其他单位同步调工资，几经努力，终将科学出版社由企业单位改为事业单位（企业管理）。与此同时，财政部对科学出版社的补贴拨款，转归中国科学院承担。由于中国科学院的科研经费日趋紧张，拨款常不能及时到位，这就给科学出版社造成较大的经济困难，流动资金十分短缺。为此，社里于 1986 年特成立了第八编辑室，以出版畅销书为主，并依创收的数额按比例提成的奖励办法作鼓励创收的尝试。不久后，该室即在全社各编辑室的协助下出版了一本名为《老年生活百科知识全书》的畅销书，初版后又重印了两次，共印了 64.7 万册，码洋 417.7 万元，盈利 83.54 万元，提奖金 15000 元。这在当时是个不小的奖励数字（那时编辑每月工资不足 100 元），引起不小的轰动，《光明日报》在头版头条作了长篇报道。从那时起各编辑室便将增收提上了日程。

1988 年院里提出从这年起给科学出版社的拨款改为：第一年定额补贴 300 万元，以后每年递减 30%，三年后基本不再拨款。这就更增强了科学出版社创收的紧迫感。针对这一情况，各编辑室进行了大规模的选题调整，全社共削减选题 1000 多个。经过一年多的调整，全编辑部每年都能完成社里下达的 300 万元盈利指标。

为了争取院里不把补贴的经费撤走，社领导同院领导商定以基金的方式每年固定补贴 300 万元，改暗补为明补。为用好这笔基金，特成立了中国科学院科学出版基金委员会。院领导任基金委员会主任，社领导任副主任，下设基金办公室，并成立各学科的专家评审组。基金 2/3 用于院和各研究所办的期刊，1/3 用于重点图书。基金支持的图书都是经过专家评审组严格评审，并以无记名投票的方式最后选定，均保持了科学出版社的“三高”特色，其中不少图书获各种奖项。

在中国版协科技出版工作委员会的帮助下，以科学出版社为典型，再三向有关方面呼吁，终于科技类图书的书价逐步得到放开。此后，其他类图书也随之取消了限价。

科学出版社扩大出书范围的最好办法是恢复“龙门书局”副牌，这样既可保住主牌科学出版社的特色，又可放手出一些畅销书。经过几年的不断申请，终于得到新闻出版署领导的理解和支持。1993 年 8 月正式批准科学出版社恢复“龙门书局”副牌，并将出书范围定为，除小说外，其他类型的图书均可出版。

这一年，科学出版社可谓是“三喜临门”，除获得恢复“龙门书局”副牌外，在全国首届国家图书奖评奖中有 4 种图书获国家图书奖（科技类共 10 种），2 种图书获提名奖，获奖数居全国出版社之首。同时受到中宣部和新闻出版署的表彰，荣获首批“全国优秀出版社”称号。

这些成果的取得，是科学出版社自成立之日起几代人长期奋斗的结果，凝聚着全体同志的艰辛。

各种困难的解决，书价的放开，出书范围的扩大，基金的保留，为科学出版社进一步发展奠定了坚实的基础，创造了良好的条件。坚冰已经打破，航道已经开通，在科技事业飞速发展，出版事业不断兴旺的大好形势下，科学出版社这艘经过半个多世纪打造起来的大船开始新的航程。在“积累科学文化，传播科技信息，推广科技成果，促进学术交流，普及科技知识，培养科技人才，繁荣科技事业”诸方面取得优异成绩的基础上，正在阔步前进！

我与三任院长的二三事

⊙ 刘茂胜

作为中科院机关报的老记者，我与中国科学院的三任院长有过直接的接触，他们分别是第三、第四、第五任院长的卢嘉锡、周光召和路甬祥。在我退休之后，忆及往事，颇多感触，记载如下。

坚守家园的卢嘉锡院长

1985 年，我刚做记者采写的第一篇通讯的主人公就是卢嘉锡院长。白天他忙于公务，要我晚上到他家里采访。走进他住的复兴门外大街那座部长楼，时值冬季，已送暖气的卢院长家里暖洋洋的，而一个老学者对晚辈的我无所不谈，那份信任和平易近人，使我倍感亲切和温暖。

1981 年初，中科院再次提出了新的“办院方针”，其内容是“侧重基础、侧重提高，为国民经济和国防建设服务”。就是这年的 5 月卢嘉锡开始任中科院第三任院长（任期至 1987 年 1 月）。

卢院长上任之初，正是国家经济体制改革举步维艰之时。经济体制牵动着科技体制，当时的国务院负责人提出：“科学技术工作必须面向经济建设，经济建设必须依靠科学技术。这是一个基本的战略方针”。此后，正是以此方针来描画全国科技体制的改革蓝图。体制改革给中科院带来的变化，无疑是巨大而深刻的，没有改革，中国科学院就不可能面对市场经济的飞速发展而迸发无尽的活力。然而，在“科学技术工作必须面向经济建设”的唯一选择之下，“钱扔在水里不见冒泡”、“象牙塔里讨生活”之类的责难，“科学院是否有存在必要”的疑问，“解散科学院，基础研究归大学，应用研究归产业部门”、“另起炉灶，易地重建”之类的建议方案，纷至沓来。一时间可谓“高天滚滚寒流急”。卢院长与我促膝长谈时向我“透露”，作为自然科学国家队的中科院，曾经有过周转不开、无钱发工资的窘迫。是他向好友、时任国家自然科学基金委主任的唐敖庆借钱渡过的难关。他和化学家唐敖庆 1956 年同是国家为数不多的一级教授，听了这样的“机密”我很震惊，从此我对这两位教授格外敬重。

1983 年底，中共中央书记处就中科院今后一个时期的方针和任务做出指示，要求“大力加强应用研究，积极而有选择地参加发展工作，继续重视基础研究”。三种类型的工作

注：刘茂胜，71 岁，中国科学报社主任记者。

主次分明，实际上否定了“两侧重”。1984 年起这一指示定为办院方针，卢院长的压力才小些。采访卢院长时，他还介绍了与夫人相恋的往事，他在国外一去就是 8 年，是夫人带着孩子独撑家门，他对夫人的感激之情，给我留下极深的印象。

“政声人去后，民意闲谈时”。大家评价刚直不阿的卢院长是个真正的科学家，在困难时期他坚守家园，保护好科研力量，在坚守的前提下还有所发展，实属不易，因此他赢得科学家普遍的尊敬。

锐意改革的周光召院长

1987 年 1 月至 1997 年 7 月，核物理学家周光召接替卢嘉锡成为中科院第四任院长。爱惜人才是周光召的突出特点。

那些年留学生回国创业还没成气候，回国工作和生活尚有困难。周光召院长在很多场合都苦口婆心地鼓励、宽慰回国留学生志存高远，并雪中送炭为他们排忧解难。现任中科院院长的白春礼院士，当时还是个年轻的回国留学生。那年中科院召开回国人员座谈会，白春礼介绍自己的工作时谈到制造设备经费困难，周光召院长认真询问所需数额，当即表示从院应急的经费里拨出一些以解燃眉之急，正是这及时雨，给了白春礼科研课题活力，不久他就做出了杰出的成绩，不仅成为年轻的中科院院士，1996 年 4 月他还成为与周院长共事的中科院副院长。至今我都清楚记得当时在中科院二楼会议室周院长和白春礼交谈时求贤若渴的神情。

20 世纪 80 年代，改革开放的中国，经济腾飞和社会发展急需科技第一生产力的助推。周光召院长等人适时提出了“一院两种运行机制”（简称“一院两制”）的构想。让学者做生意？让研究员站柜台？科研人员观念的裂变和身份的脱胎换骨之难度可想而知。我多次跟随周院长下基层调研和采访，一次次聆听他苦口婆心地开导科研人员放下包袱和顾虑，勇于“走上主战场”，其殷殷之情溢于言表。同时，为了尊重科研人员的探索精神，不束缚他们的手脚，他对联想集团的态度是彻底“解放”，多次听到他“不管就是最大的管”的心声吐露。正是这种尊重联想集团的创造精神，让他们“从战争中学习战争”的开明政策使得今日联想公司一枝独秀。可以设想，如果不是周光召院长带领一班人以海纳百川的博大胸怀支持走上主战场的这支力量，今天就没有中科院这批科技企业的风景这边独好。

希望集团是中科院计算所的博士们创立的，号称“18 勇士”。周院长对其寄予厚望。希望集团最初办公地点挤在计算所家属简易楼一层。那年春节，我跟随周院长先到电工所看望激光加工的公司，然后搭周院长的车到希望集团。已近中午，记得当时创业之初的希望集团，接待周院长时连像样的茶具都没有，临时洗了几个杯子，放点茶叶端上来。时值严冬，没有会议室，只好敞着房门，不到十平方米的房间，很多人只能贴墙站着与周院长“座谈”。周院长认真听取他们的发言，殷切期望如初升朝阳的“希望公司”能尽快做强做大。天很冷，我们羽绒服都没有脱。周院长在那里待了很长时间，记得过了午饭的时间我们才从中关村回城。

中科院第四任院长周光召院士，带领一班同志审时度势，开拓进取，把中科院一部分人带到更能施展才华的经济建设的广阔空间，主战场上孕育了一批像联想集团那样的企业，给国家多了一份别样的贡献。

发轫创新的路甬祥院长

1997 年 1 月至 2011 年 3 月，路甬祥院士任中科院院长。他以创新的理念，把中科院推向一个更加光彩照人的舞台，并将创新的理念扩展为国人的行动和民族的追求。

作为摄影文字两栖记者，这一时期的我跟随路院长的采访时间很多。无论在中原大地的金黄麦田，还是河北的绿色原野；无论是在深圳高交会签约会场，还是在他献花于院士纪念碑前的开封县城；无论是一次次在人大会堂、钓鱼台等重要场所聆听他的宏论，还是一回回春节追随他与温家宝总理给科学家拜年的脚步……我都获益良多。这期间，我也从知天命奔向了花甲之年，身心渐显疲惫，推己及人，我能够想象到六十多岁路院长的鞍马劳顿之苦。

记得路甬祥院长一次到三里河平房我们的报社编辑部指导工作，我因采访外出，回来时没等报社领导介绍，他能说出我的名字，使我顿生“莫愁前路无知己”的慰藉。

路院长时代，我用文字记录了他和一班人倡导并实践创新的历程，用相机摄下了他不辞劳苦的身影，给岁月留下许多永恒的瞬间。

科普宣传和媒体的一次完美合作

⊙ 朱爱民

1998 年 6 月 2 日，由美籍华裔科学家丁肇中教授主导研制的阿尔法磁谱仪（Alpha Magnetic Spectrometer，AMS），搭乘美国“发现号”飞赴太空，开始它入住国际空间站为期 10 天的试验运行。

早在 20 世纪 70 年代后期，中国科学家就开始参与丁肇中先生主持的多个大型实验，有过十几年的成功合作经历，这些合作为中国高能物理研究事业锻炼了队伍，培养了人才。

阿尔法磁谱仪是人类送入宇宙空间的第一个大型实验装置，它将在国际空间站长期运行。研究人员来自美、欧、亚三大洲 16 个国家和地区的 56 家研究机构。该磁谱仪能够精确测量宇宙中带电粒子的动量和电荷，其核心部件是中国研制的一台钕铁硼永磁体，重 2.2 吨，直径 1.2 米，高 0.8 米，中心场强为 1360 高斯。科学家们利用谱仪的强磁场和精密探测器探测宇宙空间的反物质和暗物质，并探索其他宇宙物理学疑难问题。中科院电工研究所、中科院高能物理研究所、中国运载火箭技术研究院、山东大学、东南大学、中山大学、上海交通大学等国内科研机构参与合作，各单位均按期出色地完成了自己所承担的任务。

阿尔法磁谱仪首席科学家丁肇中先生，美国航空航天局负责人、项目首席工程师加吉奥洛先生先后公开发表评论，高度赞扬中国科学家的工作，一致认为：“中国科学家为阿尔法磁谱仪实验做出了决定性的贡献。”

鉴于此，中国方面宣布将在发射当日，由中国中央电视台在全国进行实况转播。这在中国科学界和媒体界堪称一次破天荒之举。

我长期从事高能物理情报编译工作，一直跟踪阿尔法磁谱仪的研制进展。在磁谱仪发射前，时任高能物理所所长的陈和生先生在所里做了一个相关报告，向本所科研人员介绍阿尔法磁谱仪的物理研究目标、研制过程以及中方所承担的工作。并且宣布，该装置将在几天后发射升空，届时中央电视台将进行实况转播。

听到这一消息，笔者马上意识到，这将是科学界的一件大事，作为国内参与该项合作的组织方，高能物理所有义务对公众进行一次科普宣传，以期达到更好的转播效果。

接下来的问题是，如何才能让公众及时读到这篇科普文章。经过认真思考，我认为，

注：朱爱民，74 岁，中科院高能物理研究所物理情报编译。

在当时的条件下，在报纸上宣传无疑是最为合适的。那时，北京办得最火的报纸是《北京青年报》，他是一家最早实现自办发行的报纸，办得有声有色，发行量大得惊人。如果能让《北京青年报》刊发我们的科普文章，那是最合适不过的。

时不我待，说干就干，我马上通过翻看《北京青年报》找到报社主编的电话，冒昧地拨打过去，居然一拨就通。我首先询问主编，是否知道几天后中央电视台将要直播阿尔法磁谱仪的发射。他说不知道。于是，我简略地向他介绍了该装置的研制目的和我国科研人员在其中的贡献。然后告诉他，我可以给他们写一个长篇科普文章，向公众介绍阿尔法磁谱仪，问他们是否愿意刊登。他欣然同意。我进一步提出，为了让这篇文章取得最好的宣传效果，我希望在发射前一天整版刊发，主编也毫不犹豫地答应了。我自己则向他保证在发射前两天交稿，到时请报社派人来取。

沟通如此顺利，大大出乎我的意料。我想，《北京青年报》能办得那么成功，不是没有理由的。其中，主编敏锐的判断，果断的决策，敢于负责的态度，应该是很重要的原因。

沟通完成，就该写稿了。考虑到我的文章将要引用陈所长报告中的一些内容，旋即我与陈所长联系，表明我要写一篇科普文章介绍阿尔法磁谱仪，希望由他把关、审稿、并参与署名，他表示完全同意。

接下来，我用两天时间写完稿件，并交陈所长审阅完毕。《北京青年报》社按时派记者来取。在我的办公室里，记者看完我交出的打印稿，表示非常满意。

文章如期于发射前夕在《北京青年报》上整版刊出，除了在标题上加了几个字，正文部分一字未改。

事后的反馈证明，能在事件发生前，向公众进行科普宣传，思路是对的，效果也是非常好的。不仅所内的同事表示赞赏，所外也有朋友告诉我，看过《北京青年报》上我的文章，感觉很好、很及时，普通读者能够读懂。

事后，有媒体通过《北京青年报》找到我，一定让我给他们的报纸写两篇介绍阿尔法磁谱仪的稿件，我只能勉为其难地答应了他们的要求。他们也登了，但影响力肯定不如《北京青年报》的报道那么大，那么轰动。

事后我想，科普工作很重要，但要想做好科普宣传，必须有合适的传播渠道，否则内容再好的科普也不会被广大公众知道。而当年我的科普文章之所以能够达到较好的宣传效果，正是得益于几方的真诚努力，才实现了科普与媒体之间的一次完美合作。

记中科院器材系统的建立与发展

⊙ 朱国培

科学器材是为科研服务的。正可谓“兵马未动，粮草先行”，科研发展离不开科学仪器的条件保障；同样，条件保障工作依附于科研的发展。二者相辅相成。取得“粮草”的手段，离不开“买”和“做”。我就从这两个方面来回顾一下中科院器材系统的建立与发展的不平凡历程。

1949～1951 年处于中科院建院初期，各研究单位则处于接收、调整阶段，科研工作尚未全面开展，器材用量不大，大多采取自行在市场购买或委托私营商行代理，中科院院部没有专门从事器材的机构。

1951 年以后，接收、调整工作初步就绪，研究工作随着国民经济的恢复和需要开始有了新的发展，对器材的需求逐渐增多，科研人员很难兼顾，有些研究所从科研人员中抽调人员去从事器材工作，开始组建机构（如东北地区的研究所）。

由于西方国家对我国的封锁，经营科学器材的商行先后停业，又时值建国初期物资匮乏，1951 年政务院组织科学院、文化、教育等部门组成联合采购组赴欧洲（主要是民主德国）采购科学器材。为了接受并向研究所分发这些器材，1952 年 5 月在文津街三号地下室组建了隶属院办公厅的科学器材处。从此，中科院有了专门的器材机构。

据统计，1950 年至 1952 年拨给的器材经费约 476.5 万元，占全院事业费的 47%。

那时，院属从事自然科学研究的所设立了器材组，约为 4～6 人编制，规模稍大的技术科学的所成立器材科，10 余人编制，全院器材队伍发展到 300 人。全院器材经费在 1953 年为 879.5 万元，占事业费的 45%；1958 年时器材经费达到 5679.2 万元，占事业费的 54.9%。

院属研究机构，建院初期为 31 个，到 1956 年发展至 68 个。

1956 年 9 月在科学器材处的基础上，成立了中国科学院科学器材局，设订货处、供应处、局办公室。翌年，筹建器材局仓库（北京器材供应站前身）。

1957 年为适应发展需要，院器材局在北京、广州、上海、天津设立采购点，为全院代购器材。

1959 年中科院接受了国防任务后，成立了新技术办公室，初期办公室有 4～5 人分管器材业务，编制计划，申请国家统配物资指标，订货工作由器材局统一办理。

注：朱国培，86 岁，曾任中国科学院原条件局处长。

1960年底，成立新技术局主管国防军工任务，局设六个处，一处计划处，二处工厂处，三处装备处，四处财务处，五处基建处，六处储运处（从机构设置不难看出，六个业务处中四个处是负责技术条件工作的）。院计划局负责民口，设基建器材处负责基建与器材。

1964年院器材局仓库更名为“中科院北京器材供应站”，承担新技术局和计划局的器材储运和供应。此时全院科研机构发展到106个。鉴于国防军工任务的特殊性质，其所需器材大都是非标准设备和新型材料。由国家计委军工局，一机部军工办等单位，专为非标准装备、新型材料安排专门渠道，初期安排了893项，5899台（件），设备费2295万元。此外，还完成了中苏122项的非标订货，对处于禁运中的全国重点科研单位和中科院起了不小的作用。一批非标设备定型转为一机部定型产品，支援了国家经济建设。

新材料试制，每年向国家提出冶金、轻工、化工、建材、纺织、电子等生产品种600多项，既解决了科研需求，也填补了很多空白。

其间，院、所各单位建立了一批实验工厂，有的具有相当的规模和水平。器材局建立的科学仪器厂，拥有一流的工作母机和工艺装备，曾引起一机部仪表局的青睐，国防科委接管后成为卫星制造工厂。几个光机所的工厂为国防任务生产弹道照相机、高速相机，解决了核工业方面的需求。此外，有的所也建有与学科相匹配的玻璃细工车间，生产非标玻璃用具、实验装置，保证了科研工作。因老科仪厂交给了国防科委，又组建了新科仪厂，生产电子显微镜、同位素质谱分析仪等尖端仪器，除解决自身需要外，还出口支援友好国家。

1959～1965年器材经费增长较多，达到96 818.3万元，占事业费的60.22%。

1966～1976年，十年动乱，科研工作基本停滞。

“文革”初期，实施大科研体制，新技术局整个建制划归国防科委。部分研究所下放地方或实行与地方双重领导，1973年双重领导的所只剩下了41个。

北京器材供应站由于其丰实的物资储备，1966年随着体制调整绝大部分由国防科委接管，1970年5月又交回了科学院，但库存只剩了一半。

1969年，院机关建立业务二组，主管军、民两口的器材供应，但研究所的内容和规模已不能与之前相比拟了。

1978年全国科学大会召开，科学的春天来到了，大会制订了1978～1985年的全国基础科学发展规划。我院器材工作得到相应发展，器材机构到1983年已发展到153个（包括分院等中转供应机构），器材从业人员2474名。

院部恢复器材机构，定名为物资局，供管齐抓，机构为设备处、材料处，主管供应，工厂处主管工厂，成立清仓办、管理处抓管理、抓干部培训。供应工作也有了较大的发展，1980年3月成立了东方科学仪器进出口公司，专司科学器材的进出口，计划局成立装备处负责审定大型仪器的进口与外汇指标的批准工作。

为加强和统筹院机关技术条件工作，在卢嘉锡任院长期间，物资局更名为技术条件与进出口局，业务范围包括：院、所工厂的试制、生产与分配；国内、外订货；国外进出口业务，大型仪器设备管理；通用测试仪器的租赁试点；各类各级条件工作人员的培训；建立信息系统，实行计算机管理；在分院地区设立社会化性质的供应网点，改变一家一户的库存储备，制订各项工作的规章制度，规范工作要求。

在此期间，我院为科研服务的技术系统，国外称之为技术支撑系统，已担负起为科研工作提供多种类、多技术工种、技术力量比较雄厚的技术支撑系统。

在科学器材供应方面，有一批懂器材，了解科研需求，了解物资渠道，不辞辛苦，吃苦耐劳的工作人员在为科研服务。

在管理方面也有较多的创新和突破。随着国家经济的好转，对科研的投入增多，大型仪器装备进口逐渐增多，面对这些价格昂贵、高精度、智能化的仪器，如何打破部门所有，提高利用率就成为管理的重点。经过调研，提出了打破部门所有的协作共用、专管共用，建立地区、所二级的公共实验室，制订利用率弹性定额管理办法，利用率考核办法，院部对使用率高的仪器提供运行费办法，成立地区测试中心等，十分奏效。经过四个地区17 个单位一年试点，年平均利用率从原来的 62.4% 提高到 84.08%。随后院里与教育部、国家科委、北京市科委及部分工业部（如化工部化工研究院）组成联合分析测试中心，推广协作共用，取得较好的经济效益和社会效益，也为日后我院乃至全国的大型仪器管理起到示范和引领作用。

对小型可搬动的测试仪器（如示波器等），为减少重复购置，实行租赁办法，既节省了经费又提高了利用率，得到了财政部文教司的肯定，要求进行推广。

至 20 世纪 90 年代初，院、所两级的技术支撑系统已较齐全，除了大型仪器的公共实验室外，各研究所按学科的不同，都建有器材系统。

随着改革开放的深入，国家经济体制从计划经济向市场经济转化，在这种背景下，个别院领导提出技术条件向何处去的问题，认为应走向市场。于是，院里提出撤销技术条件局在院机关的建制，与北京器材供应站合并，组建公司成为院的下属机构。在 20 世纪 90 年代初技术条件局搬出了院机关，1993 年下半年撤销了技术条件局的称谓。

随着科学技术的发展，人们越来越意识到技术支撑系统在科研工作以及科技创新活动中的重要作用。2007 年，院党组决定，用三年时间，投巨资建立中科院技术支撑系统。

我院的器材系统经历了坎坷的发展历程，器材系统的工作人员曾为我院的科研工作默默无闻地付出了自己的心血和汗水。历史将不会忘记他们为共和国科学技术发展所做出的贡献。

走出一条国产大型精密仪器的自主创新发展之路

⊙ 马　瑗

中科科仪（下文简称“科仪”）是中科院的科学仪器制造基地，并伴随国家和中科院一起成长，六十年来承担着国家和院内精密仪器研发制造的重大攻关任务，为国民经济跻身世界前沿提供强有力的设备支持。科仪的精密分析仪器、真空产品多次填补国内空白并获得多项中国科学院重大科技成果奖。这些都融合着科仪持续的创新和几代人不懈的奋斗。

分析仪器中以大型精密仪器——电子显微镜为例，它是微观领域获取信息并进行处理的有效技术手段。随着现代产业化生产和科学研究的需要，电子显微技术对于推动纳米科技、生命科学、信息科学、材料科学等的发展是不可或缺的。

“锦瑟无端五十弦，一弦一柱思华年。”苦涩而兴奋的创新之路永远留存在我们记忆的深处。

自 20 世纪 50 年代，黄兰友先生等科仪前辈们开创了国产电镜的历史篇章，科仪电镜经历了从美国安瑞的成功引进，数字电镜的自行研制，国家项目的有力支持，到现在一代代产品前赴后继在各行业发挥着重要作用。

在20世纪80年代，科仪的电镜部门曾设有电器组，工作内容是扫描电镜的电器研发。研发目标是要求国产扫描电镜的功能达到国际先进水平。首任组长是王克定老师，他是项目的总设计师。我们组是个老中青结合的团队，大家分工明确并相互配合：张永明负责扫描发生器和研发高分辨图像板，我负责电子光学控制系统，李明强和杨红云负责图像处理和自动功能的高级软件，任刚、罗鸣华和张秀在后续的持续改进中都发挥了重要作用。技术组和生产组配合电器组也做了很多工作。

冲破国外垄断

多年前电子计算机发展尚在初级阶段，世界上的数字化精密仪器寥寥无几，国外先进技术对中国保密，研发只有走自己创新之路。科仪领导根据市场的需要做出尽快研制出国产数字化扫描电镜的决策。电器组领受任务后，王克定查阅了大量资料，决定自主设计。

注：马瑗，66 岁，北京中科科仪股份有限公司研究员，曾任电镜部主任。

他带领组员们查资料、做实验，与电子光学专家、生产线的师傅们讨论交流，对模拟型安瑞电镜上采集的大量数据进行统计分析、总结规律、制定方案、反复试验。全组人员发扬拼搏精神，出现问题就追根溯源，试验失败就改进再来，不顾时长、不计报酬，只为追求国产电镜的生存与发展。

勇于自我提高

仪器是面向市场的，从研发开始就要考虑成本。数字化控制的仪器离不开计算机，仪器的研发、制作和编程都离不开计算机。在当年购置一台普通计算机是现在价格的4～5倍，我们就用采购来的名牌散件，自己组装计算机。我使用的电脑就是用一个木箱，自己打孔开窗，将主板、硬盘、显示卡等装入后连接上显示器、键盘和鼠标就使用了。当然系统程序是自己灌制的，部分工具软件是自己编程的，这样既降低了成本又学习了技术。

为保证仪器功能的先进性和稳定性，采用元器件也很重要。王老师经常捧着各种厚厚的元器件手册，选择合适的器件，组织我们做实验。当年购买进口元器件也是件不容易的事，并且费用较高，因此遇到问题，他要求我们会查找英文资料是基本素质，不允许轻易以逐个更换器件等随意的方式来解决，而是通过原理进行逻辑分析。虽然这样做比较辛苦，但是使我们的技术水平和分析问题、解决问题的能力得到了很大的提高。逐步能够千方百计地想办法、设置试验手段，透过现象分析成因，有效解决了各种疑难问题，保证了研发任务的完成。

培养创新人才

数字化电镜的重要部分之一就是图像显示和处理系统。最初的图像板是采用国内专业厂家制作的通用型产品，用于电镜存在着一些问题，分辨率也有差距，不能跟上日益增长的国际高分辨水平。为了创造更好的研发环境，王老师就想方设法安排他的研究生专门到国外去研制高分辨的图像板。尽管没有专业学习过这项技术，尽管只身国外独立承担关键部件的研制，在王老师的信任和鼓励下，他排除了工作与生活中的重重困难，掌握了关键技术，高效地完成了这项工作，带着科研成果回到祖国，提高了国产数字化电镜的水平。

在20世纪80年代初期，制作电路板图是一件非常烦琐又不能出错的手工活。需要先用坐标纸绘图，再手工贴图并通过灯箱查图等一系列工作，然后才能送到制板厂去做印制板。在KYKY-2000型扫描电镜的研发过程中，都是自主设计的新电路，因为板子的尺寸大，制图工作量是很大的。当组里年轻人首次采用AutoCAD类型的PCB绘图软件来做图时，边学边用，但时有问题出现，如绘好的图打印不出来等，大家都很着急，怕因采用新方法不成功，花费了时间还耽误工作进度。尽管如此，王老师仍然支持我们努力尝试，经过不断地摸索调整，终于掌握了绘图软件，成功地用计算机按时完成了这项工作。

编程是一项贯穿整机各个功能的工作。扫描发生器、电子光学控制、图像处理及自动控制功能等都要通过这项工作来实现。王老师组织我们分工合作，分别通过Dos、汇编语言、数据库和C语言等完成自己负责的部分再汇总联调。这在当时都是新知识、新技术，通过实践我们学习了、掌握了、成长了。在这个过程中，我们互相帮助，谁的编程遇到瓶颈就共讨论、给建议、拓思路、协同前进，发挥集体的智慧。

新品经受考验

在KYKY-2000型扫描电镜的设计之初，电器组为做出好的产品广泛调研，听取各方面人员对电镜功能的使用需求。当国产数字化扫描电镜问世后，好评不断，但也有不同的意见指出存在的不足。尽管实现这些技术在当时已经非常不易，在科技水平发展的具体阶段总无法实现完美。王老师虚心听取意见，请生产线的师傅们发现问题及时告知，带领我们直赴现场分析问题，并在设计、工艺、操作等方面实行改进，努力完善功能，在自动控制的算法上不断调整，反复验证。

就这样，我们电镜电器组在王克定老师的带领下，闯过了道道难关。在1989年10月我国第一台自主研发的具有国际先进水平的KYKY-2000型数字化扫描电子显微镜问世，并获得中科院科技进步奖二等奖。

项目的成功不仅证明了国内引进国外技术消化吸收的能力，更实现了技术上的重大创新。这也使得国外厂商销往中国的同类产品大幅降价。

国产大型精密仪器创新发展的道路是异常艰辛的：国内基础工业薄弱，研发资金的来源仅仅依靠产品利润，国外先进技术引进艰难等，一直伴随着我们走过了20年左右的艰难岁月。

虽然王老师已经离开了我们，但是他的精神一直伴随着、鼓舞着我们。在国产仪器最艰难的时期，电器组是个团结和谐奋进的集体，同事们保持着坚定的信念、耐得住寂寞、经得起挫折，砥砺前行，努力地发展并坚守着国产电镜的这块阵地。“繁霜尽是心头血，洒向千峰秋叶丹。”KYKY-2800型扫描电镜、KYKY-3200型扫描电镜、KYKY-3800型扫描电镜等一个个新产品的诞生，拉动着国产电镜的市场，迎来了科学技术创新的春天。

现在，电镜研发和制造已成为关系国家经济命脉和国家安全的关键技术领域之一，特别是掌握物质核心的纳米尺度表征与度量可在军事现代高科技方面的发展和核心芯片晶圆的生产过程中发挥着巨大的作用。

电子显微镜技术的与时俱进，现已成为国家发展战略的需要。科仪新一代技术人员正担负起时代赋予的光荣使命，以智慧、心血和汗水提高科技创新能力，为推动国家经济社会发展建设中国特色现代化强国做出重要贡献。

此文同时缅怀为中国电子显微镜事业做出贡献的前辈们！

回头看自己走过的科研物资管理之路

⊙ 张淑颖

我是 1978 年进入中科院的，从第一机械工业部调入了中科院物资局储备处，从此开始了长达 20 年的大型精密仪器管理工作。

进中科院派我做的第一件事就是去参加国家物资部召开的全国物资分配会议。当时是计划经济体制，国家比较困难，物资供不应求，各单位都争取分配给本单位急用设备。当时的分配原则就是根据“轻重缓急”四字方针来分配物资。意思就是有重、急需求的单位优先。在这种情况下我只好努力争取，先向物资部管分配的同志详细说明中科院工作的重要性，就说邓小平同志在会议上说过科学不创造出新成果就得永远跟在发达国家后面爬，科学必须要先行。物资部的人都很理解，谁不想让国家成为有尊严的强国呢？因为我在一机部时就是从事这方面的工作，对工作程序及人员都比较熟悉，对仪器设备的质量优劣心中也是有数的，在物资供需不平衡的条件下，经过努力，基本上满足了中科院的需求。回到单位汇报工作后，领导还算满意，这就是到中科院的第一次业绩。

1980 年秋天，单位安排我去中科院干部进修学院器材管理培训班学习了三个月。通过学习，我对物资经济管理有了新的概念。当时在我写的学习心得中提出了几条改革设想，干部进修学院和中科院领导对我提出的改革设想和细则的操作方法，都认为有参考价值并有可能实现。为此，局领导把我从设备处调入到了综合管理处。

1981 年初进入管理处工作，处长对我说，国家科委号召各单位要把大型精密仪器管理好，特别是科研、教育单位。因大型精密仪器大多数是昂贵的进口仪器，当时国家外汇很紧张，负担很重，不买不行，不管不行。要想法促进大型精密仪器的资源共享。院领导理解了国家科委的精神，接受了这个任务，为此决定交给院物资局承担这项工作，局里将此任务交给我来管。我首先想到的，就是尽快掌握全院大型仪器的拥有情况和各所的使用情况。我起草了《关于填写报院大型仪器设备登记表的通知》下发各单位。当看到返回的报表时，发现各单位仪器设备不全，所与所之间有很多仪器重复，仪器类别也不全。为节省国家经费，提高设备利用率，我认为一是在购置仪器设备时要避免重复，要实现设备多样化。二是要实现资源共享，仪器设备要开放共用。这样才能充分发挥投资效益。领导非常支持这个建议，我和处长商议后立即起草下发了《中国科学院大型精密仪器设备管理办法》、《中国科学院大型精密仪器设备占用费收费办法（试行）》、《中国科学院大型精密仪

注：张淑颖，81 岁，曾任中国科学院原计划财务局副处长。

器的年度考核评比办法》等五项管理文件，基本上理顺了基础管理。文件下发后，有些院外单位还接连不断地来技术条件局咨询、学习、索取管理办法，我曾先后接待过 21 个单位来我院学习。

大型仪器设备管理办法试行后，基本上达到了避免重复购置，开始调节部门去协作共用仪器，考核评比办法也促进了工作人员的积极性，也见到了投资的经济效益。

1985 年 6 月，国家科委召开全国科技条件工作会议，我起草的关于《大型精密仪器管理工作情况汇报》的会议发言稿，成为会议经验交流发言材料之一。当会议结束后卢嘉锡院长阅此稿之后，立即批示："这篇发言相当好，是否已在科学报上发表，请查明。如果尚未发表，可尽快刊载。"国家科委在会上就肯定了我院大型仪器管理工作的成绩。会后科委提出由中科院技术条件局牵头，并与国家教委技术装备司、化工部化工研究院、北京市科委合作申请"大型精密仪器科学管理的研究"软课题，经批示同意后，支持课题研究经费 4 万元，以上 4 家共派出 14 人参加课题组工作。中科院把这项工作交给我承担。课题组一致推举我为课题组组长。经过调研、讨论，提出了切实可行的建议：1. 建议国家统筹规划分级管理，打破现行的仪器部门自己管理的体制，仪器对外开放使用；2. 珍贵的大型精密仪器划入国家统一管理统一投资购置；3. 建立国家分析测试中心，将仪器介绍手册发放全国各地资源共享协作共用；4. 用户使用仪器要按使用价格和使用时间计算缴费，这样比本单位自己买一台仪器节省资金也更加方便。

1986 年 12 月 1 日，《大型精密仪器科学管理研究》的报告正式发表。根据研究成果，课题组首先提出成立北京中关村地区大型仪器联合开放中心试点方案，得到了国家科委、国家教委、中科院有关领导的支持。我立即起草了"北京中关村地区联合分析测试中心"成立和管理办法。1987 年 11 月 23 日召开了"北京中关村地区联合分析测试中心"成立大会。大会的顺利召开，为大型仪器资源共享打开了一扇大门，为大型仪器的科学管理找到了一条新的途径。紧接着科研人员、教授、教师等需要使用仪器来分析测试中心的每天络绎不绝，有些经济薄弱的单位也能用上大型仪器。中科院有些分院也紧跟着成立了本地区的联合分析测试中心。

1987 年 12 月 2 日，"大型精密仪器科学管理研究"软课题基本完成，1988 年 9 月该课题荣获"中国科学院科学进步奖"。

1987 年 1 月 12 日，国家教委召开了第二次大学实验室和技术管理国际讨论会。为参加会议，我院事先准备了发言材料《实验室装备和大型精密仪器的管理》。会议于 1987 年 1 月 12 日至 16 日在复旦大学召开，复旦大学校长谢希德教授任大会主席，会议议题主要是对国家级实验室、开放实验室和大学中心实验室的建设与管理的指导思想和管理体制及发展规划等问题进行广泛的国际交流。会议邀请了来自澳大利亚、英国、日本、美国、联邦德国等共 12 位著名专家。我国出席的有高校、国家重点科学实验室、分析测试中心的专家学者、部分省市自治区高校的实验室管理研究人员等 150 余人。

中科院代表在会议上发言，论述了因地制宜组织多种形式的大型精密仪器管理的措施和办法。大型仪器单位之间协作共用或组织共享共用协作组，也可以承办协作共用实验室。昂贵的大型仪器由院和分院组织签订共用协议书共管共用，所内建立公共开放实验室等，澳大利亚贝尔奇教授听完之后说，“咱们的想法不谋而合……”他主张仪器集中管理，可用两个方法达到协作共用，一是纯组织化管理中心，仪器不一定完全集中在一起，但要统一协调管理。二是按仪器的类别规模和用途集中成专业中心，例如：电子显微镜中心或核磁共振中心等，可做不同项目的实验使用，这种方法可节省仪器资源以及金钱和人员。其他国内外学者也产生了共鸣，一致认为一起集中管理利大于弊。分层次组建多种形式的公用实验室，也是当今国际倾向的管理模式。

1992 年 4 月 17 日《分析测试技术与仪器》期刊创刊。我是根据技术系统管理工作的需要提出创办这本期刊的。我出差到研究所办事经常有技术人员提意见说：研究人员都有学术刊物发表论文，技术人员则没有，其实技术人员也有很多技术需要和国际交流，例如：仪器使用方法，分析测试新方法，分析测试研究成果，新理论新经验，仪器功能开发，仪器如何维护维修等，都需要交流提高工作水平，也可给研究人员提供方便，促进科学发展。故此，我提出申请创办期刊为技术人员创造条件，局长处长都支持我这个建议，院领导批示同意。我立即请出兰州化物所的副所长分析测试技术老专家俞惟乐为主编，她是这个行业的国内外专家，也愿意担当此任。接下来我联系专家教授讨论撰写申请书。经过正常手续审批，终于获得通过。主编决定将编辑部落在兰州，主办单位为中国科学院技术条件局、分院分析测试中心和兰州化学物理所。有些科研、教育系统、分析测试中心、公共实验室、开放实验室从事这行的工作人员都高兴地说，我们也有了自己发表文章的园地，可为科学研究工作服务了。

我现在退休了，常常回想往事，回头看看自己走过的足迹，我为自己没有碌碌无为而欣慰，曾为国家科技事业的进步做出自己积极的努力而感到莫大的幸福！

似水年华

——回忆我的母亲在武汉病毒研究所工作的日子

⊙ 杨宝玉

中科院武汉病毒研究所坐落于美丽的东湖之滨。实验大楼窗明几净、设施完备，园区规划错落有致，春天到来的时候，满目绿色，鸟语花香。从1956年建所，至今六十多年过去了，当年种下的小树苗如今已长成参天大树，从这里走出去的年轻人早已经成了国家的栋梁之材。今天的武汉病毒研究所，在历史风雨的洗礼之下，像一个年富力强的壮年人，正瞄准国际前沿、面向国家需求，以崭新的姿态奔跑。岁月流逝，往事如烟，我所科技人员刻苦攻关，顽强拼搏，为祖国为人民奉献青春，曾经的日子历历在目。我一直为有幸与我的母亲，在建所初中期在这里工作、学习和生活，与武汉病毒研究所一起成长感到骄傲。

我的母亲石菊英是创建武汉病毒所的元老之一。孩提时，我常随母亲到研究所玩耍。那时，母亲工作的地方是一排简陋的平房，就是现在的职工活动中心，房间里的设施极其简陋，实验台上摆满了一堆堆的玻璃器皿，台下是一缸缸洗液。母亲当时是专门从事洗涤工作的，是一个普普通通的实验辅助人员。

母亲是勤劳的，每天都很忙碌，我很少见到她有空闲的时间。小时候的我看到那一筛一筛待洗的试管、平皿，总会不无担心地问："这么多东西，您何时能洗完啊？"母亲总是爽朗地说："抓紧时间，能洗完的。"妈妈常常值夜班，我就一天一夜见不到她。那时，我只是个几岁的孩子，父亲过早地去世，姐姐哥哥也小，家庭生活的艰辛可想而知，但母亲却很少为我们而耽误工作。母亲当时的工作环境极其艰苦，冬天没有暖气，夏天没有空调，就连普通的电扇也没有。因为潮湿，房子里的蚊子又多又大，为了不让蚊子叮咬，只好穿着深筒胶鞋做事。长时间接触酸性洗液，使她得了过敏性皮炎，一年四季鼻子都是红红的，奇痒无比。

母亲是平和的，艰苦的环境，她却从来没有抱怨。在武汉病毒研究所工作20年间，她干过报刊收发、打扫卫生、烧锅炉供应全所职工的开水及饲养动物等很多工作。她愉快地服从组织分配，干一行，爱一行，吃苦耐劳，兢兢业业，全身心地投入到每一项工作中。她就是这样带着对党朴实的感情，认真完成组织交给她的每一项工作任务。那时候谈

注：杨宝玉，61岁，中科院武汉病毒研究所高级实验师。

不上福利待遇，也从没享受过什么福利和奖金，但她始终保持旺盛的工作热情，一个人干着现在几个人才能干的事。母亲就在这些看起来琐碎而平凡的服务岗位上默默无闻、勤勤恳恳地干了几十年，甚至到了退休也没有一篇论文署有她的名字，可她甘当科研工作的铺路石，不求索取，只求奉献。

母亲常说，自己不过是一颗小小的螺丝钉。我想说，螺丝钉虽小，其作用却是不可估量的，机器正是因为有许许多多的螺丝钉的连接和固定，才成了一个坚实的整体，才能够运转自如，发挥它巨大的能量。科研团队里也正是因为有在不同岗位上默默奉献的“螺丝钉”，才能确保各项科技创新工作顺利开展。母亲仅仅是那个艰苦年代，为祖国的科研事业兢兢业业、勤奋工作的一个代表，他们虽然平凡但却伟大。

实验楼旁的那几棵老树已增加了几十圈的年轮，它目睹了病毒所的成长壮大；院子里仅存的那幢小楼也饱经了几十个春秋的风风雨雨；它们都是历史的见证者。母亲，那个当年只有二十几岁风华正茂的年轻人也已经作古，而曾经那个天真烂漫的我，如今也由一名科研工作者，步入了“夕阳红”。似水流年，感慨万千。记忆是难忘的，所里的一草一木、一砖一瓦都渗透着我们的真挚情感。我们目睹了小洪山下数十年变迁，望着一栋栋建筑物平地而起，一辈辈科研工作者意气风发，病毒所绿树依旧葱茏，红花依旧娇艳，此时此刻，武汉病毒所在崛起，旧貌换新颜。

60 多年风雨兼程，60 多年上下求索。武汉病毒所正以昂扬的姿态、勃勃的生机，以及无可阻挡的改革气势，大踏步迈入汹涌澎湃的科技创新大潮中。她必将为我们民族科技的发展，为祖国的繁荣富强做出更大的贡献。

为科研一线做好后勤保障工作

⊙ 包惠芬

今年将迎来建国、建院 70 周年。在这喜庆日子即将到来之际，我回顾一生的经历，看到国家翻天覆地的变化，看到中科院日新月异的发展，作为院里的一名退休职工，很有感触。

1953 年我从浙大毕业后，由组织分配到北满钢厂参与建设。从那时起，直到 1992 年在院计划局基建处退休，我工作了近 40 年。其间，从事过 7 年的设计和监督、3 年的施工现场技术管理、近 3 年的“五七”干校劳动和 20 多年的科研工程建设管理等工作。

20 世纪 80 年代，那时候院里因人少、任务重，对科研工程采取分片对口管理的方式。经总结一段时间的工作，我感到在实际工作中由于缺乏严格的规范，导致在审批项目时，有时会出现不合理、不科学的现象。为此我向张云岗局长和李凤楼总工汇报，我想搞一个规范（行业标准）。经局领导同意后，我以计划局的名义向建设部申请“科研工程建设建筑面积指标”编制项目，建设部批准立项，并下拨 5 万元课题经费到院部。我依托原院科研工程研究会，组织了全院 40 多人的编制小组，按七个学科进行编制。课题完成后，经建设部和国家计委批准，作为行标执行。该行标既可作为对上申请立项的依据，也可作为对下审批立项的依据。这个课题还获得了院科技进步奖三等奖。

之后，我受计划局领导的委托，向建设部申请编制“科研通用实验室建设建筑设计规范（行标）”，建设部同意立项，并拨付 4 万元课题费。此规范的编制工作由我主抓、院建筑设计院编制完成，课题费下拨给院建筑设计院，经建设部审批执行。课题完成后，院建筑设计院也获得了院科技进步奖三等奖。

通过这两项规范的编制，为院建筑设计院创建甲级建设设计院的资质条件奠定了基础。

我现已是 87 周岁高龄的老人，一辈子都在勤奋学习，努力工作，尽心尽责为国家奉献自己的一份力量，尽自己所能为院里做了一些实事，实现了我小时候立下的爱国志向。

注：包惠芬，87 岁，中国科学院原计划局正研级高工。

后　记

2018年9月25日，中国科学院离退休干部工作局向全院各单位离退休处发出通知，为庆祝即将到来的中国科学院70周年华诞，准备出版一册回忆录式的文集，为此在全院离退休干部中开展征文活动，发掘建院70年来的人和事，讲述我院重大科技成果的研究历程、献身科研的人物事迹、可歌可泣的历史故事和各类感人至深的好人好事等。

作为最终被定名为《定格在记忆中的光辉七十年》主编的我，刚开始的时候愁征集的稿件寥寥，怕因此导致出书计划的搁浅；可到了征稿截止日，文章从全院纷至沓来，有的一个单位就报来几十篇文章，最后收集到的文稿足足可以编辑两本书，又开始愁文章多了该如何处理？最后院离退休干部工作局领导决定，除了这一册公开出版的文集以外，再以内部印制的方式出一册文集，以鼓励此次积极投稿的老同志们。这样才算解了我的“不好向老同志交代”之虞。

在最初策划出版这本文集时，我们就提出了一个说法：这次出版文集有“抢救性挖掘”的意味。何出此言？仅以《定格在记忆中的光辉七十年》文集为例，所选取的116篇文章的作者中，80岁以上的作者就达56人，占作者总数的44.4%（有几篇文章是多人合作撰写）。这些老同志贡献了近半数的文章。如果建院70年无人去征集，再到中国科学院建院80周年或更久远，估计在这些老同志心目中的中国科学院早年历史长河中的一束束浪花，就要随着一些老同志的离去而永远地遗忘掉了。“年岁晚暮日已斜，安得力士翻日车。”我们虽不敢自比为力士，但我们却应该学习力士的勇气留住时光。于是，我们这些“力士”的追随者们，为了使中国科学院的院史更加丰盈，便齐心合力地开展了这项“抢救性挖掘”工程。

在长达四个月编辑《定格在记忆中的光辉七十年》文集的过程中，我一直处于亢奋的状态。原因有二：第一，为了文集能够按时出版，必须要在2019年11月1日中国科学院70周年诞辰纪念日之前，如期将此书呈现给院内外广大读者，也算是献给中国科学院70岁生日的一份礼物。因此必须加班加点地编辑文章、收集与出版文集相关的材料。因此在这一段时间处于亢奋状态是必然的。第二，是文集中一个个生动的人物以及发生在他们身上的动人的真实的故事一直在打动着我。为此，虽然在编辑文集的过程中花费了较多的时间与精力，但为了从不同侧面来反映中国科学院 70 年发展的艰辛历程，展示中国科学院 70 年来众多科学家的动人事迹，更为了告诉人们：中国科学院在与祖国同行、伴祖国成长的过程中所创造出的诸多光辉业绩，所花费的时间与精力都是非常值得的！

《定格在记忆中的光辉七十年》文集马上要出版了。此时此刻，首先要感谢的是全院众多为文集投稿的老同志们，当然也包括未入选本文集的其他投稿老同志！没有众多老同志的积极赐稿，就缺失了本文集问世的基础。

其次要感谢协助组织稿件、为本文集收集照片的全院各分院、各研究所的众多同志们，他们做的是为他人作嫁衣裳的工作，虽呈现了精彩，但自己却远远地躲在了幕后。因篇幅有限，在这里无法一一展现他们的名字。

再次还要感谢中国科学院自然科学史所的张久辰、孙烈两位研究员！他们二人对所有文章涉及的与院史有关的内容的真实性、准确性方面给予了认真校正，保证了全书文稿的质量。

最后要感谢的是为本书撰写封面题字的中国科学院院长白春礼同志、为本书撰写序言的中国科学院党组副书记侯建国同志！

岳爱国

2019 年 8 月 20 日

◎ 20 世纪 50 年代，中科院植物生理研究所所长罗宗洛（中）和副所长殷宏章接待来访的钱学森先生（右）

◎ 赵九章先生青年时期照

◎ 建院初始在马大人胡同十号办公（现育群胡同）

中央人民政府
政務院 任命通知書 政字第 0451 號

茲經政務院第三十三次政務會議通過任命
陳宗器為中國科學院地球物理研究所副所長
特此通知

總理

一九五〇年五月十九日

中央人民政府政務院印

◎ 1950 年 5 月，政务院任命书

◎ 中国科学技术大学成立

◎ 建院初期，科研人员深入野外开展科学考察

◎ 20 世纪 50 年代末，上海岳阳路 320 号大门

◎ 上海岳阳路 320 号，现在的中国科学院分子植物科学卓越创新中心植物生理生态研究所园区

◎ 上海药物所建所初期实验室情况

◎ 现今上海药物所海科路园区

◎ 1955 年 6 月 1 日，中国科学院学部成立大会合影

◎ 中国科学院上海药物研究所二十周年合影（1952 年）

◎ 1958 年赵九章（右一）率中科院大气物理代表团访问苏联。成员有钱骥、卫一清、杨嘉墀（右起二、三、七位）

◎ 上海光机所建所初期的一个场景

◎ 我国研制的第一代气象火箭 T，于 1960 年 9 月 13 日发射成功

◎ 华罗庚在工作

◎ 近代物理所科研人员论证分离扇加速器的设计

◎ 马世骏先生在棉田视察棉铃虫危害情况

◎ 1963 年，中国科学技术大学近代物理系毕业照，第一排左八为赵忠尧，三排左四为郑志鹏

◎ 20 世纪 60 年代，我国科学家人工合成牛胰岛素

◎ 1965 年，中国科学院研究生合影

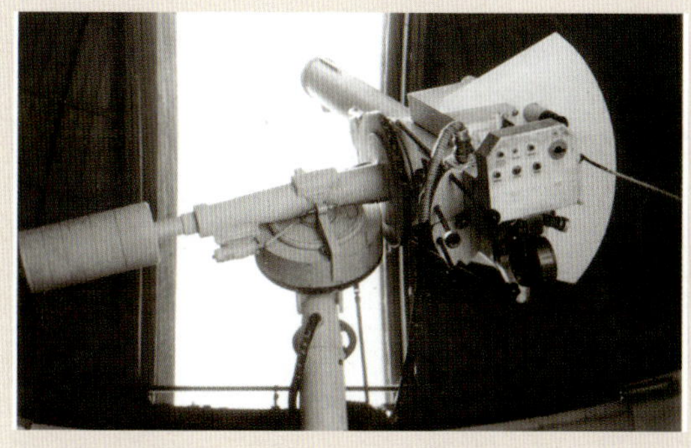

◎ 14cm 太阳色球望远镜。它与基地设备一起为我国第一颗人造卫星“东方红”及以后的卫星上天提供太阳活动预报，为我国刚起步的航天事业作出重要贡献（照片摄于 1967 年）

◎昆明天文工作站时期，全站干部、科技人员、职工除保证天文观测任务完成外，每周六进行半天的劳动（照片摄于 1967 年）

◎ 1968 年，昆明动物所灵猫研究组科考人员在转点途中

◎ 陈景润在做讲座

◎ 20 世纪 70 年代，空间科学与应用研究中心西门

◎ 20 世纪 70 年代，工作人员对用于多种型号人造卫星的镀金薄膜机动热控带进行质量分析

◎ 中国科学院兰州分院建院初期对中国沙漠资源组织了大规模的野外考察

◎ 1973 年 10 月科研人员在舟山海上进行压电陶瓷水声（水听器）实验

◎ 1977 年，中国科学院登山科学考察队在新疆天山最高峰——托木尔峰（7435.28 米）地区开展水文考察

◎ 1978 年 3 月 29 日，出席全国科学大会的学部委员与中科院领导在科学会堂前合影

◎ 1978 年，全国科学大会会场

◎ 1978 年 10 月 14 日，中国科学技术大学研究生院举行首届研究生开学典礼，当年录取研究生 1015 人

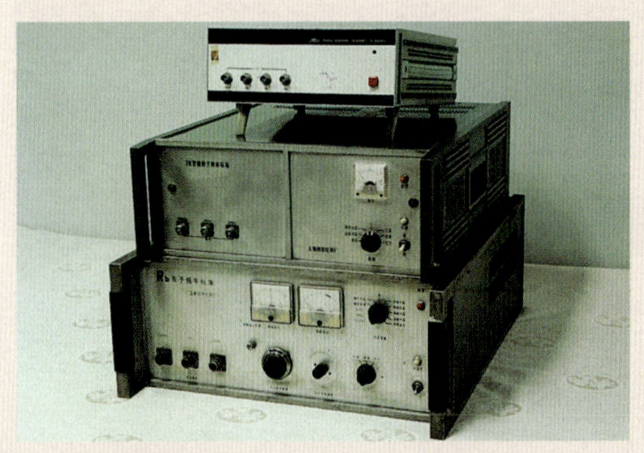

◎ 三代铷原子钟（1969～1979 年）

◎ 1979 年，刘东生院士、穆恩之院士与地理学家罗开富先生在西藏亚东考察

◎ 1979 年，孙鸿烈院士在卡若拉冰川考察

◎ 20 世纪 80 年代，科学出版社第二编辑室工作场景

◎ 张宝堃指导高登义如何更好地翻译英文

◎ 1972 年，云南天文台成立后，基建刚完成时的云台新貌（照片摄于 1980 年）

◎ 1980 年，科考队在横断山考察

◎ 中国科学院学部委员、动物研究所副所长马世骏在长白山视察野外鸟类生态研究

◎ 20 世纪 80 年代，赵忠尧先生（左）

◎ 1980 年，学部委员陶诗言获中国科学院先进工作者时的照片

◎ 1980 年在人民大会堂召开的青藏高原国际学术讨论会，与会者与钱三强等院领导合影留念

◎ 1980 年，学部委员叶笃正获中国科学院先进工作者时的照片

◎ 1982 年，我院青藏高原科学考察队员冰川考察途中

发明证书

A 00240

为了表彰在科学技术现代化方面作出重大贡献的发明者，特颁发此证书，以资鼓励。

发明项目：“橡胶树在北纬18—24度大面积种植技术”

发 明 者：全国橡胶科研协作组

奖励等级：一等

奖章号码：00008

中华人民共和国
国家科学技术委员会主任 方毅

一九八二年十月

◎ 1982 年，参与国家合作项目获国家技术发明奖一等奖

◎ 1983 年，钱人元先生（右二）和中科院化学所高分子物理实验室的同事们讨论聚丙烯丙纶纺丝的工作。

◎ 1983 年 5 月 27 日，新中国首批博士学位获得者在人民大会堂合影

◎ 顺丁橡胶工业生产新技术获 1985 年国家科技进步奖特等奖

◎ 激光 12# 高功率激光装置（神光 I 装置）——两路（片状）激光主放大系统（1987）

◎ 1988 年，蒋森林为电热隧道窑微机控制系统鉴定会作准备

◎ 1988 年，何崇藩、范世骐与 BGO 晶体（锗酸铋晶体成功应用于欧洲核子研究中心正负电子对撞机，获 1988 年国家发明一等奖）

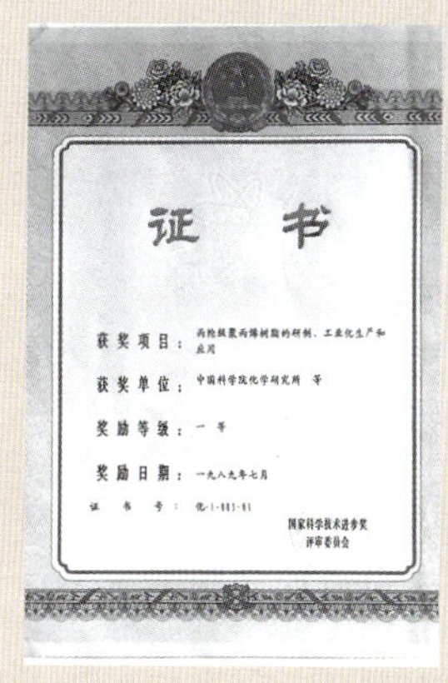

证　书

获奖项目：丙纶级聚丙烯树脂的研制、工业化生产和应用

获奖单位：中国科学院化学研究所　等

奖励等级：一　等

奖励日期：一九八九年七月

证　书　号：化-1-003-01

国家科学技术进步奖
评审委员会

◎ 1989 年，“丙纶级聚丙烯树脂的研制、工业化生产和应用”获国家科技进步奖一等奖

◎ 1989 年，中国东南极考察队“极地号”

◎ 20 世纪 90 年代，科学家在冰川表面上考察

◎ 1991 年 4 月 25 日，王淦昌、王大珩、杨嘉墀、陈芳允（右起）获得“863 计划”荣誉证书

◎ 2004 年，中国建立北极黄河站

◎ 郭守敬望远镜（LAMOST）

◎ 化学所在世界上首次成功合成新的碳同素异形体——石墨炔

◎ 2015 年，合肥光源是我国第一台以真空紫外和软 X 射线为主的专用同步辐射光源

◎ FAST 鸟瞰图

◎ 北京正负电子对撞机

◎ 大亚湾中微子实验设施

◎ “科学号”科考船

◎ 兰州重离子研究装置是我国规模最大、加速离子种类最多、能量最高的重离子研究装置

◎ 上海光源，获 2013 年度国家科学技术进步奖一等奖

◎ 托卡马克装置